Basic
Electronics
Laboratory

개|정|판

기초 전기전자실험

| 김 상 배 |

홍릉과학출판사

책머리에

이 책은 전자공학 관련 학과 첫 실험 과정의 교재로서 쓰여졌다. 이 교재를 사용하게 될 학생들은 회로이론 기초 과정을 이수하였으며 회로 이론의 중급 과정과 전자회로 첫 과정을 이수하고 있는 것으로 생각하여, 그 수준에 맞도록 실험의 내용과 본문의 기술수준을 맞추었다. 또, 전공과정에서의 첫 실험인 만큼 각종 계측기의 올바른 사용법을 익히도록 하는 데에 많은 비중을 두었다.

그리고 엔지니어로서 가장 중요한 자질 가운데 하나가 스스로 문제를 해결해 나아가는 능력이라는 생각에서, 실험을 통하여 스스로 문제를 해결해 나가면서 배울 수 있게 도와준다는 입장에서 실험과정 및 기술 체제를 새롭게 기획하였다. 그런 만큼 본문의 이론적 배경에 대한 기술도 가능한 한 자세하게 하여, 다른 참고문헌의 도움 없이도 실험 준비에 부족함이 없도록 하였다. 이에 따라 각 실험은 간단한 소개와 실험 목표 제시에 이어 이론적인 배경을 기술한 다음, 실험 과정과 보고서 작성에 대하여 기술하였다. 실험 과정은 단순한 실험 순서의 나열을 지양하고 학생들이 실험의 목표를 인식하고 실험하며, 실험을 통하여 얻은 결과를 스스로 분석하도록 유도하는 체제로 꾸며 보았다. 또 예비 보고서의 내용은 이론적 배경에 대한 이해 정도를 묻는 복습문제와 실험에서 얻은 결과를 분석하는 능력을 키우는 연습문제로 나누어, 실험에 대한 실질적인 준비가 되도록 구성하였다. 그러므로 이 책은 실험 교재로서 뿐만 아니라 자습서로 사용될 수도 있을 것이다.

공학교육에서 실험이 차지하는 중요성에 대하여는 교수, 학생, 현장 엔지니어, 연구원 등 공학과 관련하여 일하는 모든 사람이 공통적으로 인정하는 바이다. 그러나 우리나라 공과대학의 교육 현장을 둘러본 사람이라면, 정도의 차이는 있을지라도, 누구나 공통적으로 실험교육의 부실에 대하여 우려하게 된다. 실험실습 교육이 성공적으로 이루어지려면 좋은 교육자, 좋은 설비 환경, 좋은 프로그램, 학생들의 진지한 자세와 충분한 예비지식 등이 전제되어야 한다. 그렇지만 우리의 현실을 살펴보면 상황은 참으로 어렵다. 교수들은 과중한 수업 부담 등으로 실험교육에 무관심하게 되어 있다. 이에 따라 좋은 프로그램을 개발하는 것은 사실상 불가능에 가깝다. 또, 실험 교육의 안내자로서 실험 수업에 참여하는 조교들은 그들 역시 실험교육을 제대로 받지 못하였기 때문에 좋은 안내자로서의 역할을 충분히 다하지 못하고 있다. 그리고 열악한 대학의 재정 여건 때문에 좋은 설비환경을 갖추고 유지하는 것도 쉽지 않은 일이다. 학생들 또한 한 주에 두 개의 보고서를 쓰는 등 많은 시간과 노력을 들임에도 불구하고 나쁜 환경 탓에 별로 배우지도 못하면서 학점 비중도 높지 않은 실험 과목에 큰 흥미가 있을 리 없다. 물론 이러한 문제점들을 해결하기 위한 많은 노력들이 진행되어 왔고 앞으로도 진행될 것이지만, 실험을 좋아하는 소수의 학생들을 예외로 하면, 실험 교육은 아까운 시간과 재원을 소모하면서 그에 상응하는 효과를 얻지 못하고 있는 것이 현실이다.

좋은 안내자도 없고, 준비도 잘 안된 학생들이 무슨 실험을 왜 하는지도 모르면서 고장 난 기기 앞에서 별 의미 없는 실험 과정을 따라가다가 시간만 보내고 마는데도 실험 교육이 중요하다고 주장할 수 있는 것일까? 학생들의 입장에서는 그 많은 시간과 노력을 투자할 가치가 있는 것일까? 이러한 환경에서도 실험 교육이 계속되어야 하는 것일까? 도대체 실험이 강의와 무엇이 다르기에 부실하게 운영되고 있고 추가의 투자를 하여야 함에도 불구하고 교육과정에 포함되어 있어야 하는 것일까? 여러 가지 근본적인 의문들이 꼬리를 물고 이어진다.

좋은 엔지니어를 양성하는 것이 공과대학 교육의 목표인 이상, 좋은 엔지니어의 요건에 대하여 생각해 볼 필요가 있겠다. 사람에 따라 많은 차이가 있을지 모르겠지만, 가장 중요한 것은 문제 해결 능력이라는 것이 책쓴이의 생각이다. 이 문제 해결은 문제의 현상을 분석하고 그 원인을 찾아서 해결책을 강구하는 일련의 과정으로, 이 능력은 일하는 과정에서 발견하는 새로운 현상을 스스로 알아나가는 힘에서 비롯된다고 생각된다. 그러므로, 새로운 현상에 부딪쳤을 때 스스로 그 현상을 이해하여 문제의 원인을 찾고, 그 해결책을 찾는 능력을 배양시키는 일이야 말로 공과대학 교육의 중요한 요소가 되어야 한다. 이렇게 볼 때, 공학교육에서 실험교육이 차지하는 중요성이 새삼 두드러진다.

이 실험 책은 이러한 문제의식을 가지고, 우리의 열악한 현실에서 좋은 안내자 없이도 학생들이 스스로 실험을 통하여 배우도록 하려는 의도에서 쓰여졌다. 이는 실험을 통하여 스스로 배우는 능력이 엔지니어로서 가장 중요한 요건이라는 책쓴이의 생각과도 일치한다. 이에 따라 실험에 필요한 예비지식을 실험의 앞부분에 정리하였으며, 실험 과정은 실험 과정의 맹목적인 나열을 지양하고, 각 실험과정이 무엇을 왜 하는지를 학생들 스스로 알기 쉽게 각 과정마다 제목을 붙이고 토의 사항을 넣었다. 실험 과정이 끝날 때마다 토의 사항에 수록되어 있는 질문에 답함으로써, 때로는 토의 사항에 대한 답을 찾기 위하여 추가 실험을 함으로써 실험이 의도하는 교육목표를 달성하게 하기 위한 것이다. 그러므로 토의 사항에 대한 답은 실험이 끝난 다음에 결과 보고서를 작성하면서 해결해야 하는 문제가 아니고, 각 실험 과정이 끝나자마자 곧바로 해결해야 할 과제이다. 이렇게 함으로써 실험이 의도하는 교육목표가 효과적으로 달성될 수 있을 것이다.

그리고, 이 실험 과정이 전자공학의 첫 실험 과정임에 주목하여, 실험에 필요한 예비지식은 다른 참고문헌의 도움 없이 이 책에 기술된 내용만으로도 충분히 습득할 수 있도록 가능한 한 자세히 다루었다. 그러므로 실험에 앞서 책에 수록되어 있는 예비지식을 충분히 습득하고, 습득 정도를 예비 보고서의 문제들을 통하여 점검해 보아야 한다.

백 번 듣는 것이 한 번 보는 것만 못하고, 백 번 보는 것이 한 번 해보는 것만 못하다는 우리 속담이 있다. 전자공학의 용어를 빌려 이 속담의 앞부분을 해석해 보면 음성 정보의 정보량이 화상 정보량의 1/100 수준이라는 이야기이다. 이와 같이 실험은 가장 확실한 정보를 얻고 이해를 깊게 할 수 있는 방법이 된다. 그러나 이를 위해서는 실험을 대하는 학생들 스스로의 자세가 잘 갖추어져 있어야 한다는 전제 조건이 따른다. 충분한 예비지식과 뚜렷한 목표 의식을 가지고 깊이 생각하면서 실험해야 한다는 점이다. 생각하는 능력이야 말로 좋은 엔지니어로서의 요건인 문제 해결 능력의 요체이며 평생에 걸쳐 새로운 지식을 쌓아가야 할 운명을 가진 엔지니어들이 스스로를 가르치는 평생교육의 터전이기 때문이다.

우리 아주대학교 전자공학부는 문제 해결 능력을 갖춘 창조적인 엔지니어의 양성을 목표로 실험 실습 교육을 강조하는 좋은 전통을 이어 오고 있다. 이에 따라 실험

환경도 비교적 잘 갖추고 있으며, 특히 올바른 실험 결과를 얻어야만 실험을 끝낼 수 있도록 실험 수업을 운영하고 있다. 이 교재가 그러한 좋은 전통을 발전시켜 나아가는 데 좋은 밑거름이 될 수 있기를 기대한다. 그리고 이러한 좋은 실험 방법론이 우리나라의 모든 대학에 확산되기를 기대한다.

이 교재를 사용하는 학생들에게

이 교재는 전자공학 및 관련 분야를 공부하는 학생들이 전공에 들어가서 처음 접하게 되는 실험과정으로 준비되었기 때문에, 실험에 필요한 예비 지식을 다른 문헌에 의존하지 않고 이 교재만으로 충분히 습득할 수 있도록 쓰여졌다. 그러므로 실험에 앞서 본문의 이론적인 내용들을 잘 읽고 이해하면, 실험 결과를 얻고 해석하는 데에 어려움이 없을 것이다. 또 본문의 이론적인 내용을 제대로 이해하고 있는지를 예비 보고서의 Review questions에서 스스로 확인할 수 있게 하였다. 그러므로 이 문제들에 대한 답을 찾지 못할 때에는 본문의 내용을 다시 한 번 읽어보도록 한다. 이와 같이 이 교재는 학생들 스스로 준비하여 실험하고, 얻은 결과를 해석하고 그 과정을 통하여 배우도록 하는 데에 주안점을 두었다. 이 책을 최대한 활용할 수 있도록 다음의 과정을 따라 주기를 권장한다.

1. 본문의 이론적인 내용들을 잘 읽고, Review questions을 풀어 본다. 이 문제들이 잘 풀리지 않으면 본문을 한 번 더 읽는다.
2. 연습 문제를 풀어 본 다음에 예비 보고서를 작성한다.
3. 실험에 앞서 실험의 목표에 대하여 분명히 인식하도록 한다.
4. PSPICE를 이용하여 실험을 미리 하여 본다(아주대학교 학생들은 실험 동영상이 준비되어 있으니, 이 실험 동영상을 통하여 미리 가상 실험을 하여 본다).
5. 실험의 목표를 분명히 인식하고 실험한다. 실험이 끝나면 데이터를 정리, 분석하고 실험 과정 뒤에 수록되어 있는 토의 사항에 대한 답을 찾는다.
6. 결과 보고서를 작성한다.

감사의 글

이 책을 준비하는 데에 도움을 주신 많은 분들께 깊은 고마움을 표합니다. 가장 먼저 이 책을 쓰도록 기회를 주시고 배려하여 주신 아주대학교의 홍석교 전자공학부장님께 깊은 감사를 드립니다. 또, 이 책을 준비하는 과정에서 실험 및 본문의 내용을 검토하고, 실험 과정을 직접 실험을 통하여 확인하여 주었으며 그림을 그려준 아주대학교 대학원 전자공학부의 옹수환, 고성일, 김성룡, 오승찬, 김희태, 조기흠, 한재웅, 김성한 제군, 특히 한재웅 군에게 깊은 고마움을 전합니다. 끝으로 출판사 관계자 여러분께도 깊은 감사를 드립니다. 이 책을 준비하면서 완벽을 기하려고 노력하였지만, 불가피하게 오류가 있을 것입니다. 이 점에 대하여 독자 여러분의 넓은 이해를 구하며, 이 책을 더 좋게 하기 위하여 노력할 것을 다짐합니다. 아울러 여러분의 값진 의견을 기대합니다.

1999년 2월 10일

김 상 배

E-mail : sbkim@ajou.ac.kr

개정판 책머리에

초판에 이은 개정판을 준비하면서도, 글쓴이의 실험에 대한 생각과 이 책의 목표에 대한 생각은 기본적으로 변하지 않았다. 다만, 그 사이에 교수법과 학습법을 공부하고 나름대로의 생각을 더하면서 교육에 대한 전반적인 생각, 즉 교육관에는 큰 변화가 있었다.

교육관의 변화는 "배움이란 두뇌구조의 변화이다(Learning is biological brain change)"라는 지극히 당연한 사실에 대한 새로운 인식에서 출발하였다(참고문헌: Robert Leamnson, Learning as Biological Brain Change, Change, 2000년 11월호). 배움이란 두뇌구조의 의미 있는 변화라는 것이다. 이러한 관점에서 보면, 교육의 최대 관심사는 누가 어떻게 두뇌구조를 의미 있게 변화시킬 수 있느냐에 모아지게 되는데, 여기에서부터 교육관이 달라졌던 것이다.

과학기술이 현란할 정도로 발전을 계속하여 왔지만, 배움이 이루어지도록 인위적으로 두뇌구조를 바꿀 수 있는 단계에는 아직 이르지 못하였다. 따라서 현재 상황에서 배움이 이루어져 두뇌구조의 의미 있는 변화를 일으킬 수 있는 존재는 오직 하나뿐이다. 바로, 배우는 사람 그 자신뿐인 것이다. 이 책의 기본 체제를 초판 그대로의 모습으로 유지한 것은 초판을 쓰게 된 기본적인 생각이 "배움이란 두뇌구조의 변화이다"라는 현재의 생각과 상통하기 때문이다. 초판을 쓸 당시에는 전혀 의식하지 못하고 썼었지만, 초판의 책머리에는 "이 교재는 학생들 스스로 준비하여 실험하고, 얻은 결과를 해석하고 그 과정을 통하여 배우도록 하는 데에 주안점을 두었다"라는 글귀가 있다. 바로 두뇌구조를 바꿀 수 있는 유일한 존재인 배우는 사람 그 자신에 의하여 배움이 일어나도록 하겠다는 의도가 담겨 있었던 것이다.

그렇다면, 배움이 가장 잘 일어나게 하는 방법, 즉 두뇌구조를 의미 있는 방향으로 바꿀 수 있는 가장 효과적인 방법은 무엇일까? 실험 또는 경험을 통하여 배우는 과정을 설명한 대표적인 이론의 하나인 David A. Kolb의 Experiential Learning Theory에 따르면, 배움이란 아래 그림과 같은 4가지 활동이 주기적으로 일어난 결과라고 한다.

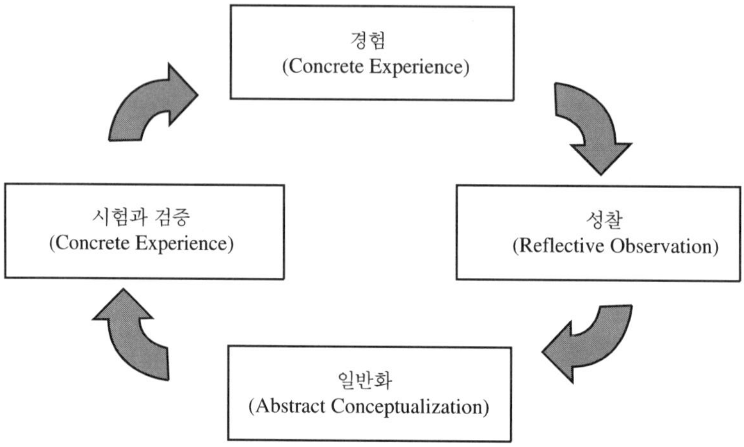

Kolb의 Learning Cycle(출처: http://www.learningfromexperience.com/)

이 이론에 따르면 배움의 첫 단계는 경험이다. 실험실에 앉아서 실험을 하든, 책을 읽거나 강의를 들으며 정보를 처리하든, 현장 경험을 하든 새로운 일들을 경험하는 단계이다.

둘째 단계는 첫 단계의 경험에 대하여 성찰하는 단계이다. 경험으로부터 무엇을 배웠는지, 어떻게 배웠는지, 잘 배웠는지 아니면 못 배웠는지, 그 이유는 무엇인지, 더 좋은 방법은 없었는지, 교수나 조교들의 평가는 어떠했는지, 시험 결과는 어떠했으며 그 결과가 좋았는지 나빴는지 등을 체계적으로 분석하고 평가하는 과정이다. 이를 위해서는 자신의 학습경험을 학습 포트폴리오로 정리하고 관리하는 것이 좋은데, 자신을 되돌아보는 매우 유용한 자기성찰 방법의 하나이기 때문이다.

배움의 셋째 단계는 일반화 단계이다. 성찰 단계에서 얻은 결론을 일반화 하는 과정이다. 어느 상황에서의 경험으로부터 배운 것을 다른 상황에 적용하려면 일반화 과정이 필요한 것이다. 이 과정에서는 추가적인 공부가 필요할 수도 있다. 경험으로부터 얻은 지식과 자신의 성찰만으로 일반화된 이론이나 모델을 완성시키기는 어렵기 때문이다.

배움의 넷째 단계는 일반화된 이론이나 모델을 시험을 통하여 검증하는 단계이다. 또 다른 상황에서도 일반화된 이론적 모델이 타당한지를 검증하는 단계이다. 이렇게 검증된 모델은 일반적인 타당성을 가지고 있을 가능성이 높기 때문에, 이론적 모델이 세워진 가정이 맞는 새로운 상황에 적용할 수 있게 된다.

이 네 단계를 지속적으로 반복하면서 현재의 이론이나 모델은 완성되어가고, 새로운 경험을 통하여 새로운 배움이 일어나게 되는 것이다. 이렇게, 배움은 끊임없는 순환과정이다.

이 이론을 실험을 통하여 배우는 과정과 비교하여 보면, 실험이라는 경험만으로는 배움이 일어나지 않음을 알게 된다. 실험이라는 경험을 통하여 배움이 일어나려면 그 과정과 결과를 정리, 분석하고(성찰 과정), 그 결과들이 일반화된 이론이나 모델과 일치하는지를 확인하고(일반화 과정), 이 결과를 바탕으로 일반화된 이론이나 모델의 타당성과 적용한계를 파악하는(시험과 검증 단계) 일련의 생각하는 과정이 추가되어야 하기 때문이다.

결국, 배움은 깊고 많은 생각을 통하여 두뇌구조가 의미 있게 변화하면서 이루어진다. 이렇듯, 배움의 근간이 되는 두뇌구조의 변화는 배우는 사람 자신의 깊고 많은 생각을 통하여 이루어지는 것이다. 이 실험 책에서 실험 단계마다 토의사항을 추가한 것은 바로 이 깊은 생각을 하라는 것이다. 배움은 경험만으로는 이루어지지 않는다. 오직 깊은 생각을 통하여 이루어질 수 있는 것이다. 이 책을 교재로 하여 실험을 하는 모든 배우는이들에게 꼭 들려주고 싶은 메시지는 "배움이란 깊은 생각을 통한 두뇌구조의 의미 있는 변화"이기 때문에 주체적인 노력 없이 이루어지지 않는다는 사실이다.

감사의 글

이 개정판을 출간하면서도 많은 분들의 도움을 받았습니다. 정보통신부 산하 정보통신연구진흥원이 주관한 NEXT 사업의 지원을 받음에 관계자 여러분께 감사의 뜻을 전하고 싶습니다. 그리고 아주대학교 전자공학부의 제자들인 전인영, 김해미 양과 김태기, 최효식 군의 도움도 매우 컸는데, 이 자리를 빌어 감사의 뜻을 전하는 것도 큰 기쁨이 될 것입니다. 그리고, 홍릉과학출판사의 관계자 여러분께도 감사의 뜻을 전합니다. 또한, 늘 곁에서 서로를 따스하게 하는 아주대학교 전자공학부의 교수, 직원, 조교 여러분께도 감사의 인사를 올립니다.

2007년 2월 10일

김 상 배

E-mail : sbkim@ajou.ac.kr

목차

01

실험 1 전류, 전압, 저항의 측정과 Kirchhoff의 법칙

직류 또는 저주파 교류 회로를 해석하는 데 있어 가장 근본적인 원리는 Kirchhoff의 전류, 전압 법칙이다. 실험 1은 직류 회로에서 이 법칙을 실험으로 확인해 보도록 설계되었다. 이를 위해서는 전류계, 전압계 및 저항계를 올바로 사용하는 능력이 선행되어야 하므로, 전류계, 전압계 및 저항계 사용법에 관한 내용들이 실험의 전반부를 구성하고 있다. 이렇게 기본 계측기를 올바로 사용하고 회로 이론의 기본 원리를 이해함으로써 회로를 다루는 기본적인 능력이 배양되는 것이다. 아울러 저항의 저항값을 나타내는 색 코드(color code)에 대해서도 공부한다.

1.1 실험의 목표

이 실험의 목표는 다음의 두 가지이다.

(1) 전류계, 전압계 및 저항계에서 내부 저항이 측정 오차에 미치는 영향을 알아보고, 이 영향을 고려하여 측정값을 올바로 해석할 수 있게 함으로써 전류계, 전압계 및 저항계를 올바로 사용하는 능력을 기른다.

(2) Kirchhoff의 전류, 전압 법칙을 실험을 통해 확인함으로써 원리에 대한 이해도를 높인다.

1.2 Kirchhoff의 전류, 전압 법칙과 전류계, 전압계 및 저항계

1.2.1 전하, 전류 그리고 전압

모든 물체는 원자로 구성되어 있고, 원자는 + 전하를 띠고 있는 양성자, 전하를 떠고 있지 않은 중성자, 그리고 − 전하를 띠고 있는 전자로 구성되어 있다. 이 가운데에서 도체에서 전류가 흐르게 하는 입자는 전자로서, 전자공학의 주요 연구 대상이다. 전류는 이 전자의 움직임에 따라 − 전하가 움직임으로써 나타나며, 이러한 의미에서 전자는 − 전하를 실어 나르는 캐리어(carrier)라 할 수 있다. + 전하를 띤 양성자는 고체에서는 원자에 결합되어 있어 움직일 수 없으므로 전류에 기여하지 못한다. 전류의 방향은 + 전하가 움직이는 방향으로 정의하여 사용해 오고 있으므로, 전자가 흐르는 방향의 반대 방향으로 정의된다.

전류는 곧잘 물의 흐름에 비유되기도 한다. 물을 전하에 비유하면 물의 흐름은 전류에 해당하며, 물을 담아 나르는 물통은 캐리어에 해당한다. 또 물이 흐르기 위해서는 수압이 있어야 함과 마찬가지로 전하가 흐르기 위해서는 전하가 흐르게 하는 에너지 차이, 즉 전압이 있어야 한다. 물이 높은 곳에서 낮은 곳으로 흐르듯이 전류도 전위(즉 전기적 위치 에너지)가 높은 곳에서 낮은 곳으로 흐른다. 물의 높이를 수위라 하여 물의 위치 에너지를 나타내듯이 전하가 가지고 있는 전기적 위치 에너지를 전위라 하는 것이다. 또, 수위의 차이에서 물이 흐르게 하는 수압이 나오듯이 전위의 차이, 즉 전압이 전하를 흐르게 한다. 이와 같이 물의 높이 차이에 전압이 대응되는데, 이러한 대응관계를 잘 이해하면, 전하, 전류, 전압의 개념을 쉽게 알 수 있을 뿐 아니라, 뒤에 나올 Kirchhoff의 전류, 전압 법칙도 쉽게 이해할 수 있다.

물의 높이는 상대적인 것으로, 어느 한 곳에 있는 물의 높이가 다른 곳에 있는 물의 높이보다 얼마만큼 높다, 또는 낮다로 표현된다. 이와 마찬가지로 전위도 어느 한 점의 전위가 다른 점의 전위보다 얼마만큼 높다, 또는 낮다로 표현된다. 어느 한 점의 전위가 기준점보다 높으면, 전위차 즉 전압은 +가 되며, 낮으면 −가 된다. 전위차, 즉 전압은 두 점 사이의 전위의 차이로 정의되어 항상 기준점이 명시되어 있지만, 전위는 기준점을 임의로 잡을 수 있다. 그러므로 전위를 이야기할 때에도 기준점이 있으면 편리할 것이다.

산의 높이를 측정할 때 해수면을 기준으로 하여 해발 몇 미터라고 하듯이, 지구 표면의 전위를 기준 전위 0Volt로 하여 전위차, 즉 전압을 표시하기도 한다. 이 기준점, 즉 지구 표면을 접지점(earth, ground)이라 부른다. 이렇게 접지점을 기준으로 전위와 전압이 정의된다면, 전위와 전압은 같은 값을 갖게 되어 구분 없이 사용할 수 있게 된다.

전하의 단위는 Coulomb으로, 두 전하 사이에 작용하는 힘의 세기를 이용하여 정의한다. 즉 1m 떨어져 있는 같은 + 부호, 같은 전하량의 두 전하 사이에 작용하는 반발력이 9×10^9 Newton일 때, 그 전하량을 1 Coulomb이라고 정의한다. 그리고 전류의 단위는 Ampere로 1초 동안 일정하게 흐른 전하의 양이 1 Coulomb일 때의 전하의 흐름으로 정의한다. 그러므로 Ampere를 기본 단위로 표시하면 Coulomb/sec가 된다. 전압의 단위는 Volt이며 이를 기본 단위로 표시하면 Joule/Coulomb이 된다. 따라서, 1 Coulomb의 전하를 이동시키는 데 소요된 에너지가 1 Joule이라 하면, 종착점의 전위가 시작점의 전위보다 1Volt 높게 되는 것이다. 표현을 달리하면, 시작점과 종착점 사이의 전압은 1V이며, 시작점을 기준으로 한 종착점의 전압은 +1V, 종착점을 기준으로 한 시작점의 전압은 −1V가 된다.

마치 물을 가지고 낮은 곳에서 높은 곳으로 올라갈 때 에너지가 소요되듯이, + 전하도 전위가 낮은 곳에서 높은 곳으로 이동시키려면 에너지가 소요된다. 반대로 높은 곳에 있는 물은 물이 흐를 수 있는 경로만 있으면 자연스레 아래로 내려가 자신의 위치 에너지를 열 또는 운동 에너지의 형태로 방출한다. 이와 똑같이, 전위가 높은 곳에 있는 + 전하도 전하가 흐를 수 있는 경로만 있으면 자연스레 전위가 낮은 곳으로 내려가 자신이 가지고 있던 위치 에너지를 열 또는 운동 에너지의 형태로 방출한다. 이러한 때에는 전하가 외부에 에너지를 공급하게 된다. 만일 이 경로가 저항이었다면, 저항에서 전하가 가지고 있던 위치 에너지는 열에너지로 변환되어 방출된다. 이렇게 전열기가 되어 그 열을 우리가 활용할 수 있게 되는 것이다. 즉, 전하가 가지고 있던 에너지를 우리가 활용하는 것이다.

물과 전하, 물의 흐름과 전하의 흐름(즉 전류), 수위와 전위, 수위 차이와 전위차(즉 전압)의 대응 관계를 이용하면 전류와 전위, 전압의 개념을 쉽게 이해할 수 있다. 표 1-1에 전류, 전위, 전압, 전력, 저항의 개념을 단위와 함께 정리하였다.

표 1-1 전류, 전위, 전압, 전력, 저항의 개념과 단위

물리량	정의	단위	기본 단위	기본 단위가 나타내는 물리적 의미
전류	정해진 단면을 통하여 단위 시간당 흐르는 전하의 양	A	C/s (Coulomb/sec)	1초 동안 흐른 전하의 양
전위	단위 전하의 전기적 위치 에너지, 즉 기준점에서 어느 한 점으로 1C의 전하를 이동시키는 데 드는 일의 양	V	J/C	1 Coulomb당의 에너지
전압	두 점 사이의 전위 차이, 즉 두 점 사이에 나타나는 단위 전하가 가지는 위치 에너지의 차이	V	J/C	1 Coulomb당의 에너지
전력	단위 시간당 한 일의 양	W	J/s	1초 동안 한 일의 양
저항	단위 전류를 흐르게 하는 전압으로 전하의 흐름을 어렵게 하는 정도	Ω	V/A	1A 전류가 흐를 때의 전압

1.2.2 Kirchhoff의 전류, 전압 법칙

Kirchhoff의 법칙을 설명하기에 앞서 회로의 구성 부품인 저항, capacitor, inductor 등의 수동 소자와 전류원, 전압원과 같은 능동소자의 차이점에 대하여 기술하기로 하자. 이들은 모두 단자가 둘이라는 공통점을 가지고 있다.

수동소자는 전력을 발생시키지 못하는 부품으로, 저항처럼 전기 에너지를 소모하거나 capacitor, inductor처럼 전기 에너지를 저장 또는 방출할 뿐이다. 수로에서는 물이 높은 곳에서 낮은 곳으로 흘러 물이 가지고 있던 위치 에너지가 열이나 운동에너지로 바뀐다. 이와 똑같이, 저항에서는 전위가 높은 곳에서 낮은 곳으로 전하가 흐르면서, 즉 전류가 흐르면서 전기적 위치 에너지가 열로 바뀐다. 이처럼 저항에서는 전위가 높은 곳에서 낮은 곳으로 전하가 흐르면서 전하 자신이 가지고 있던 위치 에너지가 열로 방출된다. 즉 전하가 일을 하며 저항은 에너지를 소비한다.

저항에서 발생하는 열은 소모하는 전력과 직접 연관된다. 전력은 전류와 전압의 곱으로 주어지는데, 전류가 1초 동안 흐른 전하의 양이고, 전압이 1Coulomb의 전하에 해준 일의 양임을 생각하면 당연한 귀결이다. 다음 식은 이를 보여주고 있다.

$$AV = (\text{Coulomb/sec}) \times (\text{Joule/Coulomb}) = \text{Joule/sec} = \text{Watt} \tag{1}$$

수로의 폭이 넓으면 물의 흐름이 저항을 덜 받게 된다. 이와 똑같이 전기 저항이 작으면 전하의 흐름, 즉 전류도 방해를 덜 받게 된다. 저항에 걸리는 전압은 전류와 저항의 곱으로 주어지므로, 저항값은 발생하는 열의 양을 결정하는 주요 요소의 하나이다. 저항에 걸리는 전압이 일정하면, 열은 저항이 클수록 적게 발생한다. 전류가 적게 흘러 전력 소모가 작아지기 때문이다. 저항에 흐르는 전류가 일정하면, 열은 저항이 클수록 많이 발생한다. 전압이 높아 전력소모가 커지기 때문이다.

capacitor나 inductor는 같은 수동소자이기는 하지만 에너지를 소모하지 않고 저장과 방출을 반복하는 것이 다르다. 에너지를 저장할 때에는 저항에서처럼 전위가 높은 단자(+)에서 낮은 단자(−)로 전류가 흘러 전하가 외부 회로로부터 받은 에너지를 capacitor나 inductor에 공급한다. 이는 마치 저수지에 물이 고이면서 수위가 높아져 위치 에너지가 커지는 것, 즉 에너지를 저장하는 것과 같다.

저장하고 있던 에너지를 방출할 때에는 capacitor나 inductor의 전위가 낮은 단자(−)에서 전위가 높은 단자(+)로 전류가 흘러 전하가 에너지를 다른 회로 소자에 공급한다. 저수지의 물을 흘려 내보내 수위가 낮아지면서 물이 가지고 있던 에너지를 방출하는 것, 즉 외부에 에너지를 공급하는 것과 같다.

저항에서처럼 전위가 높은 곳에서 낮은 곳으로 흐르는 전류의 방향에 + 부호를 붙이기로 한다. 그러면 전력을 나타내는 전류와 전압의 곱은 저항에서 +가 되며, 이 + 부호는 소자가 전력을 받아들여 전력을 소모하거나 저장하는 것이 된다. capacitor나 inductor에서는 에너지가 저장될 때에는 저항에서처럼 전류의 부호와 전력의 부호가 +가 되고, 에너지를 방출할 때에는 전류가 − 단자에서 + 단자로 흐르므로 전류와 전력의 부호는 −가 된다. 이처럼 − 전력은, − 전력을 소모하는 것이 되어, 전력을 다른 회로 소자에 공급함을 의미한다.

저항은 스스로 전력을 공급하지 못하고 전력을 소모할 뿐이므로, 전류는 전위가 높은 곳에서 낮은 곳으로 흐르며, 전류와 전압의 곱으로 주어지는 전력은 +가 되어 전력을 소모하게 된다. 저항과 같은 수동 소자와는 달리 전압원은 전력을 외부 회로에 공급하는 능동 소자의 역할을 하므로 전압원에 흐르는 전류는 전압이 낮은 곳에서 높은 곳으로, 즉 − 단자에서 + 단자로 흐른다. 그러므로 전류와 전압의 곱으로 주어지는 전력은 −가 되어 − 전력을 소모하므로 외부 회로에 전력을 공급하게 된다. 이는 낮은 곳에 있는 물을 높은 곳으로 올려주는 펌프와 같다고 할 수 있다. 펌프가 물에 대하여 일을 한 것과 마찬가지로 전위가 낮은 곳에 있는 + 전하를 전위가 높은 곳으로 이동시키기 위하여 전압원이 전하에 대하여 일을 한 것이다.

그림 1-1은 이와 같은 전하, 전류, 전위, 전압, 저항, 전압원과 물, 물의 흐름, 수위, 수압, 펌프의 대응관계를 보여주고 있다. 그림 1-1에서처럼 낮은 곳에 있는 물을 높은 곳으로 올리기 위하여 펌프가 일을 하듯이, 전압원은 전위가 낮은 곳에 있는 전하를 높은 곳으로 올리기 위하여 일을 한다. 즉 전압원의 − 단자에서 + 단자로 + 전하를 이동시키기 위하여 일을 한다. 그리고 수로에서는 물이 높은 곳에서 낮은 곳으로 내려오면서 열을 방출하듯이 저항에서는 + 전하가 전위가 높은 곳에서 낮은 곳으로 움직이면서 에너지를 방출한다. 즉 + 전류가 흐르면서 전하가 가지고 있던 에너지가 열로 방출되는 것이다.

전압원이 일정한 전위차, 즉 전압을 공급하는 장치임에 비하여 전류원은 일정한 전류를 흐르게 하는 능동 부품이다. 그러므로 전류원 내부에서도 전위가 낮은 단자에서 높은 단자로 전류가 흐른다.

전류원이나 전압원이 여러 개 있는 회로에서는 일부 전류원이나 전압원에 흐르는 전류의 방향이 지금까지 설명한 것과는 반대로 되는 경우도 있다. 이 때에는 그 전류원이나 전압원이 전기 에너지를 공급하는 것이 아니라 소비하는 것이 되며, 그 에너지는 다른 전류원이나 전압원이 공급한다.

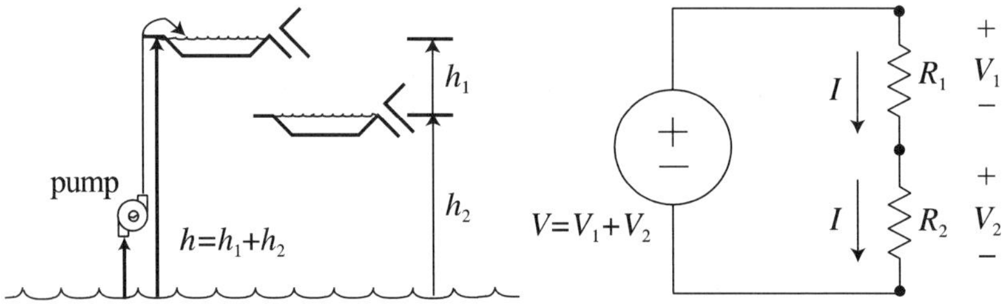

그림 1-1 물의 흐름과 전류의 대응 관계

수동 소자이든 능동 소자이든 소자가 매우 작아 소자에 흐르는 전류와 걸리는 전압이 동시에 순간적으로 변한다면 소자로 흘러 들어가는 전류는 흘러 들어가는 즉시 나올 것이다. 그러므로, 들어가는 전류와 나오는 전류는 같게 된다. 이러한 회로 요소들을 lumped element라고 한다. 마치 수로의 길이가 충분히 짧으면 들어가는 물이 곧바로 나오므로 들어가는 물의 양과 나오는 양이 같은 것과 똑같은 이치이다. 그러므로 이러한 소자들이 그림 1-2에서처럼 여럿 연결되어 있으면, 연결점(node)을 기준으로 흘러 나가는 전류의 합은 흘러 들어오는 전류의 합과 같을 것이다. 이를 Kirchhoff의 전류 법칙이라 한다. 전하는 생성되거나 소멸되지 않는, 즉 보존되는 양임과 동시에 연결점에서 전하가 축적되지도 새어나가지도 않기 때문이다. 이처럼 Kirchhoff의 전류 법칙은 전하보존의 법칙의 다른 표현이다.

주 의

전류가 시간에 따라 변할 때, 소자의 크기가 매우 커서 소자에 전류가 들어갔다 나오는 데 많은 시간이 걸린다면, 들어가는 전류와 나오는 전류의 양이 다를 수도 있다. 이와 같은 소자를 distributed element라 하며, 이 실험에서는 다루지 않는다. 이와는 반대로 소자 크기가 충분히 작아 들어간 전류가 시간의 지체 없이 곧바로 나오는 소자를 lumped element라 하며 이 실험과 회로 이론에서 다루는 대상이다.

이 Kirchhoff의 전류 법칙은 여러 형태로 표현할 수 있다. 각 전류에 흐르는 방향에 따라 부호를 붙여 흘러 나가는 전류에 +, 흘러 들어오는 전류에 − 부호를 붙이거나, 거꾸로 흘러 나가는 전류에 −, 흘러 들어오는 전류에 + 부호를 붙이면, Kirchhoff의 전류 법칙은 "흘러 나가는 전류의 합은 0이다", 또는 "흘러 들어오는 전류의 합은 0이다"라고 표현할 수 있다.

그림 1-2에서 Kirchhoff의 전류 법칙을 앞에서 말한 세 방법으로 나타내 보자. 먼저, 흘러 들어간 전류의 합은 흘러나온 전류의 합과 같으므로, 이를 식으로 나타내면 그림 1-2(a)에 보인 것처럼 다음과 같이 된다.

$$I_1 + I_2 = I_3 + I_4 \tag{2}$$

흘러 나가는 전류를 기준으로 하면, 흘러 들어가는 전류는 부호가 −가 되기 때문에, 그림 1-2(b)에 보인 것처럼 다음과 같이 나타낼 수 있다.

$$i_1 + i_2 + i_3 + i_4 = 0 \text{ 또는 } -I_1 - I_2 + I_3 + I_4 = 0 \tag{3}$$

식 (3)은 흘러나간 전류의 합은 0임을 의미하며, 식 (2)에서 I_1, I_2를 이항하면 얻을 수 있다. 흘러 들어가는 전류를 기준으로 하면, 흘러 나가는 전류의 부호가 −가 되기 때문에, 그림 1-2(c)에 보인 것처럼 다음과 같이 나타낼 수 있다.

$$i_1' + i_2' + i_3' + i_4' = 0 \text{ 또는 } I_1 + I_2 - I_3 - I_4 = 0 \tag{4}$$

식 (4)는 흘러나가는 전류의 합은 0임을 나타내며, 식 (3)에서 모든 항을 이항하거나, 식 (2)에서 I_3, I_4를 이항하여 얻을 수 있다.

Kirchhoff의 전류 법칙은 한 연결점으로 흘러 들어가거나 그 연결점에서 흘러 나가는 전류로 나타낼 수도 있지만, 임의의 폐곡면을 상정하여 그 폐곡면을 통하여 흘러 들어가거나 흘러 나가는 전류로 나타낼 수도 있다. 임의의 폐곡면 안에서도 전하가 생성되지도 소멸되지도 않기 때문에 흘러 들어간 전하의 양만큼 흘러 나올 것이다. 그러므로, 보다 일반화된(generalized) Kirchhoff의 전류 법칙은 "임의의 폐곡면을 나가는 전류의 합은 그 폐곡면으로 들어가는 전류의 합과 같다"라고 표현할 수 있다. 이와 같이 한 연결점에 대한 Kirchhoff의 전류 법칙은 일반화된 Kirchhoff의 전류 법칙을 연결점 하나만을 포함하는 작은 폐곡면에 적용한 특별한 경우로 생각할 수 있

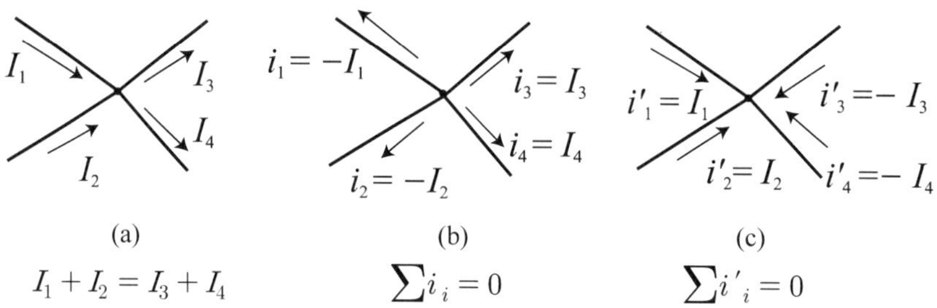

그림 1-2 Kirchhoff의 전류 법칙

다. 물론, 이 일반화된 Kirchhoff의 전류 법칙에서도 전류에 부호를 붙여 "임의의 폐곡면을 통하여 흘러 들어가는 전류의 합은 0이다" 또는 "임의의 폐곡면을 통하여 흘러 나가는 전류의 합은 0이다"라고 표현할 수 있다.

물을 흘릴 때에 어느 한 점에서 물을 이동시키기 시작하여 폐경로를 거쳐 다시 그 점으로 되돌아 오는 경우를 생각하여 보자. 제자리로 되돌아 왔기 때문에 그 물의 높이, 즉 수위는 변하지 않았을 것이다. 그러므로 그 물이 이동한 경로를 따라 높이 차이를 부호까지 고려하여 다 더하면 0이 될 것이다. 이와 마찬가지로 전기 회로에서도 어느 폐경로(loop)를 잡아 그 경로를 따라 전위차, 즉 전압을 다 더하면 그 합은 0이 될 것이다. 이를 Kirchhoff의 전압 법칙이라 한다. 그림 1-3은 Kirchhoff의 전압 법칙을 보여 주고 있다. 이 회로에서 접지점을 출발점으로 하여 경로 1을 따라가면, 전압원에서 V만큼 올라갔다가 저항 R_1, R_2, R_3에서 각각 V_1, V_2, V_3만큼 내려와 다시 접지점, 즉 출발점으로 되돌아온다. 그러면 순수하게 올라간 높이 또는 전위차, 즉 전압은 0이다. 올라갈 때 +, 내려갈 때 − 부호를 붙이면, 순수하게 올라간 높이 ΔV 는 0이 된다.

$$\Delta V = V - V_1 - V_2 - V_3 = 0 \tag{5}$$

이렇게, Kirchhoff의 전압 법칙은 에너지 보존의 법칙의 다른 표현이다.

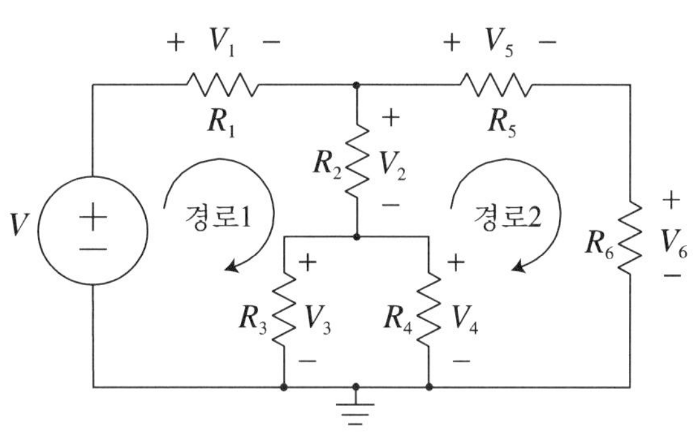

경로 1 : $V - V_1 - V_2 - V_3 = 0$

경로 2 : $V_4 + V_2 - V_5 - V_6 = 0$

그림 1-3 Kirchhoff의 전압 법칙

그림 1-3에서 경로 2를 따라 Kirchhoff의 전압법칙을 써보자. 저항 R_4에서 V_4만큼, 저항 R_2에서 V_2만큼 올라갔다가 R_5, R_6에서 각각 V_5, V_6만큼 내려왔다. 따라서 Kirchhoff의 전압법칙은 다음과 같다.

$$\Delta V = V_4 + V_2 - V_5 - V_6 = 0$$

1.2.3 전압, 전류, 저항의 측정 : 전압계, 전류계와 저항계

전압계는 전위 차이, 즉 전압을 측정하는 계측기이다. 전압을 측정하려는 두 점에 전압계의 두 단자를 병렬로 연결하여 측정한다. 그림 1-4(a)처럼 이상적인 전압계는 내부 저항이 무한대여서 전압을 측정하기 위하여 전압계를 병렬로 연결하여도 전압계로 전류가 흐르지 않는다. 이렇게 원래의 회로에 흐르는 전류를 변화시키지 않아야 한다. 그러나 실제의 전압계는 매우 큰 값이기는 하지만 그림 1-4(b)처럼 병렬 내부 저항 R_v가 있어 전류가 흐른다. 그렇기 때문에 전압계 내부 저항 R_v에 흐르는 전류만큼 저항 R_2에 흐르는 전류가 줄어들고, 이에 따라 측정전압도 줄어든다. 이렇게 전압계로 측정한 전압은 실제의 전압보다 낮게 된다.

두 저항 R_1, R_2에 의하여 분배되어 저항 R_2에 나타나는 전압을 이상적인 전압계로 측정하면 다음과 같은 결과를 얻는다.

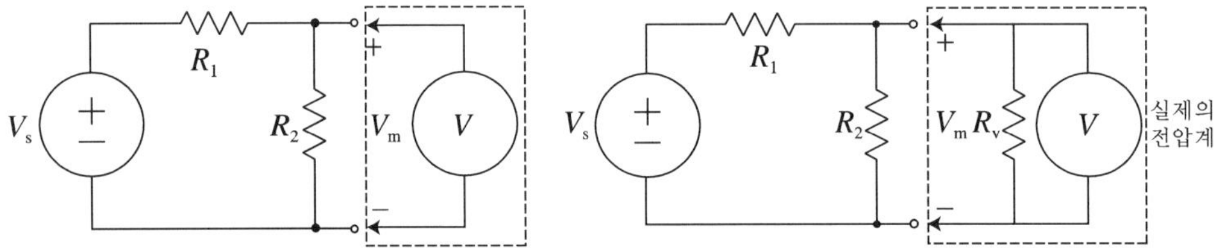

$$V_m = \frac{R_2}{R_1 + R_2} V_s$$

(a)

$$V_m = \frac{R_2 // R_v}{R_1 + (R_2 // R_v)} V_s$$

(b)

그림 1-4 (a)내부 저항이 무한대인 이상적인 전압계, (b)내부 저항이 유한한 실제의 전압계

$$V_m = \frac{R_2}{R_1 + R_2} V_s \tag{6}$$

그러나, 내부 저항 R_v가 있는 경우의 측정값은 다음과 같다.

$$V_m = \frac{(R_2//R_v)}{R_1 + (R_2//R_v)} V_s \tag{7}$$

이 식 (7)의 결과는 실제 전압인 식 (6)의 결과보다 작다. 그러므로 내부 저항에 의한 측정 오차를 최소화하려면 $R_v >> R_2$가 되어 $R_2 // R_v \cong R_2$여야 한다.

주 의

그림 1-4에서 R_1, R_2 모두 1kΩ 이고 V_s = 2V라면, 저항 R_2에 걸리는 전압 V_2는 1V이다. 만일, 전압계 내부 저항이 $R_v = 10\text{M}\Omega$이라면, 전압계 측정 전압은 다음과 같이 주어진다.

$$V_m = \frac{R_2//R_v}{R_1 + (R_2//R_v)} V_s \cong 0.99995\,V$$

따라서 측정 오차는 $\Delta V \cong 0.00005\text{V}$로 큰 문제는 아니다. 그러나 R_1, R_2 모두 10MΩ 이라면 상황은 크게 달라진다. 같은 방법으로 구하면 측정 전압은 다음과 같다.

$$V_m = \frac{R_2//R_v}{R_1 + (R_2//R_v)} V_s = \frac{2}{3} V$$

측정 오차가 무려 1/3V나 된다. 이처럼, 전압계 내부 저항에 따른 전압 측정 오차는 전압을 측정하려는 저항값이 클수록 커진다.

전류계는 전류의 크기와 방향을 측정하는 계측기로 전류를 재려는 부분을 끊고 그 자리에 직렬로 연결하여 측정한다. 이상적인 전류계는 그림 1-5(a)처럼 내부 저항이 0Ω이어서 전류계에 걸리는 전압이 0V이다. 그러면 전류계를 삽입하더라도 회로가 달라지지 않아 흐르는 전류의 변화도 없고, 측정 오차도 발생하지 않는다. 그

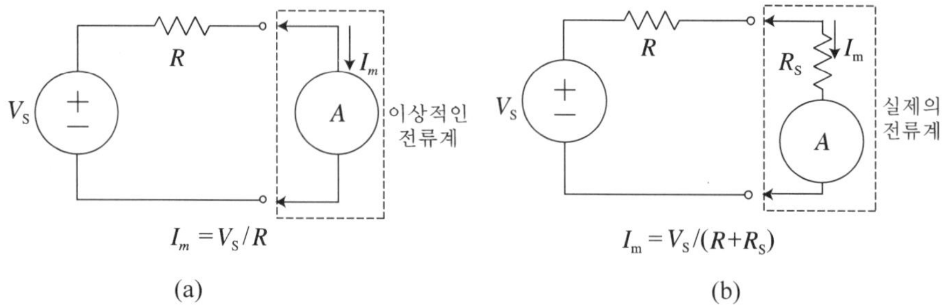

그림 1-5 (a)내부 저항이 0인 이상적인 전류계 (b)실제의 전류계

러나 실제의 전류계는 그림 1-5(b)처럼 작기는 하지만 내부 저항이 0Ω은 아니어서 전류계에 전압이 걸린다. 그러므로 그 전압만큼 다른 소자들에 걸리는 전압이 줄어든다. 이에 따라 측정된 전류는 실제의 전류보다 작게 된다.

이상적인 전류계에서는 측정 전류 $I_m = V_s / R$가 되어 전류계를 연결하기 전에 회로에 흐르던 전류와 같다. 그렇지만, 전류계의 내부 저항 R_s가 있는 경우에는 R_s에 걸리는 전압 때문에 저항 R에 걸리는 전압이 줄어들어서 $I_m = V_s /(R+R_s)$가 되므로 실제의 전류 V_s / R 보다 작아진다. 그러므로 전류계 내부 저항에 의한 측정 오차를 줄이려면, $R_s << R$이어야 한다.

이와 같이 전압계와 전류계의 내부 저항은 측정 오차의 원인이 되므로 사용하기 전에 미리 알아야 할 필요가 있다. 그림 1-6은 전압계와 전류계의 내부 저항 측정 방법을 보이고 있다. 그림 1-6(a)와 같이 예상되는 전압계의 내부 저항과 비슷한 값의 저항 R_r을 직렬로 연결하여 전압을 측정하면 다음과 같이 된다.

$$V_m = \frac{R_v}{R_r + R_v} V_s \tag{8}$$

따라서, 내부 저항 R_v는 다음과 같다.

$$R_v = \frac{V_m}{V_s - V_m} R_r \tag{9}$$

특별히, $V_m = V_s / 2$이면 $R_v = R_r$이 된다.

전류계의 내부 저항도 비슷한 방법으로 측정할 수 있다. 그림 1-6(b)처럼 전류계의 내부 저항과 비슷한 크기의 저항 R_p를 전류계와 병렬로 연결하여 전류를 재면 다음의 결과를 얻는다.

$$I_m = \frac{R_p}{R_p + R_s} I_s \tag{10}$$

따라서, 내부 저항 R_s는 다음과 같이 구해진다.

$$R_s = \frac{I_s - I_m}{I_m} R_p \tag{11}$$

저항을 측정하는 방법에는 여러 가지가 있지만, 표준 전압원을 저항에 연결하여 저항에 흐르는 전류와 저항 양단에 걸리는 전압을 측정하는 방법이 가장 널리 이용된다. 전류계와 전압계는 앞에서 설명한 대로 내부 저항이 있어 측정 오차를 발생시키므로, 이 오차를 줄이기 위한 여러 가지 연결 방법들이 고안되었다[참고문헌 2, Ch. 13]. 가장 흔히 쓰이는 방법은 그림 1-7처럼 표준 전압원 V_{ref}와 정해진 저항값의 표준 저항 R_{range}, 그리고 미지의 저항 R_x를 직렬로 연결하여 표준 저항과 미지의 저항에 걸린 전압 V_{range}와 V_x를 측정하는 방법이다. 표준 저항 R_{range}값은 측정하려는 저항값의 영역에 맞추어 비슷한 값으로 설정해 준다. 전압계의 내부 저항을 무시할 수 있다면 $V_x / V_r = R_x / R_{range}$이다. 그러므로, $R_x = (V_x / V_r) R_{range}$가

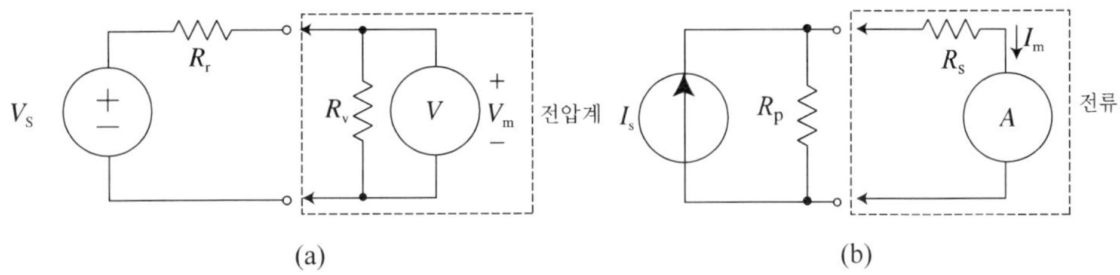

그림 1-6 (a)전압계 및 (b)전류계의 내부 저항 측정 방법

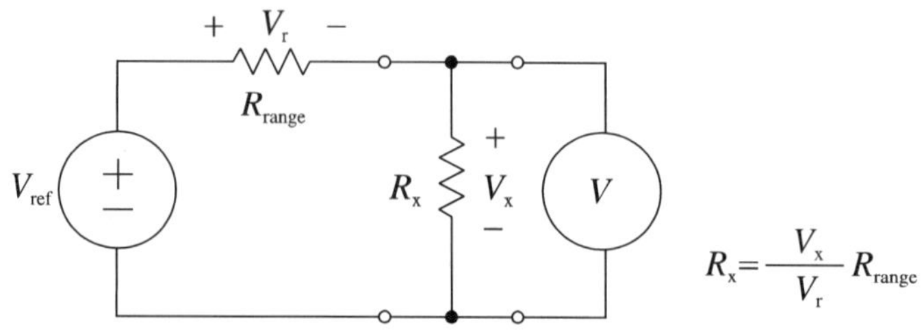

그림 1-7 저항 측정 방법의 한 예

된다. 물론 더 정확한 측정을 위해서 전압계의 내부 저항을 고려하여 R_x 값을 구할 수도 있다.

우리가 흔히 사용하는 디지털 멀티미터는 전압계와 표준 저항, 표준 전압원으로 구성되어 있어 전류, 전압, 저항 등을 다 측정할 수 있는 계측기이다. 작은 전압 또는 전류를 측정하기 쉬운 값으로 키워주는 증폭기 부분을 제외하면 내부에서의 신호처리 및 계산이 디지털로 이루어지며 결과도 직접 숫자로 표시된다. 이러한 디지털 멀티미터에서는 전류를 어떻게 측정할까? 표준 저항에 흐르는 전류 때문에 나타난 전압을 측정하여 전류를 구한다.

1.2.4 저항의 색 코드와 표준 저항

저항값은 저항 표면에 색 띠의 형태로 표시되는데, 각각의 색깔이 나타내는 숫자는 표준으로 정해져 있다. 또 저항값 자체에도 표준이 있어 특별한 경우를 제외하고는 이 표준에 정해진 값들만이 상품으로 유통된다.

표 1-2는 이렇게 표준화되어 있는 저항값 표시 체계인 색 코드와 오차가 5%인 표준 저항값들을 보여주고 있다. 저항의 색 코드는 저항값을 나타내는 세 개의 색 띠와 오차를 나타내는 하나의 띠로 구성되어 있다. 저항값은 첫 번째 색 띠와 두 번째 색 띠가 나타내는 두 자리 숫자에 세 번째 색 띠가 나타내는 수를 10의 지수로 하여 곱한 값으로, 단위는 Ω이다. 예를 들어 노랑, 보라, 빨강의 색 띠는 $47 \times 10^2 \Omega$, 즉 4.7kΩ의 저항을 나타낸다.

표 1-2 저항의 색 코드 및 5% 표준 저항값

<저항의 색 코드>

색깔	검정	갈색	빨강	주황	노랑	초록	파랑	보라	회색	흰색	금색	은색
숫자	0	1	2	3	4	5	6	7	8	9	0.1	0.01

* 주: 저항 오차는 금색: ±5%, 은색: ±10%, 표시가 없을 때 ±20%임

<표준 저항값: 5% 오차>

1.0	1.6	2.7	4.3	6.8
1.1	1.8	3.0	4.7	7.5
1.2	2.0	3.3	5.1	8.2
1.3	2.2	3.6	5.6	9.1
1.5	2.4	3.9	6.2	10

* 주: 위의 숫자 $\times 1, \times 10, \times 10^2, \times 10^3, \times 10^4, \times 10^5, \times 10^6\,\Omega$의 저항이 있음

1.2.5 2채널 직류 전압원 사용법

저항에서는 소자 스스로 전력을 공급하지 못하고 전력을 소모할 뿐이므로, 전류는 전위가 높은 곳에서 낮은 곳으로 흐른다. 따라서 전류와 전압의 곱으로 주어지는 전력은 +가 되어 전력을 소모하게 된다. 전압원은 저항과는 달리 전력을 외부 회로에 공급하는 역할을 하므로 전류는 전압이 낮은 곳에서 높은 곳으로, 즉 − 단자에서 + 단자로 흐른다. 그러므로 전류와 전압의 곱으로 주어지는 전력은 −가 된다. 이렇게 −전력을 소모하므로, 외부 회로에 전력을 공급하게 된다. 이는 낮은 곳에 있는 물을 높은 곳으로 올려주는 펌프와 같은 역할로 볼 수 있다. 펌프가 물에 대하여 일을 한 것과 마찬가지로 전위가 낮은 곳에 있는 전하를 전압이 높은 곳으로 이동시키기 위하여 전압원이 전하에 일을 하는 것이다.

2채널 직류 전압원은 두 값의 직류 전압을 동시에 공급하는 전압원으로 두 쌍의 +, − 단자와 하나의 접지 단자가 있다. +와 − 단자 사이의 전압은 전압계에 표시되며, 단지 두 단자 사이의 전압만을 알려준다. 그러므로 전압의 기준이 되는 접지점과 각 단자 사이의 전압은 알 수 없다. 예를 들어 두 단자 사이의 전압이 10V라

하면, + 단자가 − 단자에 비하여 10V가 높다는 것만 알려줄 뿐, + 또는 − 단자가 접지점에 비하여 얼마나 높은지는 모른다. 그리고, 접지점을 기준으로 한 + 또는 − 단자의 전압은 전압원이 연결되어 있는 회로에 의하여 결정된다. 그러므로 외부 회로에 관계없이 접지점을 기준으로 한 절대 전압을 공급하려면, 전압원의 두 단자 가운데 한 단자의 절대 전압을 정해 주어야 한다.

가장 쉬운 방법은 두 단자 가운데 하나를 전압원의 접지점과 단락(short)시키는 것, 즉 저항이 아주 작은 도선으로 접지점에 연결하는 것이다. + 단자가 접지점과 단락되어 있으면, + 단자의 전위는 0V가 된다. 이에 따라 − 단자가 −10V를 공급하는 전압원이 된다. − 단자의 전위가 + 단자의 전위보다 10V가 낮으므로, +단자가 0V일 때 −단자는 −10V가 되기 때문이다.

− 단자가 접지점과 단락되어 있으면 − 단자의 전위가 0V가 되어 +10V를 공급하는 전압원이 된다. + 단자의 전위가 − 단자의 전위보다 10V가 높으므로, − 단자가 0V일 때 + 단자는 +10V가 되기 때문이다.

그림 1-8은 2채널 직류 전압원을 이용하여 ±10V를 공급하는 방법을 보여주고 있다. 여기에서 주의하여야 할 것은 단순히 한 점의 전압을 다른 점보다 높이거나 낮추어야 할 때에는 어느 출력 단자도 접지점과 단락시켜서는 안 된다는 점이다.

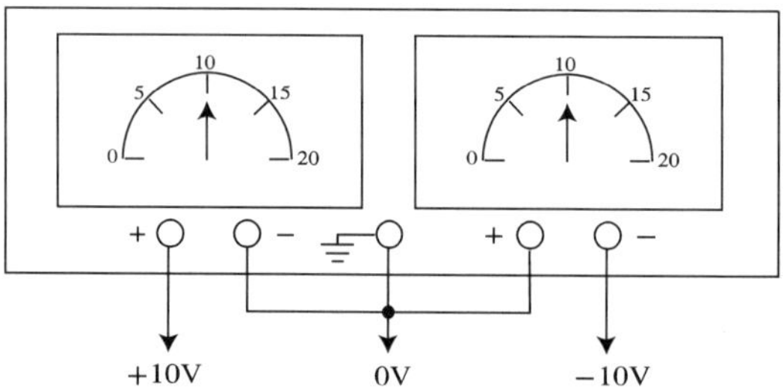

그림 1-8 직류 전압원을 이용하여 ±10V를 공급하는 방법

1.3 사용 기기와 부품

- 디지털 멀티미터
- 저항: 10MΩ, 1MΩ, 100kΩ, 1kΩ, 4.7kΩ, 2.2kΩ, 470Ω 각각 2개
- 직류 전압원

1.4 실험 내용과 방법

1.4.1 실험 1-1: 전기 저항의 측정과 저항 색 코드

디지털 멀티미터를 사용하여 아래의 표 1을 완성한다.

표 1 색 코드로부터의 저항값과 측정값의 비교

저항 색 코드에 따른 값		저항계 측정값		오차에 따른 저항값 범위	
R_1	R_2	R_1	R_2	최소값	최대값
10MΩ	10MΩ				
1MΩ	1MΩ				
100kΩ	100kΩ				
1kΩ	1kΩ				

토의사항

색 코드로 표시된 저항값과 측정값이 색 코드로 표시된 오차 한계 안에서 일치하나? 또 저항값 측정 오차의 원인은?

1.4.2 실험 1-2: 전압계의 사용법 및 내부 저항의 영향

두 개의 저항 R_1, R_2로 직류 전압원 전압을 분배하는 회로 1-1의 전압 분배 회로를 구성하고 R_1, R_2에 걸리는 전압, V_1, V_2를 전압계로 측정하여 다음의 표 2를 완성하라. 이 때, 전압원의 전압값은 전압 분배 회로가 연결된 상태에서 2.00V(오차 ±1% 이내)로 맞추어라.

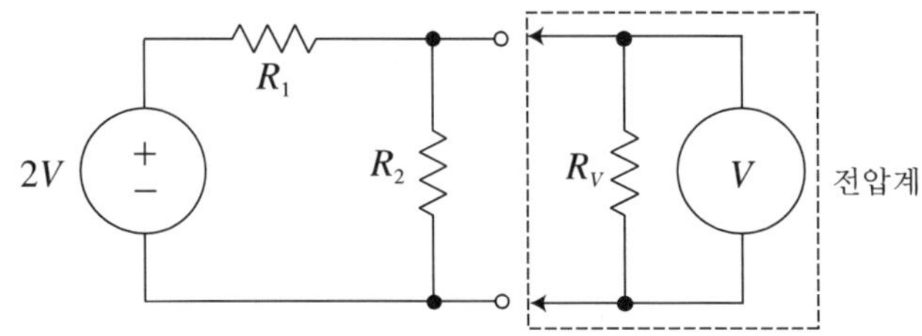

회로 1-1 전압계 내부 저항의 영향을 살펴보기 위한 전압 분배 회로

표 2 전압계의 내부 저항 때문에 발생하는 전압값의 오차

색 코드 저항	저항계 측정값		V_2		V_1 (측정값)	V_1+V_2 (측정값 합)
R_1, R_2	R_1	R_2	이론값($R_v=\infty$)	측정값		
10MΩ						
1MΩ						
100kΩ						
1kΩ						

토의사항

V_2의 이론값과 실제 측정값이 큰 차이를 보이는 것은 언제이며 왜 그럴까? V_1, V_2의 합이 전원 전압과 같은가? 만일 다른 경우가 있다면 이는 Kirchhoff의 전압 법칙을 만족시키지 못함을 의미하는가?

1.4.3 실험 1-3: 전압계의 내부 저항 R_v 측정

1. 직류 전압원의 전압값을 2.00V(오차 ±1% 이내)로 맞추어라.
2. 직류 전압원과 10MΩ 저항 R, 전압계를 회로 1-2와 같이 직렬로 연결하여 전압계 전압값 V_v를 측정, 다음의 표 3을 완성하라.

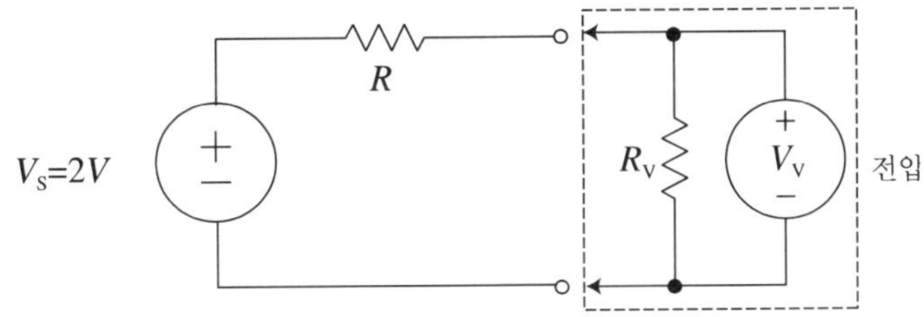

회로 1-2 전압계의 내부 저항 R_V 측정을 위한 회로

표 3 전압계의 내부 저항 측정

V_s (전압원 전압, 측정값)	V_v (전압계 측정값)	R(측정값)	R_v(계산 값)

토의사항

전압계의 내부 저항값은? 또 내부 저항 때문에 생기는 전압 측정 오차가 1% 이하가 되어 내부 저항의 영향을 특별히 고려하지 않아도 될 조건은?

1.4.4 실험 1-4: 전류계의 사용법 및 내부 저항의 영향

사고 실험: 내부 저항 때문에 전류 측정값의 오차가 커지는 경우는? 전류계의 내부 저항을 측정하는 다른 방법을 고안해 보라.
(*사고 실험 : 실제로 실험하지 않고 머리 속에서 이루어지는 가상 실험)

1.4.5 실험 1-5: Kirchhoff의 전류, 전압 법칙

1. 다음의 회로 1-3을 연결하라. 여기에서 $R_1 = 1\text{k}\Omega$, $R_2 = 2.2\text{k}\Omega$, $R_3 = 4.7\text{k}\Omega$, $R_4 = 4.7\text{k}\Omega$, $R_5 = 1\text{k}\Omega$, $R_6 = 2.2\text{k}\Omega$, $R_7 = 470\Omega$, $R_8 = 470\Omega$이다.

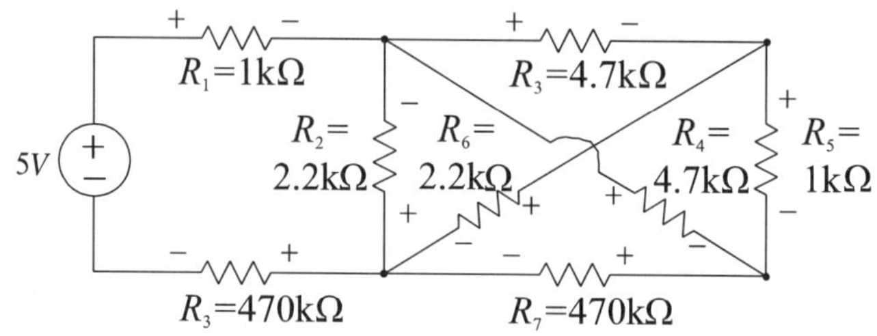

회로 1-3 Kirchhoff의 전류, 전압 법칙을 확인하기 위한 회로

2. Kirchhoff의 전류 법칙: 저항 R_1, R_2, R_3, R_4에 흐르는 전류를 측정하여 표 1-4를 완성하라. 전류계가 없을 때에는 각 저항값을 잰 다음에 전압을 측정하여 전류를 계산하라. 이 때, 전압과 전류의 방향에 주의하라.

표 4 Kirchhoff의 전류 법칙(KCL)

$I(R_1)$	$I(R_2)$	$I(R_3)$	$I(R_4)$	KCL 식

토의사항

위의 표로부터 Kirchhoff의 전류 법칙이 성립한다고 할 수 있나?

3. Kirchhoff의 전압 법칙: 회로 1-3에서 표 5, 6의 각 저항에 걸린 전압을 측정하여 표 5와 6을 완성하라.

표 5 Kirchhoff의 전압 법칙(KVL)

$V(R_1)$	$V(R_3)$	$V(R_5)$	$V(R_7)$	$V(R_8)$	KVL 식

표 6 Kirchhoff의 전압 법칙(KVL)

$V(R_2)$	$V(R_3)$	$V(R_5)$	$V(R_7)$	KVL 식

토의사항

위의 두 표로부터 Kirchhoff의 전압 법칙이 성립한다고 할 수 있는가?

1.5 예비 보고서와 결과 보고서

1.5.1 예비 보고서

(1) Review questions

1. 전류와 전력의 부호가 - 라는 것의 의미는 무엇인가?

2. 다음의 회로에서 Kirchhoff의 전류 법칙을 흘러 들어가는 전류와 흘러 나가는 전류의 관점에서 표현하여 보라.

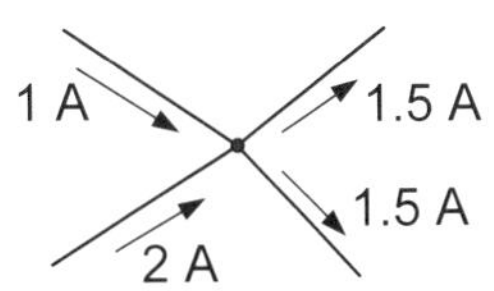

3. 본문 그림 1-1에서 물의 높이 변화와 전압 변화를 대응시켜 Kirchhoff의 전압 법칙을 수식으로 나타내 보라.

4. 아래의 회로를 구성하려고 한다. 5V 전압원과 2V 전압원을 어떻게 연결하여 사용하여야 하는가? 또 각 저항에 흐르는 전류의 방향이 그림의 화살표와 같을 때 두 전압원이 전력을 소모하는지 아니면 공급하는지 밝혀라.

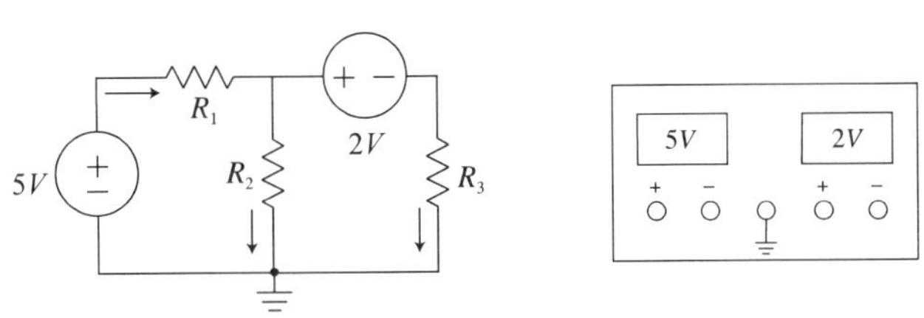

5. PSPICE를 이용하여 회로 1-3의 각 저항에 흐르는 전류와 전압을 계산하고, 그 결과를 이용하여 모든 node에서 Kirchhoff의 전류 법칙이, 모든 loop에서 Kirchhoff의 전압 법칙이 성립됨을 보여라.

6. 본문의 그림 1-7에서 전압계의 내부 저항 R_v를 고려하여 미지의 저항 R_x에 대한 식을 유도하라.

(2) 연습 문제

1. 색 코드가 갈색, 검정색, 녹색인 저항의 저항값은? 또 10kΩ, 100kΩ 저항의 색 코드는?

2. 전압계의 내부 저항이 10MΩ이라면 회로 1에서 $R_1 = R_2 = 10\text{M}\Omega$, 1MΩ, 100kΩ, 1kΩ일 때 전압 측정 오차는?

3. 그림 1-6(a)에서 $V_m = V_s / 2$라면, 전압계 내부 저항 R_v는?

4. 그림 1-6(b)에서 $I_m = I_s / 2$라면, 전류계 내부 저항 R_s는?

1.5.2 결과 보고서

실험 결과를 정리하여 토의 사항에 대한 답을 찾아 결과 보고서로 제출한다.

참고문헌

[1] A. M. Davis, Linear Circuit Analysis, PWS Publishing Company, Boston, 1998

[2] C. F. Coombs, Jr., Electronic Instrument Handbook, 2nd ed., McGraw-Hill Inc., New York, 1995

[3] R. A. Witte, Electronic Test Instruments : Theory and Applications, Prentice Hall, 1993

02 실험 2 Thevenin과 Norton의 등가 회로와 회로 정리

SPICE와 같은 회로 해석 프로그램의 발달로 회로의 해석과 설계가 많이 자동화됨에 따라, 회로의 동작 상태를 자세히 알아보기 위하여 엔지니어들이 각 소자의 전류와 전압을 손으로 직접 계산하는 일은 줄어들게 되었다. 이에 따라 회로를 자세히 해석하는 기술보다는 회로의 동작을 전체적으로 파악하는 통찰력이 더 중요해졌다. 이러한 통찰력이 없으면 컴퓨터를 사용하여 해석한 결과가 올바른지를 판단할 수 없게 되어, 유용한 회로 해석 프로그램들도 쓸모없게 되기 때문이다.

이 실험은 복잡한 선형 회로를 등가 회로로 바꾸어 간단히 할 수 있음을 실험적으로 확인해 보도록 설계되었다. 그리고 선형 회로가 가지는 특성을 원리적으로 다룬다. 이러한 원리들을 자유자재로 활용하는 능력은 회로에 대한 통찰력을 신장시키는 밑거름이 될 것이다.

2.1 실험의 목표

복잡한 회로라도 선형성을 이용하면 간단한 등가 회로로 바꿀 수 있다. 또 선형 회로이기 때문에 입력이 여럿이더라도 출력은 각각의 입력에 대한 출력의 합으로 주어진다. 이 실험의 목표는 선형 회로가 가지는 이러한 특징을 이해하여 회로를 보는 안목을 배양시키는 데에 있다. 이 목표를 위하여 이 실험에서 다루는 내용들은 중첩의 원리, Thevenin, Norton의 등가 회로, 최대 전력 전달 등이다.

2.2 Thevenin, Norton의 등가 회로와 회로 정리

2.2.1 저항, 전압원 그리고 전류원의 전류-전압 특성

모든 전기 소자의 특성은 전류-전압 공간(또는 좌표계) 위에 표시된 전류-전압 특성에 의하여 규정된다. X 축을 전류 I로, Y 축을 전압 V로 두고 저항의 전류-전압 특성을 그려 보면 그림 2-1과 같이 원점을 지나는 직선이 된다. 그리고 저항값은 그 직선의 기울기로 주어진다. 특별히 저항값이 무한대일 때에는 기울기가 무한대가 된다. 따라서, 저항의 전류-전압 특성은 V 축이 된다. 또, 저항이 0Ω일 때에는 기울기가 0이 되어 저항의 전류-전압 특성은 I 축이 된다. I 축은 기울기가 0이고 흐르는 전류에 관계 없이 전압이 0V이므로 저항이 0Ω인 단락(short) 상태를 나타낸다. 그리고, V 축은 기울기가 무한대이고 전압에 관계 없이 전류가 0A이므로 저항이 무한대인 개방(open) 상태를 나타낸다.

이상적인 직류 전압원은 일정한 전압을 외부 회로에 공급하는 역할을 한다. 그리고 공급하는 전압은 전압원을 통하여 흐르는 전류와 관계없다. 그러므로 흐르는 전류에 관계 없이 전압이 일정한 이상적인 전압원의 특성은 $I-V$ 공간 위에서는 I 축에 평행한 직선으로 그림 2-2(a)처럼 된다. 그리고 전압원이 공급하는 전압값은 V 축과 만나는 점의 V 값, 즉 그림의 V_s 값으로 주어진다. 특별히, 이상적인 전압

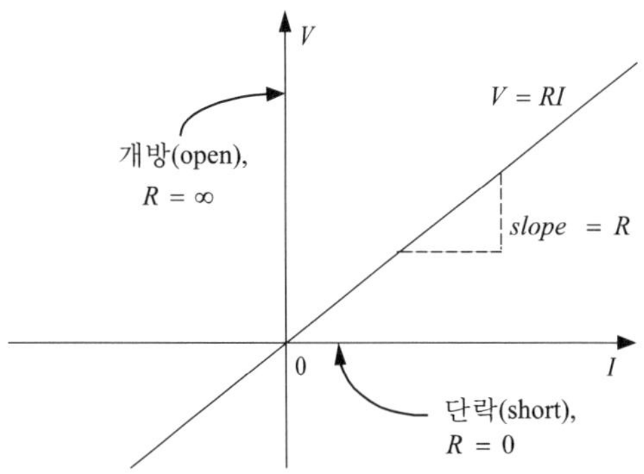

그림 2-1 저항의 전류-전압 특성과 단락, 개방 상태

원의 출력 전압을 0V로 하면 그 특성은 I축이 되어 저항값이 0인 저항의 특성과 일치한다. 즉 단락 상태가 된다. 그러므로 이상적인 전압원의 전압을 0V로 한다는 것은 전압원을 0Ω의 저항으로 바꾼다는 것, 즉 단락시킨다는 것과 같다. 그림 2-2(a)는 이러한 이상적인 전압원의 특성을 보여 주고 있다.

실제의 전압원은 그림 2-2(b)처럼 이상적인 전압원에 내부 저항 R_S가 직렬로 연결된 형태로 나타낼 수 있다. 그러므로 출력 전압은 $V=V_S-IR_S$가 되어 더 이상 상수가 아니며 공급(또는 부하) 전류 I가 증가함에 따라 감소하게 된다. 물론 내부 저항 R_S가 부하 저항에 비하여 무시할 수 있을 정도로 작으면, 이상적인 전압원에 가까운 특성을 보인다. 이 실제의 전압원에서 전압을 0V로 한다는 것은, 이상적인 전압원만 단락시키는 것이 되어 내부 저항 R_S만 남기는 것이 된다. 이처럼 이상적인 전압원의 내부 저항은 0Ω이다.

이상적인 전류원은 전류원의 두 단자에 걸리는 전압에 관계 없이 일정한 전류를 공급하는 역할을 한다. 그러므로 이상적인 전류원의 특성은 $I-V$ 공간에서 V축에 평행한 직선이 되어 그림 2-3(a)처럼 된다. 공급하는 전류는 I축과 만나는 점의 I값, 즉 I_S로 주어진다. 특별히, 이상적인 전류원의 출력 전류를 0A로 하면 그 특성은 V축이 되어 저항값이 무한대인 저항의 특성과 일치한다. 즉 개방 상태가 된다. 그러므로 이상적인 전류원의 전류를 0A로 한다는 것은 전류원을 무한대의 저항으로 바꾼다는 것, 즉 개방시킨다는 것과 같다. 그림 2-3(a)는 이러한 이상적인 전류원의 특성을 보여 준다.

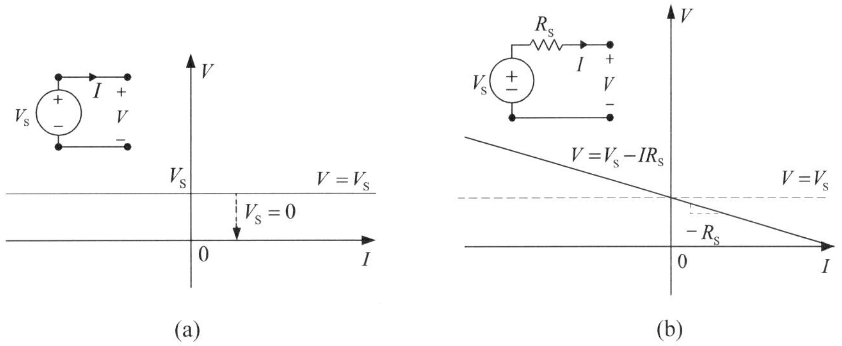

그림 2-2 (a)이상적인 전압원, (b)실제 전압원의 전류-전압 특성과 등가회로

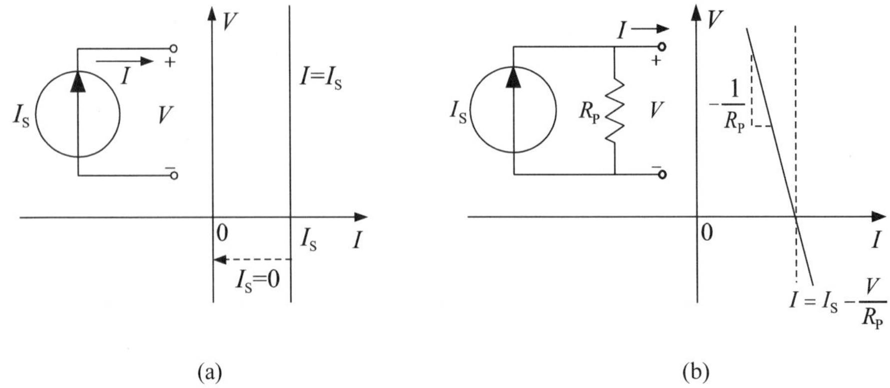

그림 2-3 (a)이상적인 전류원 (b)실제의 전류원의 전류-전압 특성과 등가 회로

실제의 전류원은 그림 2-3(b)처럼 이상적인 전류원에 내부 저항 R_P가 병렬로 연결된 형태로 나타낼 수 있다. 이에 따라 공급 전류 $I=I_S-V/R_P$가 되어 더 이상 상수가 아니며 공급(또는 부하) 전압이 증가함에 따라 감소하게 된다. 물론 부하 저항이 내부 저항에 비하여 무시할 수 있을 정도로 작으면 이상적인 전류원에 가까운 특성을 보인다. 이 실제의 전류원에서 전류를 0A로 한다는 것은, 이상적인 전류원만 개방시키는 것이 되어, 내부 저항 R_P만 남기는 것이 된다. 이와 같이 이상적인 전류원의 내부 저항은 무한대이다.

내부 저항이 직렬로 연결되어 있는 실제의 전압원에 부하 저항을 달면, 부하 저항이 작아질수록 전압원이 공급해야 하는 전류가 증가한다. 동시에, 내부 저항에 걸리는 전압이 증가하면서 부하에 걸리는 전압이 부하가 없을 때에 비하여 줄어든다. 이렇게 부하 전압이 부하가 없을 때의 전압원 공급 전압보다 낮아지는 현상을 loading effect라 하며, 전압원이 더 많은 전류를 공급해야 하는 부담(load)을 안고 있음을 나타낸다.

위의 논의를 요약하면, 이상적인 전압원은 $I-V$ 특성이 I축에 평행한 직선이며, 이에 따라 전압을 0V로 하면 저항값이 0인 저항, 즉 단락 상태가 된다. 실제의 전압원은 이상적인 전압원에 직렬로 내부 저항이 연결된 형태로 볼 수 있으며, 이 내부 저항이 작을수록 이상적인 전압원에 가깝다. 그리고 이상적인 전압원의 내부 저항은 0Ω이다. 이상적인 전류원은 $I-V$ 특성이 V축에 평행한 직선이다. 이에 따라 전류를 0A로 하면 저항값이 무한대인 저항, 즉 개방 상태가 된다. 실제의 전류원은 이상적인 전류원에 병렬로 내부 저항이 연결된 형태로 볼 수 있으며, 이 내부 저항이 클수록 이상적인 전류원에 가깝다. 그리고 이상적인 전류원의 내부 저항은 무한대이다. 이 결론은 다음에 나오는 중첩의 원리나 Thevenin, Norton 등가 회로를 이해하는 데에 있어 기초가 되므로 잘 알아두자.

2.2.2 선형 회로에서 중첩의 원리와 최대 전력 전달

저항, 독립 전류원과 독립 전압원으로만 구성된 회로에서 어느 한 소자에 흐르는 전류나 그 소자에 걸리는 전압은 Kirchhoff의 전압 법칙과 전류 법칙을 써서 구한다. 회로의 노드나 폐경로에 각각 Kirchhoff의 전류 법칙과 전압 법칙을 적용하면 선형 연립 방정식이 만들어지는데, 이 연립 방정식의 해가 바로 우리가 원하는 전류 또는 전압이 된다. 이렇게 선형 연립 방정식이 되는 것은 Ohm의 법칙 때문이다. 이 Ohm의 법칙에 의하여 저항에 걸린 전압은 상수인 저항과 저항에 흐르는 전류의 곱으로 주어져 전류와 전압이 선형성을 보이기 때문이다. 이에 따라 전류원과 전압원이 여럿 있는 회로에서 특정 소자에 걸리는 전압이나 그 곳에 흐르는 전류는 다음과 같이 전압원 전압 V_{Si}와 전류원 전류 I_{Si}의 선형 함수로 주어진다.

$$I = \sum A_{\mathrm{i}} V_{\mathrm{Si}} + \sum B_{\mathrm{i}} I_{\mathrm{Si}} \tag{1}$$

$$V = \sum C_{\mathrm{i}} V_{\mathrm{Si}} + \sum D_{\mathrm{i}} I_{\mathrm{Si}} \tag{2}$$

여기에서 아래 첨자 i는 전압원과 전류원의 번호를 나타낸다. 그리고 A_{i}, B_{i}, C_{i}, D_{i} 등은 회로의 구성과 회로를 이루고 있는 저항값으로 결정되는 상수이다. 이렇게 특정 저항의 전류나 전압은 V_{Si}와 I_{Si}에 대하여 선형이다. 즉 이 전류원이나 전압원이 0이면 그 전류원이나 전압원에 의한 전류나 전압은 0이며, 그 전류원이나 전압원이 공급하는 전류나 전압이 α배가 되면 그에 따른 전류나 전압도 α배가 된다.

그뿐 아니라, 식 (1), (2)에서 알 수 있는 것처럼 특정 소자의 전류나 전압은 각각의 전류원이나 전압원에 의하여 발생한 전류나 전압의 합이 된다. 다시 말하면, 특정 소자의 전류나 전압은 나머지 전원을 0으로 두고 하나의 전원이 발생시킨 전류나 전압을 모든 전원에 대하여 합한 것과 같다는 것이다. 식 (1), (2)에서 하나하나의 항이 나머지 전원을 0으로 두고 하나의 전원에 의해 발생한 전류나 전압이다. 그리고, 소자의 전체 전류나 전압은 그 합으로 주어짐을 알 수 있다. 이를 중첩의 원리(superposition law)라 하며, 식 (1), (2)가 지니고 있는 선형성의 직접적인 결과이다.

중첩의 정리를 보여주는 예로서 그림 2-4의 회로를 보기로 하자. 가장 왼쪽의 회로에서 오른쪽 2Ω 저항에 흐르는 전류는 $I = I_S/3 + V_S/6$로 주어지며 전압은 $V = 2I_S/3 + V_S/3$로 주어져, 전류원 공급 전류 I_S와 전압원 공급 전압 V_S의 선형 함수가 된다. 다시 말하면 그 2Ω 저항의 전압과 전류는 전류원 I_S에 의한 항과 전압원 V_S에 의한 항의 합으로 주어진다. 그리고 이 전원의 크기가 α배가 되면 그에 따른 전류나 전압도 α배가 된다. 그림 2-4의 회로는 선형성을 유지하고 있는 선형 회로인 것이다.

그림 2-4에서 2Ω 저항에 흐르는 전류는 $I = I_S/3 + V_S/6$였다. 여기에서 주목할 사실은 이 전류가 $V_S = 0$으로 두고 구한 전류원 I_S에 의한 전류 $I_S/3$와 $I_S = 0$으로 두고 구한 전압원 V_S에 의한 전류 $V_S/6$의 합이라는 점이다. 또 2Ω 저항에 걸리는 전압 V도 $V_S = 0$으로 두고 구한 전류원 I_S에 의한 전압 $2I_S/3$와 $I_S = 0$으로 두고 구한 전압원에 의한 전류 $V_S/3$의 합으로 주어진다. 이렇게 어느 저항의 전류나 전압이 각각의 전류원과 전압원에 의한 전류나 전압의 합이 되는 것을 중첩의 원리라고 한다. 이 중첩의 원리는 선형성, 즉 전류와 전압이 I_S와 V_S의 선형 함수로 주어지기 때문에 나타난 결과이다.

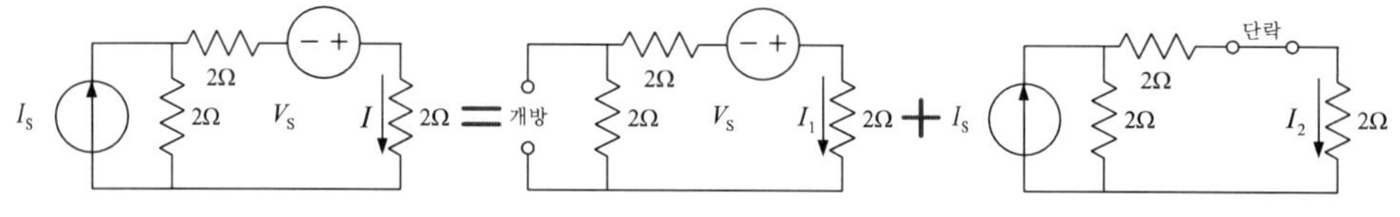

$I = I_1 + I_2 = V_S/6 + I_S/3$ $\quad I_1 = V_S/6$ $\quad I_2 = I_S/3$

그림 2-4 선형 회로와 중첩의 정리

2.2.3 Thevenin 등가 회로와 Norton 등가 회로

저항, 독립 전압원과 독립전류원으로 구성된 선형 회로를 해석하거나 설계할 때, 부하 저항 같은 특정 부품의 전류나 전압에 관심이 있는 경우가 많다. 또 때에 따라서는 이 부하 저항값을 바꾸어 가면서 부하 전력이나 전압 등을 조절하고 싶을 때도 있다. 이와 같이 우리의 주된 관심이 회로의 특정 부분에 집중되어 있을 때, 특히 이 부분을 변화시켜 가며 그 영향을 해석하려 할 때에는 부품의 저항값이 바뀔 때마다 전체 회로를 다시 해석하는 것은 매우 낭비적인 일이다. 회로의 선형성을 이용하여 이러한 낭비적인 요소를 없애는 방법이 바로 Thevenin 등가 회로와 Norton 등가 회로이다.

앞 절에서 우리는 특정 소자, 예를 들어 부하 저항의 전류나 전압은 회로를 구성하고 있는 독립 전압원 전압과 전류원 전류의 선형 함수로 주어짐을 알았다. 선형 함수의 특징은 임의의 두 점에서 그 함수의 값을 알면 그 함수 자체를 알 수 있다는 점이다. 그러므로 부하 저항의 입장에서는 내부 회로의 자세한 내용을 다 알 필요가 없고, 단지 내부 회로의 특성을 규정하는 1차 함수, 또는 그 직선 위의 두 점 $(I_1,\ V_1)$, $(I_2,\ V_2)$만을 찾아내면 된다. 그리고 이렇게 구한 선형 함수는 하나의 전압원과 하나의 직렬 저항, 또는 하나의 전류원과 하나의 병렬 저항으로 나타낼 수 있다. 물론, 이 전압원과 직렬 저항, 전류원과 병렬 저항값은 원래 회로의 전류－전압 특성에 해당하는 직선 위의 두 점을 지나도록 정한다.

달리 표현하면, 그 부품의 입장에서는, 변화시킬 부품을 제외한 전체 회로를 하나의 전압원과 직렬 저항 또는 하나의 전류원과 병렬 저항으로 이루어진 회로로 등가시킬 수 있다. 이렇게 등가시킨 회로를 써도 부하와 같은 특정 부품의 전류와 전압은 변하지 않는다는 것이다. 이 두 가지 등가 회로 가운데에서 전압원과 직렬 저항으로 이루어진 회로를 Thevenin 등가 회로, 전류원과 병렬 저항으로 이루어진 회로를 Norton 등가 회로라고 한다. 그리고 이 등가 회로를 사용하면, 변화시키려는 부품의 값을 변화시켜도 그 전류와 전압을 곧바로 구할 수 있게 된다. 회로가 매우 간단하게 되었기 때문이다. 여기에 앞서 말한 Thevenin과 Norton 등가 회로의 유용성이 있는 것이다.

이제 남은 과제는 $I-V$ 좌표계에서 어떻게 두 점의 좌표를 구하느냐이다. 선형 회로의 특성을 규정하는 직선을 구하기 위해서는 $I-V$ 공간(좌표계)에서 그 직선 위의 두 점의 좌표를 찾아내야 하기 때문이다. 이 두 점을 구할 때 가장 널리 이용되는 것은 부하 저항을 0과 무한대의 양 극한으로 보내는 일이다. 부하 저항을 0Ω으로 두면 전압은 0V가 되므로 이 때의 전류만 구하면 된다. 이 전류를 단락 전류(short-circuit current)라 한다. 또 부하 저항을 무한대로 보내면 부하 전류가 0A가 되므로, 이 때의 전압만 구하면 된다. 이 전압을 개방 전압(open-circuit voltage)이라 한다.

Thevenin의 등가 회로는 내부 회로의 특성을 규정하는 그 직선의 형태가 부하 전압 V와 부하 전류 I의 선형 함수인 $V = V_{\mathrm{Th}} - IR_{\mathrm{Th}}$로 표시할 수 있다는 사실에 바탕을 두고 있다. 등가 회로의 형태는 이 수식에서도 알 수 있는 것처럼 등가 전압원과 등가 저항이 직렬로 연결된 형태이다. 결론적으로 독립 전압원, 독립 전류원, 저항으로 이루어진 선형 회로는 부하 저항의 입장에서는 등가의 전압원과 저항의 직렬 연결로 단순화시킬 수 있다는 것이다. 다시 말하면, 원래의 회로를 등가의 전압원과 저항이 직렬로 연결된 등가 회로로 바꾸더라도 부하 저항의 저항값에 관계없이 부하 저항의 전압과 전류는 원래 회로에서와 같다는 것이다. 이를 그림 2-5에 보였다.

Thevenin의 등가 회로를 구하려면 등가 저항 R_{Th}와 등가 전압원 V_{Th}를 구하면 된다. 그림 2-5에서 오른쪽의 등가 회로를 보면 등가 저항은 등가 전압원을 0으로 놓았을 때(전압원을 0으로 하는 것은 앞 절에서 설명한대로 전압원을 떼어내고 단락 상태로 만드는 것과 같으므로)의 저항이다. 그리고 등가 전압원의 전압은 그림 2-5의 오른쪽 그림에서 볼 수 있는 것처럼 부하를 개방시켰을 때의 전압으로 주어진다.

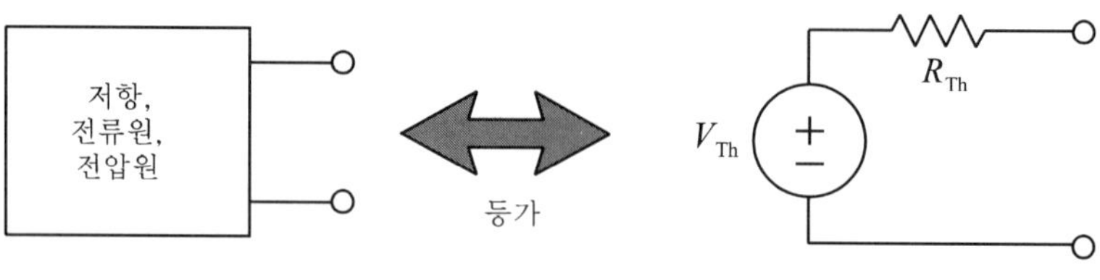

그림 2-5 Thevenin의 등가 회로

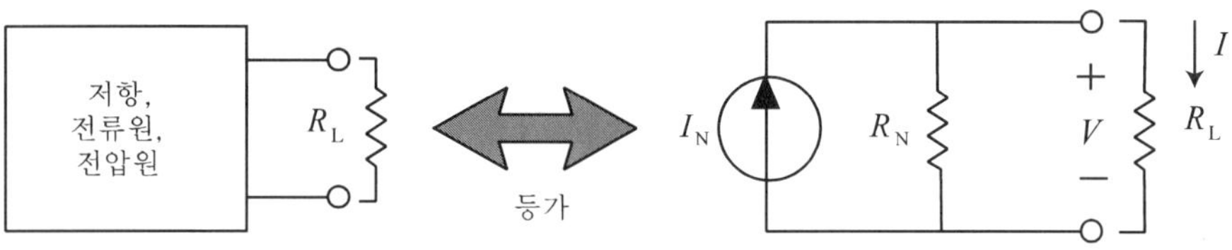

그림 2-6 Norton의 등가 회로

한편, 원래 회로 내부에 아무런 전압원이나 전류원이 없으면 등가 전압원도 없을 것이다. 그러므로 등가 회로의 등가 전압원을 0으로 둔다는 것은 원래 회로의 전압원이나 전류원을 모두 0으로 둔다는 것과 같다. 이에 따라 Thevenin 등가 회로의 등가 저항 R_{Th}는 원래 회로의 모든 전압원과 전류원을 0으로 두고 부하에서 본 저항이 된다. 또, 등가 전압 V_{Th}는 원래 회로를 그대로 둔 상태에서 부하를 개방시키고 측정한 전압이다. 앞 절에서 설명한대로 전압원을 0으로 둔다는 것은 전압원을 떼어내고 단락시키는 것이며, 전류원을 0으로 둔다는 것은 전류원을 떼어내어 개방시키는 것이다.

전압원과 저항이 직렬로 연결되어 있는 Thevenin 등가 회로는 전원 변환(source transformation)을 통하여 전류원과 저항이 병렬로 연결되어 있는 Norton 등가 회로로 바꿀 수 있다. 이와 같이 Thevenin 등가 회로는 Norton 등가 회로와 등가이므로, 전압원, 전류원, 저항으로 이루어진 어떠한 회로도 부하의 입장에서 보면 Norton 등가 회로로 바꿀 수 있다. 이를 그림 2-6에 보였다. 이 때에는 단자 전압 V와 단자 전류 I 사이의 관계가 $V = (I_{\text{N}} - I)R_{\text{N}}$의 직선으로 주어진다.

Norton 등가 회로를 구하려면 등가 전류원 I_{N}과 등가 저항 R_{N}을 구하면 된다. 그림 2-6의 오른쪽 등가 회로로부터 등가 저항은 등가 전류원이 0일 때의 저항이며, 등가 전류는 부하를 단락시켰을 때, 즉 등가 회로의 두 단자를 직접 연결시켰을 때 흐르는 전류임을 알 수 있다. 이에 따라 Norton 등가 저항 R_{N}은 Thevenin 등가 회로에서 등가 저항을 구하는 방법을 그대로 써서 구할 수 있다. 그러므로 같은 회로에 대한 Thevenin 등가 저항과 Norton 등가 저항은 똑같다. 그리고 Norton 등가전류 I_{N}은 원래 회로에서 부하를 단락시켰을 때 흐르는 전류, 즉 단락 전류(short-circuit current)이다.

이제 그림 2-7(a) 회로에 대한 Thevenin 등가 회로를 구하여 보기로 한다. Thevenin 등가 저항은 원래 회로의 전원을 0으로 두고 부하에서 본 등가 저항이므로, 먼저 그림 2-7(b)의 전원을 0으로 둔 회로를 구한다. 여기에서 전압원은 단락, 전류원은 개방 상태로 대치되었음에 유의한다. 그림으로부터 부하에서 바라본 저항은 병렬로 연결된 20Ω과 5Ω의 두 저항과 4Ω 저항이 직렬로 연결된 것이므로, 등가 저항은 8Ω이 된다. 또, Thevenin 등가 전압은 부하가 개방된 상태에서의 전압, 즉 개방 전압으로 주어진다. 그러므로 그림 2-7(c)에서처럼 중첩의 원리를 이용하여 구할 수 있다. 전압원에 의한 개방 전압 V_{OC1}은 20Ω에 분배된 전압이므로 20V이며, 전류원에 의한 개방 전압 V_{OC2}는 3A의 전류가 20Ω, 5Ω 병렬 연결된 저항에 흐르면서 발생시킨 전압이므로 12V가 된다. 그러므로 Thevenin 등가 전압은 두 전압의 합인 32V가 된다. 이렇게 구한 Thevenin 등가 회로를 그림 2-8(a)에 보였다. 그림 2-7(C)에서 V_{OC2}를 구할 때, 4Ω 저항으로는 전류가 흐르지 못하여 전압도 걸리지 않으므로 4Ω 저항은 아무런 역할을 못함에 주의하자.

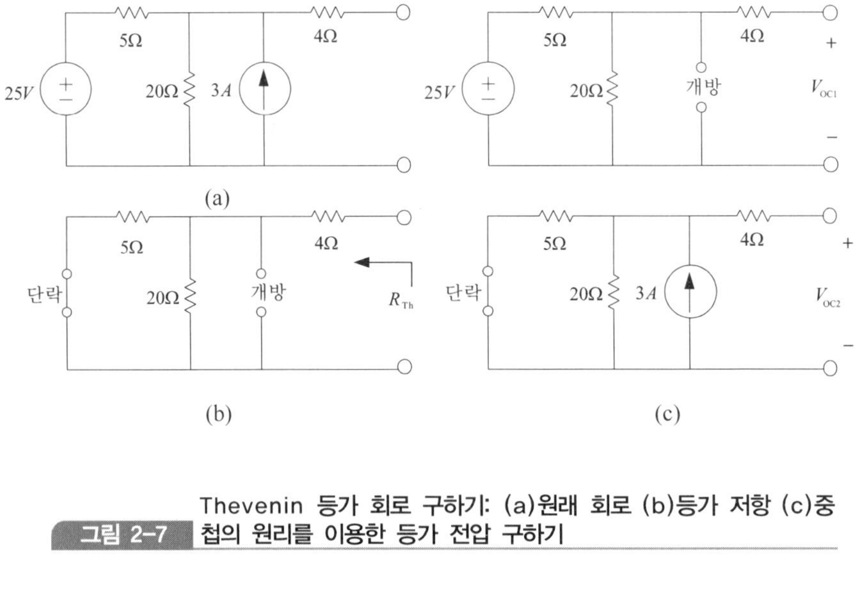

그림 2-7 Thevenin 등가 회로 구하기: (a)원래 회로 (b)등가 저항 (c)중첩의 원리를 이용한 등가 전압 구하기

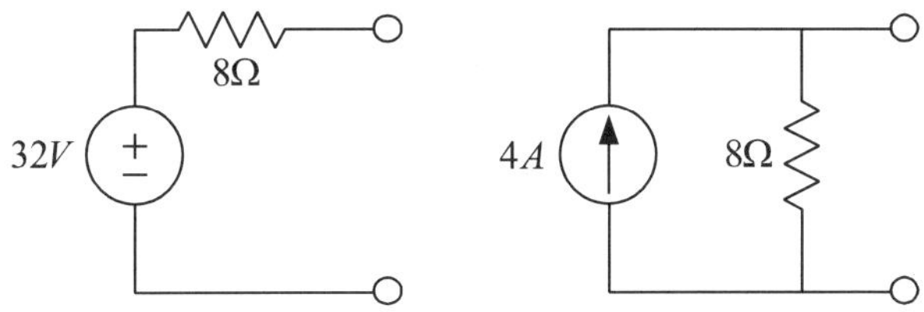

그림 2-8 그림 2-7(a)회로에 대한 (a)Thevenin 등가 회로 (b)Norton 등가 회로

그림 2-7(a) 회로에 대한 Norton 등가 회로를 구하여 보자. 등가 저항은 그림 2-7(b)에서 Thevenin 등가 저항을 구한 방법과 똑같이 하면 되므로 8Ω이 된다. 등가 전류는 부하를 단락시켰을 때의 전류이므로, 그림 2-7(c)의 회로에서처럼 중첩의 원리를 사용할 수 있다. 전압원에 의한 단락 전류 I_{SC1}은 2.5A, 전류원에 의한 단락 전류 I_{SC2}는 1.5A이므로 등가 전류는 두 전류의 합인 4A가 된다. 따라서, Norton 등가 회로는 그림 2-8(b)로 된다.

물론, 그림 2-8의 Thevenin 등가 회로와 Norton 등가 회로는 똑같은 회로에 대한 등가 회로이므로 완전히 등가이다. 두 등가 회로 모두에서 개방 상태 전압은 32V이며, 단락 상태 전류는 4A로 완전히 같음을 알 수 있다. 여기에서는 등가 전류나 전압을 중첩의 원리를 이용하여 구하였지만, Kirchhoff의 전류, 전압 법칙을 이용하거나, 전원 변환을 이용하여 구할 수도 있다.

2.2.4 최대 전력 전달

사람들이 느끼는 신호의 세기는 전압이나 전류 그 자체보다는 전류와 전압의 곱으로 주어지는 전력이다. radio로 듣는 음악은 방송국에서 보내진 약한 전파, 즉 전기 신호를 증폭기(audio amplifier 또는 약어로 amp)를 써서 키운 다음에, 전기 신호를 음성 신호로 바꾸어 주는 speaker에 입력시켜 나온 음성 출력이다. 이 때에 증폭기의 전기 신호 출력(output power)을 speaker로 가장 효율적으로 전달하기 위한 조건은 무엇일까? 이에 대한 해답이 바로 최대 전력 전달 조건이며, 이 절에서 우리가 다루려 하는 주제이다.

어떠한 선형 회로도 부하의 입장에서는 Thevenin 또는 Norton 등가 회로로 나타낼 수 있으므로 부하 저항을 제외한 전체 회로는 그림 2-5의 Thevenin 또는 그림 2-6의 Norton 등가 회로로 주어졌다고 가정하자. 먼저 Thevenin 등가 회로에 부하 저항 R_L을 연결하면 부하 전압은 다음과 같이 주어진다.

$$V = \{R_L / (R_{Th} + R_L)\} V_{Th} \tag{3}$$

그리고 부하 전류와 부하에 전달되는 전력은 각각 다음과 같다.

$$I = V_{Th} / (R_{Th} + R_L) \tag{4}$$

$$P = IV = (R_L V_{Th}^2) / (R_{Th} + R_L)^2 \tag{5}$$

여기에서 전력 P를 부하 저항 R_L에 대하여 미분하여 전력이 최대로 될 조건을 구하면 다음과 같다.

$$R_L = R_{Th} \tag{6}$$

그리고, 이 때의 최대 출력은 다음과 같이 된다.

$$P_{max} = V_{Th}^2 / 4R_{Th} \tag{7}$$

이렇게 $R_L = R_{Th}$와 같이 정하여진 부하 저항값에서 최대의 전력이 전달되는 것은 부하 저항이 크면 전압은 높지만 전류가 작아서 전력이 줄어들고, 부하 저항이 작으면 전류는 크지만 전압이 낮아 전력이 줄어들기 때문이다.

결론적으로 부하를 제외한 전체 회로, 즉 전단계 회로가 Thevenin 등가 회로 형태일 때에 최대 전력 전달은 부하 저항의 값이 Thevenin 등가 저항의 값과 같을 때 이루어진다. 이와 같이 전단계 회로의 등가 저항과 부하 저항이 똑같도록 맞추어주는 것을 impedance matching이라고 한다. 똑같은 과정을 Norton 등가 회로에 적용하면, 부하 저항이 Norton 등가 저항과 같을 때 최대의 전력 전달이 이루어짐을 알 수 있다.

2.3 사용 기기와 부품

- 디지털 멀티미터
- 2채널 직류 전압원
- 저항 : 240Ω, 390Ω, 10kΩ 각 1개
  100Ω, 120Ω, 150Ω, 360Ω 각 2개
  300Ω 3개

2.4 실험 내용과 방법

2.4.1 실험 2-1 : 선형 회로에서 중첩의 원리(superposition)

1. 부하 전류에 대한 중첩의 원리 : 아래의 회로 2-1을 만들어 200Ω의 부하 저항을 달고 디지털 멀티미터로 전압 또는 전류를 측정하여 표 1을 완성한다. 이때 전압원의 전압값을 0으로 한다는 것은 전압원을 떼어 내고 단락(short)시킨다는 것과 같음에 주의한다.

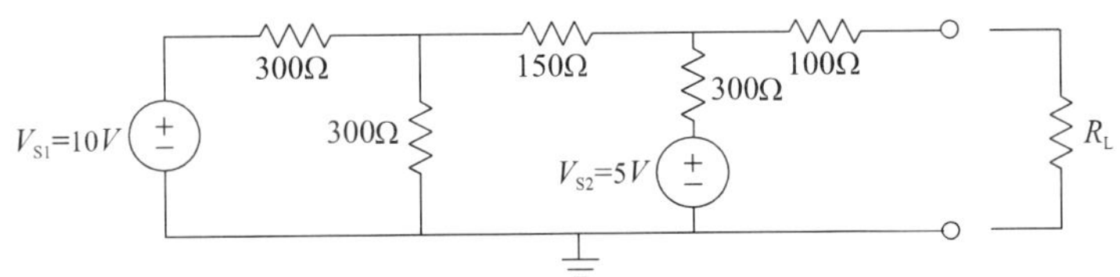

회로 2-1 중첩의 원리와 Thevenin 등가 회로 실험을 위한 회로

표 1 부하 전류에 대한 중첩의 원리

$I_L(@V_{S1}=0)$	$I_L(@V_{S2}=0)$	$I_L=I_L(@V_{S1}=0)+I_L(@V_{S2}=0)$	I_L(측정값)

2. 부하 전압에 대한 중첩의 원리 : 부하 저항에 걸리는 전압 V_L에 대하여도 중첩의 원리가 성립하는가? 아래의 표 2를 완성하고 확인해 보라.

표 2 부하 전압에 대한 중첩의 원리

$V_L(@V_{S1}=0)$	$V_L(@V_{S2}=0)$	$V_L = V_L(@V_{S1}=0) + V_L(@V_{S2}=0)$	V_L(측정값)

토의사항

위의 표 1, 2로부터 중첩의 정리가 성립함을 알 수 있는가? 또 부하 전력에 대하여도 중첩의 원리가 성립되는가? 전력에 대하여도 표 2와 같은 형식의 표를 만들어 확인해 보라. 중첩의 원리가 전력에 대하여는 성립하지 않는다면 그 이유는? 그리고 표 1, 2의 결과를 이용하여 V_{S1}만 2배로 되었을 때, 부하 전류와 부하 전압을 구할 수 있는가?

2.4.2 실험 2-2: Thevenin 등가 회로

1. 원래 회로의 부하 전압 측정: 실험 2-1의 회로 2-1에서 다음 표의 세 부하 저항값에 대하여 부하 전압을 측정하여 다음 표 3의 두 번째 열에 적는다.

2. Thevenin 등가 회로 구하기: 회로 2-1에 대한 Thevenin 등가 회로를 구한다. 이 때 Thevenin 등가 전압은 부하를 떼어 내고 측정한 전압이며, Thevenin 등가 저항은 두 전압원의 전압을 0V로 두고 측정한 저항값임에 주의한다.

3. 원래 회로와 Thevenin 등가 회로의 비교: 앞의 실험 과정 2에서 구한 Thevenin 등가 회로를 구성한 다음 세 부하 저항값에 대하여 아래의 표 3을 완성한다.

표 3 원래 회로와 Thevenin 등가 회로에서 부하 전압과 전류 비교

부하 저항, R_L^*	부하 전압(원래 회로)	부하 전압(등가 회로)	부하 전류(등가 회로)
100Ω			
240Ω			
390Ω			

* 주: 주어진 저항값은 색 코드로부터의 값이며, 표 3에는 저항계로 측정한 값을 쓸 것.

토의사항

위의 표로부터 Thevenin 등가 회로가 원래 회로와 등가라고 할 수 있는가? 그리고 Thevenin 등가 회로는 어떻게 구하는가?

2.4.3 실험 2-3: Thevenin 등가 회로에서 최대 전력 전달

표 3의 결과를 써서 부하 전력을 계산하여 다음의 표 4를 완성하라.

표 4 부하 저항에 따른 부하에 전달되는 전력의 변화

부하 저항, R_L	원래 회로의 부하 전력 $(= I_L \times V_L)$	등가 회로의 부하 전력 $(= I_L \times V_L)$

토의사항

표 3, 4의 결과를 부하 전류 I_L, 부하 전압 V_L, 부하 전력 P_L을 Y축으로, R_L을 X축으로 하여 그래프로 그려보고, 이론적으로 구한 부하 저항에 따른 부하 전류, 부하 전압, 부하 전력의 변화를 보여주는 그래프와 비교해 보라. 또 어느 경우에 최대의 전력이 전달되며 왜 그러한지 그 이유를 설명하라.

2.4.4 실험 2-4: Norton 등가 회로

(1) 전압원을 이용한 전류원

다음의 회로 2-2를 구성하고 이 회로의 Norton 등가 회로를 이론적으로 구하라.

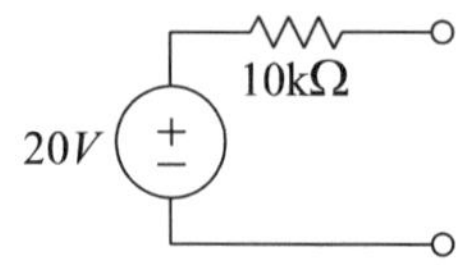

회로 2-2 전압원과 저항을 이용한 전류원의 구성

토의사항

회로 2-2의 전류원이 좋은 전류원이려면 부하 저항이 변하더라도 부하에 공급하는 전류의 변동이 없어야 한다. 부하에 의한 부하 전류의 감소가 1% 이하여서 위의 전류원이 비교적 좋은 전류원으로 동작하는 부하 저항의 범위는?

(2) Norton 등가 회로

1. 다음의 회로 2-3을 구성하고 부하 저항 R_L = 100, 240, 390Ω에 대하여 부하 전압을 측정하여 표 5의 제2열에 기록하라.

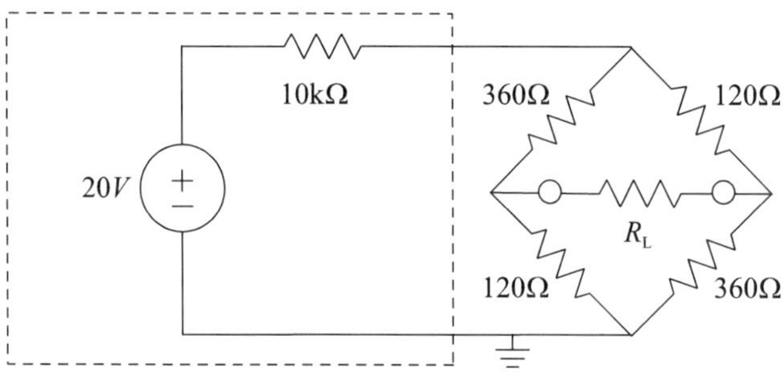

회로 2-3 Norton 등가 회로 실험을 위한 회로

2. Norton 등가 회로 구하기: 회로 2-3에 대한 Norton 등가 회로를 실험을 하여 구하라. 이 때 전압원을 이용하여 만든 전류원은 이상적인 전류원으로 생각한다. 또 전류원의 전류값을 0A로 한다는 것은 전류원을 떼어내어 개방시킨다는 것과 같음에 유의한다.

3. 원래 회로와 등가 회로의 비교 : 위의 실험 과정 1의 전류원을 써서 실험 과정 2에서 구한 등가 회로를 구성하라. 그리고 부하 전압과 전류를 측정하여 표 5를 완성하라.

표 5 원래 회로와 Norton 등가 회로에서 부하 전압과 전류 비교

부하 저항, R_L^*	부하 전압(원래 회로)	부하 전압(등가 회로)	부하 전류(등가 회로)
100Ω			
240Ω			
390Ω			

* 주 : 주어진 저항값은 색 코드로부터의 값이며, 표 5에는 저항계로 측정한 값을 쓸 것.

토의사항

표 5의 결과로부터 원래 회로와 등가 회로가 등가라고 할 수 있는가?

(3) Norton 등가 회로에서 최대 전력 전달

표 5의 결과를 써서 부하 전력을 계산하여 다음의 표 6을 완성하라.

표 6 부하 저항에 따른 부하에 전달되는 전력의 변화

부하 저항, R_L	원래 회로의 부하 전력 $(= I_L \times V_L)$	등가 회로의 부하 전력 $(= I_L \times V_L)$

토의사항

표 5, 6의 결과를 부하 전류 I_L, 부하 전압 V_L, 부하 전력 P_L을 Y축으로, R_L을 X축으로 하여 그래프로 그려보고, 이론적으로 구한 부하 저항에 따른 부하 전류, 부하 전압, 부하 전력의 변화를 보여주는 그래프와 비교해 보라. 또 어느 경우에 최대의 전력이 전달되며 왜 그러한지 그 이유를 설명하라.

2.5 예비 보고서와 결과 보고서

2.5.1 예비 보고서

(1) Review questions

1. 이상적인 전압원과 전류원의 전류-전압 특성과 저항의 전류-전압 특성은 다른 점과 공통점이 있다. 다른 점은 무엇이며 공통점은 무엇인가? (실마리 : 직선성, 원점을 지나는지 여부)

2. 이상적인 전압원의 전압을 0으로 두면 단락 상태가 되고, 이상적인 전류원의 전류를 0으로 하면 개방 상태가 된다. 그 이유를 설명하라.

3. 중첩의 원리란 무엇인가? 또 이 중첩의 원리가 다이오드와 같이 전류-전압 특성이 비선형적인 소자가 포함되어 있는 회로에서도 성립하는가? 다이오드의 전류-전압 특성은 지수 함수인 $I = I_0[\exp(V/V_T) - 1]$로 주어진다. 전압 V가 두 배가 되면 전류도 두 배가 되는가? 저항에서는 전압이 두 배가 되면 전류도 두 배가 되는가?

4. 선형 회로에서 전류나 전압에 대하여는 중첩의 원리가 성립함을 알았다. 그렇다면 특정 소자에서 소모되는 전력에 대하여도 중첩의 원리가 성립하는가? 이 질문에 답하고 자신의 답에 대한 근거를 제시해 보라.

5. Thevenin 등가 회로란 무엇인가? Thevenin 등가 회로의 전류-전압 특성, 즉 등가 회로의 출력 전류와 전압의 관계식은 직선의 식으로 주어지는가? 또 비선형 소자가 내부에 포함되어 있는 회로도 Thevenin 등가 회로로 바꿀 수 있는가?

6. Norton 등가 회로란 무엇인가? Norton 등가 회로의 전류-전압 특성, 즉 등가 회로의 출력 전류와 전압의 관계식은 직선의 식으로 주어지는가? 또 비선형 소자가 내부에 포함되어 있는 회로도 Norton 등가 회로로 바꿀 수 있는가?

7. 그림 2-8의 (a)와 (b)는 같은 회로임을 보여라.

8. Thevenin, Norton 등가 회로에서 전력이 부하에 최대로 전달될 조건을 유도해 보라. 그리고 특정 부하 저항값에서 최대의 전력이 전달되는 이유를 설명하라.

2) 연습 문제

1. 다음의 회로에서 전압원과 전류원을 0으로 둔 회로를 구하라.

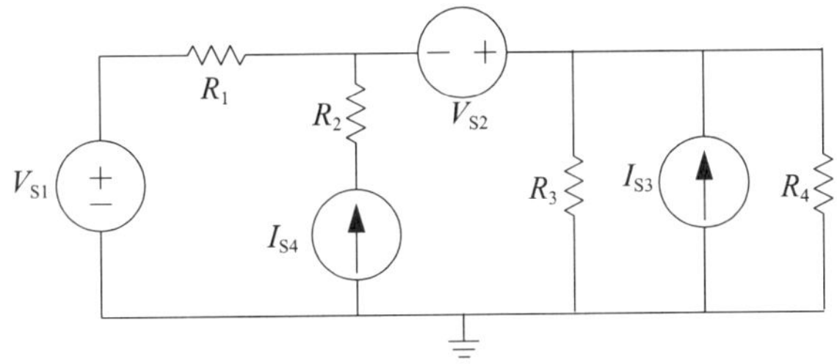

2. 중첩의 원리: 실험 2-1의 회로 2-1에서 10V 전원을 V_{S1}, 5V 전원을 V_{S2}로 두면, 부하 전류는 $I = \mathrm{A}\,V_{S1} + \mathrm{B}\,V_{S2}$ 꼴로 주어짐을 보여라. 또 $V_{S1} = 10\mathrm{V}$, $V_{S2} = 5\mathrm{V}$일 때, 부하 전류는 $V_{S1} = 10\mathrm{V}$, $V_{S2} = 0\mathrm{V}$로 두고 구한 전류와 $V_{S1} = 0\mathrm{V}$, $V_{S2} = 5\mathrm{V}$로 두고 구한 전류의 합으로 주어짐을 보여라.

3. Thevenin 등가 회로: 실험 2-1의 회로 2-1에 대하여 부하 저항 R_L에서 본 Thevenin 등가 회로를 구하라.

4. Norton 등가 회로: 실험 2-4의 회로 2-3에 대하여 부하 저항 R_L에서 본 Norton 등가 회로를 구하라.

5. 최대 전력 전달: 실험 2-1의 회로 2-1에 대한 Thevenin 등가 회로와 실험 2-4의 회로 2-3에 대한 Norton 등가 회로에서 최대의 전력이 부하에 전달될 조건은 무엇인가?

6. Wheatstone bridge 회로: PSPICE를 써서 아래 회로를 구성하고 전류계에 흐르는 전류 I_L값이 R_x값에 얼마나 민감하게 변하는지 $I_L - R_x$ 특성을 계산한다. 이 결과로부터 I_L값이 0이 되는 R_x값을 구한다. 이 결과를 토대로 Wheatstone bridge 회로를 이용하여 알지 못하는 저항값을 측정하는 방법을 기술하여라.

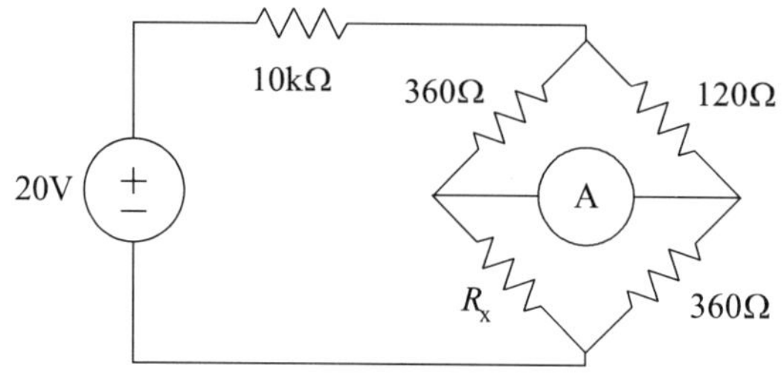

7. 아래의 Wheatstone bridge 회로에서 전류계에 흐르는 전류가 0A가 될, 즉 이 회로가 균형잡히게(balanced) 될 R_x값을 구하라(실마리: 전류계를 떼어낸 상태에서 A, B점의 전압이 같을 조건). 또, PSPICE를 이용하여 R_x값에 따른 전류계 전류의 변화를 보여주는 그래프를 그려라. 또, 이 회로를 이용하여 미지의 저항을 측정하는 방법에 대하여 생각해 보고, 이 방법이 얼마나 정확한지를 앞에서 구한 $I - R_x$ 그래프로 설명해 보라.

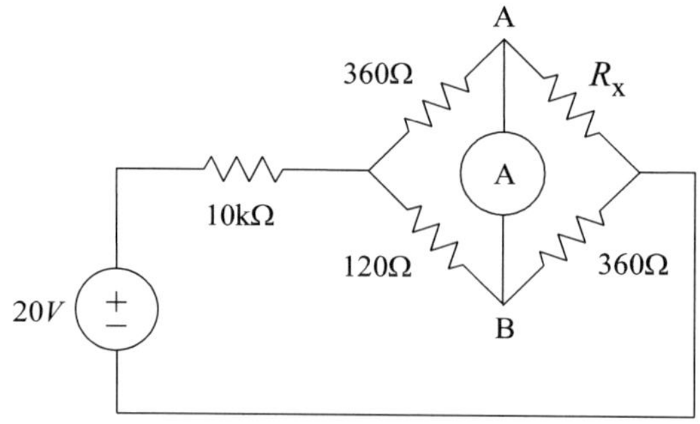

8. 연습 문제 7의 Wheatstone bridge 회로가 균형을 이루었을 때, 전류계에서 바라본 Norton의 등가 회로를 구하라. 또 이 때의 Thevenin 등가 회로를 구하라. 또, 균형을 이루었다는 것과 $V_{OC} = 0$, $I_{SC} = 0$이라는 것은 같은 의미를 가지는가?

2.5.2 결과 보고서

실험 결과와 토의 사항에 대한 답을 정리하여 결과 보고서로 제출한다.

참고문헌

[1] A. M. Davis, Linear Circuit Analysis, PWS Publishing Company, Boston, 1998

[2] J. W. Nilsson, Electric Circuits, 4th ed., Addison-Wesley Publishing Company, 1993(이 책의 69-70쪽에 Wheatstone bridge 회로에 대한 설명이 있다.)

실험 3 Analog Oscilloscope의 동작 원리와 사용 방법

오실로스코프(oscilloscope)는 현재 사용되고 있는 전자 계측기 가운데 가장 널리 쓰이는 유용한 장비로, 전압값만을 나타내 주는 전압계와는 달리 전압의 파형을 시간의 함수로 나타내 준다. 그리고 이 기능을 이용하여 한 전압과 다른 전압 사이의 관계를 나타내 주기도 한다. 이렇게 오실로스코프는 시간에 따른 파형의 변화나 두 전압 신호 사이의 관계에 대한 정보를 제공한다. 이 실험 강좌의 가장 큰 목표는 바로 이 유용한 계측기인 오실로스코프를 올바르게 사용하는 능력을 배양하는 것이다. 이러한 목표 아래 이 실험은 오실로스코프의 동작 원리와 사용 방법을 단계별로 이해할 수 있도록 설계하였다. 그리고 각 단자의 기능이 오실로스코프의 내부 구성과 어떻게 연계되어 있는지를 실험을 통하여 확인할 수 있게 실험 과정을 구성하였다. 이 실험을 통하여 배양되는 오실로스코프 사용 능력은 앞으로 실험을 수행하는 데에 있어 중요한 기초가 된다.

3.1 실험의 목표

이 실험의 목표는 오실로스코프와 파형 발생기의 동작 원리를 파악하고 올바른 사용법을 익히는 데에 있다. 더 구체적으로 보면 오실로스코프의 동작 원리, 각 단자의 기능 및 조작법, 오실로스코프를 이용한 전압 파형의 측정, 파형 발생기 각 단자의 기능 및 조작법 등을 익히는 것이다. 이 실험이 끝나고 각 실험 단계별 토의사항에 대하여 바른 답을 함으로써 오실로스코프와 파형 발생기를 올바르게 사용하는 능력을 갖추게 된다.

3.2 오실로스코프의 구성 및 동작

오실로스코프는 파형을 직접 보여주는 전압계라 할 수 있다. 따라서 병렬로 연결하여 전압을 측정하며 전압계와 같이 내부 저항 때문에 측정 오차가 발생한다. 실험에 쓰이는 오실로스코프는 채널이 CH1, CH2의 둘이어서 두 전압 파형을 동시에 볼 수 있는 2 채널 오실로스코프이다.

3.2.1 오실로스코프의 구성과 동작 원리

오실로스코프는 파형을 보여주는 표시부(CRT 화면), 신호의 크기를 화면에 나타내기에 적합한 크기로 증폭하거나 줄여 주는 증폭 회로, 수평 축(X축)을 시간축으로 나타내기 위한 sweep oscillator(sweep signal generator 또는 time-base generator) 등으로 이루어져 있다. 주기적으로 시간에 비례하여 커지는 전압 파형(톱니파)을 발생시키는 sweep oscillator는 시간의 주기 함수인 전압 파형을 CRT 화면에 정지된 모습으로 나타내 주기 위한 것이다. 그리고 sweep oscillator의 출력인 톱니파의 시작 시간은 trigger 회로가 조절한다.

(1) CRT 표시기(Cathode Ray Tube display)

CRT 표시기는 전압 파형을 보여주는 장치로 그림 3-1과 같이 구성되어 있다. 이 장치는 전자선(electron beam)을 발생시키는 전자총, 전자선이 화면에 닿는 지점의 수직 방향 위치를 제어하는 수직 편향판, 수평 방향 위치를 제어하는 수평 편향판, 그리고 전자선이 닿은 부분에서만 빛이 나와 전자선이 닿은 점을 보여주는 형광판 등으로 구성되어 있다.

형광판의 안쪽 면은 전자선이 충돌하면서 방출하는 운동 에너지를 빛으로 바꾸어 주는 형광물질이 발라져 있다. 따라서 전자선이 충돌한 곳에서만 빛이 나오며, 이 빛은 형광판의 바깥으로 나와 눈금이 새겨져 있는 유리판을 거쳐 사람의 눈으로 들어간다. 텔레비전의 화면도 똑같은 원리로 동작한다.

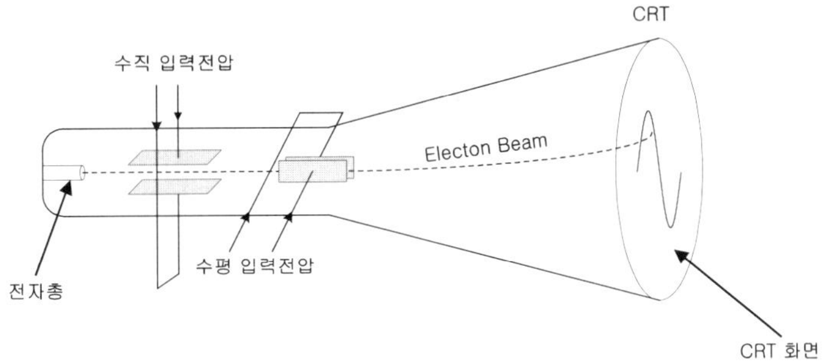

그림 3-1 CRT 표시기의 구성

사람의 눈은 반응속도가 느려 1/45초 이내의 짧은 시간 동안 한 번만 그려진 파형은 정확하게 볼 수가 없다. 또 1초에 45번 이상 빠르게 반복되는 영상은 정지되어 있거나 연속적으로 변하는 것으로 본다. 그렇기 때문에, 1초에 45번 이상 똑같은 파형을 화면에 그려주면 정지된 파형으로 인식한다. 이처럼 오실로스코프 화면에 보여지는 정지된 파형의 실체는 똑같은 모습의 파형이 빠른 속도로 계속 반복되는 것으로, 반응속도가 느린 사람의 눈에 정지된 모습으로 보여질 뿐이다. 결론적으로 오실로스코프 화면에 사람이 볼 수 있도록 정지된 파형을 나타내기 위해서는 똑같은 모습의 파형을 1초에 45번 이상 반복해서 그려 주어야 한다. 즉 형광판 위의 파형을 이루고 있는 좌표 점들을 전자들이 반복해서 때려 주어야 한다. 이처럼 반복하여 그릴 때마다 전자들이 똑같은 좌표점들을 때려 주어야 하므로, 주기 함수가 아니면 오실로스코프에서 정지 파형을 볼 수 없다.

형광판의 X-Y 평면에 전압 파형을 그래프로 그려 보여 주는 것이 오실로스코프의 주요 기능이므로, 전압을 X-Y 평면 위의 좌표로 바꾸어 주는 장치가 필요하다. 이 기능이 수직 편향판과 수평 편향판의 역할이다. 수직 및 수평 편향판은 그림 3-1에서처럼 전자총에서 형광판으로 전자가 움직이는 길 양쪽에 수평, 수직 방향으로 각각 한 짝씩 설치되어 있는 두 개의 평행한 전극이다. 이 편향판에 전압을 걸어주면 전자선이 수직과 수평 방향의 힘을 받아 편향되게 된다. 형광판에 부딪치는 점의 좌표가 두 편향판에 걸어준 전압에 비례하도록 만들어졌기 때문에 전압의 크기가 형광판 위의 전자들이 닿은 점의 좌표로 나타나게 된다.

전압 파형을 시간의 함수로 오실로스코프 화면에 나타낼 때에는 측정하려는 전압 신호를 수직 입력 전압으로, 시간에 비례하여 증가하는 톱니파를 수평 입력 전압으로 넣어준다. 이렇게 하면, 전자선이 화면에 닿는 점의 X 좌표는 수평 입력 전압인 톱니파에 의하여 결정되어 X축이 시간을 나타내게 된다. 이에 따라 화면에 밝게 나타나는 점의 X 좌표는 일정한 속도로 오른쪽으로 움직여 간다. 또, 전자선이 화면에 닿는 점의 Y 좌표는 수직 입력 전압에 의하여 결정되므로, 화면에 밝게 나타나는 점의 Y 좌표는 전압 신호의 크기에 의하여 결정된다. 이렇게 X축이 시간축의 역할을 하여 신호의 전압 파형이 오실로스코프 화면에 시간의 함수로 표시되는 것이다. 이러한 이유로 시간축을 나타내기 위하여 수평입력 전압으로 넣어주는 톱니파를 time-base signal, 톱니파 발생장치를 time-base generator라고 한다.

전압 신호를 오실로스코프 화면에 한 번만 그리지 않고 반복하여 그리게 하려면 수평 입력 전압이 화면의 왼쪽 끝점을 표시하는 가장 낮은 전압과 화면의 오른쪽 끝점을 표시하는 가장 높은 전압 사이를 주기적으로 왕복(sweep)하여야 한다. 주기적인 전압 신호인 톱니파를 써야 하는 이유가 바로 여기에 있다. 이러한 이유로 톱니파 발생 장치를 sweep oscillator 또는 sweep signal generator라고도 한다.

오실로스코프 화면에 전압 파형을 한 번만 그리면 될 터인데 왜 여러 번 그리는 것일까? 전자선이 닿아 화면에 나타난 밝은 점은 전자선을 따라 움직여간다. 그러므로, 파형을 한 번만 빨리 그리고 나면, 그 파형이 화면에 기록(또는 기억)되어 있지 않기 때문에 곧바로 없어져 파형을 관찰할 수 없게 된다. 다행스럽게 사람의 눈에는 잔상효과가 있어 빠르게 반복되는 똑 같은 모양의 파형은 지워지지 않고 남아 있는 정지된 파형으로 인식된다. 그러므로, 사람 눈의 잔상효과를 이용하면 별도의 저장 장치 없이도 지워지지 않고 남아 있는 정지 파형처럼 보이게 할 수 있다. 똑 같은 파형을 여러 번 빠른 속도로 반복하는 것은 이렇게 잔상효과를 이용하여 정지 파형처럼 보이게 함으로써 파형 관찰을 가능하게 하기 위한 것이다.

한편, 한 번 그린 파형을 지우지 않고 화면에 기억시키는 오실로스코프가 있다. 이러한 오실로스코프를 storage oscilloscope라고 한다. 물론, 이 storage oscilloscope에서는 톱니파가를 한 주기만 발생시키면 된다. 한 번만 지나가면 파형이 화면에 기록되기 때문에 반복하여 그릴 필요가 없기 때문이다.

(2) 수직 증폭기

수직 편향판에 들어가는 전압 신호의 절대값이 너무 크면 전자선이 형광판에 닿는 점이 형광판 위나 아래로 벗어나게 된다. 너무 작으면 형광판의 중앙선 부근에 파형이 작게 그려져 전압값을 정확히 읽기 어렵게 된다. 그러므로 형광판의 면적을 최대로 활용하여 파형을 그리기 위해서는 신호의 크기를 줄이거나 키워야 할 필요가 있다. 이 기능을 수행하는 것이 수직 증폭기로 이 증폭기의 이득은 각 채널의 "VOLTS/DIV" 단자가 결정한다. "VOLTS / DIV" 단자의 표시값이 작을수록 증폭기의 이득이 커져 작은 신호를 화면에 크게 나타낸다.

(3) 수평 증폭기

수직 증폭기가 수직(Y) 방향으로 수행하는 기능을 수평(X) 방향으로 수행한다. 그러나, 수직 증폭기와 수평 증폭기 사이에는 기능상의 차이가 있다. 보통 수직 축은 전압 신호만을 나타내므로, 수직 편향판에는 전압 신호만 걸어준다. 이와는 달리 수평 편향판에는 전압 신호가 들어가기도 하고(이 동작을 X-Y mode라 하며 두 채널에 입력된 전압 사이의 관계를 알아보기 위하여 사용함), 시간에 비례하여 반복하여 증가하는 톱니파 전압이 들어가기도 한다(이 동작을 파형을 시간의 함수로 표시하는 Y-t mode라 하며, X축이 시간축으로 쓰이므로 시간에 비례하여 증가하는 톱니파 전압이 필요하다). 그러므로 X-Y mode 동작에서는 수평 편향판에 들어가는 신호가 측정하려는 또 하나의 전압 파형이며, 수평 증폭기의 이득은 Y축 입력(홍창 5502에서는 CH2)의 "VOLTS/DIV" 값이 결정한다. Y-t mode에서는 오실로스코프 내부에서 발생되는 톱니파가 수평 편향판에 자동으로 들어간다. 이 때에는 "SEC/DIV" 단자가 수평 증폭기의 이득을 결정한다. 이득이 클수록 톱니파의 기울기가 커지고 주기가 짧아져 "SEC/DIV" 단자의 표시값이 작아진다.

(4) 톱니파 발생기(sweep oscillator, time-base generator)

전압 신호가 시간에 따라 어떻게 변하는가를 보여주기 위해서 X축을 시간축으로 사용한다는 것은 먼저 설명한 바와 같다. 이를 위해서는 수평 편향판에 시간에 비례하여 증가하는 전압 신호가 들어가야 하며, 형광판의 왼쪽 끝에서 오른쪽 끝까지 전자선을 주사(sweep)한 다음에는 다시 왼쪽 끝으로 와서 전자선을 반복하여 주사하여야 한다. 그러므로 수평 편향판에 걸어주는 전압은 톱니파의 형태를 가진다. 정지된 파형을 보기 위해서는 이 반복 주기가 1/45초 이하여야 하며, 반복 주기가 이보다 길 때에는 전자선이 형광판을 때리는 점이 왼쪽에서 오른쪽으로 움직이는 것을 볼 수 있다. 이 Y-t mode 동작을 삼각 함수파에 대하여 수식으로 표현하면 다음과 같다.

$$Y = V_0 \sin(2\pi f t) \tag{1}$$

$$X = at, \quad 0 \le t \le mT, \quad T = 1/f, \quad X(t+mT) = X(t) \tag{2}$$

$$Y = V_0 \sin[(2\pi f / a)X] \tag{3}$$

여기서 식 (1)의 Y축 입력은 오실로스코프로 측정하려는 주기 함수이며 식 (2)의 X축 입력은 톱니파로 그 주기가 Y축 입력 파형의 주기 T의 정수배 mT이다. 그러므로 X축 방향으로 전자선 주사가 반복되는 시간 간격은 mT로서 자연스럽게 주기 T의 정수배가 된다. 그렇기 때문에 주사할 때마다 똑같은 파형을 그리게 되어 식 (3)으로 주어지는 정지된 모습의 삼각 함수 파형이 형광판에 나타난다.

만일 입력 신호 파형의 같은 점에서 전자선의 주사가 시작되지 않는다면 화면에 나타나는 파형은 주사할 때마다 다른 모습이 될 것이다. 그러므로 시작점이 서로 다른 파형이 여러 개 겹쳐져 보이게 되고, 이에 따라 정지된 모습의 파형이 표시될 수 없다. 따라서, 형광판에 정지된 모습의 파형을 그리기 위해서는 시작점의 Y 좌표가 같아야 한다. 즉, 전자선이 형광판의 왼쪽 끝에서 오른쪽 끝까지 갔다가 다시 왼쪽 끝으로 되돌아 오는 데에 걸리는 시간이 측정하려는 전압 파형 주기의 정수배가 되어야 한다. 이와 같이 주기의 정수배 조건이 만족될 때 화면에 나타나는 파형은 식 (1)의 시간을 식 (2)의 X로 대치한 식 (3)으로 주어진다. 그리고 화면에 나타난 식 (3)의 그래프는 식 (1)과 같은 삼각 함수파이다. 이 때, 식 (2)의 상수 a는 "SEC/DIV" 값에 따라 결정된다.

전자선이 형광판을 왕복하는 데에 걸리는 시간이 측정하려는 파형 주기의 정수배여야 한다는 앞에서 설명한 조건을 실제로 만족시키기는 어렵다. 이 어려움을 극복하기 위해서 고안된 방법이 다음 절에서 기술할 trigger 방식이다. 어느 경우이든 X축을 시간축으로 사용하려면, 톱니파를 수평 편향판에 넣어 주어 형광판의 왼쪽 끝에서 오른쪽 끝까지 전자선이 계속 왕복하면서 파형을 그리게 하여야 한다. 따라서 전자선을 왕복하게 하는 톱니파 발생기가 필요하다.

(5) trigger 회로

앞에서 설명한 바와 같이 정지된 모습의 파형을 얻기 위해서는 파형을 그릴 때마다 그리기 시작하는 시점, 즉 톱니파가 시작되는 시점이 측정하려는 주기 함수 상에서 동등한 시점이 되어야 한다. 다시 말하면 그릴 때마다 그리기 시작하는 시점과 그 다음에 그리기 시작하는 시점 사이의 시간 간격이 측정하려는 주기 함수 주기의 정수배가 되어야 한다. 그렇지 않으면 그릴 때마다 그려지는 파형의 모습이 달라져 여러 파형이 겹쳐져 보이게 된다. 이에 따라 정지된 파형을 얻을 수 없고 파형의 관찰도 불가능하다.

trigger 방식은 이 문제를 해결하기 위하여 고안된 방식으로, 톱니파가 시작되는 시점을 측정하려는 전압 파형의 전압값과 기울기를 보고 정해주는 방식이다.

삼각 함수 전압 파형을 예로 들면, 한 주기 안에서 전압값이 같은 시간은 두 시점뿐이다. 그리고 그 두 시점에서 삼각 함수파 기울기의 부호가 서로 다르다. 그러므로 삼각 함수파의 경우 전압값과 기울기의 부호만을 결정해 주면 그 시점은 단 하나로 결정된다. 바로 이렇게 측정하려는 주기적인 전압 파형이 정해진 전압값과 기울기 부호를 가질 때에 톱니파 발생기를 trigger하여 톱니파가 시작되게 하는 방식이 바로 trigger 방식이다. 이렇게 하면 그리기 시작하는 시점이 항상 동등한 점이 되므로 그릴 때마다 같은 파형이 그려져 정지된 모습의 파형을 얻게 된다.

그림 3-2는 trigger 방식의 개념을 보여주고 있다. 오실로스코프에서 파형을 그리기 시작하는 시점의 전압값은 “TRIGGER LEVEL” 단자로, 기울기의 부호는 “SLOPE” 단자로 정해준다.

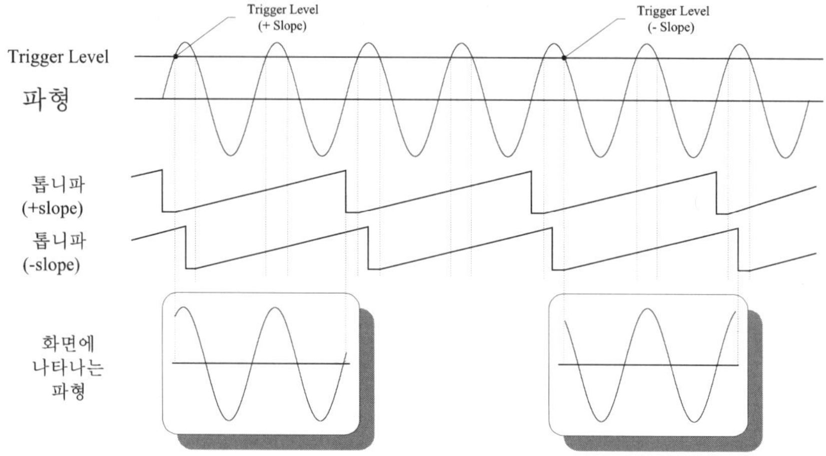

그림 3-2 trigger 방식의 개념도와 형광판에 나타나는 파형

수직 입력으로 가장 위의 그림과 같은 식 (1)의 삼각 함수 전압이 들어가고, 수평 입력으로 가운데 그림으로 나타낸 slope의 부호에 따라 달라지는 톱니파가 들어가면, 식 (3)의 파형이 CRT 화면에 나타나게 된다.

그림 3-2의 맨 위의 그림처럼 trigger level이 주어지면, trigger level에 해당하는 시점이 두 곳이 된다. 하나는 그림 3-2의 맨 위의 그림 왼쪽 부분의 " + slope"에 해당하는 시점이며, 다른 하나는 오른쪽 부분에 보인 "− slope"에 해당하는 시점이다. 수직 입력에 들어간 신호 전압이 이 trigger level을 통과하는 시점에서 trigger가 일어나 톱니파가 시작된다. 그리고, 발생된 톱니파의 모습은 slope의 부호에 따라 그림 3-2의 가운데 그림처럼 된다. 이렇게 trigger가 일어나는 시점에서 수평 입력 전압이 가장 낮기 때문에, 이 때의 신호 전압이 화면의 왼쪽 끝(X 좌표의 최소값)에 표시된다. 그림 3-2의 맨 아래에 보인 화면에 나타난 파형을 보면, + slope과 − slope 모두에서 파형이 시작되는 점의 Y 좌표가 trigger level에 의하여 정해지는 것을 알 수 있다. trigger 시점에서부터 파형이 그려지기 때문이다. 이렇게, 화면에 나타나는 파형의 시작점은 trigger level의 크기와 기울기(slope)에 의하여 결정된다. 그

러므로 "+ slope"를 선택하면 trigger level에서 시작하여 증가하는 형태의 파형이 나타나고, "− slope"를 선택하면 trigger level에서 시작하여 감소하는 형태의 파형이 나타난다.

3.2.2 오실로스코프 각 단자의 기능

이 절에서는 오실로스코프 각 단자의 기능을 그림 3-3의 구성도와 연계하여 설명하기로 한다. 오실로스코프 단자의 구성이나 기능은 제작회사나 모델에 따라 조금씩 다르기는 하지만, 대체로 비슷하다.

(1) 전원과 CRT 표시기 부분

1. "POWER" : 오실로스코프의 동작에 필요한 전력을 공급하거나 차단하는 전원 스위치이다.

2. "PROBE ADJUST" : 오실로스코프 내부에서 발생시키는 사각파 표준 전압 파형(internal reference signal)의 출력 단자이다. 오실로스코프의 probe가 제대로 조정되었는지를 확인하기 위한 표준 전압 파형이 나오는 단자인 것이다. 이 단자에서 나오는 사각파 표준 전압 파형의 첨두치는 1V 정도이다. 입력 coupling을 "DC"에 두고 이 표준 전압을 측정하였을 때 형광판에 그려지는 파형은 진폭 0.5V의 완전한 사각파여야 한다. 형광판에 그려지는 파형이 완전한 사각파가 아니고 찌그러진 모습이면 BNC probe에 이상이 있는 경우가 많다. 그러므로 BNC probe를 바꾸거나 조정하여 다시 측정해 본다. 또 이 신호는 표준 전압으로도 쓰이는데, 이 파형의 첨두치가 1V가 아니면 오실로스코프의 전압 스케일에 이상이 있는 것이므로 "VOLTS/DIV" 단자의 "VARIABLE"이 "CAL" 위치에 있는지 확인해 보아야 한다. "CAL" 위치에 있음에도 첨두치가 1V가 아니면 오실로스코프로 측정한 전압값의 정확도에 문제가 있는 것이다. 이러한 경우에는 오실로스코프를 표준 기관이나 제작사에 보내 점검을 받아야 한다.

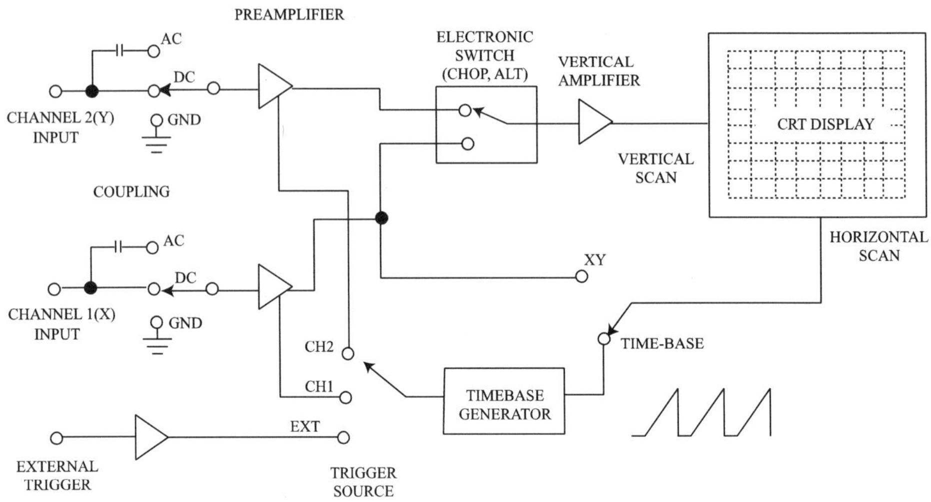

그림 3-3 오실로스코프의 구성도

3. "FOCUS" : 형광판에 닿는 전자선의 초점을 맞추는 단자이다. 가장 선명한 파형이 보이도록 조절한다.

4. "INTENSITY" : 전자선의 세기를 조절하여 형광판에 표시되는 파형의 밝기를 조절하는 단자이다.

5. "TRACE ROTATION" : 입력 coupling 단자를 "GND"로 놓아 입력 전압이 넣어준 신호에 관계없이 0V가 되면 파형은 가로 눈금과 평행한 직선이 되어야 한다. 파형이 가로 눈금과 평행하지 않을 때 평행하게 맞추는 데에 사용하는 단자이다.

6. "SCALE ILLUM" : 화면의 눈금이 잘 보이게 하려고 만들어진 조명 장치의 밝기를 조절하는 단자이다.

(2) 수직 증폭기 및 신호 입력 부분

7. "POSITION" : 형광판 위에 표시되는 파형의 수직 방향 위치를 전체적으로 올리거나 내리려고 할 때 사용하는 단자이다. 수직 편향판에 가해지는 전압의 직류 성분을 이 단자로 조절하여 파형을 평행이동시킨다. 입력 coupling을 GND로 두고 0V에 해당하는 가로 눈금선을 이 단자를 써서 선택한 다음에 그 가로 눈금선을 0V 기준 전압으로 하여 전압값을 읽는다. 이 단자는 CH1과 CH2에 하나씩 두 개가 있다.

8. 입력 coupling 스위치 : "AC, GND, DC"
   - AC : 스위치가 이 위치에 있을 때에는 그림 3-3의 구성도에서 보듯이 신호가 직렬 capacitor를 통하여 수직 증폭기로 들어간다. 이에 따라 신호에 포함되어 있던 직류 성분이 제거되어 형광판에는 교류 성분만이 표시된다. 이 capacitor와 수직 증폭기 입력 저항이 고주파 통과 필터(high-pass filter)로 동작하여 직류 성분을 제거한다. 삼각 함수 신호의 주파수가 낮을 때에는 이 capacitor에서의 전압 강하가 커져 측정 오차의 원인이 된다. 또, 사각파의 경우에는 전압값이 변하는 시점에서부터 capacitor가 충전되어 capacitor 전압의 절대값이 증가하기 때문에 수직 증폭기 입력 전압의 절대값이 시간이 지나면서 감소된다. 이렇게 신호의 왜곡이 발생하게 되어 형광판에 표시된 파형이 사각파와는 다른 모습을 보인다(실험 6-2 참조).

     직류 성분은 크고 교류 성분은 작은 신호에서 교류 성분만 관찰하고 싶을 때에는 "입력 coupling" 스위치는 "AC"에 두고 "VOLTS/DIV" 단자는 작은 값에 두는 것이 편리하다. "입력 coupling" 스위치를 "AC"에 두면 신호의 직류 성분이 제거되어 교류 성분만 화면에 나타나며, "VOLTS/DIV" 단자를 작은 값에 두면 작은 신호 파형이 화면에 크게 나타나기 때문이다.
   - DC : 그림 3-3의 구성도에서 보듯이 신호가 직접 수직 증폭기로 들어간다. 그러므로 신호의 직류 성분과 교류 성분이 함께 형광판에 표시된다.
   - GND : 그림 3-3의 구성도에서 보듯이 스위치를 신호 입력 단자에 연결하지 않고 접지점에 연결한다. 이에 따라 신호에 무관하게 수직 증폭기 입력 전압

이 0V가 된다. 0점을 조정할 때 사용한다.

9. “CH1(X)” : 신호가 들어가는 두 채널 가운데 하나로 *Y-t* mode에서는 CH1 신호가 들어가는 곳이다. 그림 3-3의 구성도에서 보듯이 이 채널에 입력된 전압 신호는 *Y* 입력, 즉 CH2 신호와 교대로 수직 편향판으로 들어가 화면에 표시된다. 물론 이 때에 수평 편향판에는 오실로스코프 내부에서 발생된 톱니파가 들어간다. *X-Y* mode 동작에서는 수평 편향판에 들어가는 *X* 입력의 단자이다. 물론, 이 *X-Y* mode 동작에서 톱니파는 사용되지 않는다.

10. “VOLTS/DIV” : 해당 채널의 신호에 대하여 눈금 하나가 나타내는 전압을 알려주며 CH1, CH2에 각각 1개씩 있다. 그림 3-3의 구성도에서 보면 수직 증폭기의 이득을 조절하는 단자이다.

11. “VARIABLE” : “VOLTS/DIV”의 보조 단자로 수직 증폭기의 이득을 조절하여 파형의 높이를 원하는 크기로 조절하고 싶을 때에 사용한다. 이 단자를 사용하면 “VOLTS/DIV” 단자가 표시하는 눈금 당 전압값이 무의미해진다. 그러므로 정확한 전압을 측정할 수 없게 됨에 주의해야 한다. 전압값 calibration이 안 된 상태이기 때문이다.

12. “POSITION/PULL INVERT” : CH2의 “POSITION” 단자로 CH2에 들어온 신호의 파형을 전체적으로 올리거나 내리려고 할 때 사용한다. 이 단자를 빼면 극성이 뒤바뀌어 파형이 반전되어 화면에 나타난다. “PULL INVERT”는 바로 이 기능을 나타낸다. 이 기능을 “VERTICAL MODE”의 “ADD” 단자와 함께 사용하면 CH1의 파형에서 CH2 파형을 뺀 결과를 화면에 표시할 수 있다. 주의할 것은 뺄셈이 두 채널의 전압값을 기준으로 이루어지지 않고, 화면에 나타난 파형의 크기를 기준으로 이루어진다는 점이다. 그러므로 빼어진 신호의 절대값을 알고 싶을 때에는 두 채널의 “VOLTS/DIV” 값을 같게 놓아야 한다.

13. “CH2(Y)” : 신호가 들어가는 두 채널 가운데 하나로 *Y-t* 모드에서는 *X*입력

과 교대로, *X-Y* mode 동작에서는 단독으로 수직 편향판으로 연결해 주는 *Y* 입력 단자이다.

14. "GND" : 오실로스코프 본체의 접지점이다. 물론 BNC probe의 검은색 단자 (−단자)와 단락(short)되어 있다.

15. "VERTICAL MODE"
    - CH1 : CH1의 신호만 화면에 표시된다. 물론 trigger "SOURCE"도 CH1이나 EXT(EXT INPUT 단자에 trigger 입력을 넣어 주었을 때)에 두어야 한다.
    - CH2 : CH2의 신호만 화면에 표시된다. 물론 trigger "SOURCE"도 CH2, 또는 EXT에 두어야 한다.
    - DUAL : CH1, CH2가 동시에 눌러진 상태로 CH1, CH2의 신호가 동시에 화면에 표시된다. trigger "SOURCE"는 CH1, CH2, EXT가운데 편리한 것을 선택할 수 있다. 전자총은 하나밖에 없는데 두 신호를 동시에 표시하려면 CH1과 CH2의 신호를 교대로 화면에 나타내야 하는데, 이 기능을 그림 3-3 구성도의 "ELECTRONIC SWITCH"가 수행한다. 이 스위치가 수직 증폭기의 입력으로 CH1과 CH2를 교대로 선택한다. 이 스위치의 동작 방식에는 두 가지가 있는데, "SEC/DIV"값이 0.5sec/div ~1ms/div 사이일 때에는 CH1 신호와 CH2 신호를 250kHz 주파수로 교대로 sampling하여 표시한다. 즉 처음 4μsec 동안은 CH1 신호를, 다음 4μsec 동안은 CH2 신호를 sampling하여 형광판에 나타내는 방식으로 두 파형을 교대로 그려준다. 이 방식을 chop이라 하며, 두 신호를 교대로 그리기 때문에 실제로 그려진 파형은 연속선이 아닌 점선이 된다. 그렇지만, 그 점 사이 간격이 작아 눈으로 구별하기는 힘들다.

      "SEC/DIV"값이 0.5ms/div ~ 0.2μs/div 사이에서는 신호의 주기가 짧아 250kHz의 sampling 주파수로는 파형을 제대로 표시할 수 없다. 이 때에는 톱니파의 한 주기에는 CH1 신호를, 다음 주기에는 CH2 신호를 교대로 화면에 표시하는 것이 더 유리한데, 이 동작을 alternate라 한다. 즉 CH1 신호를 화면 전체에 다 그리고 나서, CH2 신호를 그리고 다시 CH1 신호를 그리는 것을 교대로 반복한다. 홍창 5502 오실로스코프에서는 이 두 동작 가운데 하나가 "SEC/DIV" 단자에 따라 자동으로 선택된다.

- ADD : 이 동작 모드에서는 CH1, CH2의 신호가 더해져서 화면에 표시된다. 즉 수직 편향판에 들어가는 입력 전압이 CH1, CH2 전압 파형의 합이 된다. "POSITION PULL INVERT" 단자와 함께 사용하면 CH1 신호에서 CH2 신호를 뺀 파형이 표시된다. 물론 덧셈의 기준은 뺄셈에서와 같이 화면에 나타난 파형이다.

(3) 톱니파(SWEEP SIGNAL) 발생기와 trigger 부분

16. "POSITION(PULL × 10 MAG)" : 파형의 위치를 전체적으로 좌우로 이동시킬 때 사용하는 단자로, 수평 편향판 입력에 직류 성분을 더해주는 역할을 한다. 이 단자를 뽑으면 수평 편향판에 들어가는 신호를 증폭하는 수평 증폭기의 이득이 10배로 커져 화면에 표시되는 파형이 옆으로 10배 커진다.

17. "SWEEP MODE" : *Y*–*t* 모드에서 톱니파 발생기를 제어하는 방법을 선택한다.
    - AUTO : trigger level과 slope가 제대로 선택되었을 때에는 "AUTO"와 "NORM"의 차이 없이 원하는 파형이 화면에 나타난다. 그러나, trigger level이 신호의 최대값보다 크거나 신호의 최소값보다 작게 설정되는 등, trigger level과 slope가 잘못 선택되었을 때에는 정상적인 trigger 동작이 이루어지지 않는다. "AUTO"를 선택하면 이러한 때에도 오실로스코프가 스스로 trigger 신호를 발생시켜 trigger 동작을 수행하여 파형이 화면에 나타난다. 물론, trigger 신호가 발생하는 시간이 신호의 주기와 맞지 않아 정지된 파형이 나타나지는 않는다. 그렇지만 톱니파는 발생되므로 시작하는 전압이 서로 달라 흐르는 듯한 형태의 파형이 화면에 나타난다. 직류 전압의 경우에는 trigger의 의미가 없으므로 정지된 직류 전압 파형이 표시되지만, 교류 전압의 경우에는 이렇게 여러 파형이 겹쳐진 형태로 화면에 표시된다. 그러므로 초보자의 경우에는 "AUTO" 모드를 선택하는 것이 유리하다.

- NORM : 이 동작 모드에서는 trigger level과 slope가 제대로 선택되지 않았을 때에는 "AUTO"와는 달리 trigger 신호가 발생되지 않아 톱니파도 발생되지 않는다. 이에 따라 화면에 아무런 파형도 표시되지 않는다. 물론, trigger level이 적절히 설정되었을 때에는 정상적인 정지된 파형이 화면에 나타난다.
- SINGLE(PUSH TO RESET) : 수평 편향판에 들어가는 톱니파를 한 번만 발생시키므로 화면에 파형이 한 번만 그려진다. Storage scope에서는 이 파형이 화면에 저장, 기록되므로 파형을 볼 수 있지만, 보통의 오실로스코프에서는 아주 느리게 변하는 파형이 아니면 보기 힘들다. 이 단자를 눌러 "RESET"시킬 때마다 톱니파가 한 번씩 발생된다.

18. HOLD-OFF : 삼각 함수파와 같은 단순한 전압 파형의 경우에는 trigger level과 slope만 정해주면 톱니파가 시작되는 trigger point가 한 주기에 하나로 정해져 trigger point를 정하는 데에 문제가 없다. 그러나 복잡한 파형에서는 trigger level과 slope를 정해 주었다 하더라도 trigger point가 한 곳으로 정해지지 않을 수도 있다. 예를 들어 그림 3-4와 같이 주기 함수로 진폭 변조된 신호처럼 삼각 함수의 envelope가 주기적으로 변하는 파형에서는 파형의 여러 군데에서 trigger point의 조건을 만족시킬 수 있게 된다. 이러한 때에는 trigger point가 파형을 그릴 때마다 다르게 되어 정지된 파형이 그려지지 않을 수도 있다. 이러한 문제점을 해결하려면 trigger 조건을 만족시키더라도 어느 시간 이내에는 trigger 신호를 발생시키지 않게 하여야 한다. 톱니파가 시작되지 않도록 함으로써 trigger 조건을 만족시키는 첫 번째 점에서만 trigger되게 하여 정지된 파형을 얻어야 하기 때문이다. 이렇게 trigger 조건이 만족되더라도 일정 시간 동안에는 trigger 기능을 중단시키는 역할을 수행하는 것이 "HOLD-OFF" 단자이다. trigger를 중단하는 시간은 이 "HOLD-OFF 단자를 돌려서 맞춘다.

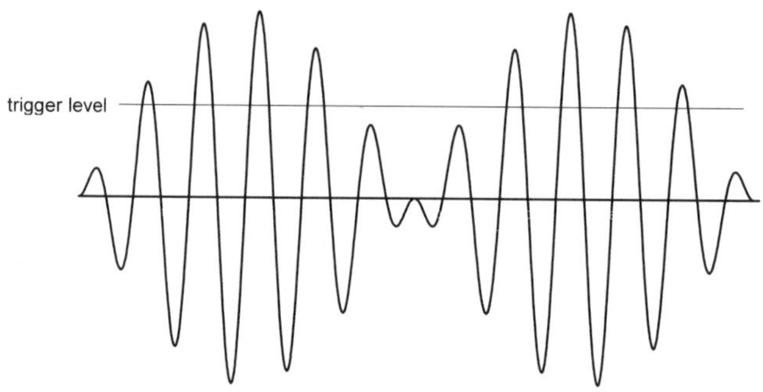

그림 3-4 진폭변조된 주기적인 함수의 예. 이러한 파형에서는 trigger 조건을 만족시키는 시점이 여러 곳이어서 "HOLD-OFF" 기능이 없으면 정지된 파형을 얻을 수 없다.

19. "TRIGGER LEVEL" : 앞에서 설명한 것처럼 trigger point 즉 톱니파가 시작되는 시점은 trigger "SOURCE"가 정해주는 신호의 전압값과 slope로부터 결정된다. "TRIGGER LEVEL" 단자는 톱니파가 시작되는 점의 전압값, 즉 trigger level을 정해준다. 만일 이 전압값이 "SOURCE"가 정해준 trigger 기준 신호의 최대값보다 크거나 최소값보다 작으면 trigger point를 찾을 수 없다. 이에 따라 "AUTO"의 경우에는 여러 파형이 겹쳐진 모습이 나타나며, "NORM"의 경우에는 아무런 파형도 나타나지 않는다.

20. "PULL TO SLOPE(−)" : trigger point의 slope를 결정하는 단자로 눌러진 상태에서는 + slope가, 빼어진 상태에서는 − slope가 선택된다.

21. "SOURCE" : trigger point를 결정하는 기준 신호를 지정해 주는 스위치이다.
    - CH1 : trigger point를 결정하는 기준 신호를 CH1에 들어오는 신호로 한다.
    - CH2 : trigger point를 결정하는 기준 신호를 CH2에 들어오는 신호로 한다.
    - EXT : trigger point를 결정하는 기준 신호를 "EXT INPUT"에 들어오는 신호로 한다.
    - LINE : trigger point를 결정하는 기준 신호를 line(60Hz 전원) 신호로 한다.

22. "COUPLING" : "SOURCE"가 정해준 신호를 그대로 trigger의 기준으로 사용할 것인지, 아니면 원하는 형태의 신호처리를 하여 사용할 것인지를 선택하는 단자이다.
    - AC : "SOURCE"가 정해준 신호 가운데 직류 성분을 없앤 교류 성분만으로 trigger point를 정하려 할 때 사용한다.
    - DC : "SOURCE"가 정해준 신호를 그대로 trigger의 기준으로 사용하려 할 때 사용한다.
    - HF REJ : "SOURCE"가 정해준 신호 가운데 고주파 성분을 제거하고 난 뒤의 저주파 성분만으로 trigger point를 정하려 할 때 사용한다. 즉 low-pass filter(저주파 통과 필터)를 통과한 trigger source 신호를 trigger의 기준 신호로 사용한다.
    - TV : 텔레비전의 동기 신호를 trigger 기준 신호로 사용한다.

23. "EXT INPUT" : 외부에서 별도로 넣어주는 trigger 기준 신호가 들어가는 단자이다. Trigger "SOURCE"를 "EXT"로 놓고 사용한다.

24. "SEC/DIV" : *Y-t* 모드에서, 즉 수평축을 시간으로 사용할 때, 화면의 수평축 눈금 하나에 해당하는 시간을 표시해주는 단자이다. 톱니파의 기울기(톱니파의 최대값과 최소값은 화면의 크기에 의해 정해져 있으므로 톱니파의 주기는 기울기에 의해 정해짐) 또는 수평 증폭기의 이득을 정해주는 단자이다. "VARIABLE" 단자가 "CAL" 위치에 있을 때에만 그 표시값이 정확하다.

25. "VARIABLE" : "SEC/DIV" 단자의 보조 단자로 화면의 눈금 하나가 나타내는 시간, 즉 톱니파의 주기를 연속적으로 조절할 수 있는 단자이다. 이 단자를 사용하면 수평축이 calibration이 안 된 상태이기 때문에, "SEC/DIV" 단자가 표시하는 수평 방향 눈금이 표시하는 시간이 실제의 시간과 다르게 된다. 따라서, 파형의 주기 등과 같은 시간에 대한 정보를 얻으려 할 때에는 이 단자를 사용하지 말아야 한다.

3.2.3 파형 발생기 각 단자의 기능

파형 발생기는 주기적인 파형의 전압을 발생시키는 전압원의 하나로, 보통 출력(또는 내부) 저항이 50Ω이다. 파형 발생기의 기능을 조절하는 단자들은 다음과 같다.

- 주파수 조절 단자 : 발생되는 전압 신호의 주파수를 조절하며 실제 주파수는 단자의 눈금에 주파수 범위 선택 단자의 값을 곱한 것이다.
- 파형 선택 단자 : 삼각 함수파, 사각파, 삼각파 가운데 하나를 선택할 수 있게 되어 있다.
- "AMPLITUDE(PULL −20dB)" 단자 : 파형의 진폭을 조절하기 위한 단자로 뽑으면 전압이 1/10로, 즉 −20dB 만큼 줄어들어 진폭이 작은 파형을 출력할 수 있게 되어 있다.
- "OFFSET(PULL ADJ)" 단자 : 눌러진 상태에서는 출력 전압 파형에 직류 성분이 없다. 이 단자가 빼어진 상태에서는 좌우로 돌려 교류 파형에 양(+) 또는 음(−)의 직류 성분을 더할 수 있다.
- "SYMMETRY(PULL ADJ)" 단자 : 눌러진 상태에서는 파형이 좌우 대칭이 되지만, 이 단자를 빼고 좌우로 돌리면 비대칭형의 전압 파형을 얻을 수 있다.
- "SWEEP," "WIDTH(PULL ON)," "RATE(PULL ON)" 단자 : 눌러진 상태에서는 전압 파형의 주파수가 주파수 조절단자로 정해준 값으로 고정된다. 이 단자를 빼고 동작시키면 주파수가 시간의 선형적인 함수로 주기적으로 변하게 된다. 변하는 속도는 "RATE" 단자가, 변하는 주기는 "WIDTH" 단자가 결정한다. 주파수를 시간의 함수 $f(t)$로 나타내면 다음과 같다.

$$f(t) = f_0 + Rt \quad : \quad 0 < t < W,\ W: width,\ R: rate$$

$$f(t) = f(t+W) \quad : \quad t > W$$

- 50Ω OUTPUT : 전압 파형이 출력되는 단자로 출력 저항이 50Ω이다.
- TTL OUTPUT : 0V와 5V를 왔다갔다하는 사각파 전압을 출력시키는 단자이다. 파형 선택 단자의 위치에 무관하게 사각파가 출력된다.

3.3 사용 기기와 부품

- 2채널 오실로스코프(홍창 모델 번호 5502) 1대
- 파형 발생기 1대
- 2채널 직류 전압원
- 1MΩ 저항 2개
- 디지털 멀티미터(DVM) 1대
- BNC probe 3개

3.4 실험 내용과 방법

*** 다음의 실험 과정은 홍창물산의 모델 5502를 기준으로 하여 설계되었다. ***

3.4.1 실험 3-1 : 오실로스코프의 기본적인 작동

이 실험 과정은 오실로스코프를 사용하기 전에 조정해 주어야 하는 사항들을 익히도록 설계되었다. 그리고 이 과정은 오실로스코프가 정상적으로 동작하는지를 점검하는 데에도 유용하다.

(1) 각 단자의 초기 조정

오실로스코프에 전력을 공급하지 않은 상태에서

1. 조정 단자 판의 가운데 위에 있는 "VERTICAL MODE" 스위치를 "CH1(또는 X)"로 놓는다.

2. CH1의 "VOLTS/DIV" 단자를 0.5로, 보조 단자 "VARIABLE"을 "딱" 소리가 날 때까지 완전히 시계 방향으로 돌려 "VOLTS/DIV" 단자의 지시치가 맞도록, 즉 calibration된 상태로 둔다.

3. CH1의 입력 coupling 스위치 "AC, GND, DC"를 "GND"에 둔다.

4. SWEEP TIME/DIV 단자인 "SEC/DIV"를 0.5ms/div에 두고, 보조 단자 "VARIABLE"을 "딱" 소리가 날 때까지 완전히 시계방향으로 돌려 "SEC/DIV" 단자가 표시하는 값이 맞도록 calibration된 상태로 둔다.

5. "SWEEP MODE" 부분에서 "AUTO" 단자를 선택하여 automatic trigger mode가 되도록 한 다음, 보조 단자를 돌려 trigger level이 0이 되도록, 즉 단자 앞면에 있는 표시줄이 중앙에 있도록 돌린다. 또, "SLOPE" 단자는 "+"(눌러진 상태)를, "COUPLING" 부분의 단자는 "AC"를, "SOURCE" 부분의 단자는 "CH1"을 선택한다.

6. 수평 방향 "POSITION" 단자도 파형이 화면의 중앙에 위치하도록 흰 눈금이 위를 향하도록 돌린다. "PULL × 10 MAG" 단자는 눌러 놓는다. 이 단자를 뽑으면 수평 방향 신호의 크기가 10배로 증폭되어 "TIME/DIV" 단자를 1/10로 줄인 것과 같은 효과가 나타나기 때문이다.

7. "INTENSITY," "FOCUS," "SCALE ILLUM" 단자는 표시선이 중앙에 있도록 돌린다.

(2) 화면에 나타날 파형의 위치 및 세기 조절

오실로스코프에 전력을 공급하고 나서

1. 파형의 수직 위치 또는 0점 조절 : 전원 스위치를 켜고 약 20초를 기다리면 화면에 수평 방향의 직선 파형이 보인다. 이 선이 화면에 그려진 가운데 눈금에 위치하여, 중앙 눈금이 0Volt를 표시하도록 CH1의 "POSITION" 단자를 조절한다.

2. 파형의 밝기 조절 : "INTENSITY" 단자를 조절하여 파형의 밝기가 눈으로 보기에 적당하도록 한다.

3. 화면의 배경 빛의 밝기 조절 : "SCALE ILLUM" 단자를 돌려 화면 배경 빛의

밝기를 조절한다.

4. 파형의 수평성 조절 : "TRACE ROTATION" 단자를 조절하여 파형이 수평 방향 눈금과 평행하도록 조절한다. 필요하면 0점 조절을 다시 한다.

5. 파형의 수평 위치 조절 : 파형이 왼쪽이나 오른쪽으로 치우쳐져 있을 때에는 수평 방향 "POSITION" 단자를 조절하여 파형이 화면의 중앙에 위치하도록 한다.

> **주 의**
>
> 시간이 지나면서 0점의 위치가 변동할 수 있으므로 정확히 측정해야 할 때는 측정하기 전에 0점 조절을 먼저 해 주어야 한다.

(3) internal reference 파형 관찰

1. internal reference 파형 관찰 : CH1의 "AC, GND, DC" 단자를 "DC"에 둔다. BNC probe를 CH1의 "INPUT" BNC에 연결한다. 그리고 probe의 빨간 단자를 "PROBE ADJUST 1Vp-p" 단자에 연결하여 사각파 파형을 관찰한다. 이 때 화면에 나타나는 파형이 정지되어 있지 않고 흐르면 TRIGGERING 부분의 "TRIGGER LEVEL" 단자를 조절하여 파형이 정지되도록 한다. "PROBE ADJUST 1Vp-p" 단자는 오실로스코프의 동작 점검을 위하여 내부에서 발생시킨 reference 신호이다.

> **주 의**
>
> 이 사각파 파형의 관찰은 BNC probe나 오실로스코프가 제대로 동작하는지를 점검하는 데에 매우 편리한 방법이다. 파형이 나타나지 않는 경우에는 BNC probe나 오실로스코프가 제대로 작동하지 않는 것이므로, 먼저 저항계를 써서 BNC probe를 점검한다. BNC probe에 문제가 없으면 오실로스코프에 이상이 있는 것이므로 오실로스코프를 바꾸어 앞의 (1), (2), (3) 과정을 반복한다.

2. 사각파의 첨두치(peak-to-peak value)가 1V인지 확인한다. 이 때, "VOLTS/DIV"의 "VARIABLE" 단자가 "CAL" 위치에 있는지, 즉 완전히 시계 방향으로 돌려져 있는지 다시 한 번 확인한다.

(4) 채널 2에서 internal reference 파형 관찰

"VERTICAL MODE"와 "SOURCE" 단자를 "CH2"에 두고 CH2에 대하여 (2), (3)의 과정을 반복한다.

3.4.2 실험 3-2: 오실로스코프 각 단자의 기능

이 실험의 목표는 오실로스코프 각 단자의 기능을 오실로스코프의 내부 구성과 연계하여 익히고 이해하는 데에 있다. 또 파형 발생기의 사용법을 함께 익힌다. 이 실험이 끝나고 토의사항에 대한 올바른 답을 할 수 있으면, 오실로스코프와 파형 발생기를 제대로 알고 쓸 수 있게 되었다고 할 수 있다.

(1) 파형 발생기에서 DC offset 단자의 기능(채널 1에서 DC로 두고 실험)

1. "VERTICAL MODE"와 TRIGGER "SOURCE"를 "CH1"로, "VOLTS/DIV"는 1V/div로, CH1의 "AC, GND, DC" 단자는 직류 전압 성분까지를 볼 수 있도록 "DC"로 둔다.

2. 파형 발생기의 출력 파형을 삼각 함수로, 주파수를 1kHz로 둔다. 그리고 나머지 단자들은 눌러져 있거나 꺼져 있게 한다.

3. 파형 발생기의 전원 스위치를 켜고 "50Ω OUTPUT" 단자에 BNC probe를 연결한 다음 오실로스코프 CH1에 연결한다. 파형 발생기의 "AMPLITUDE" 단자를 조정하여 삼각 함수 파형의 진폭을 2V가 되게 한다.

4. 파형 발생기 "DC OFFSET" 단자의 기능: 파형 발생기의 "DC OFFSET" 단자를 뽑아 좌우로 돌려 보고 화면에 나타나는 파형의 변화를 관찰하고 그린다.

토의사항

파형 발생기의 "DC OFFSET" 단자는 어떤 역할을 하는가?

(2) 오실로스코프의 입력 coupling 단자 "AC, DC, GND"의 기능

1. 오실로스코프 "AC" 단자의 기능 : 앞의 실험 (1)에서 보았듯이 오실로스코프의 "DC" 단자는 입력 신호를 그대로 전달하여 신호의 직류 성분과 교류 성분이 그대로 화면에 나타나게 한다. 파형 발생기의 다른 단자들은 모두 눌러진 상태로 둔다. 오실로스코프의 입력 coupling 단자를 "AC"로 두고, 파형 발생기의 "DC OFFSET" 단자를 좌우로 돌려 본다. 이 때 화면에 표시되는 파형의 변화를 관찰한다.

토의사항

그림 3-3의 오실로스코프 구성도를 보고, 파형 발생기의 "DC OFFSET" 단자를 써서 조절한 직류 성분이 입력 coupling이 "AC"일 때에는 나타나지 않는 이유를 설명하라.

2. 오실로스코프 "DC" 단자의 기능 : 파형 발생기의 "DC OFFSET" 단자를 시계 방향으로 돌려 +의 직류 성분이 있는 상태에서 입력 coupling 단자를 "DC"에 두고 파형을 관찰한다. "AC"에 두었을 때와 차이점을 관찰한다.

토의사항

그림 3-3의 오실로스코프 구성도를 보고, "AC" 단자와 "DC" 단자의 기능상의 차이점을 기술하고 그 이유를 설명하라.

3. 오실로스코프 "GND" 단자의 기능 : 함수 발생기는 그대로 둔 채 입력 coupling 단자를 "GND"에 두고 파형의 변화를 관찰한다.

토의사항

그림 3-3의 oscilloscope 구성도를 보고, 파형 변화의 원인을 설명하라.

4. oscilloscope의 접지점(electrical ground) : CH1과 CH2에 BNC probe를 연결한 다음에 저항계를 써서 두 probe의 검은색 단자, 즉 두 −단자 사이의 저항값을 측정하라. 또 이 −단자와 "EXT INPUT" 단자 옆에 있는 "GND" 단자 사이의 저항값을 측정하라.

토의사항

세 단자 사이의 전기저항으로부터 이 세 단자 사이의 전위 차이가 존재할 수 있을까에 대하여 생각해 보라. 이 세 점의 전압이 oscilloscope의 입장에서는 접지점 전압, 즉 0V임에 주의한다.

(3) time division, cal 단자의 기능

1. 파형 발생기의 파형을 사각파(rectangular wave)로, "DC OFFSET" 단자는 눌러 주어 끈 다음에 oscilloscope의 "TIME/DIV" 단자를 0.2ms/div, CH1의 "VOLTS/DIV" 단자는 0.5V/div로 둔다. 그리고 CH1에서 파형을 보면서 사각파의 주기는 1kHz, 진폭은 1V로 만든다. 실험에 앞서 "TIME/DIV" 단자의 왼쪽에 있는 "VARIABLE" 단자가 "CAL" 위치에 있는지 확인한다.

2. "TIME/DIV" 단자의 기능 : 오실로스코프의 "TIME/DIV" 단자를 0.5ms/div로 두고 CH1에서 파형을 관찰하고 앞의 실험 과정1의 결과와 비교한다.

3. 오실로스코프의 "TIME/DIV" 단자를 0.1ms/div로 두고 CH1에서 파형을 관찰하여 앞의 실험 과정 1, 2의 결과와 비교한다.

4. "VARIABLE" 단자의 기능 : 오실로스코프의 "TIME/DIV" 단자를 0.5ms/div로 두고 "VARIABLE" 단자를 반시계 방향으로 돌려 가면서 CH1에서 파형을 관찰한다.

토의사항

위의 실험으로부터 "TIME/DIV" 단자와 "VARIABLE" 단자의 기능을 설명하고, 이 기능이 그림 3-3의 오실로스코프 구성도에서는 어느 부분에서 수행될 것인지 밝혀라. 또 4 항의 실험 결과로 보아 "VARIABLE" 단자가 "CAL" 위치에 있지 않을 때에 "TIME/DIV" 단자의 표시값이 맞는 것인지에 대하여도 기술하라.

(4) vertical division, cal 단자의 기능

1. "TIME/DIV" 단자 왼쪽 "VARIABLE" 단자를 "CAL" 위치에, CH1 "VOLTS/DIV" 단자의 위치를 1V/DIV로 두고 파형 발생기의 "AMPLITUDE" 단자를 조정하여 진폭을 1V로 맞춘다. BNC probe를 CH2에 연결하여 CH1과 똑같은 파형 발생기 파형을 입력시키고 CH2의 'VOLTS/DIV," "VARIABLE" 단자도 CH1과 똑같이 조정한다. 그 다음에 "VERTICAL MODE"의 "CH2"도 눌러 두 파형이 동시에 화면에 나타나도록 한다. 그리고 CH1과 CH2 입력 coupling 단자를 "GND"에 두고 0점을 맞춘 다음에 두 채널 모두 "AC"로 둔다. 그러면 두 파형이 완전히 겹쳐져 하나의 파형으로 보일 것이다.

2. "VOLTS/DIV" 단자의 기능 : 위의 상태에서 CH1의 "VOLTS/DIV" 단자를 2V/DIV, 0.5V/DIV으로 바꾸고 CH2 파형과 비교한다.

3. "VARIABLE" 단자의 기능 : CH1의 "VOLTS/DIV" 단자를 1V/DIV으로 바꾸고 "VARIABLE" 단자를 반시계 방향으로 돌리면서 CH1과 CH2 파형을 비교한다.

토의사항

위의 실험결과를 이용하여 "VOLTS/DIV" 단자와 "VARIABLE" 단자의 기능을 설명하고, 이 기능이 그림 3-3의 오실로스코프 구성도에서는 어느 부분에서 수행 될 것인지 밝혀라. 또 앞의 실험 과정 3의 실험 결과로 보아 "VARIABLE" 단자가 "CAL" 위치에 있지 않을 때에 "VOLTS/DIV" 단자의 표시값이 맞는 것인지에 대하여 기술하라.

(5) "VERTICAL MODE" 단자의 기능

1. DUAL mode의 기능: (4)의 실험에서와 같이 CH1과 CH2를 동시에 누르면 DUAL mode가 되어 화면에 두 파형이 동시에 나타난다. 홍창에서 제작한 오실로스코프에서는 0.5sec/DIV ~ 1ms/DIV 사이에서는 CHOP mode로, 그 나머지 경우에는 ALTERNATE mode로 동작한다. Trigger "SOURCE"는 CH1, "COUPLING"은 AC로 둔다.

2. ADD mode의 기능: 두 채널의 단자를 똑같이 1V/DIV, 0.2ms/DIV, AC로 두어 두 채널의 신호가 완전히 겹치게 한 다음에 "ADD" 단자를 누른다. 화면에 나타난 파형이 원래 파형과 비교하여 어떻게 변하였는지 그려라.

> **토의사항**
>
> ADD mode의 기능에 대하여 설명하고 그 용도에 대하여 생각해 보라.

3. INVERT mode의 기능: 다시 DUAL mode로 바꾼 다음에 CH2 "vertical POSITION(PULL INVERT)" 단자를 뽑고 CH2 신호를 관찰한다. 원래 신호와의 차이점이 무엇인지 그려라.

> **토의사항**
>
> INVERT mode의 기능에 대하여 설명하라.

4. INVERT +ADD mode의 기능: 앞의 실험 과정 3의 상태에서 "VERTICAL MODE" 단자를 ADD mode에, 즉 INVERT와 ADD mode를 동시에 선택한 다음에 파형의 변화를 관찰한다. 화면에 나타난 파형에 어떠한 변화가 있는지 그려라. 또 CH1의 "VOLTS/DIV" 단자를 0.2V/DIV으로 두고 파형의 변화를 관찰하라. 그리고 CH2의 "VOLTS/DIV" 단자를 0.2V/DIV으로 두고 파형의 변화를 관찰하라.

토의사항

INVERT +ADD mode의 기능에 대하여 기술하고 그 용도에 대하여 생각해 보라.

(6) trigger block의 기능

1. trigger "LEVEL" 단자의 기능

a) 0점 조절: "VERTICAL MODE"를 "DUAL"에 두고 CH1, CH2의 "VOLTS/DIV" 단자를 0.5V/DIV, 입력 coupling은 GND로 둔 다음 두 채널의 vertical "POSITION" 단자를 조절하여 0점을 맞춘다. Trigger "SOURCE"는 CH1, "COUPLING"은 AC, "SWEEP MODE"는 AUTO, "SLOPE"는 눌려진 상태, 즉 +에 둔다. CH2는 0점을 나타내도록 "GND"에 그대로 둔다.

b) 오실로스코프 입력 coupling을 AC에 둔 다음, 파형 발생기의 삼각 함수파 출력을 오실로스코프의 CH1에 넣어 주고 진폭이 2V가 되도록 조정한다.

c) "LEVEL" 단자의 기능: 수평 방향 "POSITION" 단자를 시계 방향으로 돌려 파형의 왼쪽 끝부분이 화면에 보이도록 한 다음에 "LEVEL" 단자를 0, +, −위치로 변화시키면서 파형 시작점의 전압값의 변화에 주의하여 파형을 그린다.

토의사항

c)의 결과를 바탕으로 하여 "LEVEL" 단자의 역할에 대하여 기술하라. 또 TRIGGER LEVEL과 톱니파 TIMEBASE 신호의 시작점과는 어떤 관계에 있는지 기술하라.

d) "LEVEL" 단자를 +, 즉 시계 방향으로 돌려 파형의 시작점이 파형의 최대값에 있게 조정한 다음, 시계 방향으로 더 돌리면 어떤 파형이 나타나는가? 또, "LEVEL" 단자를 −, 즉 반시계 방향으로 돌려 파형의 시작점이 파형의 최소값에 있게 조정한 다음, 반시계 방향으로 더 돌리면 어떤 파형이 나타나는가?

토의사항

d)의 경우에 정지 파형이 나타나지 않는 원인은 무엇인가?

2. "SLOPE" 단자의 기능

"LEVEL" 단자를 0으로 두고 수평 방향 "POSITION" 단자를 돌려 파형의 시작점이 화면에 보이게 하고, "slope" 단자를 뽑아 "slope"가 −가 되게 한 다음에 "SLOPE"가 +일 때의 파형과 비교한다. 또 "LEVEL"이 + 일 때 "SLOPE"를 −로 바꾸면 "SLOPE"가 + 일 때의 파형과 어떻게 다른가? 그리고, "LEVEL"이 −일 때 "SLOPE"를 −로 바꾸면 "SLOPE"가 + 일 때의 파형과 어떻게 다른가?

토의사항

이 실험의 결과로 보아 "slope" 단자의 기능은 무엇인가?

3. trigger "SOURCE" 단자의 기능

"LEVEL" 단자를 0으로 두고 수평 방향 "POSITION" 단자를 돌려 파형의 시작점이 화면에 보이지 않게 한 다음, "SOURCE" 단자를 CH1에서 CH2, EXT, LINE으로 바꾸고 파형을 관찰한다.

토의사항

"SOURCE" 단자를 CH1에서 CH2, EXT, LINE으로 바꾸었을 때 정지된 파형이 보이지 않는 이유는 무엇인가?

4. "SWEEP MODE" 단자의 기능

"SOURCE"단자를 CH1에, "SWEEP MODE" 단자는 "AUTO"에 두고 "LEVEL" 단자를 맞추어 파형을 관찰한 다음에 "LEVEL" 단자를 시계 또는 반시계 방향으로 끝까지 돌려 놓은 상태에서 파형을 관찰한다. 그 상태에서 "SWEEP MODE" 단자만 NORM에 두고 화면에 보이는 파형을 관찰한다. 그 다음에, "level" 단자를 0에 맞추어 파형을 관찰한 다음에 "SWEEP MODE" 단자를 NORM과 AUTO 사이를 바꾸어 가며 파형의 변화가 보이는지 관찰한다.

토의사항

이 실험의 결과로 보아 "AUTO" 단자는 어떤 역할을 하는가?

(7) X-Y mode의 기능

1. X-Y mode로 놓기 : CH1, CH2의 BNC probe를 파형 발생기에서 떼어낸 다음 두 채널의 입력 coupling을 모두 "GND"에 둔다. 그 다음에 "VERTICAL MODE"를 CH2에, "SEC/DIV"을 X-Y에 두면 오실로스코프는 X-Y mode에서 동작하여 하나의 점이 화면에 나타난다.

2. 0점 조절 : CH1, CH2의 "VOLTS/DIV" 단자를 1V/DIV으로 둔 다음 채널 2(Y 입력 단자)의 vertical "POSITION" 단자와 수평 방향 "POSITION" 단자를 조절하여 점이 화면의 정중앙에 나타나도록 한다.

3. X-Y mode의 기능 : 직류 전압원의 전원 스위치를 켜고 CH1, CH2에 다음의 직류 전압을 넣어 주고 점의 위치를 그린다.
   (V_x [Volts], V_y [Volts]) = (1,1), (3,3), (−1, 2), (−1,−2), (2,−3)

토의사항

X-Y mode의 기능은 무엇이며, 이 mode에서 동작할 때 trigger 회로가 동작할까? 또 이 mode에서 CH1, CH2에 똑같은 전압을 넣어 주면 어떤 파형이 화면에 나타날까? 그리고 진폭은 같지만 주기가 서로 다른 사각파를 CH1, CH2에 넣어 주면 어떤 파형이 화면에 나타날까?(hint : 직접 실험해 보시오.)

3.4.3 실험 3-3: 오실로스코프의 동작 원리

이 실험의 목표는 오실로스코프의 동작 원리를 파악하는 데에 있다. 오실로스코프는 기본적으로 매 순간마다 수평 및 수직 편향판 전압이 정해주는 점들을 표시해 주는 장치이다. 수평 편향판에 걸어준 전압이 전자선이 화면에 닿는 점의 X 좌표를, 수직 편향판에 걸어준 전압이 전자선이 화면에 닿는 점의 Y 좌표를 결정한다. 이 점을 계속 화면에 그려주면 연속적인 파형이 나타나게 된다. 또 수평 편향판에 걸어주는 전압을 시간에 비례하여 증가시키면서 수직 편향판에 시간에 따라 변하는 주기 함수 전압을 걸어주면, X축은 시간을, Y축은 매 순간 변하는 전압을 보여주므로 파형이 시간의 함수로 보여지게 된다.

(1) *X*-*Y* mode에서 *Y*-*t* mode simulation

1. 각 단자의 초기 조정: 오실로스코프의 "VERTICAL MODE"는 "DUAL"로, 입력 coupling은 AC로, "VOLTS/DIV"는 0.5V/DIV로, trigger source와 coupling은 각각 CH1, AC로 놓는다. 파형 발생기를 써서 X 입력은 주기가 1kHz, 진폭이 2V인 톱니파(파형 발생기 "SYMMETRY" 단자를 조정하여 상승부의 기울기는 작게 하고 하강부의 기울기는 최대로 크게 한다)를, Y 입력에는 오실로스코프의 "PROBE ADJUST 1Vp-p" 출력을 넣는다. 두 파형이 모두 정지하도록 톱니파의 주파수를 조절한다. 완전히 정지하게 하기는 쉽지 않으므로 거의 정지해 있으면 다음 과정으로 넘어 간다.

2. *X*-*Y* mode에서 *Y*-*t* mode 동작: 오실로스코프를 *X*-*Y* mode로 둔다. 화면에 나타나는 파형의 모습을 관찰한다. 이렇게 X 입력에 톱니파를 넣으면 Y 입력 파형이 화면에 나타나게 되어 시간에 따른 파형의 변화를 측정할 수 있게 된다.

3. *Y*-*t* mode 동작에서 "SEC/DIV" 조절: 톱니파의 진폭은 그대로 둔 상태에서 주파수를 2kHz로 바꾸고 파형이 정지하도록 주파수를 미세 조절하고 나서 화면의 파형을 기록한 다음 실험 과정 2의 파형과 비교한다.

토의사항

위의 실험에서 완전히 정지된 파형을 얻기 힘든 이유는 무엇이며, 이 정지된 파형을 얻기 위하여 오실로스코프에서 사용하는 방법은 무엇인가? (hint: trigger, trigger level, slope)

3.4.4 실험 3-4: *Y* - *t* mode를 이용한 측정

이 실험에서는 오실로스코프의 주요 용도인 시간의 주기적인 함수로 주어지는 파형의 측정에 대하여 실험한다. 이에 앞서 주기적인 파형을 발생시키는 파형 발생기의 작동법을 익힌다.

(1) 파형 발생기 작동법

1. 오실로스코프를 "DUAL" mode로 두고 0점을 조절한다. 함수 발생기의 파형을 삼각 함수파로 선택하여 CH1에 넣고 CH1은 DC에 CH2는 GND에 둔다. Trigger "LEVEL"을 0으로 조절하여 정지된 파형을 얻는다. 파형을 삼각파, 사각파로 바꾸어 본다.

2. "SWEEP," "RATE" 단자의 기능 : 삼각 함수파로 다시 바꾼 다음에 "SWEEP" 단자를 뽑아 파형의 변화를 관찰한다. 또 "RATE", "WIDTH" 단자를 돌려보고 파형의 변화를 관찰한다.

> **토의사항**
>
> 이 실험으로부터 "SWEEP," "RATE" 단자의 기능은 무엇이라 하겠는가?

3. "SYMMETRY" 단자의 기능 : "SWEEP" 단자를 눌러 끈 다음에 "SYMMETRY" 단자를 뽑아 좌우로 돌려가며 파형의 변화를 관찰한다. 또 삼각파, 사각파에 대하여 같은 실험을 반복한다.

> **토의사항**
>
> "SYMMETRY" 단자의 기능은?

(2) 파형의 주기 측정

1. 파형 발생기의 모든 조절 단자를 눌러 끄고 1kHz의 삼각 함수 파형이 나오

도록 주파수를 조절하여 오실로스코프의 CH1에 넣는다.

2. 수평, 수직 "POSITION" 단자를 써서 주기를 측정하기 쉬운 위치에 파형을 두어 주기를 측정하고 주파수를 계산한다. 주파수는 주기의 역수로 주어지고 "SEC/DIV"의 "VARIABLE" 단자가 "CAL"에 있어야 함에 주의한다.

토의사항

파형 발생기의 눈금으로부터 읽은 주기와 오실로스코프로 측정한 주기가 일치하는가? 만일 다르다면 어느 값을 더 믿을 수 있을까?

3.4.5 실험 3-5: 오실로스코프의 입력 저항 측정

오실로스코프는 파형을 직접 보여 주는 전압계라 할 수 있으며, 병렬로 연결하여 측정하고 내부 저항이 존재한다. 이 실험에서는 오실로스코프 내부 저항의 영향을 살펴보고 그 값을 측정한다.

1. 색 코드 저항값이 1MΩ인 저항 두 개를 골라 저항계로 저항값을 잰다. 이 두 저항을 직렬로 연결하여 직류 전압원의 전압을 분배하는 다음의 회로를 구성한다.

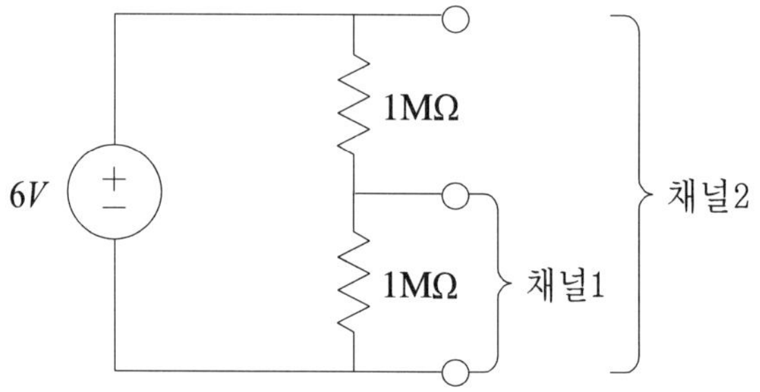

회로 3-1 오실로스코프 내부 저항의 영향을 살펴보기 위한 전압 분배 회로

2. 오실로스코프 내부 저항에 따른 전압 측정 오차: 직류 전압원의 출력을 6V로 맞춘 다음 오실로스코프로 직류 전압원의 전압과 분배된 전압을 측정하고 이론치와 비교한다. 이때 CH1, CH2는 DC로 둔다.

> **토의사항**
>
> 이론치와 실험치 사이의 오차는? 또 이로부터 오차가 작을 조건을 구하라.

3. 오실로스코프의 내부 저항 측정: 6V 직류 전압원 출력을 다음 회로처럼 1MΩ 저항과 직렬로 오실로스코프에 연결하여 측정하고 직류 전압원의 출력을 직접 측정한 결과와 비교하여 오실로스코프의 내부 저항을 구한다.

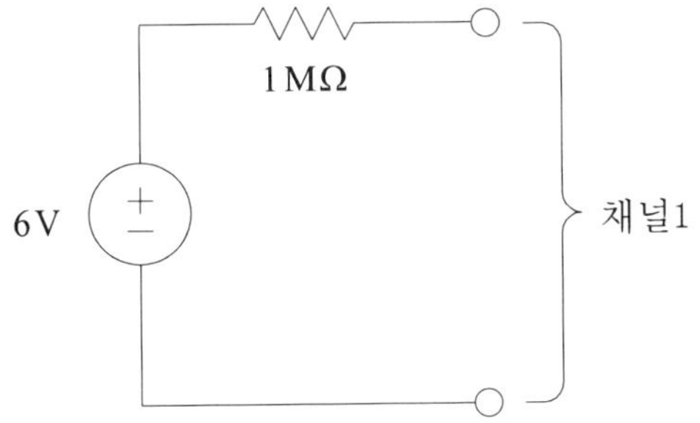

회로 3-2 오실로스코프의 내부 저항을 구하기 위한 회로

> **토의사항**
>
> 오실로스코프의 내부 저항값은? 또 이 값을 이용하여 실험 과정 2에서의 측정 결과를 설명하라.

3.5 예비 보고서와 결과 보고서

3.5.1 예비 보고서

(1) Review questions

1. 오실로스코프에서 trigger란 무엇인가? 또, trigger 기능이 제대로 수행되지 않아 파형의 시작점이 일정하지 않을 때, 형광판에 나타나는 파형의 모습을 스케치하여 보라.

2. 오실로스코프에서 정지된 파형의 실체는 무엇이며, 정지된 파형을 화면에 표시하기 위해서는 어떤 조건이 충족되어야 하는가?

3. 오실로스코프에서 각 단자의 기능을 정리해 보라.

4. 파형 발생기 각 단자의 기능을 정리해 보라.

(2) 연습 문제

1. $V(t) = 2\sin(2\pi \times 100t) + 1$[Volts]의 전압이 오실로스코프에 입력되었을 때, 입력 coupling이 AC, DC, GND일 때 오실로스코프에 표시된 파형을 각각 그려라. "VOLTS/DIV" 단자와 "SEC/DIV" 단자값은 편리한대로 선택한다.

3.5.2 결과 보고서

1. 각 실험 항목의 결과와 주어진 토의사항에 대한 답을 정리하여 제출한다.

2. 오실로스코프를 다음 회로와 같이 연결하여 측정하였을 때 화면에 나타날 파형을 그려라. 여기에서 +, −는 각각 BNC probe의 빨강색과 검정색 단자를 표시한다.

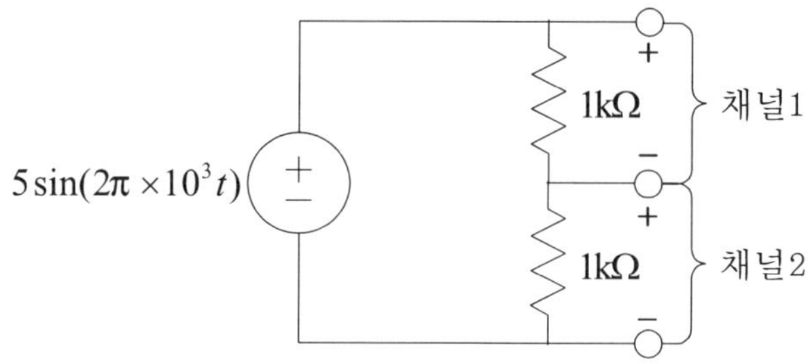

회로 3-3 오실로스코프 – 단자의 잘못된 사용법 한 가지

참고문헌

[1] R. A. Witte, Electronic Test Instruments : Theory and Applications, Ch. 4, Prentice Hall, 1993

[2] B. Ross, Hands-on Guide to 오실로스코프s, McGraw-Hill Book Company, 1994

[3] 흥창 모델 5502 오실로스코프 취급 설명서

04

실험 4 오실로스코프를 이용한 측정 : Lissajous Pattern

전자공학에서 신호를 다룰 때 우리의 주요 관심사는 특정 입력 신호가 어떠한 출력 신호로 바뀌는가, 즉 입력 신호와 출력 신호 사이의 변환관계에 있다. 전자공학에서 흔히 쓰이는 증폭기나 필터 등은 그 시스템에 내재되어 있는 우리가 소망하는 변환관계를 통하여 입력 신호를 원하는 형태의 출력 신호로 변환시켜 주는 역할을 한다. 입력 신호와 출력 신호 사이의 이 변환관계를 전달 함수라고 하며, 입력 신호가 어떻게 출력단으로 전달되는가를 규정한다. 오실로스코프의 X-Y 모드 동작을 이용하면 두 신호 사이의 변환관계를 쉽게 알 수 있다. 이 실험의 주요 과제는 오실로스코프의 X-Y 모드 동작을 이용하여 두 신호 사이의 관계를 측정하는 것이다. 특히 이 두 신호가 입출력 관계에 있으면 전달 특성을 측정하는 것이 된다. 이와 같이 이 실험 기법은 신호를 다루고 해석하는 데에 있어 중요한 기초가 된다.

4.1 실험의 목표

오실로스코프의 X-Y 모드는 두 전압 사이의 관계를 $Y=f(X)$의 함수 꼴로 화면에 직접 보여주므로 상관관계를 알아내는 데에 매우 유용하다. 이 실험의 목표는 오실로스코프의 X-Y 모드 동작과 이를 이용한 측정 방법을 중요한 예제를 통하여 익히는 데에 있다. 나아가서 시스템 전달 함수의 개념을 이해하고 활용하는 능력을 배양하는 것도 중요한 목표의 하나이다.

4.2 Lissajous pattern과 전달 함수(transfer function)

4.2.1 Lissajous pattern을 이용한 위상 차이와 주파수 비율 측정

(1) 두 삼각 함수파 사이의 위상 차이 측정

순수한 저항 회로에서는 어떠한 파형에 대하여도 입력 파형과 출력 파형은 크기만 다를 뿐, 파형의 모양에는 변화가 없다. 예를 들어 사각파 입력이 들어가면 사각파 출력이 나온다. 그러나 capacitor나 inductor와 같이 임피던스가 주파수의 함수일 때에는 입력 파형과 출력 파형의 모습은 일반적으로 다르다. 그 이유는 저항의 전류-전압 특성이 $V=RI$와 같이 선형 함수로 주어지는 것과는 달리, inductor나 capacitor의 전류-전압 특성은 미분 또는 적분 관계로 주어지기 때문이다.

예외적으로 정상상태에서 RLC 회로에 삼각 함수파가 입력되면 삼각 함수파가 출력되기도 한다. 그렇지만, 일반적으로 두 파형은 진폭과 위상에 차이가 나타난다. RLC 회로에서 미분이나 적분 과정을 거치면, sine 함수는 cosine 함수가 되고, cosine 함수는 sine 함수가 되면서 위상과 진폭이 달라지기는 하지만, 여전히 삼각 함수로 남아있기 때문이다. 이처럼 삼각 함수파가 다른 파형에 비하여 특별한 것은 삼각 함수파는 미분이나 적분 과정을 거치더라도 삼각 함수 형태를 그대로 유지한다는 데에 있다.

삼각 함수파가 RLC 회로에 입력되었을 때 나타나는 입력 신호와 출력 신호 사이의 진폭과 위상의 차이는 주파수에 따라 달라진다. 그 이유는 주파수 성분이 미분과 적분을 거치면서 진폭에 영향을 주고, 진폭의 변화가 위상의 변화로 나타나기 때문이다. 이를 달리 표현하면, inductor나 capacitor의 임피던스가 주파수의 함수이기 때문에 입력 신호와 출력 신호 사이에 진폭과 위상의 차이가 나타난다는 것이다.

삼각 함수 신호에서 입력과 출력의 진폭과 위상 차이가 주파수에 따라 변하는 사실을 이용하면 사각파와 삼각파가 RLC 회로에 입력되었을 때 입출력 파형이 변하는 현상을 설명할 수 있다. 그 출발점은 주기적인 사각파나 삼각파 등이 주파수가 다른 여러 삼각 함수파가 중첩되어 있는 파형이라는 사실이다. 그러므로 주기적인 사각파나 삼각파가 RLC 회로에 입력되면, 이 사각파나 삼각파를 이루는 서로 다른 주파수의 삼각 함수파들은 서로 다른 진폭과 위상 변화를 겪고 난 다음에 출력 파형으로 나오게 된다. 이에 따라 출력 파형을 이루고 있는 삼각 함수파들과 입력 파형을 이루고 있는 삼각 함수파들은 진폭과 위상에서 차이가 나게 된다. 이 때문에 출력 파형은 입력 파형과는 매우 다른 모습을 하게 된다.

이와 같이 RLC 회로의 특성은 출력된 삼각 함수파의 위상과 진폭이 주파수에 따라 어떻게 변화하는가에 의하여 결정된다. 주파수에 따른 이 특성의 변화를 주파수 응답(frequency response) 또는 주파수 영역에서의 전달 함수라 한다. 그러므로 전달 특성을 알아내는 데에는 입력 신호와 출력 신호 사이의 진폭과 위상 변화를 측정하는 것이 선결되어야 할 과제이다. 이에 따라 위상과 진폭 변화를 바로 측정할 수 있는 오실로스코프의 X-Y 모드 동작은 전달 특성을 측정하는 매우 유용한 방법이 된다.

오실로스코프를 이용하여 진폭과 위상의 변화를 측정하는 데에는 시간 영역에서 직접 측정하는 방법과 X-Y 모드 동작으로부터 구한 Lissajous pattern을 이용하여 측정하는 방법의 두 가지가 있다. 첫 번째 방법은 X축을 시간축으로 하여 두 신호를 동시에 화면에 표시한 다음에 위상과 진폭의 변화를 직접 측정하는 방법으로 위상 차이 θ는 그림 4-1에 보인 것처럼 주어진다.

위상 차이를 측정할 때에는 두 신호의 0V축을 정확히 일치시켜야 측정 오차를 줄일 수 있다. 또, 오실로스코프의 "VARIABLE" 단자를 사용하여 두 신호의 화면에 나타나는 진폭을 똑같게 하는 것도 위상 차이에 대한 측정 오차를 줄이는 방법이다.

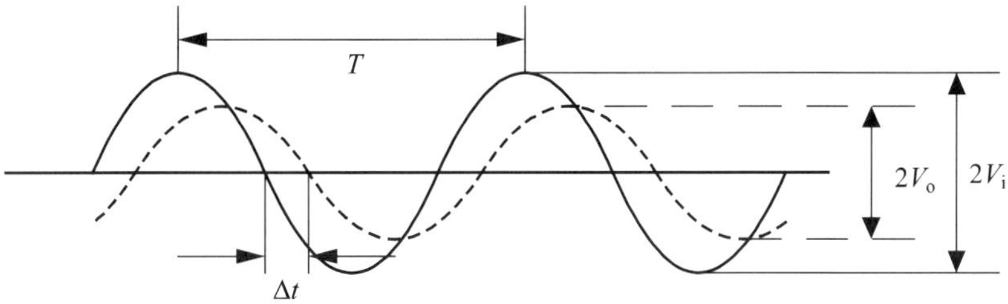

$$\theta[\text{도}] = 360 \times (\Delta t / T)$$

그림 4-1 시간 영역에서 위상 차이 및 진폭 비율의 측정

두 번째 방법은 기준 신호를 오실로스코프의 X 입력으로, 측정하려는 신호를 Y 입력으로 하여 두 신호 사이의 관계를 화면에 표시하여 측정하는 방법이다. 운동하는 물체의 궤적을 찾기 위하여 프랑스의 물리학자 J. A. Lissajous가 고안한 방법인데, 두 파형 사이의 관계를 나타내는 이 파형을 고안한 사람의 이름을 따서 Lissajous pattern이라고 한다. Lissajous pattern을 이해하기 위하여 진폭과 위상이 서로 다른 다음의 파형을 X, Y 입력으로 넣어 보자.

$$X = C\sin\omega t \tag{1}$$

$$Y = B\sin(\omega t + \theta) \tag{2}$$

X, Y 사이의 관계식을 구하려면 먼저 시간 t를 없애야 한다. 이를 위하여 식 (2)를 삼각 함수 공식을 써서 푼 다음에 식 (1)을 대입하면 다음의 타원 방정식을 얻는다.

$$(X/C)^2 + (Y/B)^2 - 2(XY/BC)\cos\theta = \sin^2\theta \tag{3}$$

특별히 위상 차이 θ가 0, 180도일 때의 Lissajous pattern은 기울기가 각각 양, 음인 직선이 되며, $B = C$이면서 위상 차이 θ가 ±90도이면 원이 된다.

위상 차이 θ는 식 (1), (2)에서 쉽게 구할 수 있다. 먼저 그림 4-2의 왼쪽에서처럼 위상 차이가 90도 이하일 때에는 X 좌표가 최대가 되는 각과 Y 좌표가 최대가 되는 각이 모두 1상한에 위치하며, $X = 0$일 때 $Y = B\sin\theta = A$가 되므로 $\theta = \arcsin(A/B)$가 된다. 위상 차이가 90도보다 클 때에는 X, Y가 최대가 되는 점이 서로 다른 상한에 위치하게 되어 그림 4-2의 오른쪽과 같은 형상을 얻는다. 이 때에도 $X = 0$일 때 $Y = B\sin\theta = A$가 되지만 θ가 90 ~ 180도 사이에 있으므로 $\theta = 180 - \arcsin(A/B)$가 된다.

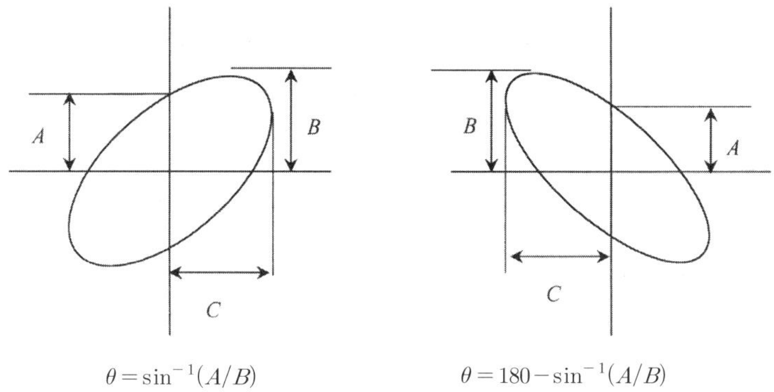

그림 4-2 위상 차이에 따른 Lissajous pattern과 위상 차이의 계산 방법

(2) 두 삼각 함수파 사이의 주파수 비율 측정

Lissajous pattern은 위상 차이뿐 아니라 주파수 비율의 측정에도 응용된다. 시간 영역에서도 주기를 측정하여 주파수 비율을 계산할 수 있지만, Lissajous pattern을 이용하면 주기 자체는 구할 수 없지만 두 파형의 주파수 비율 또는 주기 비율을 직접 구할 수 있다. 주기 비율을 구하는 원리도 매우 간단하여, X 입력이 0을 지나는 회수, 즉 Y축을 통과하는 회수와 Y 입력이 0이 되는 회수, 즉 X축을 통과하는 회수의 비율이 곧바로 X 입력 신호와 Y 입력 신호의 주파수 비율이라는 사실에 바탕을 두고 있다.

그림 4-3은 몇몇 주파수 비율에 대한 Lissajous pattern을 보여주고 있다. 그림에서 볼 수 있는 것처럼 Lissajous pattern은 주파수 비율뿐 아니라 두 신호의 위상 차이에 따라서도 다른 모습을 한다. 그렇지만, 주어진 주파수 비율에서 X축과 Y축을 지나가는 회수의 비율은 일정하다. 이 회수의 비율에서 주파수 비율을 알 수 있는 이유가 여기에 있다.

그림 4-3의 주파수 비율 3 : 4, 위상 차이 45도의 그림을 예로 하여 주파수 비율을 구하여 보자. 이 Lissajous pattern에서 X 입력이 0이 되는 회수, 즉 Y축을 통과하는 회수는 6이고, Y 입력이 0이 되는 회수, 즉 X축을 통과하는 회수는 8이다. 그

러므로, X 입력과 Y 입력 주파수의 비는 3 : 4가 된다. 위상 차이가 0도일 때를 보아도, X 입력이 0이 되는 회수는 3, Y 입력이 0이 되는 회수는 4가 되어 주파수 비율은 변함없이 3 : 4가 된다. 위상 차이가 45도일 때에 비하여 파형에 나타나는 0이 되는 회수는 절반으로 줄어들었지만, 주파수의 비율에는 변화가 없다. 이렇게 0을 지나가는 회수가 절반으로 줄어든 것은 파형이 겹쳐졌기 때문이다. 다른 주파수 비율과 위상 차이에 대하여도 똑 같은 원리가 적용된다(연습문제 3, 그림 4-8 참조).

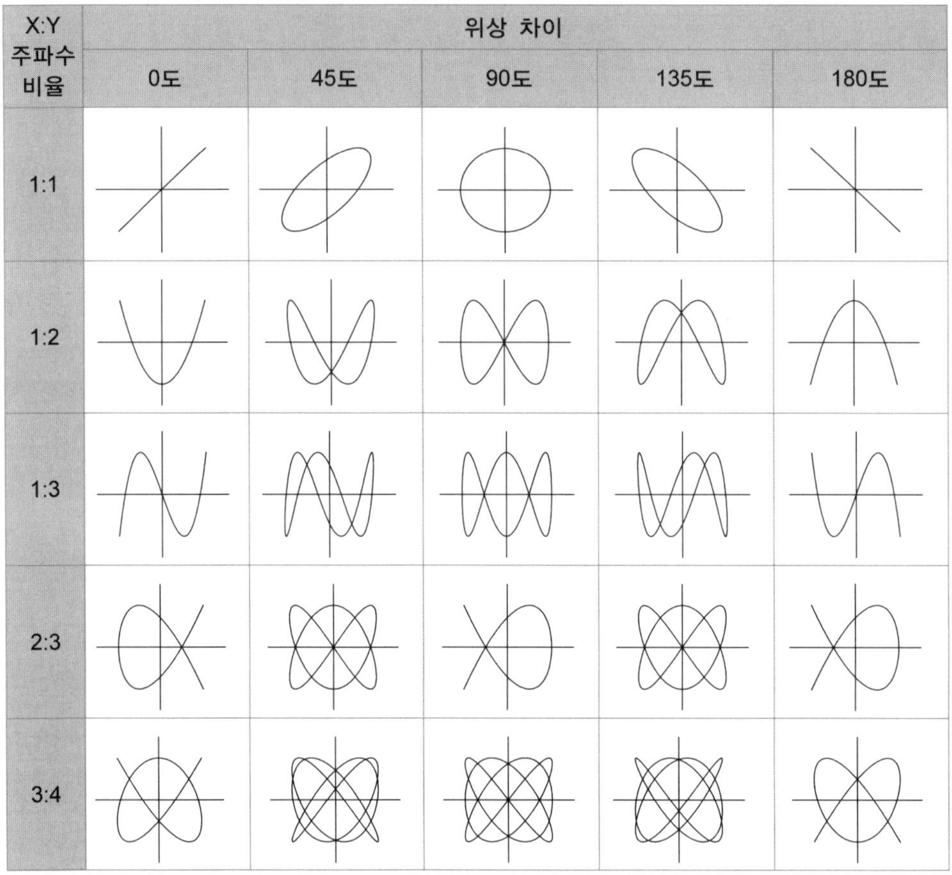

그림 4-3 X 입력과 Y 입력의 주파수 비율이 1 :1, 1 :2, 1 :3, 2 :3, 3 :4인 두 삼각 함수 파형의 위상 차이에 따른 Lissajous pattern

실제의 실험에서 Lissajous pattern을 이용하여 주파수 비율을 측정할 때에는 두 파형의 주파수 비율을 일정한 값으로 유지하기가 어렵다. 특히, 위상 차이를 일정한 값으로 유지하기는 더욱 어렵다. 두 파형의 주파수와 위상 차이가 일정하지 않을 때에는 오실로스코프 화면에 그림 4-3과 같은 정지파형이 나타나지 않고 시간에 따라 변화하는 파형이 나타나게 된다. 위상 차이나 주파수 비율이 시간에 따라 변하면서 그 순간순간의 주파수 비율과 위상 차이에 해당하는 Lissajous pattern이 화면에 나타나기 때문이다. 이렇게, 실제의 실험에서는 정지파형을 얻기는 어렵다. 주파수 비율이 정수 배에 가깝고 위상 차이가 천천히 변하면 천천히 변화하는 Lissajous pattern을 얻게 된다. 그렇지 않을 때에는 빠르게 변화하는 Lissajous pattern이 오실로스코프 화면에 나타난다. 이에 따라 주파수 비율이나 위상 차이를 측정할 수 없게 된다.

4.2.2 전달 함수의 측정

앞 절에서 RLC 회로의 주파수 응답과 전달 특성에 대하여 기술하였다. 이 전달 특성은 삼각 함수파 입력과 출력 사이의 진폭 비율과 위상 차이의 주파수에 따른 변화로 정의되었다. 여기에는 입력 신호의 진폭이 커지면서 출력과 입력 사이의 진폭 비율이 변하지 않는다는, 즉 출력 신호의 진폭이 입력 신호의 진폭에 선형적으로 비례한다는 가정이 숨어져 있다. 그렇지만 어떤 경우에는 출력 신호의 크기가 입력 신호의 크기에 따라 비선형적으로 변하기도 한다.

이러한 때에는 입력 신호의 크기와 출력 신호의 크기 사이의 변환관계를 알아야 하는데, 때에 따라서는 이 출력 신호의 크기 Y와 입력 신호의 크기 X 사이의 관계를 전달 특성이라 하기도 한다. 이 전달 특성을 함수로 나타내면 $Y=f(X)$가 되어 입력 X에 출력 Y가 대응되며 함수 $f(X)$를 전달 함수라 한다. Lissajous pattern은 Y 축 신호를 X 축 신호의 함수로 나타내주므로 Lissajous pattern이 곧 전달 함수 $f(X)$가 된다. 그러므로 이 전달 특성도 Lissajous pattern을 통하여 직접 구할 수 있다.

그림 4-4에 이러한 예의 하나로 비선형적인 전달 특성을 보였다. 그림에 보인 전달 특성은 입력 신호가 작을 때에는 선형적이지만, 입력 신호가 클 때에는 비선형적으로 된다. 이 입력 신호의 크기와 출력 신호의 크기 사이의 전달 특성도 주파수에

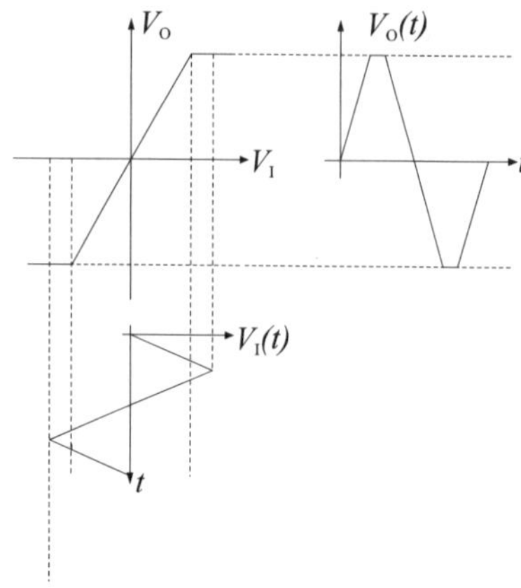

그림 4-4 입력 신호와 출력 신호 크기 사이의 관계를 규정하는 비선형적인 전달 특성

따라 달라질 수 있기 때문에, 직류 전압이나 저주파 신호에 대하여 정의하는 것이 보통이다.

입력 신호의 크기와 출력 신호의 크기 사이의 선형적인 전달 특성의 예로서 저항을 이용한 전압 분배 회로의 전달 함수를 구해보자. 두 저항 R_1, R_2가 입력 전압원 V_i와 모두 직렬로 연결되어 있고 저항 R_2에 걸린 전압을 출력 전압 V_o로 정의한다면 전달 함수 $V_o = f(V_i) = \{R_2/(R_1+R_2)\}V_i$가 된다. 물론 저항이 이상적이어서 높은 주파수에서도 순수하게 저항으로만 동작한다면 이 전달 함수는 선형 함수로서 주파수에 무관하게 된다. 그러나 실제로는 전달 함수가 주파수에 따라 달라지며 그 모습도 직선이 아닌 타원으로 된다. 주파수가 높아지면서 저항의 기생 성분인 금속선의 인덕턴스와 저항 전극 사이의 capacitance의 영향이 커지기 때문이다.

출력 전압의 진폭이 입력 전압의 진폭에 선형적으로 비례하는 RLC 회로에서는 신호의 진폭에 대한 전달 함수는 선형 함수가 되므로 전달 함수는 이 진폭 비율을 결정하는 상수와 위상 차이에 의하여 결정된다. 그리고 이 진폭 비율과 위상 차이가 일반적으로 주파수의 함수이므로 전달 함수를 구하기 위해서는 여러 주파수에서 진폭 비율과 위상 차이를 측정해야 한다. 그러므로 여러 주파수에 대한 Lissajous pattern으로부터 RLC 회로의 전달 함수, 또는 주파수 응답을 구할 수 있다.

4.2.3 curve tracer의 동작 원리 및 전류−전압 특성 측정

모든 전자 소자의 전기적 특성은 전류−전압 특성으로 규정된다. 그러므로 전자 소자의 전류−전압 특성을 측정하여 알아내는 것이 중요한 과제이다. 이 전류−전압 특성은 전류계, 전압계와 전압원 또는 전류원을 써서 측정할 수도 있다. 그렇지만, 전압원 또는 전류원의 출력을 바꾸어 가면서 여러 직류 전압값에 대하여 전류값을 측정하는 것은 매우 번거로운 일이다. 직류에 가까운 저주파(보통 60Hz) 전압원을 사용하면 이러한 불편을 덜 수 있다. 전압값이 시간에 따라 바뀌므로 각 시점에서의 전류 값을 측정하여 전류−전압 특성을 간편하게 구할 수 있기 때문이다.

이와 같이 측정한 전류−전압값들을 CRT 화면에 표시해 주는 장치를 curve tracer라고 한다. 그러므로 오실로스코프와 curve tracer는 전압을 측정하고 그 결과를 표시하는 측면에서 공통점을 가지고 있다.

오실로스코프에서 부족한 점은 전압원이 없다는 점과 전류를 측정하지 못한다는 것뿐이다. 그런데 전압원으로는 파형 발생기를 대신 사용할 수 있고, 전류는 표준 저항을 이용하여 전압으로 바꾸어 측정할 수 있다. 저항값을 아는 표준 저항을 측정하려는 소자와 직렬로 연결하여 전압을 측정하면 흐르는 전류를 알아낼 수 있기 때문이다. 그러므로, 오실로스코프는 curve tracer로도 활용할 수 있다. 2채널 오실로스코프를 이용하여 curve tracer로 동작시키는 회로를 그림 4-5에 보였다.

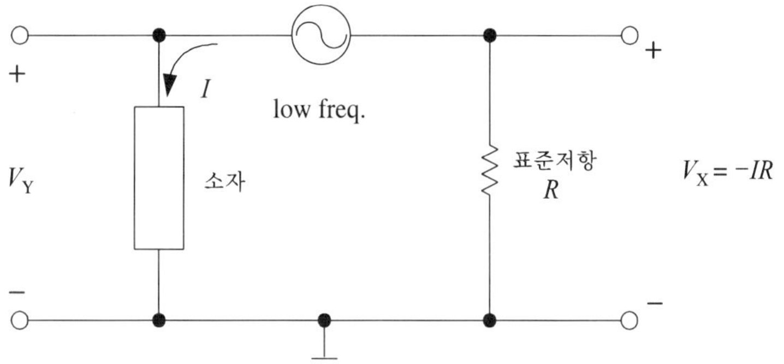

그림 4-5 2채널 오실로스코프를 이용한 curve tracer

파형 발생기, 측정하려는 소자, 전류를 측정하기 위한 표준 저항이 모두 직렬로 연결되어 있다. 그러므로, 전압 측정을 위한 오실로스코프 내부 저항의 영향을 무시할 수 있으면 세 곳에 흐르는 전류는 모두 같다. 이에 따라 측정하려는 소자 양단의 전압 V_Y를 Y 입력으로 하고 표준 저항 양단의 전압 V_X를 X 입력으로 하여 Lissajous pattern을 구하면 오실로스코프 화면에 측정하려는 소자의 전류－전압 특성이 그려진다. 다만 표준 저항에 흐르는 전류 I와 오실로스코프 probe의 극성이 바뀌어 X 입력 $V_X = -IR$이 되기 때문에, 전류의 극성이 바뀌는 문제점이 있다. 이는 오실로스코프의 두 －단자는 내부에서 단락되어 있어 전위가 같으므로 같은 접지점에 연결되어 있을 수밖에 없기 때문에 생기는 문제점이다.

Lissajous pattern의 수평축이 뒤집어져 있다는 점과 오실로스코프 내부 저항의 영향에 주의하면, 오실로스코프를 이용하여 전자 소자의 전류－전압 특성을 쉽게 측정할 수 있다. 예를 들어 저항의 전류－전압 특성은 기울기가 －인 직선으로 나타날 것이며, 저항값은 기울기의 절대값에 표준 저항값을 곱해준 값이 될 것이다.

또 다이오드의 경우에는 우리가 보통 보는 세로축이 전류를, 가로 축이 전압을 나타내는 전류－전압 특성이 90도 시계 방향으로 회전되어 나타나게 되며, 다이오드 전류 값은 X축 전압값을 표준 저항값으로 나눈 값이 된다. capacitor나 inductor의 경우에는 전류 파형과 전압 파형 사이의 위상 차이 때문에 Lissajous 파형이 좀 더 복잡한 양상을 보이게 된다. 전압원의 파형을 삼각 함수파로 두면, inductor에 걸리는 전압 v는 전류 i와 $v = L(di/dt)$로 주어지므로, 전류 $i = I_0 \sin\omega t$로 가정하면 오실로스코프 X 입력 전압과 Y 입력 전압은 다음과 같이 주어진다.

$$V_X = -iR = -I_0 R \sin\omega t \tag{4}$$

$$V_Y = L(di/dt) = \omega L I_0 \cos\omega t \tag{5}$$

시간 t를 소거하기 위하여 $V_X = X$, $V_Y = Y$로 두고 식 (4), (5)를 각각 $I_0 R$, $\omega L I_0$로 나누어 제곱하면 Lissajous pattern의 식은 다음과 같이 주어진다.

$$(X/I_0 R)^2 + (Y/\omega L I_0)^2 = 1 \tag{6}$$

그러므로 식 (6)으로 주어지는 Lissajous pattern은 장축과 단축이 각각 X축과 Y축이 되거나 그 반대로 되는 타원이 된다. capacitor에서도 같은 형태의 Lissajous pattern을 전류–전압 특성으로서 관찰하게 된다. 홍창 모델 5502 오실로스코프의 "COMPONENT TEST" 기능은 바로 이 원리를 이용한 것이다.

4.3 사용 기기 및 부품

- 2 channel 오실로스코프
- 파형 발생기 2개
- 디지털 멀티미터
- BNC probe 4개
- 저항 : 100Ω, 1kΩ, 9.1kΩ 각각 1개
- capacitor : 0.15μF(mica 또는 ceramic)
- 다이오드 : 1N4002

4.4 실험 내용 및 방법

4.4.1 실험 4-1 : Lissajous pattern을 이용한 위상 차이와 주파수 비율 측정

(1) 두 삼각 측정함수파 사이의 위상 차이 측정

1. 시간 영역에서의 측정 : 1kΩ 저항과 0.15μF capacitor로 회로 4-1을 구성하고 파형 발생기의 주파수를 1kHz로 맞춘다. 입력 파형과 출력 파형의 주기와 두 파형 사이의 시간 차이를 측정하여 위상 차이를 구한다. 이 때, 화면에 나타난 두 파형의 크기를 같게 놓고 측정하면 편리하다.

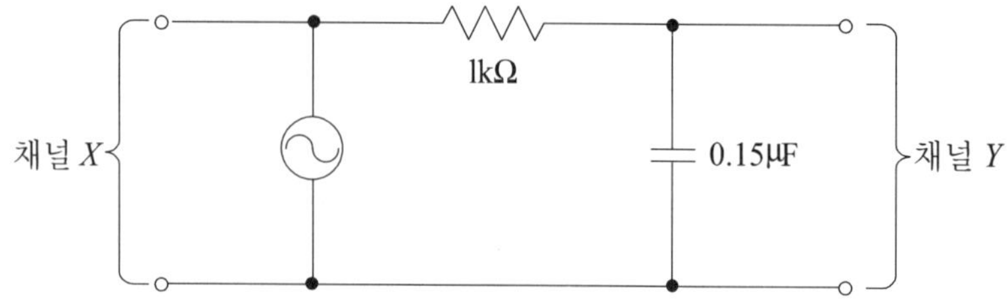

회로 4-1 위상 차이를 측정하기 위한 RC low-pass filter 회로

2. X-Y 모드 동작으로부터 구한 Lissajous pattern을 이용한 측정 : 오실로스코프를 X-Y 모드로, 입력 coupling을 "GND"에 두고 0점을 맞춘다. 입력 coupling을 "AC"로 두고 Lissajous pattern을 기록한 다음 이로부터 두 파형 사이의 위상 차이를 구한다.

토의사항

시간 영역에서 측정한 결과와 Lissajous pattern으로부터 얻은 결과가 일치하는가? 또 정확한 측정을 위하여는 오실로스코프 단자들을 어떻게 조정하는 것이 좋을까? 측정의 정확도에 영향을 미치는 요소들을 열거해 보라.

(2) 두 삼각 함수파 사이의 주파수 비율 측정

파형 발생기 두 대를 가지고, 오실로스코프의 X 입력에는 1kHz의 삼각 함수파를, Y 입력에는 X 입력 신호와 진폭이 같은 1kHz, 1.5kHz, 2kHz, 3kHz의 삼각 함수파를 넣어가면서,

1. 시간 영역에서 주파수 비율 측정 : 시간 영역에서 주기를 측정하여 주파수와 주파수 비율을 구한다.

2. Lissajous pattern을 이용한 주파수 비율 측정 : X-Y 모드 동작으로부터 구한 Lissajous pattern을 기록하고 이를 이용하여 주파수 비율을 측정한다.

토의사항

시간 영역에서 측정할 때 정지된 파형을 얻기 어려운 이유는? 또 Lissajous pattern이 시간에 따라 변하는 이유는? 신호의 진폭이 Lissajous pattern의 모양에 미치는 영향은 무엇이며 진폭 변화에 따른 Lissajous pattern 변화가 주파수 비율에 미치는 영향은?

4.4.2 실험 4-2: 전달 함수의 측정

(1) 전압 분배 회로의 전달 함수 측정

1. 색 코드에 따른 저항값이 1kΩ과 9.1kΩ인 저항의 저항값을 저항계로 측정하여 기록한다.

2. 이 저항으로 회로 4-2의 1kHz 삼각 함수 전압을 분배하는 분배 회로를 만든다.

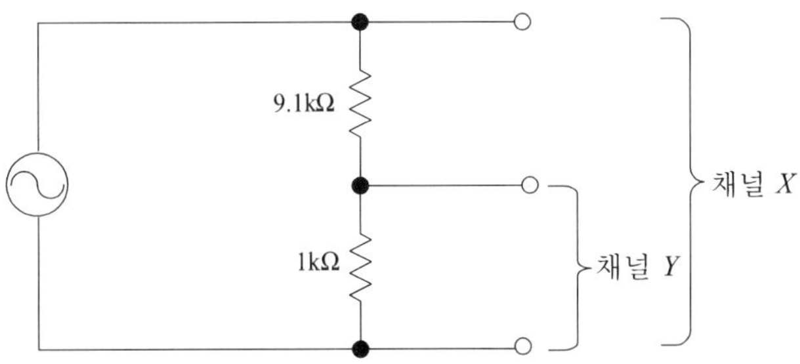

회로 4-2 전달 함수를 구하기 위한 전압 분배 회로

3. 시간 영역에서 전압 분배 비율 측정: 오실로스코프의 X 입력에는 파형 발생기 출력을, Y 입력에는 분배된 전압을 넣고 시간 영역에서 위상 차이와 전압 분배 비율을 측정한다.

4. 전압 분배 회로의 전달 함수 측정: 오실로스코프를 X-Y 모드로 두고 Lissajous pattern을 기록한 다음, 이를 이용하여 위상 차이와 전압 분배 비율을 구한다.

5. 고주파수에서 전압 분배 회로의 전달 함수 측정: 실험 4의 조건에서 파형 발생기의 주파수만 1MHz로 두고 Lissajous pattern을 기록한다.

토의사항

시간 영역에서 측정한 전압 분배 비율과 위상 차이에 대한 결과가 Lissajous pattern을 이용하여 측정한 결과와 일치하는가? 또 앞의 실험 과정 4에서 구한 Lissajous pattern과 전압 분배 회로의 전달 함수 사이에는 어떤 관계가 있는가? Lissajous pattern으로부터 구한 전달 함수와 이론적인 전달 함수는 일치하는가? 1kHz와 1MHz 삼각 함수파형에 대한 Lissajous pattern 사이의 차이점과 그 원인은? 전압 분배 회로의 전달 함수를 구할 때 직류 전압원을 쓰지 않고 교류 전압원을 쓰는 이유는?

(2) RC 회로의 전달 함수 측정

1. 1kΩ 저항과 0.15μF capacitor로 회로 4-3을 만들어 파형 발생기 출력을 X 입력으로, 저항 양단의 전압을 Y 입력으로 하여 Lissajous pattern을 얻는다.

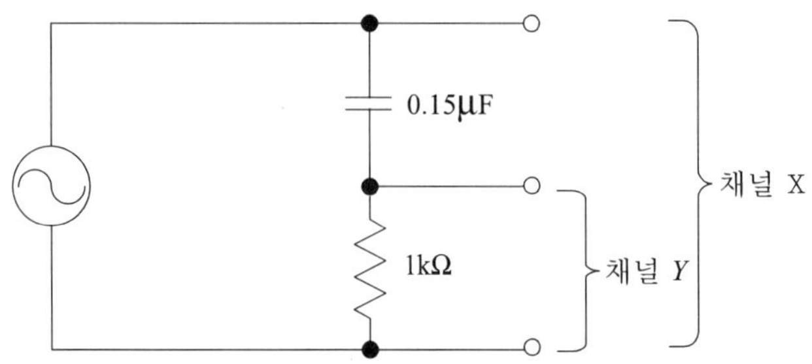

회로 4-3 주파수 영역에서의 전달 함수를 구하기 위한 RC high-pass filter 회로

2. 주파수 영역에서 전달 함수 구하기: 삼각 함수파의 주파수가 100Hz, 200Hz, 500Hz, 1kHz, 10kHz, 100kHz일 때, 위상 차이와 진폭 비율을 구하고 그래프로 그린다. 이 그래프에서 주파수 축은 로그 스케일로 한다. 또 1kHz에서 Lissajous pattern을 기록한다.

토의사항

저항 분배 회로와는 달리 1kHz에서도 위상 차이가 나고 전달 함수가 주파수에 따라 많이 달라지는 이유는? 또 1kHz의 주파수에서 실험 4-1의 (1)에서 구한 RC low-pass filter의 Lissajous pattern과 앞의 실험 (2)의 실험 과정 2에서 구한 Lissajous pattern을 비교해 보라.

4.4.3 실험 4-3: curve tracer의 동작 원리 및 전류-전압 특성 측정

(1) 저항의 전류-전압 특성 측정

1. 저항계로 100Ω과 1kΩ 저항의 저항값을 잰다.
2. 저항의 전류-전압 특성: 다음의 회로 4-4를 구성하여 100kΩ 삼각 함수파를 넣어주고, 100Ω 양단의 전압을 X 입력으로, 1kΩ 양단의 전압을 Y 입력으로 하여 Lissajous pattern을 얻는다. 삼각 함수파의 진폭을 키워가면서 1kΩ 저항의 전류-전압 특성이 선형적인지 확인해 본다.

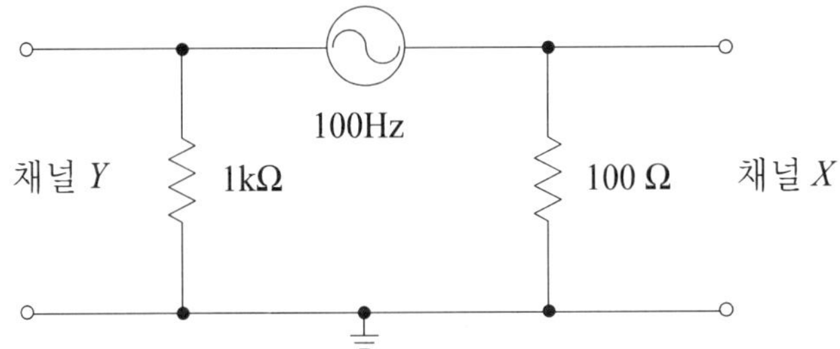

회로 4-4 저항의 전류-전압 특성을 측정하기 위한 오실로스코프를 이용한 curve tracer 구성

주 의

Lissajous pattern에서 X축 전압을 −100Ω으로 나누면 전류가 되며, 100Ω에 흐르는 전류의 방향과 오실로스코프 probe의 극성이 바뀌어져 있음에 주의해야 한다.

3. 고주파수에서 저항의 전류-전압 특성: 삼각 함수파의 주파수를 1MHz로 하고 Lissajous pattern의 변화를 관찰한다.

> **토의사항**
>
> 저항의 전류-전압 특성은 선형적인가? 이 전류-전압 특성에서 저항값은 어떻게 구하는가? 저항계로 측정한 값과 일치하는가? 주파수가 높아지면 저항에 순수한 저항 성분만 존재한다고 할 수 있는가?

(2) 다이오드의 전류-전압 특성 측정:

회로 4-4에서 1kΩ 저항 대신 다이오드를 연결하여 100Hz 주파수에서 전류-전압 특성을 측정한다.

> **토의사항**
>
> 전류-전압 특성이 선형적인가?

(3) capacitor의 전류-전압 특성 측정:

회로 4-4에서 1kΩ 저항 대신 capacitor를 연결하여 100Hz 주파수에서 전류-전압 특성을 측정한다.

> **토의사항**
>
> 저항이나 다이오드와는 달리 하나의 전류값에 두 전압값이 대응되는 이유는?

4.5 예비 및 결과 보고서

4.5.1 예비 보고서

(1) Review questions

1. 주파수 영역에서의 전달 함수와 입출력 신호의 크기에 대한 전달 특성의 공

통점과 차이점은 무엇인가?

2. Lissajous pattern과 입출력 신호의 크기에 대한 전달 특성 사이의 관계에 대하여 설명하라.

3. Lissajous pattern을 이용하여 RLC 회로의 주파수 응답을 측정하는 방법에 대하여 기술하라.

4. 오실로스코프의 XY mode 동작을 이용하여 curve tracer로 동작시키는 방법에 대하여 기술하라.

(2) 연습 문제

두 삼각 함수파 사이의 위상 차이 측정

1. 시간 영역에서의 측정: 그림 4-6에서 두 삼각 함수 파형 사이의 위상 차이를 점선 파형을 기준으로 하여 구하라.

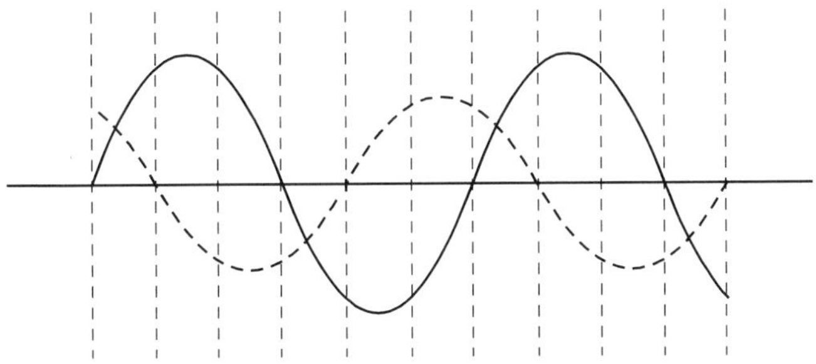

그림 4-6 두 삼각 함수 파형 사이의 위상 차이를 계산하기 위한 예제

2. X-Y 모드 동작으로부터 구한 Lissajous pattern을 이용한 측정: 그림 4-7의 두 삼각 함수 파형의 Lissajous pattern에서 위상 차이를 구하라.

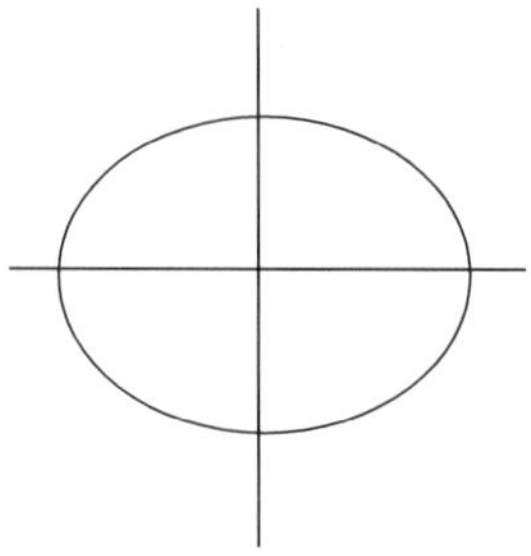

그림 4-7 위상 차이를 계산하기 위한 Lissajous pattern

두 삼각 함수파 사이의 주파수 비율 측정

3. X-Y 모드 동작으로부터 구한 Lissajous pattern을 이용한 측정 : 그림 4-8은 주파수 비율이 똑같은 두 삼각 함수파의 Lissajous pattern들로 위상 차이에 따라 다르게 나타난 것이다. 주파수 비율을 구하라.

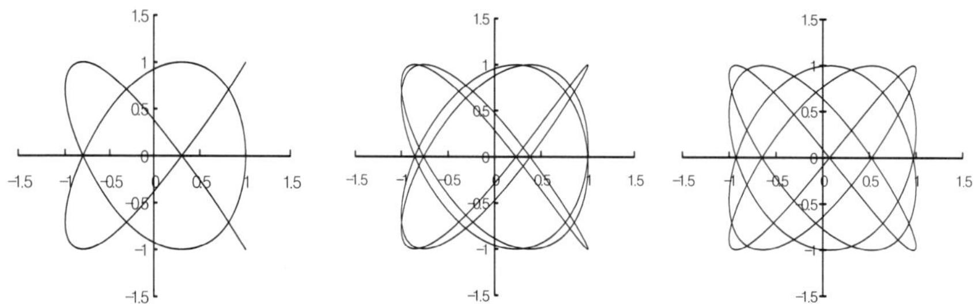

그림 4-8 주파수 비율을 계산하기 위한 Lissajous pattern

Lissajous pattern과 전달 함수의 개념

4. $X=t$, $Y=\sin t$에 대하여 Lissajous pattern의 식을 구하고 그려라. 또 $X=2t$일 때의 Lissajous pattern은?(hint : t를 소거하여 $Y=f(X)$ 꼴의 함수를 구한다.)

5. $X=\cos t$, $Y=\sin t$에 대하여 Lissajous pattern을 구하고 그려라.

6. 전달 함수가 $V_O = \sin(V_I)$로 주어지고, V_I가 다음과 같은 삼각파일 때 출력 V_O를 수식과 전달 함수 그림을 이용하여 구하고 비교하라.

$$V_I = \begin{cases} (\pi/2)t & : 0 \leqq t \leqq 1 \\ -(\pi/2)(t-2) & : 1 \leqq t \leqq 3 \\ (\pi/2)(t-4) & : 3 \leqq t \leqq 4 \end{cases}$$

7. 1kHz에서 0.15μF capacitor의 전류－전압 특성을 나타내는 Lissajous pattern을 구하고 그려라. 입력 전압은 삼각 함수이며, 정상상태를 가정한다.

4.5.2 결과 보고서

실험 결과 및 토의 사항에 대한 답을 정리하여 제출한다.

참고문헌

[1] R. A. Witte, Electronic test instruments : theory and applications, Prentice Hall, 1993

05

실험 5 PN 접합 다이오드의 정특성과 스위칭 특성

저항이나 capacitor, inductor 등과는 달리 PN 접합 다이오드는 비선형적인 전류-전압 특성을 보인다. P 전극에 +, N 전극에 -의 순방향 전압이 걸렸을 때에는 저항이 매우 작아 단락에 가까운 특성을 보이며, 저항 값도 일정하지 않고 전류가 커질수록 줄어든다. 거꾸로 역방향 전압이 걸렸을 때에는 매우 작은 전류가 흘러 개방에 가까운 특성을 보인다. 다이오드의 이러한 비선형적인 전류-전압 특성이 다이오드가 전압의 극성에 따라 전기 신호를 전달해 주기도 하고 끊어 주기도 하는 스위치로 널리 쓰이는 이유가 된다. 그렇지만, 순방향에서 역방향으로 전압의 극성을 갑자기 바꾸면, 역방향 전압이 걸렸음에도 불구하고 순간적으로 많은 전류가 흘러 스위치로서는 비이상적인 특성을 보이기도 한다. 이 실험에서는 다이오드의 이러한 비선형적인 전류-전압 특성과 스위칭 특성을 비이상적인 특성의 원인과 대책까지 포함하여 공부한다.

한편, 다이오드의 비선형성 때문에 SPICE 등과 같은 회로 해석 프로그램에 들어가는 모델 변수들은 저항이나 capacitor, inductor 등과는 달리 여러 개이며, 이 변수들의 정확성은 회로 해석 프로그램의 계산 결과가 정확한지 아닌지를 결정하는 중요한 요소가 된다. 즉, 이 모델 변수들이 잘못 입력되면 프로그램의 계산 결과를 믿을 수 없게 된다. 이 실험에서는 이처럼 중요한 다이오드의 모델 변수들 가운데에서 중요한 것들의 값을 구하는 방법에 대하여도 공부한다. 이렇게 다이오드의 모델 변수를 구하는 일은 회로 해석 프로그램을 제대로 사용하려면 반드시 거쳐야 하는 매우 중요한 과정이다.

5.1 실험의 목표

이 실험의 목표는 PN 접합 다이오드의 비선형적인 전류−전압 특성에 기초한 스위치로서의 특성과 빠른 스위치 동작에서의 비이상적인 거동을 이해하고, 이 특성의 측정을 통하여 회로 해석 프로그램의 모델 변수를 구함으로써 PN 접합 다이오드를 올바로 회로에 사용하고 회로 해석 프로그램을 제대로 쓰는 능력을 배양하는 데에 있다.

5.2 PN 접합 다이오드의 정특성과 스위칭 특성

5.2.1 반도체란 무엇인가?

현대 전자공학의 발전은 반도체에서 비롯되었다고 이야기할 수 있을 정도로 전자공학에서 반도체가 차지하는 비중은 매우 크다. 그리고, 모든 반도체 소자는 PN 접합 다이오드(diode)로 이루어졌다고 할 수 있을 만큼 PN 접합 다이오드의 중요성은 크다. 이 실험에서는 이렇게 중요한 물질인 반도체와 그렇게 중요한 소자인 PN 접합 다이오드를 다룬다.

반도체란 무엇인가? 어떠한 물질이기에 그렇게 중요한가? 왜 중요한가? 여기에서 이 모든 것을 다 다루기에는 적절하지 않으므로, 관심 있는 독자는 참고문헌 [1]을 참조하도록 한다. 여기에서는 실험 내용을 이해하는 데에 충분한 정도까지만 다루기로 한다.

반도체는 글자 그대로 비저항(resistivity)이 도체와 절연체의 중간 정도인 물질이다. 비저항은 각 변의 길이가 1cm인 정육면체의 마주 보는 면 사이의 저항으로 정의하며, 단위는 Ω-cm이다. 좋은 도체의 비저항값은 10^{-6} Ω-cm 이하이고, 좋은 절연체의 비저항값이 10^{14} Ω-cm 정도이므로, 반도체의 비저항값은 대략 10^{-4} Ω-cm에서 10^{10} Ω-cm 정도이다. 반도체의 이러한 특성만으로는 반도체의 가치를 이해할 수 없다. 반도체의 가치는 비저항값에 있지 않기 때문이다. 반도체의 가치는 이 비저항값을 자유롭게 조절할 수 있다는 데에 있다. 한 걸음 더 나아가, + 전하의 캐리어와

– 전하의 캐리어가 공존할 뿐 아니라, 그 캐리어의 양도 자유롭게 조절할 수 있다는 데에 있다. 반도체의 어떠한 특성이 절연체나 도체에서는 불가능한 이러한 일을 가능하게 하는 것일까? 도대체, 캐리어는 무엇이고, 캐리어의 양과 비저항 사이에는 어떠한 관계가 있을까? 캐리어의 양을 조절한다는 것이 무엇이고 무슨 의미가 있는가? 그리고 어떻게 가능한 것일까?

이 질문들에 대한 답을 찾으러 먼저 진성 반도체(intrinsic semiconductor)로 가보자. 진성 반도체는 불순물이 없이 순수하여 반도체 본연의(intrinsic) 특성만 나타나는 반도체를 말한다. 여기에서, 불순물이란 반도체를 이루고 있는 성분 원소 이외의 다른 원소를 말한다. 이 불순물에는 두 가지가 있다. 하나는 반도체의 물질 특성을 바꾸기 위하여 의도적으로 넣어주는 원소인 도펀트(dopant)이고, 다른 하나는 반도체 물질을 만드는 과정에서 어쩔 수 없이 들어가는 말 그대로 불순물이다. 현대의 반도체 기술은 이렇게 어쩔 수 없이 들어가는 불순물의 양을 매우 적게 할 수 있다. 그러므로, 의도적으로 넣어주는 불순물, 즉 도펀트를 첨가하지 않으면 진성 반도체에 아주 가까운 반도체를 얻을 수 있다. 이에 따라, 반도체에서 말하는 불순물은 도펀트라고 할 수 있으며, 도펀트와 불순물은 같은 의미로 쓰인다.

반도체는 대개 4족 원소, 3족과 5족 원소의 화합물과 같이 최외각 전자의 수가 평균 4개인 원소들이 공유 결합을 통하여 만든 고체 결정이다. 최외각 전자의 수가 4개인 4족의 원자들은 인접한 원자들과 공유 결합을 하여 최외각 전자의 수가 8개인 것처럼 된다. 그림 5-1(a)에 보인 것처럼 주위에 있는 4개의 원자와 전자를 한 개씩 공유하므로 원래 가지고 있던 4개의 전자를 합하면 8개가 되기 때문이다. 이처럼 공유 결합을 하여 최외각 전자를 8개로 만드는 이유는 이 공유 결합 상태가 공유 결합을 하지 않은 상태보다 안정하기 때문이다.

이렇게 모든 전자들이 공유결합에 참여하였을 때 공유결합에 참여하고 있는 그 전자들은 전류를 흘리는 데에 기여하지 못한다. 전자가 차지할 수 있는 모든 자리가 가득 채워져 있어 빈자리가 없으므로 전자들끼리 자리바꿈만 할 수 있을 뿐, 전자의 순수한 이동은 있을 수 없기 때문이다. 그러므로 모든 전자가 공유결합에 참여한 4족 물질에는 전류를 흘릴 수 있는 캐리어로서의 전자는 없다. 즉, 전류를 흐르게 하는 자유로운 전자가 없다. 이렇게 4족 원소로만 이루어진 공유 결합을 하는 진성 반도체 결정 안에는 외부에서 에너지를 받지 못하는 상태에서는 자유 전자가 없다. 따라서 전류가 흐르지 않는 절연체의 특성을 보인다.

그렇지만 이러한 물질에 열 에너지를 가하여 온도를 올려 주거나 빛을 쪼여 빛 에너지를 주는 등 에너지를 가해 주면, 공유 결합에 참여하였던 일부 전자들이 결합에서 벗어나게 된다. 그러면, 자유롭게 움직일 수 있는 전자와 공유 결합에서 전자가 빠진 빈 자리가 쌍으로 만들어진다. 이렇게 결합에서 빠져 나와 자유롭게 움직일 수 있는 전자를 자유 전자 또는 −전하의 캐리어(carrier 또는 charge carrier)라고 한다. −전하를 띠고 있으면서 움직일 수 있기 때문에 −전하를 실어 나를 수 있기 때문이다. 이처럼, 캐리어가 되려면 전하를 띠고 있으면서 동시에 자유롭게 움직일 수 있어야 한다.

한편, 결합에 참여하고 있던 전자가 빠져 나간 빈 자리에는 그 주위의 다른 전자가 들어올 수 있다. 이렇게 빈 자리가 하나 생기면 결합에 참여하고 있는 전자들도 움직일 수 있게 된다. 빈 자리가 없었을 때에는 움직일 수 없었던 결합되어 있던 전자들이 빈 자리가 생기면서 움직일 수 있게 된 것이다. 그런데, 그 빈 자리에 어떤 전자가 들어오는지를 알려면, 그 빈 자리가 어디로 갔는지를 보면 된다. 결합에 참여하고 있던 어떤 전자가 원래의 빈 자리를 채우면, 그 빈 자리를 채운 전자가 있었던 곳이 비워질 것이기 때문이다. 이렇게 빈 자리는 전자가 움직이는 것과는 반대의 방향으로 움직인다. 그러므로, 전류는 − 전하를 띠고 있는 전자가 움직인 것과는 반대 방향, 즉 빈 자리가 움직인 방향으로 흐르게 된다. 마치 빈 자리가 + 전하를 띠고 있는 입자인 것처럼 전류가 흐르는 것이다. 이에 따라, 결합에 참여하고 있던 전자가 떠나고 난 이 빈 자리를 정공(positive hole)이라고 한다. +전하를 띠고 있는 빈 자리라는 의미이다. 그리고, 이 빈 자리가 움직이면 움직인 방향으로 전류가 흐르므로, 즉 +전하를 띠고 있는 것처럼 행동하므로, 이 빈 자리는 + 전하의 캐리어가 된다.

결합에 참여하고 있는 전자들은 이 정공을 + 전하의 캐리어라고 보는 순간에 캐리어의 지위를 잃게 된다. 결합에 참여하고 있는 전자의 움직임 때문에 나타나는 전류를 정공의 움직임 때문이라고 보기 때문에, 결합에 참여하고 있는 전자들은 전류에 전혀 기여하지 못하는 것으로 되는 것이다. 이렇게 결합에 참여하고 있어 전류에 기여하지 못하는 전자를 결합에서 뛰쳐나온 자유 전자와 구별하기 위하여 가전대 전자(valence electron)라고 한다. 그러므로 결합에 참여하고 있는 이 가전대 전자들은 캐리어가 아니다.

이렇게 반도체에는 + 전하의 캐리어인 정공과 − 전하의 캐리어인 전자가 공존한다. 반도체의 이러한 성질이 반도체 소자들이 보여주는 특별한 성질의 밑바탕이 된다.

그림 5-1은 4족 원소인 실리콘이 공유 결합하여 만들어진 반도체를 보여준다. 그림에서 작은 선들은 결합에 참여하고 있는 가전대 전자들을 나타내며, 동그라미는 정공을 나타낸다. 그리고 ⓔ는 − 전하의 캐리어인 자유 전자를 나타낸다. 외부에서 에너지를 받지 못한 그림 5-1(a) 상태에서는 캐리어가 전혀 없기 때문에 절연체의 특성이 나타난다. 실제로 절대온도 0도에서 진성 반도체는 절연체가 된다. 온도가 올라가는 등 외부에서 에너지를 받으면 전자-정공 쌍이 만들어지는데, 그림 5-1(b)가 그 상태를 보여주고 있다.

진성 반도체에는 결합에서 뛰쳐나온 자유 전자의 수와 빈 자리의 수가 같을 수밖에 없다. 그렇기 때문에 − 전하의 캐리어인 자유 전자(보통 전자라고 함)와 + 전하의 캐리어인 정공의 수가 같다. 또, 단위 체적에 들어있는 전자의 수, 즉 전자의 농도와 단위 체적에 들어있는 정공의 수, 즉 정공의 농도도 같다. 이렇게, 진성 반도체에서는 − 전하의 캐리어인 전자와 + 전하의 캐리어인 정공의 농도가 같다.

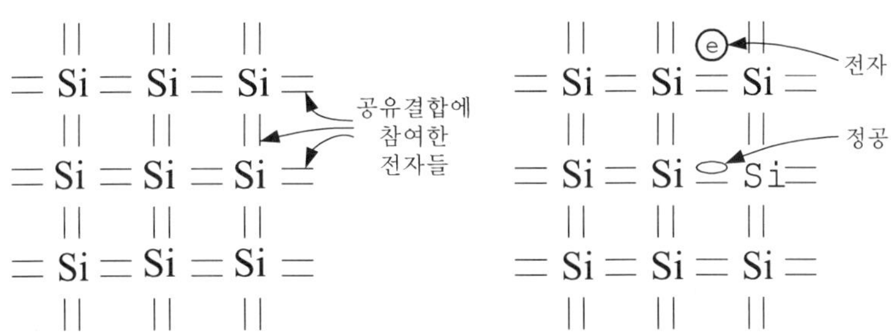

그림 5-1 (a)4족 원자의 공유 결합, (b)공유 결합이 깨어져 생긴 전자와 정공

반도체에 전압을 걸어주면, − 전하의 캐리어인 전자는 전기적인 힘을 받아 + 전압이 걸린 쪽, 즉 전위가 높은 쪽으로 이동한다. 그리고 이 전자들의 움직임에 의한 전류는 전자가 움직인 방향과 반대이므로 전위가 높은 곳에서 낮은 곳으로 흐른다. 즉 + 전압이 걸린 쪽에서 − 전압이 걸린 쪽으로 흐르는 것이다. + 전하의 정공은 + 전압이 걸린 쪽에서 척력을 받기 때문에 − 전압이 걸린 쪽으로 움직인다. 따라서 전류는 + 전압이 걸린 쪽에서 − 전압이 걸린 쪽으로 흐른다. 즉, 전자와 같은 방향의 전류를 흘린다. 이렇게, 전압 또는 전기적 힘을 받아 흐르는 전류를 표동 전류, 또는 드리프트(drift) 전류라고 한다.

이 드리프트 전류는 캐리어의 농도가 많을수록 많이 흐를 것이다. 그리고 캐리어에 가해지는 힘이 셀수록 많이 흐를 것이다. 전기적 힘을 나타내는 물리량이 전장(electric field)이므로, 캐리어들은 전장이 셀수록 빨리 움직이게 될 것이다. 같은 전기적 힘 또는 같은 전압을 가하였다 하더라도 캐리어들이 빨리 움직일수록 전류가 많이 흐를 것이다. 그렇지만 똑같은 전장을 걸어 주었다 하더라도, 전자냐 정공이냐, 반도체 물질이 무엇이냐, 온도가 얼마나 높으냐 등에 따라 속도가 달라진다. 단위 전장(예를 들어 1V/cm)을 가하였을 때 몇 cm/sec의 속도로 움직이느냐, 즉 캐리어의 속도/전장의 세기의 비율을 이동도(mobility)라고 한다. 글자 그대로 캐리어가 얼마나 잘 움직이느냐의 정도를 나타내는 물리량이다.

전압/전류의 비율이 저항임을 생각하면, 반도체의 비저항은 캐리어의 농도와 이동도의 곱에 반비례할 것임을 알 수 있다. 반도체의 비저항은 이처럼 그 반도체 안에 있는 캐리어의 농도와 캐리어의 이동도의 함수이다. 그리고, 캐리어의 농도와 이동도가 온도의 함수이므로, 비저항도 온도의 함수가 된다.

진성 반도체가 가지는 특징의 하나는 온도가 높아지면서 비저항이 작아진다는 사실이다. 보통의 도체는 온도가 높아지면서 비저항이 커진다. 온도가 높아지면, 도체를 이루는 원자들의 움직임이 커져 전자의 움직임을 방해하기 때문이다. 즉, 전자의 이동도가 낮아지기 때문이다. 진성 반도체에서도 도체와 마찬가지로 온도가 높아지면 이동도가 낮아질 것이다. 그럼에도 불구하고 비저항이 작아지는 이유는 무엇일까?

앞에서 살펴본 것처럼, 비저항은 이동도와 캐리어 농도의 곱에 반비례한다. 그러므로, 온도가 높아지면서 비저항이 줄어든다는 것은 이동도가 줄어드는 것보다 더 빠른 속도로 캐리어의 농도가 증가함을 의미한다. 진성 반도체에서는 실제로 그러하다. 그러면, 온도가 높아지면서 캐리어의 농도가 빠르게 증가하는 이유는 무엇일까? 여기에 반도체의 특징적 면모가 있다.

반도체가 가지는 중요한 속성의 하나는 가전대 전자가 자유 전자인 – 전하의 캐리어가 되는 데에 필요한 에너지가 비교적 작다는 데에 있다. 그러므로, 온도가 올라가면 반도체 안의 많은 가전대 전자들이 주위에서 열 에너지를 받아 공유 결합을 깨고 자유 전자가 된다. 온도가 올라가면 올라갈수록 더 많은 양의 자유 전자가 생긴다. 가전대 전자의 결합 에너지가 작아 빠른 속도로 전자가 만들어지는 것이다. 물론, 전자의 양만큼 정공도 함께 생긴다. 이렇게 가전대 전자가 에너지를 받아 전자와 정공 쌍이 생기는 현상을 캐리어 생성(carrier generation)이라고 한다. 온도가 높아지면 이동도가 낮아짐에도 불구하고 진성 반도체의 비저항이 감소하는 것은 이렇게 빠른 속도로 전자와 정공, 즉 캐리어가 생성되기 때문이다.

평형은 아주 조화로운 자연 현상이다. 그리고 그 평형은 역반응(reverse process)에 의하여 이루어진다. 캐리어가 생성되기만 하면 시간이 지날수록 캐리어의 농도가 늘기만 할 것이다. 그러나 실제로는 당연히 그렇지 않은데, 바로 생성의 역반응인 재결합(recombination)이 있기 때문이다. 가전대 전자가 에너지를 받아 공유 결합을 깨고 나가 전자와 정공 쌍이 만들어지는 현상을 생성이라고 하였다. 바로 이 생성의 역반응이 재결합으로, 전자와 정공이 만나 쌍으로 없어지는 과정이다. 즉 전자가 정공의 자리(다시 말하면 빈 자리)에 들어가 다시 결합 상태로 되돌아가면서, 에너지를 방출하는 과정이다. 에너지를 받고 결합을 뛰쳐 나갔으므로, 결합 상태로 되돌아갈 때에는 에너지를 방출하게 되는 것이다. 이렇게 외부에서 에너지를 받아 결합에서 뛰쳐 나가 자유롭게 되었던 전자가 다시 공유 결합에 참여하면서, 자유 전자와 정공이 쌍으로 없어지는 현상을 재결합이라고 하는 것이다. 그리고, 평형 상태에서는 생성 속도와 재결합 속도가 같아, 외부에서 보면 캐리어의 양이 변하지 않는 것처럼 보인다.

전자와 정공이 재결합하면서 에너지를 방출하는데, 이 에너지가 빛의 형태로 방출되어 그 빛을 사람들이 눈으로 직접 볼 수 있는 경우도 있다. 이것이 반도체에서 빛이 발생되는 기본 원리이며, 이러한 반도체 소자를 발광소자라고 한다. DVD나

CD 등에 사용되는 반도체 레이저는 대표적인 발광소자의 하나이다. 운동경기장의 대형 전광판, 교통신호등이나 등산용 flash, 가전제품 등에 전기가 들어왔음을 표시하는 램프 등 다양한 용도에 사용되는 발광 다이오드(LED)도 바로 전자와 정공이 재결합되면서 나오는 빛을 이용한 소자이다.

온도가 올라가면 진성 반도체의 전기저항은 기하급수적으로 줄어든다. 캐리어의 수가 기하급수적으로 증가하기 때문이다. 가전대의 전자가 받는 열 에너지가 커지면서 공유 결합에 참여하였던 전자가 뛰쳐나와 전자와 정공이 쌍으로 생기는 것이다. 따라서 진성 반도체는 절대온도 0도에서는 절연체의 특성을 보이다가 온도가 증가할수록 비저항이 작아져 온도가 아주 높으면 도체에 가까운 특성을 보인다. 그렇지만, 반도체 소자가 동작하는 상온 근처에서는 비저항값이 아주 큰 값에 머물러 있게 된다. 상온 정도에서 받는 열 에너지로는 아주 적은 양의 캐리어만 생성되기 때문이다. 그러므로, 반도체 소자를 만들려면 캐리어를 만들어주는 다른 방법이 필요하다. 어떠한 방법이 있을까?

5.2.2 도너, 억셉터, 그리고 P형 반도체와 N형 반도체

앞에서 설명한 바와 같이, 20℃ 정도의 상온에서는 진성 반도체에서 생성되는 캐리어의 수가 전자소자를 만들기에 불충분한 경우가 많다. 이에 따라 캐리어의 수를 늘려주는 새로운 방법이 요구된다. 이러한 목적으로 가장 널리 사용되는 기법이 도핑(doping)이라고 하는 불순물 첨가 방법으로서 반도체 산업을 일으킨 핵심 기술의 하나이다. 이 불순물의 종류와 양을 조절함으로써, 전자 또는 정공만을 선택하여 반도체의 원하는 곳에만 생성시킬 수도 있고, 생성시키는 캐리어의 농도를 자유롭게 바꿀 수도 있다. 도핑 기술이 반도체 산업을 이끈 핵심 기술이 된 이유가 바로 여기에 있는 것이다.

진성 반도체에 최외각 전자의 수가 다섯 개인 5족 원소를 넣어 주면, 공유 결합에 4개의 전자만 참여하므로 하나의 전자가 남게 된다. 이렇게 공유 결합에 참여하지 못하고 남은 전자는 작은 에너지만 주어도 쉽게 원자에서 떨어져 나와 자유 전자, 즉 − 전하의 캐리어가 된다. 이와 같이 상온에서도 − 전하의 캐리어인 전자를 내어줄 수 있는 원소를 도너(donor)라고 한다. 그리고 원래 전기적으로 중성이었던 도너 원자는 전자를 주고 난 다음에는 + 이온이 된다. 여기에서 주의하여야 할 사실은 이 +도너 이온은 반도체 안에서 움직일 수 없기 때문에 전하의 흐름, 즉 전류에 기여하지 못한다는 점이다. 이 + 도너 이온은 이렇게 전하를 띠고 있기는 하지만 움직일 수 없어 전하를 이동시키지 못하므로 캐리어가 아니다.

5족 원소와는 반대로 3족의 원소는 3개의 최외각 전자를 가지고 있어 공유 결합에 참여하여야 하는 전자의 수보다 하나가 적다. 그러므로, 상온에서도 주위에 있는 원자로부터 쉽게 전자를 받을 수 있다. 이에 따라 작은 에너지를 받아 3족 원소에게 전자를 주고 난 4족 원자에는 하나의 빈자리, 즉 정공이 생긴다. 그리고 전자를 받은 3족 원소는 − 전하를 띠고 있는 전자를 받아 − 이온이 된다. 이러한 원자를 전자를 받아들인다는 의미에서 억셉터(acceptor)라고 한다. + 도너 이온과 마찬가지로 이 − 억셉터 이온도 전류에 기여하지 못하므로 캐리어가 아니다.

그림 5-2에 이러한 도너와 억셉터의 역할을 개념적으로 나타내었다. 이렇게 5족의 원자를 불순물로 첨가하면, − 전하의 캐리어인 전자만 생성된다. 따라서, 정공의 수보다 전자의 수가 많은 반도체가 된다. 이러한 반도체를 − 전하의 캐리어가 많다고 하여 N(negative)형 반도체라고 한다. 3족의 불순물 원소를 첨가하면 + 전하의 캐리어인 정공만 생성된다. 이렇게 억셉터를 첨가하여 전자보다 정공의 농도를 높여준 반도체를 + 전하의 캐리어인 정공이 많다는 의미에서 P(positive)형 반도체라고 한다.

이렇게 불순물을 첨가하여 P 또는 N형 반도체를 만들면, 이 물질의 전기적 특성은 원래 물질을 이루고 있던 4족 원소가 아닌 불순물로 첨가된 3 또는 5족 원소에 의하여 결정된다. 이러한 의미에서 P 및 N형 반도체를 외인성 반도체(extrinsic semiconductor)라고 하는데, 불순물이 첨가되지 않아 반도체 고유의 특성이 나타나는 진성 반도체와 대비된다.

반도체로서 가장 널리 쓰이는 4족 물질은 Si으로, 특수한 응용을 제외한 거의 모든 분야에 사용되고 있다. 우리가 사용하는 대부분의 집적 회로는 이 Si으로 만들어진다. 이 Si에서 불순물로 가장 널리 사용되는 원소에는 억셉터로 작용하는 3족 원소인 붕소(B)와 도너로 작용하는 5족 불순물 원소인 인(P)과 비소(As)가 있다.

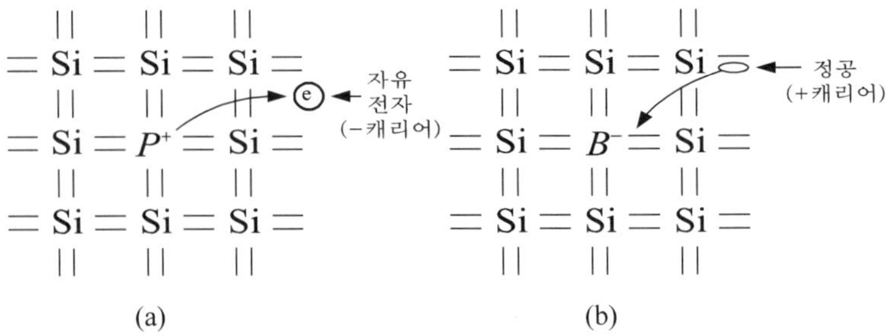

그림 5-2 (a)도너로서의 인(P) 원자, (b)억셉터로서의 붕소(B)원자

외인성 반도체의 전기 전도도는 P형 반도체에서는 주로 정공의 농도(즉 단위 체적에 들어 있는 정공의 수)에, N형 반도체에서는 주로 전자의 농도에 대체로 비례하여 증가한다. 전기 전도도는 비저항의 역수로 정의되므로 비저항은 대체로 불순물의 농도에 반비례한다. 그러므로, 불순물의 농도가 높아지면 비저항은 작아진다. 전기 전도도가 불순물 농도에 완전히 비례하지 않는 것은 불순물 농도가 높아지면서 이동도가 작아지기 때문이다.

상온에서 정공 또는 전자의 농도는 첨가해 주는 3족 또는 5족 불순물의 농도와 거의 같다. 이렇게 반도체의 전기적 특성은 첨가하는 불순물 원자의 농도를 조절함으로써 바꿀 수 있는데, 이 원리가 현재의 반도체 혁명을 이끈 주춧돌이 되었다. 이와 같이 P형 반도체에서는 정공의 수가 전자보다 많으며, N형 반도체에서는 전자의 수가 정공보다 많다. 수가 많은 캐리어를 다수 캐리어(majority carrier)라 하고, 수가 적은 캐리어를 소수 캐리어(minority carrier)라고 한다. 예를 들면, P형 반도체에서는 정공이 다수 캐리어, 전자가 소수 캐리어가 되며, N형 반도체에서는 그 반대로 된다.

결론적으로, 반도체의 전기 저항은 불순물이 없는 진성 반도체에서는 절연체에 가깝고, 불순물을 많이 첨가하여 캐리어가 많은 외인성 반도체에서는 도체에 가깝다. 그리고, 그 저항값을 불순물의 양을 조절하여 마음대로 조절할 수 있다. 한 걸음 더 나아가, 불순물의 종류를 바꿈으로써 생성되는 캐리어의 종류를 선택할 수 있다. 도너를 첨가하면 − 전하의 캐리어인 전자만을, 억셉터를 첨가하면 + 전하의 캐리어인 정공만을 생성시킨다. 물론, 억셉터를 넣어준 P형 반도체에도 소수 캐리어로서 전자가 존재하며, 도너를 첨가한 N형 반도체에도 소수 캐리어인 정공이 존재한다.

이렇게 전류에 기여하는 전하 캐리어가 전자와 정공의 두 가지라는 사실은 매우 중요한 결과를 낳는다. 그 대표적인 예가 PN 접합 다이오드이다. 정공이 많은 P형 반도체와 전자가 많은 N형 반도체는 둘 다 단순한 저항에 불과하다. 그렇지만, 이 P형 반도체와 N형 반도체를 붙여 PN 접합을 만들면 저항과는 전혀 다른 새로운 전기적 특성이 나타나게 된다. 이 전혀 새로운 소자가 PN 접합 다이오드로 다음 절의 주제이다.

5.2.3 PN 접합 다이오드의 전류-전압 특성

정공이 많은 P형 반도체와 전자가 많은 N형 반도체를 붙여 PN 접합을 만들면, 그림 5-3(a)처럼 정공과 전자는 각각 많은 곳에서 적은 곳으로 확산(diffusion)한다. 이는 물 속에 잉크를 넣었을 때, 잉크가 짙은(잉크 입자가 많은) 곳에서 옅은(잉크 입자가 적은) 곳으로 퍼지는 것과 같은 원리이다. 이 확산은 잉크의 농도가 물 전체에서 균일해질 때까지 계속된다. 이러한 원리로 정공은 그 농도가 높은 P형에서 농도가 낮은 N형으로, 전자는 그 농도가 높은 N형에서 농도가 낮은 P형으로 확산한다. 그리고, 접합 근처에서는 이렇게 확산되어 들어온 전자와 정공이 만나 재결합하여 없어지게 된다. 그러므로, P형 반도체에서는 −억셉터 이온이, N형 반도체에서는 +도너 이온이 남게 되어 N형에서 P형으로 향하는 전장이 형성된다. 이렇게 저절로 생긴 전장을 built-in field, 이로 인한 전압을 built-in potential이라고 한다.

이 전장은 정공과 전자의 확산을 방해하는 방향이어서, 확산이 어느 정도 이상은 진행되지 못하도록 막는다. 이와 같이 확산하려는 경향과 전장에 의한 힘이 평형을 이루면, 더 이상의 캐리어 이동이 일어나지 않는 평형 상태가 된다. PN 접합에서 평형이 이루어지는 것은 바로 이 built-in field 때문이다.

그림 5-3(b)에 이러한 PN 접합의 평형 상태를 보였다. 이 평형 상태에서는 P형 반도체에서 N형 반도체로 흐르는 확산 전류와 N형 반도체에서 P형 반도체로 흐르는 전장에 의한 드리프트 전류가 크기는 같고 방향은 반대가 된다. 이에 따라, PN 접합에 흐르는 전류가 0이 된다. PN 접합 단면을 통과하여 왼쪽으로 가는 전자(또

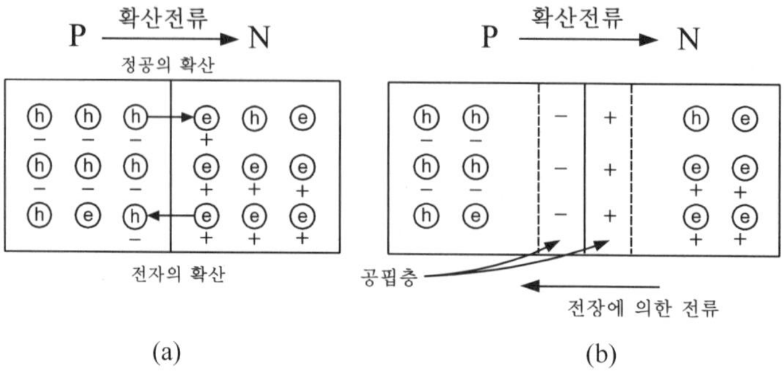

그림에서 +는 이온화된 도너를, −는 이온화된 억셉터를 나타낸다.

그림 5-3 PN 접합 (a)접합 직후의 정공과 전자의 확산, (b)평형 상태

는 정공)의 수와 오른쪽으로 가는 전자(또는 정공)의 수가 같아 캐리어의 순(net) 이동이 없기 때문이다.

P형 반도체에서 이온화된 억셉터 때문에 생긴 − 전하와 N형 반도체에서 이온화된 도너 때문에 생긴 + 전하에 의하여 PN 접합 부근에 형성된 전하층을 공핍층(depletion layer)이라 한다. 그림 5-3(b)에 보인 이 공핍층은 다수 캐리어의 수가 재결합 때문에 줄어든(공핍된) 층이다. 이 층의 두께는 순방향 전압에서는 줄고, 역방향 전압에서는 늘어나 공핍층의 전하량이 전압에 따라 늘어나거나 줄어든다. 그러므로 전기적으로는 capacitor로 동작한다. 이 capacitance를 depletion capacitance라고 한다. 그리고 이 capacitance는 전압에 따라 변한다. 이렇게 전압으로 capacitance를 바꿀 수 있는 다이오드를 가변 커패시터, 즉 variable capacitor 또는 varactor라고 한다.

이와 같이 평형 상태, 즉 PN 다이오드(diode)에 0V가 걸렸을 때에는 전류가 흐르지 않는다. 그러나 그림 5-4(a)처럼 P형에 +, N형에 − 전압을 걸어주면, 외부에서 걸어준 전압 때문에 생긴 전장과 built-in field의 방향이 반대로 된다. 이에 따라 캐리어의 확산을 막고 있던 전장의 세기가 인가된 전압 때문에 줄어들면서 확산이 일어나 정공은 P에서 N으로, 전자는 N에서 P로 이동한다. 그러므로 P에서 N으로 전류가 흐르게 된다. 이렇게 흐르는 전류는 수가 많은 다수 캐리어의 이동에 따른 것이므로 인가된 전압이 증가함에 따라 급격히 증가한다. 이 전류를 순방향 전류

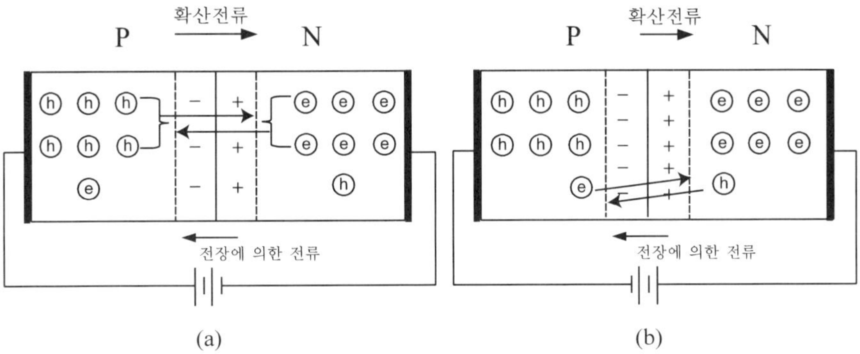

그림 5-4 (a)순방향 전압, (b)역방향 전압이 걸린 PN 다이오드

(forward current)라 하며, 이때의 전압을 순방향 전압(forward bias)이라 한다.

반대로 그림 5-4(b)처럼 P형에 −전압, N형에 +전압이 걸리면, 확산을 막고 있는 전장과 가해진 전압에 의한 전장이 더해져서 확산 전류의 양을 더 줄이게 된다. 그 대신 소수 캐리어는 전장이 커졌기 때문에 쉽게 반대편으로 끌려가게 된다. 이처럼 소수 캐리어의 이동으로 전류가 흐르므로 전류의 크기가 작다. 그리고 끌려가는 소수 캐리어의 수가 전압에 무관하게 되어 전압이 증가하여도 전류의 양은 포화되어 거의 일정하게 된다. 이 전류를 역방향포화전류(reverse saturation current)라고 하며, 이때의 전압을 역방향 전압(reverse bias)이라 한다.

순방향 전압이 걸려 확산을 막고 있던 전장이 줄어들면서 다수 캐리어가 확산되면, P형 반도체에 있던 다수 캐리어인 정공은 N형으로 확산되어 소수 캐리어가 된다. 그리고, N형 반도체에 있던 다수 캐리어인 전자는 P형으로 확산되어 소수 캐리어가 된다. 이렇게 다수 캐리어를 확산시켜 상대편 반도체에 소수 캐리어를 넣어주는 것을 소수 캐리어 주입(minority carrier injection)이라 한다.

주입된 소수 캐리어들은 원래 그곳에 있었던 다수 캐리어와 만나 재결합되어 없어진다. 이렇게 주입된 소수 캐리어가 재결합되어 없어지는 데에는 시간이 걸리는데, 이 시간을 소수 캐리어 수명, 또는 캐리어 수명(carrier lifetime)이라고 한다. 이처럼 주입된 소수 캐리어가 재결합되어 없어지면, 정상상태에서는 없어지는 양만큼 보충해 주기 위하여 소수 캐리어가 계속 주입되어야 하며, 이것이 다이오드의 두 전극에서는 순방향 전류로 나타나게 된다.

역방향 전압이 걸리면, P형 반도체의 소수 캐리어인 전자는 N형으로, N형 반도체의 소수 캐리어인 정공은 P형으로 끌려가(collect) 다수 캐리어가 된다(그림 5-4(b)). 따라서 전류는 N형에서 P형으로 흘러, 순방향 전류의 방향과는 반대의 역방향 전류가 흐르게 된다. 이를 소수 캐리어 끌어가기 또는 extraction이라고 한다.

결론적으로 순방향 전압에서는 소수 캐리어의 주입이 일어나며, 역방향 전압에서는 소수 캐리어의 extraction(또는 collection)이 일어난다. PN 접합 다이오드의 이 기능은 뒤에서 다룰 바이폴라 트랜지스터 동작의 기초가 된다. 참고로, diode는 dielectrode의 준 말로서, 전극이 두 개인 소자라는 의미이다. 이 다이오드와는 달리 트랜지스터는 전극이 3개가 된다.

이 동작 원리에 기초하여 다이오드의 전류 I_D와 전압 V_D의 관계식을 구하면 다음과 같다.

$$I_{\mathrm{D}} = I_{\mathrm{S}}\left[\exp(V_{\mathrm{D}}/NV_{\mathrm{T}}) - 1\right] \tag{1}$$

여기에서 I_{S}는 역포화 전류(reverse saturation current)라고 하며, V_T는 열전압(thermal voltage)으로 kT/q로 주어지며 27℃에서 0.0258V가 된다. k는 Boltzmann 상수이며, T는 절대 온도, q는 전자의 전하량의 절대값이다. 그리고 N은 이상 계수(ideality factor, 또는 emission coefficient)라 하며, 보통 1에 가까운 값이다. 또 역방향 전류와 전압은 음수로 표시된다. 전압 V_{D}가 음수여서 역방향 전압이고, 그 절대값이 V_{T}보다 훨씬 크면, 역방향 전류의 크기는 $-I_{\mathrm{S}}$ 값으로 수렴한다. 이러한 의미에서 I_{S}를 역포화 전류라고 하며, 그 값은 매우 작다. 그러므로 식 (1)은 $I_{\mathrm{D}} \cong I_{\mathrm{S}} \exp(V_{\mathrm{D}}/NV_{\mathrm{T}})$로 근사된다.

식 (1)에서 알 수 있는 것처럼 다이오드의 전류－전압 특성은 매우 비선형적이어서 보통 의미의 저항값을 정의할 수는 없다. 그러나 저항을 단순히 전압 대 전류의 비율($V_{\mathrm{D}}/I_{\mathrm{D}}$)로 정의하면 상수는 아니지만 그림 5-5(a)에 보인 것처럼 저항값을 정의할 수 있다. 이 저항을 정저항(static resistance) R_{St}라 하며, 전압이 커질수록, 또는 전류가 증가할수록 작아진다.

응용에 따라서는 다이오드에 걸리는 전압이 어느 직류 전압을 중심으로 작게 변할 수도 있는데, 이 때에는 그림 5-5(a)에 보인 것처럼 그 직류 전압에서의 기울기의 역수, 즉 dV_D / dI_D가 저항으로서의 역할을 한다. 이 저항을 동저항(dynamic resistance), 또는 소신호 저항(small signal resistance) R_d라고 한다. 이 값 역시 기준점의 직류 전류($I_{D,Q}$)에 반비례한다.

이와 같이 다이오드의 저항은 상수가 아니고 전압 또는 전류의 함수가 되는데, 이러한 특성을 비선형성(nonlinearity)이라고 한다. 물론, 보통의 저항에서는 선형적인 전류-전압 특성 때문에 정저항이나 동저항 값이 같으므로 그 둘을 따로 정의할 필요가 없다. 식 (1)의 근사식을 이용하여 다이오드의 동저항 $R_d = dV_D/dI_D$를 구하면 $NV_T / I_{D,Q}$가 되어 기준점 직류전류 $I_{D,Q}$에 반비례함을 알 수 있다.

그림 5-5(b)는 직류 기준 전압 $V_{D,Q}$를 중심으로 진폭이 작은 삼각 함수 전압이 다이오드에 가해졌을 때, 전류가 직류 기준 전류 $I_{D,Q}$를 중심으로 삼각 함수의 형태로 변하는 것을 보여주고 있다. 이 삼각 함수 전압의 진폭이 작으면 전류의 진폭도 작을 것이다. 우리의 관심은 이 진폭이 0으로 가는 극한에서 삼각 함수 전압의 진폭과 삼각 함수 전류 진폭의 비율이다. 이 비율, 즉 삼각 함수 전압의 진폭을 전류의 진폭으로 나눈 값은 그림의 Q점에서 전류-전압 특성의 기울기의 역수가 된다. 이 값, 즉 기울기의 역수가 바로 동저항(dynamic resistance) R_d가 된다. 그리고 동작점 Q는 기준 직류 전류 $I_{D,Q}$와 직류 전압 $V_{D,Q}$에 의하여 결정된다. 이렇게 작게 변하는

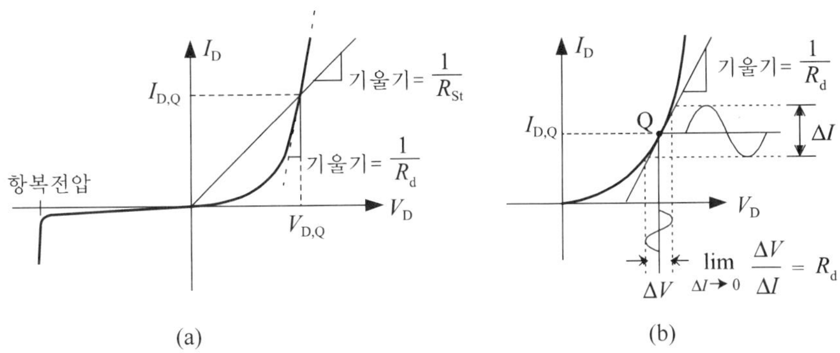

그림 5-5 다이오드의 전류-전압 특성 곡선 (a)정저항, (b)동저항의 개념

신호에 대한 저항이라는 의미에서 동저항은 Q점을 기준으로 변하는 소신호(small signal) 저항이 된다. 이에 따라 동저항을 소신호 저항(small signal resistance)이라고도 한다.

이 소신호 저항은 그림에서 알 수 있듯이 기준점 Q의 위치에 따라 달라져 Q점의 위치가 중요한 역할을 하는데, 이 Q를 동작점(operation point, 또는 quiescent point)이라고 한다. 동작의 기준이 되는 점(operation point)이라는 의미와 함께 신호가 없을 때(quiescent point)의 전류와 전압이 결정하는 점이라는 의미를 지닌다.

5.2.3 PN 접합 다이오드의 스위칭 특성과 스위칭 다이오드

앞 절에서 공부한 것처럼 다이오드는 순방향 전압에서는 저항이 작아 전류가 많이 흐르고, 역방향 전압에서는 저항이 커서 전류가 매우 적게 흐르는 소자이다. 그러므로, 전압의 극성에 따라 순방향 전압에서는 닫힌(on) 스위치로, 역방향 전압에서는 열린(off) 스위치로 동작한다. 조금 더 정확하게 말하면, 순방향 전압에서도 전압이 약 0.7V보다 작을 때에는 전류가 거의 흐르지 않으므로 열린 스위치로 볼 수 있다. 따라서 역방향 전압 또는 순방향 전압 0.7V 이하에서는 열린 스위치로, 순방향 전압 0.7V 이상에서는 닫힌 스위치로 생각할 수 있다. 이러한 다이오드의 특성을 그림 5-6에 보였다. 이와 같이 전압의 극성을 스스로 파악하여 닫힌 스위치로 동작하기도 하고 열린 스위치로 동작하기도 하는 다이오드의 기능은 단순해 보인다. 그러나, 이 기능이 바로 인공지능이며, 이 인공지능 기능이 초기 컴퓨터에 사용되었다. 인공지능의 시대를 PN 접합 다이오드가 연 것이다.

다이오드에 시간에 따라 변화하는 교류 전압 신호가 입력되면, 순방향 전압과 역방향 전압이 교대로 다이오드에 걸리게 된다. 순방향 전압에서 역방향 전압으로 신호 전압이 갑자기 바뀌면, 순방향 전압에서 주입된 소수 캐리어가 곧바로 없어지지 않고 남아 있게 된다. 순방향 전압이 걸렸을 때 주입된 이들 소수 캐리어는 다수 캐리어와 재결합하여 없어지기도 하고, 역방향 전압 때문에 정공은 P형 반도체로, 전자는 N형 반도체로 끌려가서 없어지기도 한다. 그러므로, 주입된 소수 캐리어가 없어지는 데에 걸리는 시간은 캐리어 수명이 짧아 재결합이 잘 일어날수록, 그리고 역

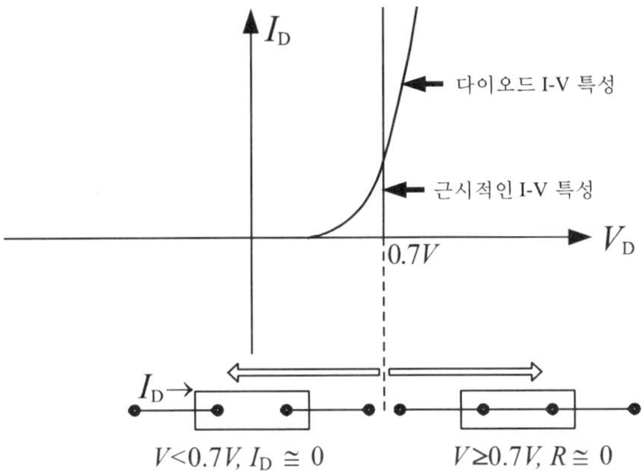

그림 5-6 스위치로서의 PN 다이오드. 역방향 전압이 걸렸을 때의 열린 스위치 기능과 순방향 전압이 걸렸을 때의 닫힌 스위치 기능

방향 전압이 강하게 걸려 캐리어를 많이 끌어갈수록 즉 역방향 전류가 많이 흐를수록 짧아진다.

이렇게 순방향 전압에서 주입되었던 정공과 전자가 역방향 전압 때문에 끌려 갈 때에는, 역방향 전압이 걸렸음에도 불구하고 많은 전류가 흐른다. 그 이유는 접합 부근에 소수 캐리어가 많이 존재하기 때문이며, 물론 이렇게 많은 소수 캐리어는 순방향 전압이 걸렸을 때에 주입되어 재결합되지 않고 남아 있던 것들이다.

여기에서, 역방향 전압이 걸렸을 때 PN 다이오드에 전류가 적게 흐르는 이유가 수가 적은 소수 캐리어에 의하여 전류가 흐르기 때문임을 상기하자. 그러면, 순방향 전압에 의하여 소수 캐리어가 많이 주입되어 있다가 역방향 전압이 걸리면 전류가 많이 흐를 수 있음을 쉽게 이해할 수 있을 것이다.

순방향 전압에서 주입되었던 소수 캐리어가 없어지는 원인은 앞에서 설명한 바와 같이 두 가지이다. 하나는 역방향 전압에 의하여 끌려가는 것이고 다른 하나는 다수 캐리어와 만나서 재결합하는 것이다. 그러므로 소수 캐리어가 없어져 PN 다이오드가 정상적인 역방향 특성, 즉 열린 스위치로서의 특성으로 되돌아가는 데에 걸리는 시간도 이 두 가지 요소가 결정한다. 역방향 전압의 크기가 커서 소수 캐리

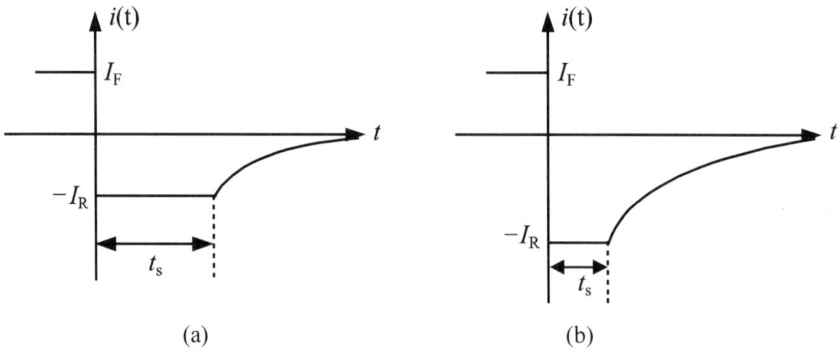

그림 5-7 역방향 전압이 (a)작을 때, (b)클 때에 PN 다이오드의 역방향 특성 회복 과정

어를 빨리 끌어갈수록 빠르게 정상적인 역방향 특성으로 회복될 것이다. 또, 재결합 속도가 클수록, 즉 캐리어 수명이 짧을수록 캐리어가 빨리 없어져 회복시간이 짧아질 것이다.

그림 5-7은 다이오드의 역방향 특성 회복 과정을 보여주고 있다. 그림에서 알 수 있는 것처럼, 역방향 전압이 커서 소수 캐리어를 빨리 빼내 갈수록 본래의 역방향 특성으로 되돌아가는 데에 걸리는 시간 t_s가 짧아진다.

이렇게 순방향 전압이 걸렸을 때 주입된 소수 캐리어가 역방향 전압에 의한 전류와 재결합 때문에 줄어드는 과정을 수식으로 쓰면 다음과 같다.

$$-dQ/dt = I_R + Q/\tau \tag{2}$$

여기에서 Q는 주입된 소수 캐리어의 전하량이며, I_R은 역방향 전압에 의한 전류, τ는 소수 캐리어의 수명이다. 식 (2)는 단순히 주입된 소수 캐리어 전하의 감소율은 역방향 전류와 재결합 속도의 합으로 주어짐을 의미한다. 이 미분 방정식의 초기 조건은 $Q(0) = I_F\,\tau$가 된다. 축적된 소수 캐리어의 전하량이 순방향 전압이 걸렸을 때 흘렸던 전류 I_F와 캐리어 수명 τ의 곱으로 주어지지기 때문이다. 이 초기 조건은 식 (2)에서 정상상태에서 $dQ/dt = 0$이고, 역방향 전류 I_R을 순방향 전류 I_F로 바꾸고 − 부호를 붙여주어 쉽게 구할 수 있다. 여기에서 − 부호를 붙여준 것은 전류의 방향이 반대이기 때문이다. 이 초기 조건을 사용하면 미분 방정식 (2)의 해는 다음과 같이 주어진다.

$$Q(t) = \tau(I_F + I_R)\exp(-t/\tau) - \tau I_R \tag{3}$$

그러므로 그림 5-7의 축적 시간(storage time) t_s는 $Q(t_s)=0$으로부터 다음과 같이 된다.

$$t_s = \tau \ln(1 + I_F/I_R) \tag{4}$$

위의 식에서 축적 시간 t_s는 캐리어 수명 τ가 짧을수록, $t=0$이전에 흘려주었던 순방향 전류 I_F가 작을수록, 그리고 역방향 전류 I_R가 클수록 작아짐을 알 수 있으며, 그 이유는 자명하다.

이렇게 소수 캐리어가 축적되어 나타나는 역방향 특성은 전기적으로는 PN 접합의 capacitance로 설명할 수 있다. 즉, capacitor에 충전되어 있던 전하가 방전되어 없어지는 과정으로 설명할 수 있다는 것이다. 뒤에서 더 자세히 기술하겠지만, 소수 캐리어가 확산되어 주입됨에 따라 축적된 전하에 의한 이 capacitance 성분을 diffusion capacitance라고 하며 depletion capacitance와 비교된다. 이와 같이 다이오드의 capacitance는 diffusion capacitance와 depletion capacitance의 합으로 주어진다.

식 (4)는 간단하여 다이오드의 전하 축적 시간 t_s에 영향을 미치는 요소들이 무엇이며, 그 영향이 얼마나 큰지를 이해하는 데에는 매우 유용하다. 그러나 축적 시간 t_s로부터 캐리어 수명 τ를 구하거나 그 반대로 캐리어 수명 τ에서 축적 시간 t_s를 구하려 할 때에는 오차가 너무 큰 문제점이 있다. 그러므로 t_s를 측정하여 τ를 구하거나 τ에서 t_s를 구할 때에는 식 (4)보다 더 정확한 식이 필요하다. 그러한 용도에 적합한 식의 하나가 다음의 식이다.

$$\tau = \frac{t_s}{\left[erf^{-1}\left(\frac{I_F}{I_F + I_R}\right)\right]^2} \tag{5}$$

여기에서 erf^{-1} 함수는 error function erf의 역함수이며, error function은 다음과

같이 정의된다.

$$ert(x) = \frac{2}{\sqrt{\pi}} \int_0^x \exp(-y^2) dy \tag{6}$$

erf 함수와 그 역함수 값은 통계학 책의 부록이나 인터넷 등에서 찾을 수 있으며, MATLAB과 같은 소프트웨어를 사용하여 구할 수 있다.

스위칭(switching) 속도를 빠르게 하려면 순방향 전류나 역방향 전류의 크기에 관계없이 축적 시간 t_s를 0으로 보내야 한다. 그렇게 하려면 식 (4)에서 알 수 있듯이 다이오드의 소수 캐리어 수명 τ를 짧게 하여야 한다. 이렇게 캐리어 수명을 짧게 하려고 다이오드를 만들 때 PN 접합부에 금(Au)을 첨가한다. 첨가된 금은 정공과 전자의 재결합을 촉진시켜 캐리어 수명을 짧게 하는데, 이렇게 만들어진 다이오드를 스위칭 다이오드라고 한다.

스위칭 속도를 높이는 또 한 가지의 방법은 PN 다이오드에서 불순물 농도가 낮은 층의 두께를 얇게 해주는 것이다. 재결합은 천천히 일어나더라도 소수 캐리어가 확산을 통해 그 층을 빨리 빠져 나가게 함으로써 유효 캐리어 수명을 짧게 한 것이다. 트랜지스터를 다이오드로 연결하여 사용하면, 이와 같은 원리로 스위칭 시간이 짧아진다. 뒤에 공부하겠지만, 트랜지스터에서는 보통 베이스 층의 두께를 얇게 해주기 때문이다. 이렇게 불순물 농도가 낮은 층의 두께를 얇게 하여 유효 캐리어 수명을 짧게 해준 효과를 충분히 살리려면 트랜지스터의 컬렉터와 베이스를 단락시켜 다이오드로 사용한다.

5.2.4 PN 접합 다이오드의 SPICE 모델 변수

저항, capacitor, inductor 등은 각각 저항값, capacitance, inductance만 주어지면 그 특성이 완전히 결정된다. 그러므로, SPICE와 같은 회로 해석 프로그램에서 요구되는 모델 변수도 하나뿐이다. 그러나 다이오드와 같은 비선형 소자에서는 회로 해석 프로그램에서 요구되는 모델 변수들이 여러 개이다. 예를 들면, 주어진 온도에서 직류 전압을 걸어주었을 때 흐르는 직류 전류만을 구하려고 하여도 식 (1)에서 볼 수 있는 것처럼 I_S와 N의 두 변수가 필요하다. 더욱 문제를 복잡하게 하는 것은 앞 절에서 공부한 것처럼 다이오드 내부에는 capacitance 성분이 내재되어 있고, 이 capacitance가 전압에 따라 달라진다는 점이다. 이에 따라 앞에서 제시된 두 개의 변수보다 훨씬 많은 모델 변수들이 요구된다. 여기에서는 그 많은 변수들 가운데 중요한 몇 가지 변수들에 대하여 기술한다. 더 자세한 내용은 참고문헌 [2]에 수록되어 있다.

비선형적인 전류-전압 특성을 보이는 다이오드의 회로 모델에는 세 가지가 있다. 하나는 직류 모델로 직류 전압과 직류 전류 사이의 관계식인 식 (1)에서 출발한다. 여기에 덧붙여지는 것은 다이오드의 직렬 내부 저항 R_S이다.

다른 하나는 대신호 모델로, 다이오드에 시간에 따라 변화하는 진폭이 큰 전압이 걸렸을 때 흐르는 전류를 계산하기 위한 것으로, 가장 일반적인 모델이며 가장 복잡한 모델이기도 하다. 전압이 시간의 함수가 아닌 직류 전압이 되면 이 모델은 직류 모델로 되며, 정해진 직류 전압을 중심으로 전압이 조금씩 변하는 경우에 이 모델은 소신호 모델로 된다.

마지막으로 소신호 모델이 있는데, 이는 그림 5-5(b)처럼 전압이 어떤 직류 전압을 중심으로 이 직류 전압보다 훨씬 작은 진폭으로 시간에 따라 변화하는 경우에 적용되는 모델이다. 이 정해진 직류 전압과 그 때의 전류로 나타내지는 전류-전압

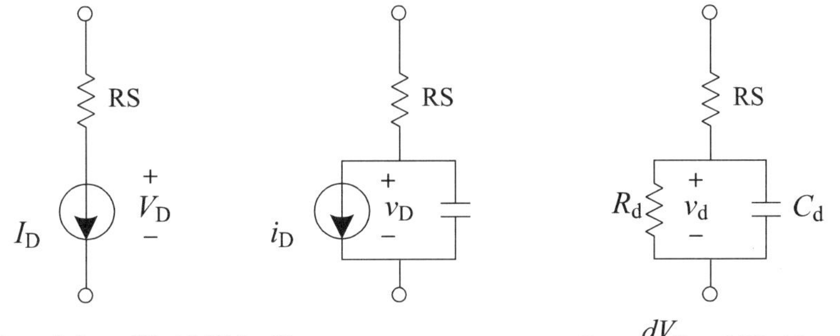

$$I_D = I_S\{\exp(V_D / NV_T) - 1\}$$

$$R_d = \frac{dV_D}{dI_D} = NV_T / I_{DQ}$$

(a) (b) (c)

그림 5-8 다이오드의 (a)직류, (b)대신호, (c)소신호 모델

좌표계의 점을 동작점(operating point)이라 하며 소신호에 의한 전압과 전류의 변화가 이 점을 중심으로 이루어진다는 의미를 가진다. 그림 5-8에 이 세 가지 모델을 등가 회로를 이용하여 나타내었다. 그림 5-8(b)에서 C_D는 공핍층(depletion layer)에 의한 capacitance와 diffusion capacitance의 합으로 주어진다. 이 capacitance는 평형 상태에서의 공핍층 capacitance C_{jo}과 junction potential Φ_o, 다이오드에 걸린 전압 V_D의 함수이다.

그림 5-8의 다이오드 모델에는 여러 개의 모델 변수들이 들어가며, 이 변수들의 값이 정확하지 않으면 회로 해석 프로그램이 계산해 준 결과를 믿을 수 없게 된다. 그러므로 이들 변수의 의미를 이해하고, 정확한 값을 찾아내는 일은 매우 중요하다. 표 5-1에 다이오드의 주요 SPICE 모델 변수들과 전형적인 값들을 수록하였다.

표 5-1 다이오드의 주요 SPICE 모델 변수

Symbol	Description	Default	Typical value	Unit
I_S	Saturation current	1E-14	1E-14	A
R_S	Series Ohmic resistance	0	10	Ω
C_{jo}	Zero-bias junction capacitance	0	1E-12	F
Φ_o	Junction potential	1	0.6	V
TT	Transit time or life-time	0	1E-10	Sec
N	Emission coefficient or ideality factor	1	1	-

위의 모델 변수들 가운데 IS, RS, N 값을 구하는 방법에 대하여 알아보자. 먼저 SPICE에서 사용하는 기호 IS, RS, N은 각각 이 장에서 우리가 사용하는 기호 I_S, R_S, N과 같음에 유의하자. 그림 5-8(a)의 직류 모델에서 다이오드 양단에 걸어준 전압 V가 모두 다이오드 접합에 걸리는 것은 아니고, 그 일부가 직렬 저항 R_S에 걸림에 주목하자. 다시 말하면, 다이오드 접합에 걸린 전압을 V_D라고 하면, 다이오드 직렬 저항 R_S에 걸리는 전압이 $I_D R_S$이므로, $V = V_D + I_D R_S$가 된다. 그렇지만, 전류가 매우 작을 때에는 R_S에 걸리는 전압이 무시할 수 있을 정도로 작으므로 식 (1)의 근사식 $I_D \cong I_S \exp(V_D / NV_T)$로부터 $\ln I_D \cong \ln I_S + V_D / NV_T$가 된다. 이를 상용로그식으로 나타내면 $\log 10 I_D \cong \log_{10} I_S + (V_D / NV_T) \log_{10} e$가 되어, $\log_{10} I_D - V_D$ 그

래프를 그리면 직선이 된다. 그리고, 직렬 저항 R_S에 걸리는 전압 $I_D R_S$는 다이오드 전류 I_D가 충분히 작으면 무시할 수 있으므로, $V = V_D + I_D R_S \cong V_D$가 된다. 그러므로 $\log_{10} I_D - V_D$ 그래프에서 직선 영역의 기울기 $\log_{10} e / NV_T$와 절편 $\log_{10} I_S$로부터 I_S값과 NV_T값을 구할 수 있다. 이를 그림 5-9에 보였다.

직렬 저항 R_S는 그림 5-9의 로그 그래프에 보인 방법으로 구할 수 있다. NV_T값을 구할 때 사용한 직선을 높은 전류 영역까지 확장한 직선은 직렬 저항 $R_S = 0$에 해당하는 특성이다. 그러므로, 정해진 다이오드 전류 I_{D1}에서 이 직선이 나타내는 전압 V_{D1}과 실제 다이오드의 특성(그림 5-9의 실선으로 나타낸 곡선)에서 나타난 전압 V_1의 차이가 $I_{D1} R_S$가 된다. 다이오드 전류 I_{D1}은 정해진 값이므로 전압의 차이를 이 전류로 나누어주면 직렬 저항 R_S값이 구해진다. 이를 수식으로 나타내면 다음과 같다.

$$V_{D1} = NV_T \log_{10}(I_{D1}/I_S) \tag{7}$$

$$V_1 = V_{D1} + I_{D1} R_S = NV_T \log 10(I_{D1}/I_S) + I_{D1} R_S \tag{8}$$

$$R_S = \frac{V_1 - V_{D1}}{I_{D1}} \tag{9}$$

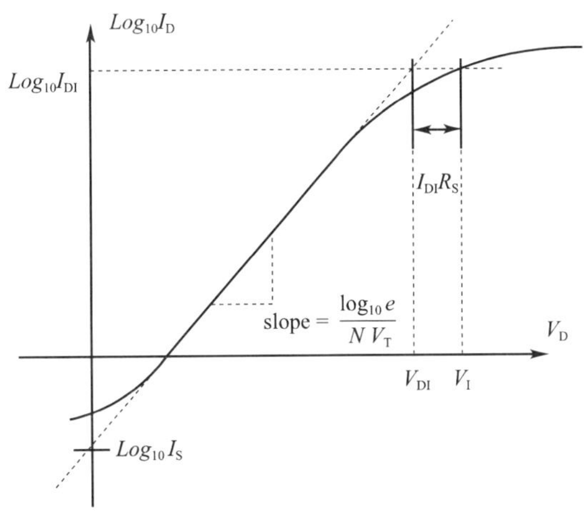

그림 5-9 로그 그래프를 이용한 I_S, R_S와 NV_T 값 구하기

직렬 저항 R_S는 전류−전압 특성의 미분값을 그린 그래프를 이용하면 더 쉽게 구할 수 있다. 식 (1)의 근사식 $I_D \cong I_S \exp(V_D / NV_T)$를 미분하면 동저항 $dV_D / dI_D = NV_T / I_D$가 된다. 그러므로 직렬 저항 R_S가 포함된 전체 다이오드의 동저항 dV/dI_D는 $R_S + NV_T/I_D$가 된다. 이는 저항 R_S는 전류−전압 특성이 선형적이므로 동저항과 저항이 같기 때문이다. 그러므로 $I_D(dV/dI_D) = I_D R_S + NV_T$가 된다. 이에 따라 $I_D(dV/dI_D) - I_D$ 그래프를 그리면 기울기가 R_S, 절편이 NV_T가 되는 직선이 되어 NV_T 와 R_S를 구할 수 있다. 이를 그림 5-10에 보였다.

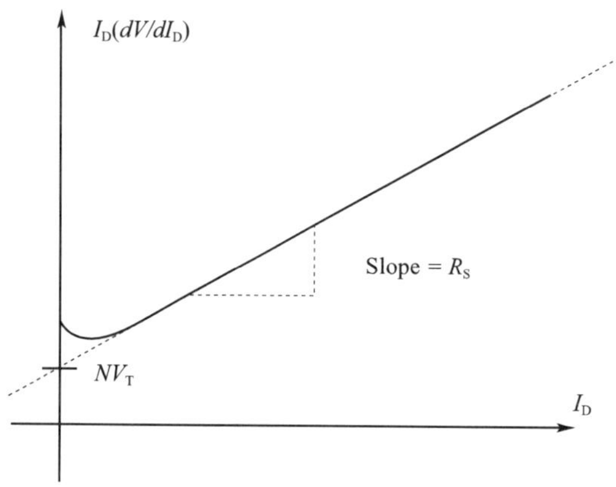

그림 5-10 $I_D(dV/dI_D)$-I_D 그래프를 이용한 NV_T 와 R_S 구하기

이상에서 기술한 다이오드의 SPICE 모델 변수 추출 방법은 아주 초보적인 것에 지나지 않는다. SPICE와 같은 회로 해석 프로그램을 정확히 사용하려면 훨씬 더 복잡하고 정교한 모델 변수 추출 방법들이 필요하며, 이에 대한 많은 연구 결과들이 학술지에 발표되어 오고 있다. 더 자세한 내용은 이 과정의 수준을 벗어나며 고급 과정에서 다시 공부할 기회가 있을 것이다.

5.2.5 Curve Tracer의 동작과 기능

전자 소자의 전류－전압 특성 곡선을 CRT 화면에 보여주는 장치를 curve tracer 라 하며(참고문헌 [3]), 그 기본 구성은 그림 5-11과 같다. 그림 5-11에 NPN 트랜지스터의 특성을 측정하는 예를 보였는데, 컬렉터에는 전파 정류된 교류 전압을 걸어 준다. 전파 정류된 파형은 그림 5-11에 보인 것처럼 교류 전압의 음의 반 주기마다 전압의 극성을 바꾸어 양의 전압이 나오게 한 것으로, PN 다이오드를 이용하여 얻을 수 있다. 이에 대하여는 다음의 실험에서 다루게 된다.

한편, 베이스에는 컬렉터 전압의 주기에 맞추어 계단 형태의 전류를 공급한다. 이 전류 계단의 수와 크기는 사용자가 정할 수 있다. 정해진 전류 계단 수만큼 전류를 공급하고 나면 처음부터 다시 반복한다. 그리고, 컬렉터에 흐르는 전류를 컬렉터와 직렬로 연결된 저항에 걸리는 전압을 이용하여 측정할 수 있다. 이렇게 주기적으로 변하는 전압과 전류를 측정하려는 소자에 입력시키면서, Y 입력으로 컬렉터에 흐르는 전류를 나타내는 직렬 연결된 저항에 걸리는 전압을, X 입력으로 컬렉터 전압을 넣어 오실로스코프 XY 모드 화면에 나타내 보자. 그러면, 베이스 전류 변화에 따른 트랜지스터의 컬렉터 전류－컬렉터 전압 특성이 정지된 그래프로 보이게 된다. 조금 더 진보된 형태의 curve tracer는 이렇게 측정된 전류－전압을 디지털화하여 숫자로 나타내 주기도 하며, 내부에 계산 기능을 가지고 있기도 한다. 물론, 다이오드

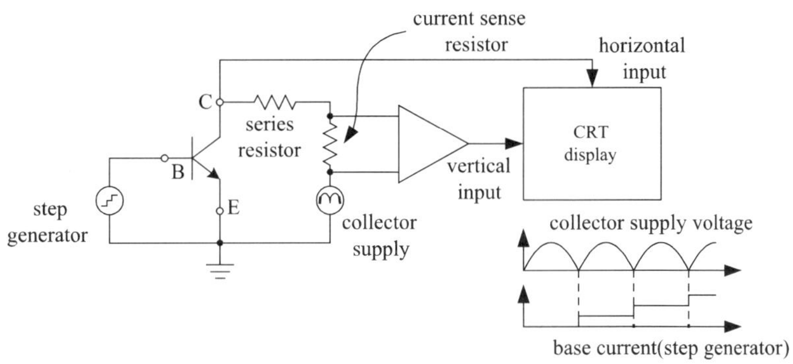

그림 5-11 Curve tracer의 기본 구성

의 특성을 측정할 때에는 베이스 전류 스텝이 필요하지 않으므로 step generator를 개방시키고 사용하면 된다.

5.3 사용 기기와 부품

- curve tracer
- personal computer와 PSPICE
- 2채널 오실로스코프
- 파형 발생기
- BNC probe 3개
- 다이오드 1N4001(또는 1N4002, 1N4004, 1N3595)
- 스위칭 다이오드 1N4148
- 저항 100Ω, 1kΩ 각각 1개
- NPN 트랜지스터 CS9013
- 디지털 멀티미터

5.4 실험 내용과 방법

5.4.1 실험 5-1: 다이오드의 정특성 측정 및 회로 모델 변수 구하기

(1) curve tracer를 이용한 정특성 측정

다이오드의 정특성 측정: curve tracer의 최대 전류를 0.1, 1, 10mA로 바꾸어 가면서 다이오드의 순방향 전류-전압 특성을 측정하여, 아래의 표 1을 완성한다.

표 1 다이오드의 순방향 전류-전압 특성

I(A)	0.4μ	0.8μ	2μ	4μ	8μ	10μ	20μ	30μ	50μ	80μ	100μ	200μ
V(V)												
I(A)	300μ	500μ	800μ	1m	2m	3m	4m	5m	6m	7m	8m	9m
V(V)												

(2) SPICE 모델 변수 IS, RS, N 구하기

1. IS 구하기 : 표 1의 결과를 가로 축을 전압 V, 세로 축을 $\log I$로 하여 그려보고, 이 그래프에서 10μA에서 100μA 영역을 전후하여 나타나는 직선 영역의 접선이 전압 축과 만나는 점의 전류 값을 구한다. 이 값이 IS이다. 또, 이 그래프에서 직선 영역의 기울기에서 이상계수(emission coefficient) N을 구한다. 그리고 다이오드 전류 10mA에서 V와 V_D의 차이를 구하여 직렬 저항 R_S를 구한다.

2. 직렬 저항 RS와 구하기 이상 계수(emission coefficient) N : 표 1의 데이터 $(I_i,\ V_i)$로부터 $I(dV/dI) = (I_{i+1} + I_i)(V_{i+1} - V_i)/2(I_{i+1} - I_i)$, $I = (I_{i+1} + I_i)/2$를 계산하여 가로축을 I, 세로축을 V로 두고 그래프를 그린다. 이 그래프에서 보이는 직선의 기울기가 직렬 저항 RS이고, 이 직선과 세로축이 만나는 점의 $I(dV/dI)$ 값이 NV_T가 된다(본문 그림 5-10 참조).

토의사항

앞의 실험단계 1, 2의 결과가 일치하는가? 일치하지 않는다면 그 원인은?

주 의

이 실험에서는 아주 작은 전류와 전압을 측정하여야 하기 때문에, 전류와 전압을 정밀하게 측정할 수 있는 계측기가 필요하다.

(3) X-Y 모드를 이용한 정특성 측정

오실로스코프 X-Y 모드를 이용한 측정 : 다이오드의 전류-전압 특성을 다음의 회로 5-1에서 오실로스코프의 X-Y 모드를 이용하여 측정한다. 삼각 함수파 입력의 주파수는 100Hz로, 입력 coupling은 "DC"로 둔다. 100Ω 저항의 저항값을 멀티미터로 측정하여 전류 값을 구하는 데에 사용한다.

토의사항

curve tracer로 측정한 결과와 일치하는가?

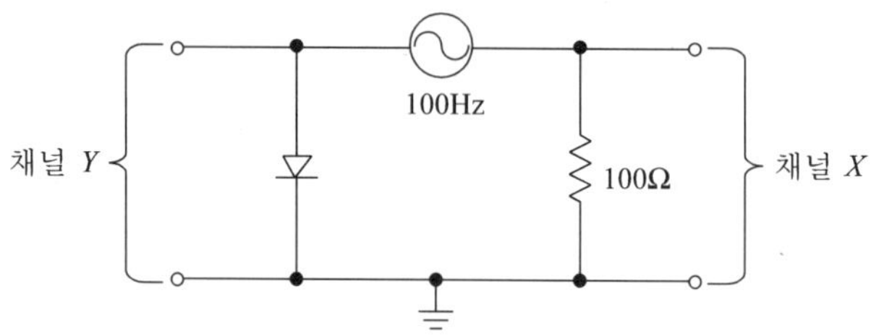

회로 5-1 다이오드 전류−전압 특성을 오실로스코프 *XY* 모드에서 측정하기 위한 회로

5.4.2 실험 5-2: 스위칭 특성 실험 – 역방향 특성의 회복 과정

(1) 역방향 특성의 회복과 캐리어 수명 구하기

1. 다이오드와 1kΩ 저항으로 다음의 회로 5-2를 구성한다.

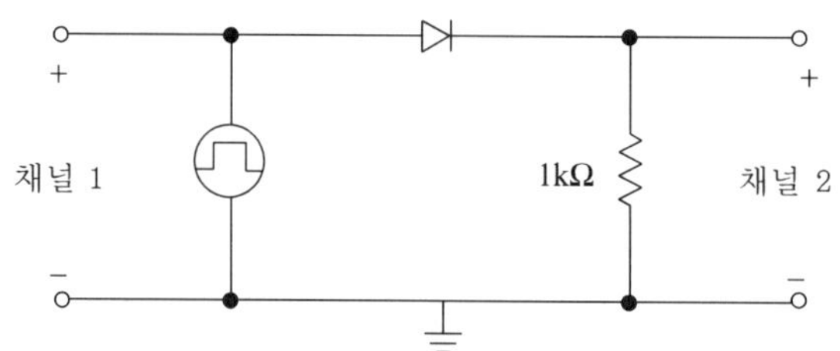

회로 5-2 다이오드의 역방향 특성 회복 시간 측정을 위한 회로

2. 축적 시간 t_s의 측정 : 파형 발생기의 진폭과 직류 전압 성분(DC offset)을 조정하여 사각파 입력 전압의 크기를 순방향 전류 I_F는 5mA로 일정하게, 과도(transient) 상태에서의 역방향 전류는 다음의 표 2의 값으로 맞추어 표 2를 완성한다. 이 때, 사각파의 주기는 축적 시간(storage time)이 사각파의 주기

에 관계없이 일정하게 나타나도록 충분히 크게 한다. 대략, 사각파 주기는 축적 시간의 5배 정도로 조절한다.

표 2 역방향 전류에 따른 축적 시간의 변화

역방향 전류 I_R	5mA	4mA	3mA	2mA	1mA
축적 시간 t_s					

토의사항

축적 시간이 역방향 전류가 커지면서 감소하는 이유는? 만일 순방향 전류를 증가시킨다면, 축적 시간은 어떻게 될까? 이 축적 시간이 사각파의 주기에 따라 변화할까? 입력 전압 파형을 삼각 함수파로 놓아도 축적 시간이 나타날까?

3. 소수 캐리어의 수명 τ, SPICE 변수 TT 구하기: 표 2의 결과를 본문의 식 (5)에 대입하여 least mean square 방법으로 소수 캐리어 수명 τ를 구한다. 이 소수 캐리어 수명 τ가 SPICE에서는 TT에 해당된다.

(2) 역방향 특성 회복 과정에서의 전류-전압 특성

역방향 특성 회복 과정에서 다이오드의 전류-전압 특성 측정: 회로 5-1을 구성하여 앞의 실험 5-1의 (3)을 삼각 함수 입력 전압의 주파수 1kHz, 100kHz, 1MHz에 대하여 반복하고 전류-전압 특성의 변화를 기록한다. 그리고 오실로스코프를 *XY* 모드에서 시간 영역으로 바꾸어 전류와 전압 파형을 관찰한다.

토의사항

입력 전압의 주파수가 높아지면서 캐리어 축적의 효과가 나타나는 이유는? 또 전류와 전압의 극성이 바뀌어 전류와 전압의 곱이 음수가 되는 영역이 있는가? 이 영역이 capacitor의 방전에서처럼 에너지를 외부 회로에 공급하는가?

(3) 스위칭 다이오드의 스위칭 특성

스위칭 다이오드의 스위칭 특성 측정: 스위칭 다이오드에 대하여 순방향 전류 5mA, 역방향 전류 1mA로 두고 실험 5-2의 (1)을 반복한다.

> **토의사항**
>
> 스위칭 다이오드와 보통의 다이오드에서 축적 시간이 차이가 나는가? 차이가 나는 이유는?

(4) 트랜지스터를 이용한 다이오드의 스위칭 특성

트랜지스터를 이용한 다이오드의 스위칭 특성 측정: NPN 트랜지스터를 컬렉터와 베이스를 단락시켜 다이오드의 P 전극으로, 이미터를 N 전극으로 하여 위의 실험 (3)을 반복한다.

> **토의사항**
>
> 트랜지스터로 만든 다이오드와 보통의 다이오드에서 축적 시간이 차이가 나는가? 이렇게 차이가 나는 이유에 대하여 공부하여 보자.

5.4.3 실험 5-3: PSPICE를 이용한 계산(circuit simulation)

(1) 정특성 계산

1. PSPICE를 이용한 다이오드 전류-전압 특성 계산: 실험 5-1의 (2)에서 구한 I_S, R_S, N 값을 PSPICE의 다이오드 모델 변수로 하여 다이오드의 전류-전압 특성을 구하여 I-V, $\log I$-V 그래프를 그린다.

2. 실험 과정 1의 그래프를 표 1의 실험 결과와 비교한다.

> **토의사항**
>
> 실험 결과와 PSPICE의 계산 결과가 일치하는가? 만일 일치하지 않는다면 무엇이 원인이 되겠는가?

(2) 역방향 특성 회복 과정 계산

1. PSPICE를 이용한 역방향 특성 회복 과정 계산: 실험 5-2의 (1)에서 구한 TT값과 실험 5-1의 (2)에서 구한 I_S, R_S, N값을 PSPICE의 다이오드 모델 변수로 하여 실험 5-2 (2)의 실험 과정 2의 역방향 전류 5mA일 때의 전압 파형을 입력시켜 역방향 특성 회복 과정을 계산한다.

2. 실험 5-2 (2) 실험 과정 2의 실험 결과와 비교한다.

> **토의사항**
>
> 실험 결과와 PSPICE의 계산 결과가 일치하는가? 만일 일치하지 않는다면 무엇이 원인이 되겠는가?

5.5 예비 보고서와 결과 보고서

5.5.1 예비 보고서

(1) Review questions

1. 다음의 용어들을 정의하여 보자.
   (a) 캐리어
   (b) 비저항과 전도도
   (c) 캐리어 농도, 이동도, 비저항 사이의 관계
   (d) 진성 반도체와 외인성 반도체

(e) 도너와 억셉터, 이온화된 도너와 억셉터

(f) 다수 캐리어와 소수 캐리어

(g) PN 접합에서의 소수 캐리어 주입과 수집(collection)

(h) 캐리어의 생성과 재결합

(i) 캐리어의 확산과 드리프트

(j) 순방향 전압과 역방향 전압

(k) 정저항과 동저항

(l) 소신호 모델과 대신호 모델

(m) 공핍층과 capacitance

(n) built-in field과 built-in potential

2. PN 접합 다이오드에서 built-in field가 생기는 이유는? 또, PN 접합에서 평형 상태에 이르게 되는 과정은?

3. 식 (3), (4)를 유도하여 보자.

4. 식 (1)의 근사식으로부터 $I_D(dV_D/dI_D) = NV_T$가 됨을 증명하여 보자.

5. PN 접합 다이오드에서 순방향 전압을 걸어 주었다가 갑자기 역방향 전압으로 바꾸면, 역방향 전압이 걸렸음에도 불구하고 한동안 전류가 많이 흐른다. 그 이유는? 또 전류가 지속되는 시간을 결정하는 요소는? 스위칭 다이오드나 다이오드로 연결된 트랜지스터에서는 축적 시간(storage time)이 짧다. 그 이유는?

(2) 연습 문제

1. 다이오드의 순방향 전류-전압 특성이 아래의 표와 같이 주어졌을 때, I_S와 NV_T값을 구하라(단위의 변화에 주의할 것).

$I(\mu A)$	0.79	2.02	4.06	7.94	9.96	20.11	30.74	50.39	83.71	101.8	195.7	312.7
V(V)	0.450	0.486	0.512	0.536	0.544	0.568	0.582	0.598	0.614	0.620	0.640	0.654
I(mA)	0.503	0.814	1.003	1.992	2.990	3.916	5.086	6.158	7.007	7.930	8.963	10.10
V(V)	0.668	0.682	0.688	0.708	0.720	0.728	0.736	0.742	0.746	0.750	0.754	0.758

2. 다이오드의 순방향 전류-전압 특성이 위의 표와 같이 주어졌을 때 R_S와 NV_T값을 구하라.

3. 역방향 전류에 따른 축적 시간의 변화가 다음의 표와 같이 주어질 때, 캐리어 수명 τ값을 구하라.

역방향 전류 I_R	5mA	4mA	3mA	2mA	1mA
축적 시간 $t_s(\mu s)$	3.0	3.8	5.2	10	16

5.5.2 결과 보고서

실험 결과와 토의사항에 대한 답을 정리하여 결과 보고서로 제출한다.

참고문헌

[1] 김상배 저, 반도체의 마력과 매력 II, 두양사, 서울 2007

[2] M. H. Rashid, SPICE for circuits and electronics using Pspice, Ch. 7, Prentice-Hall, 1990

[3] C. F. Coombs, Jr., Electronic Instrument Handbook, second ed., Ch. 28, McGraw-Hill, New York, 1994

06

실험 6 RC, RL 회로의 과도 응답과 주파수 응답

전기 회로에서 저항과 함께 가장 중요한 수동 소자인 capacitor와 inductor에 대하여 공부하고, 이 소자들과 저항으로 이루어진 회로의 특성에 대하여 연구한다. 저항과는 달리 이상적인 capacitor와 inductor는 전력을 소모하지 않으며, 각각 전압을 일정하게 유지하려 하는 전압 관성과 전류를 일정하게 유지하려는 전류 관성을 보인다. 이 관성이 capacitor와 inductor로 메모리를 만들 수 있는 근본 원리이다. 또, 저항에서와는 달리 이상적인 capacitor와 inductor는 에너지를 저장하거나 방출할 뿐, 소모하지 않는다. 그리고 전류와 전압 사이의 관계가 미분 또는 적분 관계로 주어지기 때문에 전압과 전류 phasor 사이의 비율, 즉 임피던스가 주파수에 따라 달라진다. 이 특성을 이용하면 특정 주파수 영역의 신호만 골라내는 필터를 구현할 수 있다. 이와 같이 저항 회로만으로는 구현할 수 없는 특별한 기능의 회로를 capacitor나 inductor로 구현할 수 있다. 이 실험에서는 이러한 독특한 특성과 가치를 지니는 capacitor와 inductor의 전기적 특성과 기초적인 응용에 대하여 공부한다.

6.1 실험의 목표

이 실험의 목표는 capacitor와 inductor의 전기 소자로서의 특성과 이 특성들이 실제의 회로에서 어떠한 기능을 하는지를 이해함으로써 회로를 설계하는 능력을 배양하는 데에 있다. 이를 위하여 과도 응답, 임피던스의 개념, 주파수 응답, 과도 응답과 주파수 응답 사이의 관계, filter의 개념, 기억 소자 동작 등을 공부한다.

6.2 *RC*, *RL* 회로의 과도 응답과 주파수 응답

6.2.1 capacitor와 inductor : 전류－전압 특성과 임피던스

capacitor는 전하를 저장할 수 있는 소자로 양단의 전압은 저장되어 있는 전하의 양에 비례한다. 이를 수식으로 표현하면 capacitor에 저장된 전하량 Q는 양단의 전압 v와 다음과 같이 관계된다.

$$Q = Cv \tag{1}$$

여기에서 C는 capacitance로, 단위 전압당 저장되는 전하의 양을 결정한다. 달리 표현하면 전하 저장 능력을 나타낸다. 이러한 의미에서 capacitance라는 이름이 붙었다. capacitance의 단위는 Farad 또는 Faraday로 기본 단위로 나타내면 Coulomb/Volt = second/Ω이 됨을 식 (1)로부터 유도할 수 있다.

전류는 전하의 시간 변화량으로 정의되므로 capacitor의 전류－전압 특성은 다음과 같다.

$$i = \frac{dQ}{dt} = C\frac{dv}{dt} \tag{2}$$

식 (2)에서 알 수 있는 것처럼, capacitor에 흐르는 전류는 쉽게 변할 수 있지만 전압은 쉽게 변하는 양이 아니다. 전압은 저장된 전하량에 비례하고 전하량은 전류의 적분으로 주어지기 때문이다. 따라서 capacitor는 전압이 잘 변하지 않는 성질, 즉 전압 관성을 가지고 있다. 이 전압 관성이 capacitor가 전하를 저장함으로써 전압을 유지하는 메모리로 사용되는 근거가 된다. 식 (2)에서 $i=0$이면 $dQ/dt=0$이 되어 Q와 v가 변하지 않음을 이용한 것이다.

inductor는 그 안을 감돌고 있는 자속(magnetic flux)의 시간 변화에 비례하여 양단의 전압이 결정되는 소자이다. 자속은 inductor에 흐르는 전류에 비례하며 그 비례 상수가 inductance이다. 따라서 inductor의 전류－전압 특성은 다음과 같이 주어진다.

$$v = \frac{d(Li)}{dt} = L\frac{di}{dt} \tag{3}$$

이처럼 inductor 양단에 걸리는 전압은 전류의 시간 변화율 di/dt에 비례하며, 그 비례 상수가 inductance L이 된다. 인덕턴스 L의 단위는 Henry이며, 이를 기본 단위로 나타내면 Volt/(Ampere/second) = $\Omega \cdot$ second가 된다. 식 (3)으로부터 inductor에 흐르는 전류는 전압의 적분으로 주어짐을 알 수 있다. 이에 따라 inductor는 전류 관성을 갖는다. $v=0$이면 $di/dt=0$이 되어 i가 일정하게 유지되기 때문이다.

그림 6-1에 capacitor와 inductor의 회로 모델을 보였다. 그림 6-1에 나타낸 전류와 전압의 방향은 에너지를 저장할 때의 모습이다. 에너지를 방출할 때는 전류의 방향이 바뀌면서 전압원이나 전류원처럼 된다. 즉 외부회로에 에너지를 공급하는 역할을 한다.

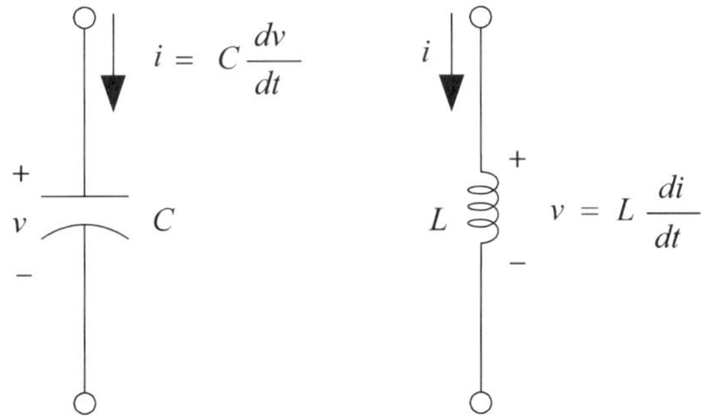

그림 6-1 capacitor와 inductor의 회로 모델

저항에서와 같이 capacitance와 inductance 값에도 표준 값이 있는데, 표 6-1과 6-2는 이 표준 값들을 보여주고 있다.

표 6-1 표준 커패시턴스 값

pF	pF	pF	pF	mF	μF	μF	μF	μF	μF	mF
1.0	10	100	1000	0.01	0.10	1.0	10	100	1000	10000
	12	120	1200	0.012	0.12	1.2	12	120	1200	12000
1.5	15	150	1500	0.015	0.15	1.5	15	150	1500	15000
	18	180	1800	0.018	0.18	1.8	18	180	1800	
	20	200	2000	0.020	0.20				2000	20000
2.2	22	220	2200	0.022	0.22	2.2	22	220	2200	22000
	27	270	2700	0.027	0.27	2.7	27	270	2700	
3.3	33	330	3300	0.033	0.33	3.3	33	330	3300	33000
	39	390	3900	0.039	0.39	3.9	39	390	3900	
4.7	47	470	4700	0.047	0.47	4.7	47	470	4700	47000
5.0	50	500	5000	0.050	0.50					50000
5.6	56	560	5600	0.056	0.56	5.6	56	560	5600	
6.8	68	680	6800	0.068	0.68	6.8	68	680	6800	68000
8.2	82	820	8200	0.082	0.82	8.2	82	820	8200	

표 6-2 표준 인덕턴스 값

μH	μH	μH	μH	mH	mH	mH
0.10	1.0	10	100	1.0	10	100
	1.1	11	110			
	1.2	12	120	1.2	12	120
0.15	1.5	15	150	1.5	15	
0.18	1.8	18	180	1.8	18	
	2.0	20	200			
0.22	2.2	22	220	2.2	22	
	2.4	24	240			
0.27	2.7	27	270	2.7	27	
0.33	3.3	33	330	3.3	33	
0.39	3.9	39	390	3.9	39	
	4.3	43	430			
0.47	4.7	47	470	4.7	47	
0.56	5.6	56	560	5.6	56	
	6.2	62	620			
0.68	6.6	68	680	6.8	68	
	7.5	75	750			
0.82	8.2	82	820	8.2	82	
	9.1	91	910			

삼각 함수의 가장 중요한 특성 가운데 하나는 미분이나 적분을 하여도 삼각 함수의 형태를 그대로 유지한다는 점이다. 물론 진폭과 위상의 차이는 생기지만 파형 자체의 변화는 나타나지 않는다. 앞에서 살펴본 바와 같이 capacitor와 inductor의 전류－전압 특성은 저항과는 달리 미분 또는 적분 관계로 규정된다. 그러므로 전류나 전압 파형이 삼각 함수가 아닐 때에는 두 파형 사이의 유사성은 없다. 그러나 삼각 함수일 경우에는 진폭과 위상의 차이만 있을 뿐, 각주파수 ω와 삼각 함수의 형태는 변하지 않고 그대로 유지된다. 따라서 전류나 전압이 주기가 정해진 삼각 함수일 때에는 capacitor와 inductor의 전류－전압 특성을 진폭과 위상의 변화만으로 나타낼 수 있다. 이는 진폭의 변화만을 고려하면 되었던 저항에 비하여 하나의 변수가 더 필요하게 되었음을 의미한다. capacitor와 inductor의 전류－전압 특성을 나타내는 데에 있어 크기와 위상을 동시에 나타낼 수 있는 복소수가 편리한 이유가 여기에 있다.

이제 capacitor의 임피던스에 대하여 생각해보자. 이에 앞서 저항이 전압과 전류의 비율로 정의되었음을 상기하자. capacitor의 전압이 $V\cos(\omega t+\Phi)$로 주어졌을 때, 전류는 식 (2)로부터 $-\omega CV\sin(\omega t+\Phi)=\omega CV\cos(\omega t+\Phi+90^\circ)$가 된다. 이를 복소수로 표현하면, 전압은 $V\exp[j(\omega t+\Phi)]$의 실수부(real part)가 되고, 전류는 $\omega CV\exp[j(\omega t+\Phi+90^\circ)]=j\omega CV\exp[j(\omega t+\Phi)]$의 실수부가 된다. 이는 미분 연산자 d/dt를 $j\omega$로 대치한 것과 같다. 이 전압과 전류의 복소수 식에서 시간 의존성을 나타내는 공통부분인 $\exp(j\omega t)$를 제외하면, 각각 $V\exp(j\Phi)$, $j\omega CV\exp(j\Phi)$만 남는데 이를 phasor라고 한다. 그리고, 전압의 phasor를 전류의 phasor로 나누어 준 양을 임피던스(impedance)라고 한다. 따라서 capacitor의 임피던스는 $1/j\omega C$로 주어진다. 또, 식 (3)으로부터 inductor의 임피던스는 $j\omega L$이 됨을 알 수 있다.

이 임피던스는 저항의 개념과 매우 흡사하여 단위도 저항과 같은 Ω이다. 차이점은 전압과 전류 사이의 위상 차이를 추가로 고려하기 위하여 복소수로 표시되는 것 뿐이다. 임피던스의 역수를 애드미턴스(admittance)라 한다. 그러므로 capacitor의 애드미턴스는 $j\omega C$가 된다. 저항에서는 위상의 차이가 없으므로 임피던스나 애드미턴스 모두 실수이며, 각각 저항과 컨덕턴스(conductance)로 주어진다. 그리고 inductor의 애드미턴스는 $1/j\omega L$이 된다.

임피던스나 애드미턴스가 직렬 또는 병렬로 연결된 회로의 임피던스나 애드미턴스의 계산은 각각 저항이나 컨덕턴스의 계산과 똑같은 방법으로 하면 된다. 복소수의 형태를 띨 뿐, 임피던스는 저항과 애드미턴스는 컨덕턴스와 같은 의미를 갖고 같은 기능을 하기 때문이다.

이렇게 전체 회로의 임피던스나 애드미턴스를 구하여 전류와 전압의 phasor를 계산하고 난 다음에 실제의 전류와 전압 파형은 어떻게 구할까? phasor로부터 실수부를 찾는 연산을 거치면 된다. 이 부분은 다음 절에서 자세히 다룰 것이다.

이렇게 capacitor나 inductor의 임피던스는 각주파수 ω 에 따라 달라진다. 저항에서는 찾아 볼 수 없는 이 특성은 filter와 같이 주파수에 따라 특성이 달라져야 하는 회로 기능을 구현하는 데에 매우 유용하게 이용된다.

이상에서 알아 본 임피던스나 애드미턴스의 개념은 정상 상태(steady state)에서 삼각 함수 전류, 전압에 대하여만 적용할 수 있다. 불행하게도 전자공학에서 다루는 신호는 삼각 함수만은 아니다. 따라서 임피던스나 애드미턴스는 용도가 매우 제한적인 개념이 아닌가 하는 의문이 생긴다. 다행히도 모든 주기적인 신호는 주파수가 신호 기본 주파수의 정수배인 삼각 함수들의 합, 즉 Fourier series로 나타낼 수 있다. 또 주기적인 함수가 아닌 경우에는 Fourier integral로 나타낼 수 있다. 그러므로, 삼각 함수 전류와 전압에 대하여 정의한 임피던스의 개념은 그 용도가 제한적이지 않고, 모든 파형에 대하여 Fourier series 또는 integral을 이용하여 적용할 수 있다.

이상적인 저항, capacitor, inductor의 임피던스는 각각 R, $1/j\omega C$, $j\omega L$로 주어져야 한다. 그렇지만 실제의 저항, capacitor, inductor에는 원하지 않는 기생 성분이 포함되어 있다. 그렇기 때문에 제한된 주파수 영역에서만 고유의 임피던스 성분이 다른 기생 성분에 비하여 클 뿐이다. 예를 들면 저항에는 커패시턴스와 인덕턴스 성분이 다 존재하며, 고주파로 갈수록 이 기생 성분들의 영향이 더 커져 더 이상 저항이 아니게 된다. 또 정류 회로 등에 많이 쓰이는 전해 capacitor는 이상적인 capacitor와 저항이 병렬로 연결된 형태로 볼 수 있어 직류 저항이 무한대가 아니다. 그리고 대체로 1MHz 이상의 고주파에서는 인덕턴스 성분이 우세하게 되어, capacitor가 아닌 inductor로 동작하게 된다.

그림 6-2에 실제 capacitor의 등가 회로를 보였다. 고주파로 갈수록 capacitor의 임

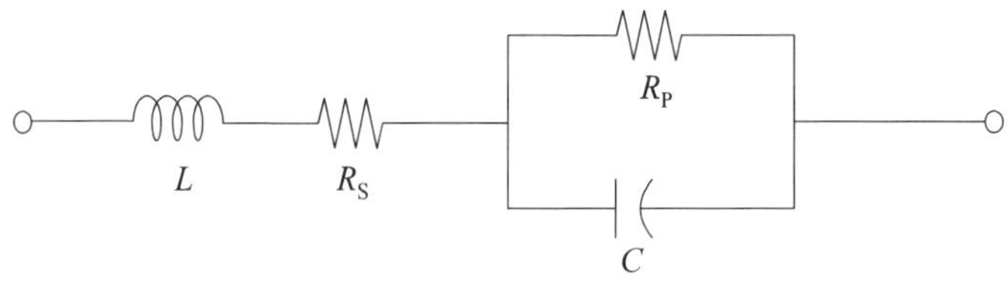

그림 6-2 실제 capacitor의 등가 회로

피던스는 작아지고 inductor의 임피던스는 커지므로 inductor로 동작하게 될 것임을 알 수 있다. 그리고 직류 임피던스도 무한대가 아니고 $R_S + R_P$로 주어짐을 알 수 있다. 한편, inductor에서는 직렬 저항이 우세한 기생 성분이며, 이에 따라 실제 inductor의 직류 임피던스는 0Ω이 아니다.

6.2.2 RC 회로의 과도 응답과 정상 상태 응답

입력 신호가 인가되고 충분히 긴 시간이 지나면 회로의 각 부분에 걸리는 전압이나 전류가 시간에 따라 변하지 않든지(입력 신호가 직류일 때), 또는 주기적으로 변하게 되는데(입력 신호가 주기적일 때), 이러한 상태를 정상 상태(steady state)라고 한다. 이 정상 상태에서 회로 각 부분의 전류나 전압은 인덕터나 커패시터의 초기 상태와는 무관하게 입력 전압이나 전류가 결정한다. 인덕터에 흐르던 초기 전류나 커패시터에 저장되어 있었던 초기 전하량은 회로 각 부분의 전류나 전압에 영향을 주지 못한다. 초기 상태에서 비롯된 영향이 없어지고 난 이후의 상태를 정상 상태라고 하기 때문이다. 그 반면에, 정상 상태 이전의 상태를 과도 상태(transient state)라고 한다. 이때에는 회로 각 부분의 전류와 전압이 입력 신호는 물론 커패시터나 인덕터의 초기 상태에 따라서도 달라진다. 초기 상태의 영향은 시간이 지나면서 없어지는 것이 보통이므로, 과도 상태라는 말에는 나중에는 없어질 초기 상태의 영향을 볼 수 있는 상태, 즉 과도기적 상태라는 의미가 내포되어 있다.

주어진 입력에 따라 회로의 전류나 전압이 어떻게 변하는지를 응답(response)이라고 하며, 정상 상태에서의 응답을 정상 상태 응답, 과도 상태에서의 응답을 과도 응답(또는 과도 상태 응답)이라고 한다. 그러므로, 정상 상태 응답에는 입력 신호의 영향만 나타나고, 커패시터나 인덕터의 초기 상태의 영향은 나타나지 않는다. 그 반면에, 과도 상태 응답에는 입력 신호의 영향은 물론 커패시터의 초기 전압이나 인덕터의 초기 전류의 영향까지 나타난다. 이를 바탕으로 하여 정상 상태를 다시 정의하면 "커패시터에 저장되어 있던 전하에 의한 초기 전압이나 인덕터에 흐르던 초기 전류의 영향과 갑작스런 입력 신호 변화의 영향이 완전히 없어지고 난 이후의 상태"라고 할 수 있다.

먼저 RC 회로의 과도 상태 응답을 구하여 보자. 그림 6-3의 회로에서 시간 $t = 0$에서 스위치를 닫았다고 하면, Kirchhoff의 전류 법칙에 따라 저항 R에 흐르는 전류와 capacitor C에 흐르는 전류가 같다. 그리고, Kirchhoff의 전압 법칙에 따라 두 소자에 걸리는 전압의 합은 전압원 공급 전압 V_S가 될 것이다. 이를 수식으로 쓰면 다음과 같다.

$$i = C\frac{dv_C}{dt} = \frac{v_R}{R} \tag{4}$$

$$V_S = v_C + v_R \tag{5}$$

식 (4), (5)를 연립하면 다음의 미분 방정식을 얻는다.

$$V_S = v_C + C\left(\frac{dv_C}{dt}\right)R = v_C + RC\frac{dv_C}{dt} \tag{6}$$

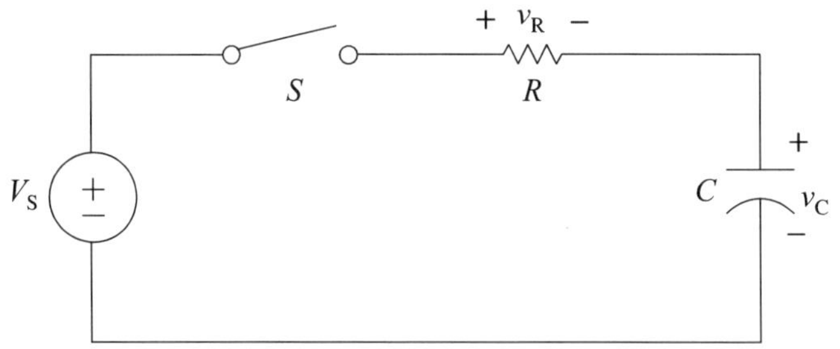

그림 6-3 RC 직렬 회로

$v_C(0) = V_0$을 초기 조건으로 하여 식 (6)의 미분 방정식을 풀면 다음의 해를 얻는다.

$$v_C(t) = V_0 + (V_S - V_0)\{1 - \exp(-t/RC)\} \tag{7}$$

$$i(t) = \frac{V_S - V_0}{R}\exp\left(-\frac{t}{RC}\right) \tag{8}$$

특히 초기 조건 $V_0 = 0$이면 다음과 같이 된다.

$$v_C(t) = V_S\{1 - \exp(-t/RC)\} \tag{9}$$

$$i(t) = \frac{V_S}{R}\exp\left(-\frac{t}{RC}\right) \tag{10}$$

식 (9), (10)에서 전류나 전압의 시간 의존성을 결정하는 상수는 저항 R과 커패시턴스 C의 곱으로 주어지는데, 이 곱을 RC 시정수(time constant)라 하며 단위는 sec가 된다. 또, 정상 상태, 즉 dv/dt나 di/dt가 0일 때($t = \infty$)에는 capacitor 전압은 V_S가 되고, 전류는 0이 된다. 이렇게 정상 상태에서 capacitor의 직류 저항은 무한대가 된다. 또, 식 (10)에서 $i(0) = V_S / R$가 되는 데에서 알 수 있듯이 $t = 0$에서 capacitor 저항은 0Ω이 된다.

식 (7)을 이용하여 과도 상태와 정상 상태를 구분하여 보자. 이를 위하여 식 (7)을 정상 상태 응답과 과도 상태 응답의 합의 형태로 나타내 보면 다음과 같다.

$$v_C(t) = V_S - (V_S - V_0)\ \exp(-t/RC) \tag{11}$$

시간 $t = \infty$가 되면, 초기조건 V_0에 관계없이 커패시터의 전압은 V_S가 된다. 이 상태를 정상 상태라고 한다. 그 반면, 시간 t가 RC 시정수보다 충분히 길지 않을 때에는 커패시터 전압이 초기조건 V_0에 따라 달라진다. 또, 초기조건 $V_0 = 0$이라 하더라도 커패시터 전압은 정상 상태 전압 V_S가 되지는 않는다. 이렇게 초기조건이나 입력의 갑작스러운 변화의 영향이 나타나는 상태를 과도 상태(transient state)라고 한다. 이 경우에 갑작스러운 입력의 변화는 $t = 0$에서 신호전압이 0에서 V_S로 갑자기 증가한 것을 말한다. 이렇게 보면 정상 상태(steady state)는 $t=\infty$ 이후에나 가능하다. 엄밀하게 보면 그러하며, 이러한 관점에서 보면 정상 상태는 실제로 존재하지 않게 된다. 그러나, 전자공학에서 말하는 정상 상태는 이렇게 엄밀한 의미의 정상 상태는 아니고, 현실적인 정상 상태이다. 그림 6-3에서는 시간 $t>4RC$이면 커패시터 전압 v_C의 과도 상태 응답(transient response)과 정상 상태 응답(steady state response) 사이의 상대적인 차이는 2% 이하로 줄어든다. 현실적으로는 정상 상태에 있다고 볼 수 있다는 것이다. 그러므로, $t>4RC$이면 정상 상태에 있다고 본다. 하나의 예로서, $R=1\text{k}\Omega$, $C=1\mu\text{F}$이면 RC 시정수는 0.001초이다. 따라서, 0.01초 이후이면 과도 응답은 거의 사라지고 정상 상태로 들어가게 되는 것이다.

그림 6-3의 RC 회로에서 삼각 함수 입력 전압에 대한 capacitor 전류나 전압을 구하려면 식 (4)~(8)의 과정을 $V_S = V_m \cos\omega t$로 두고 반복하면 된다. 이렇게 구한 $v_C(t)$는 다음과 같다.

$$v_C(t) = \frac{V_m}{1+\omega^2R^2C^2}[\cos\omega t + \omega RC\sin\omega t] + \left[v_C(0) - \frac{V_m}{1+\omega^2R^2C^2}\right]e^{-t/RC} \tag{12}$$

식 (12)에서 두 번째 항은 초기조건 $v_C(0)$와 갑작스러운 입력의 변화에 따른 것으로, 시간이 지나면서 0으로 되어 $t>>RC$가 되면 무시할 수 있다. 이 항이 바로 정상 상태에서는 없어지고 과도 상태에서만 나타나는 과도 응답이다.

이와는 달리 식 (12)의 첫 항은 입력 전압과 같은 각주파수의 삼각 함수 전압으로, 삼각 함수 입력 $V_S = V_m \cos\omega t$ 에 의한 출력이다. 그리고 $t>>RC$의 정상 상태가 되면 이 항만 출력으로 남게 된다. 이 항이 바로 삼각 함수 입력에 대한 정상 상태 응답이 되는 것이다. 이 정상 상태 응답은 $\cos\omega t$ 성분과 $\sin\omega t$의 합으로 주어지지만, $\cos\omega t$에 위상 변화가 있는 모습으로 나타낼 수도 있다. 그러므로, $V_S = V_m \cos\omega t$에 대한 출력은 주파수에 따라 입력 전압이 진폭과 위상만 바뀐 것으로 볼 수 있다. 복소수 형태의 phasor와 전달 함수 표현이 의미 있는 것은 바로 이렇게 정상 상태에서 삼각 함수 입력에 대한 출력이 진폭과 위상만 바뀌기 때문이다.

이제 복소수 형태의 전달 함수를 이용하여 삼각 함수 입력에 대한 회로의 정상 상태 응답을 어떻게 구하는지, 즉 정상 상태 회로 해석을 어떻게 하는지에 대하여 알아보자. 이 때에는 미분 방정식을 사용하지 않고 단순히 복소수 계산만으로 각 소자의 전류나 전압을 계산할 수 있다.

먼저, 전달 함수에 대하여 알아본다. 출력 전압과 입력 전압의 phasor 비율을 전달 함수 $H(\omega)$, 또는 주파수 응답이라 한다. 이를 바꾸어 말하면, 출력 신호의 phasor는 입력 신호의 phasor에 전달 함수를 곱한 것과 같다는 것이다.

그림 6-4(a)의 회로에서 전달 함수는 저항을 이용한 전압 분배 회로의 전달 특성을 구하는 방법과 똑같은 방법으로 구할 수 있다. 입력 전압 때문에 저항 R과 임피던스가 $1/j\omega C$인 capacitor 직렬 연결에 흐르는 전류는 똑같다. 그리고 이 전류 때문에 capacitor가 충전되어 나타난 capacitor 전압이 출력 전압이다. 다시 말하면, 저항 R과 임피던스가 $1/j\omega C$인 capacitor에 의하여 입력 전압이 분배되어 출력으로 나타난 것이다. 그러므로 저항을 사용한 전압 분배 회로에서와 같이, 출력 전압의 phasor는 다음과 같이 된다.

$$V_{\mathrm{o}}(\omega) = \frac{1/j\omega C}{R + 1/j\omega C} V_{\mathrm{i}}(\omega) \tag{13}$$

여기에서 $V_{\mathrm{i}}(\omega)$와 $V_{\mathrm{o}}(\omega)$는 각각 입력과 출력 전압의 phasor이다. 그러므로 출력과 입력 전압의 phasor의 비율로 주어지는 전달 함수 $H(\omega)$는 다음의 식으로 주어진다.

$$H(\omega) = \frac{V_{\mathrm{o}}(\omega)}{V_{\mathrm{i}}(\omega)} = \frac{1/j\omega C}{R + 1/j\omega C} = \frac{1}{1 + j\omega RC} \tag{14}$$

식 (14)는 직렬 연결된 두 저항에 의한 전압 분배와 같은 형태임을 알 수 있다.

그림 6-4(a)의 회로에 대한 이 전달 함수로부터 주파수가 높아질수록 capacitor의 임피던스가 작아져 전달 함수의 절대값이 줄어듦을 알 수 있다. 따라서 이 회로는 주파수가 낮은 신호는 잘 통과시키고 주파수가 높은 신호는 적게 통과시키는 low-pass filter가 된다. 이 low-pass filter 기능을 전달 함수의 크기로 표현할 수도 있다. 저주파수에서는 전달 함수의 크기가 1에 가까워 입력과 출력의 진폭이 거의 같고

입력의 대부분이 출력으로 전달된다. 그렇지만, 주파수가 높아지면서 전달 함수의 크기가 작아져 출력으로 전달되는 진폭의 비율도 그만큼 줄어드는 것이다.

여기에서 주목할 것은 저항으로 이루어진 전압 분배 회로와는 달리 전달 함수가 복소수이기 때문에, 입력 전압과 출력 전압 사이에 위상의 차이가 나타난다는 사실이다. 이와 같이 커패시터가 있는 회로에서는 분배되어 나타나는 출력 전압의 진폭과 위상 모두 주파수에 따라 달라진다.

출력에 나타나는 실제의 전압 파형은 출력 전압의 phasor에 시간 의존성을 나타내는 $\exp(j\omega t)$를 곱한 결과의 실수부가 된다. 그리고 전달 함수의 정의로부터 출력 전압의 phasor는 입력 전압의 phasor에 전달 함수를 곱한 것이다. 이를 수식으로 나타내면 다음과 같다.

$$v_o(t) = \mathrm{Re}\left[\, V_o(\omega) \exp(j\omega t) \right] = \mathrm{Re}\left[H(\omega)\, V_i(\omega) \exp(j\omega t)\right] \tag{15}$$

식 (15)를 전달 함수 $H(\omega)$의 크기 $|H(\omega)|$와 위상 $\angle H(\omega)$의 함수로 다시 쓰면 다음과 같다.

$$v_o(t) = |H(\omega)|\,|V_i(\omega)| \cos\left[\omega t + \angle V_i(\omega) + \angle H(\omega)\right] \tag{16}$$

결론적으로, 출력 파형의 진폭은 입력의 진폭 $|V_i(\omega)|$에 전달 함수의 크기 $|H(\omega)|$만큼 곱한 양으로 주어지고, 출력 파형의 위상은 입력 신호의 위상 $\angle V_i(\omega)$에 전달 함수의 위상 $\angle H(\omega)$만큼 더한 양으로 주어진다.

그림 6-4(a)의 회로에서 출력 전압은 capacitor 양단에 걸린 전압이다. 그림 6-3의 회로와 비교해 보면, 입력 전압이 그림 6-3의 직류에서 그림 6-4(a)에서는 교류 전

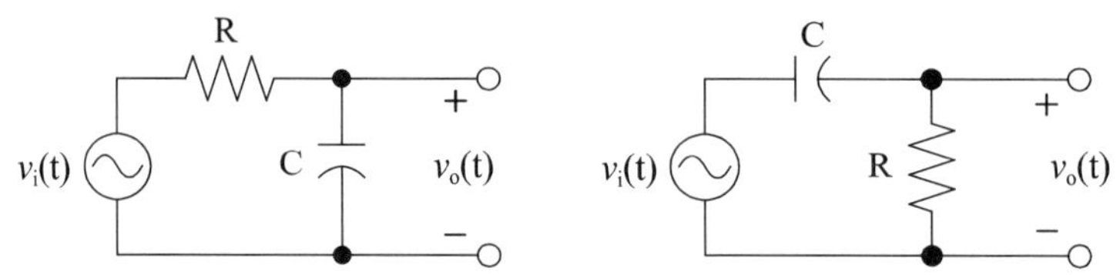

그림 6-4 (a) RC low-pass filter, (b) RC high-pass filter 회로

압으로 바뀌었을 뿐이다. 그러므로, 삼각 함수 전압을 입력으로 하는 그림 6-4 (a) 회로의 정상 상태 해를 미분 방정식을 이용하여 구하려면, 식 (6)의 미분 방정식에서 V_S를 $V_i(\omega)\ \exp(j\omega t)$로, $v_C(t)$를 $V_o(\omega)\ \exp(j\omega t)$로, 미분 연산자 d/dt를 $j\omega$로 대치하면 된다. 이렇게 한 다음에 전달 함수 $V_o(\omega)/V_i(\omega)$를 구하면, 식 (14)를 얻을 수 있다. 이와 같이 phasor를 이용한 해석 결과와 삼각 함수를 입력으로 하는 정상 상태에서의 미분 방정식을 이용한 해석 결과는 똑같다.

그림 6-3 또는 그림 6-4(a)의 회로에서 이 사실을 확인하여 보자. 입력 전압을 $v_i(t) = V_m \cos\omega t$로 두면 입력 전압의 phasor는 $V_i(\omega) = V_m$이 된다. 이 입력 전압의 phasor와 식 (14)로 주어지는 전달 함수를 식 (15)에 대입하면, 출력 전압은 다음과 같이 된다.

$$\begin{aligned} v_o(t) &= \mathrm{Re}[H(\omega)\,V_i(\omega)e^{j\omega t}] = \mathrm{Re}\left[\frac{V_m}{1+j\omega RC}\ \ e^{j\omega t}\right] \\ &= \frac{V_m}{1+\omega^2R^2C^2}\ \mathrm{Re}[(1-j\omega RC)(\cos\omega t + j\sin\omega t)] \\ &= \frac{V_m}{1+\omega^2R^2C^2}(\cos\omega t + \omega RC\sin\omega t) \end{aligned} \tag{17}$$

이 결과는 미분 방정식을 이용하여 구한 정상 상태 해인 식 (12)의 첫 항과 정확히 일치한다. 이처럼 삼각 함수 입력에 대한 정상 상태 응답은 미분 방정식이 아닌 phasor 연산만으로도 정확하고도 쉽게 구할 수 있다. phasor 연산의 이점이 바로 여기에 있다.

한편, 각주파수 ω는 주파수 f와 $\omega = 2\pi f$의 관계에 있으므로, $f = 1/2\pi RC$ 또는 $\omega = 1/RC$에서 전달 함수의 절대값이 $1/\sqrt{2}$이 된다. 즉, 출력 신호의 전압 진폭이 입력 신호 전압 진폭의 $1/\sqrt{2}$이 되고, 출력 신호의 전력은 입력 신호 전력의 1/2, 즉 -3dB이 된다. 이 주파수를 -3dB 주파수라고 하며, 이 때 입력 신호와 출력 신호 사이의 위상 차이는 45도이다. -3dB 각주파수가 이 회로의 RC 시정수의 역수가 됨에 주목할 필요가 있다.

그림 6-4(b) high-pass filter의 전달 함수는 식 (14)의 셋째 항에서 분자 $1/j\omega C$을

R로 바꾸면 된다. 입력전압이 임피던스 $1/j\omega C$과 R에 의해 분배되어 저항 R에 나타난 전압이 출력이기 때문이다. 이때에는 주파수가 높아질수록 전달 함수의 크기가 커져 입력 신호가 출력으로 전달되는 비율이 고주파수에서 커진다. high-pass filter란 이름은 이 특성에서 유래된 것이다.

이제까지 살펴본 바와 같이 전달 함수와 이에 해당되는 과도 응답은 똑같은 미분방정식으로부터 정의되었기 때문에, 깊은 상관성이 존재한다. 입력에 impulse 신호가 들어 갔을 때의 응답을 impulse response라고 한다. 전달 함수는 impulse response의 Fourier transform임을 증명할 수 있다. 또, 이 impulse response를 적분하면, 입력이 step function일 때의 응답, 즉 step response가 됨도 증명할 수 있다. 그리고 이 역도 성립한다. 이는 우리가 다루고 있는 회로가 선형 회로여서 미분이나 적분과 같은 선형 연산이나 전달 함수를 곱하는 연산에 교환 법칙을 적용할 수 있기 때문에 나타나는 현상이다. 즉, 입력 신호에 대한 미분이나 적분은 출력 신호에 대한 미분이나 적분으로 곧바로 나타나기 때문이다. 이렇게 보면, 전달 함수는 출력 신호의 Fourier transform을 입력 신호의 Fourier transform으로 나누어 준 비율로 정의할 수 있으며, impulse response의 Fourier transform이 곧바로 전달 함수가 되는 것은 입력 신호인 impulse의 Fourier transform이 1이 되기 때문이다.

6.2.3 RL 회로의 과도 응답과 정상 상태 응답

inductor가 전류 관성을 가진다는 것은 앞에서 설명하였다. 이 전류 관성을 그림 6

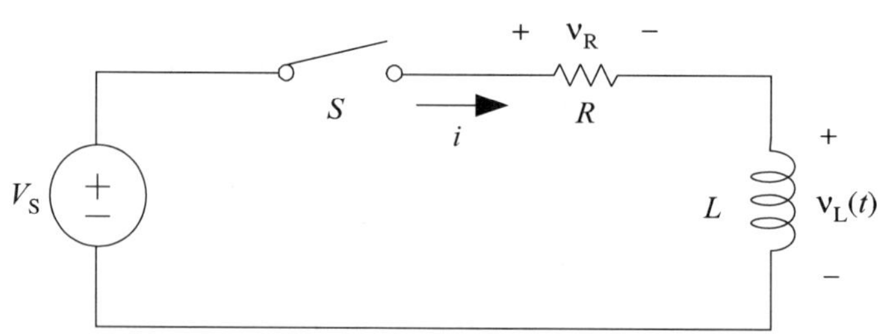

그림 6-5 *RL* 직렬 회로

-5의 회로에서 살펴보자. 편의상 inductor에 흐르는 전류는 0A였다고 가정하자. 스위치를 닫아 전류가 흐르기 시작하면 inductor에 걸리는 전압이 증가한다. 이에 따라 저항에 걸리는 전압이 줄어들면서 전류가 급격하게 늘어나는 것을 막는다. 이처럼 inductor는 전류 관성을 보인다.

그림 6-5 RL 직렬 회로의 과도 응답도 RC 회로의 과도 응답을 구할 때와 비슷한 방법으로 구할 수 있다. Kirchhoff의 전류, 전압 법칙으로부터 다음의 미분 방정식을 얻는다.

$$L\frac{di}{dt}+Ri=V_S \tag{18}$$

따라서 $i(0)=I_0$의 초기 조건을 사용하면 다음의 해를 얻는다.

$$i(t)=\frac{V_S}{R}-\left(\frac{V_S}{R}-I_0\right)\exp(-Rt/L) \tag{19}$$

$$v_L(t)=(V_S-I_0R)\exp(-Rt/L) \tag{20}$$

식 (20)에서 전류와 전압의 시간 의존성을 규정하는 시정수는 L/R임을 알 수 있다. 또 정상 상태, 즉 $t=\infty$일 때 인덕터에 걸리는 전압은 0V가 된다. 따라서 인덕터의 정상 상태 직류 저항은 0Ω이 된다. 이는 인덕터가 전류관성이 있어 일정하게 흐르는 직류 전류에 대하여는 저항이 없음을 의미한다.

삼각 함수 전류, 전압에 대한 정상 상태 응답은 임피던스를 이용하여 미분 방정식의 도움 없이도 쉽게 구할 수 있다. 하나의 예로서 그림 6-6(b)의 high-pass filter 회로를 살펴보자. 출력 전압의 phasor와 입력 전압의 phasor 비율로 주어지는 전달 함수를 RC 회로에서와 같은 방법으로 구하면 다음과 같다.

$$H(\omega)=\frac{j\omega L}{R+j\omega L}=\frac{j\omega L/R}{1+j\omega L/R} \tag{21}$$

각주파수가 R/L보다 훨씬 크면 전달 함수의 절대값은 1에 가깝게 되어 신호의 대부분이 출력으로 나가게 된다. high-pass filter가 되는 것이다. 여기에서도 -3dB

주파수는 $R/2\pi L$이 되며, 이 때에도 입력 신호와 출력 신호 사이의 위상 차이는 45도이다. 이 회로에서도 -3dB 각주파수가 RL회로의 시정수 L/R의 역수로 주어진다. 그림 6-6(a) low-pass filter의 전달 함수는 식 (21)의 가운데 식에서 분자 $j\omega L$를 R로 바꾸기만 하면 된다.

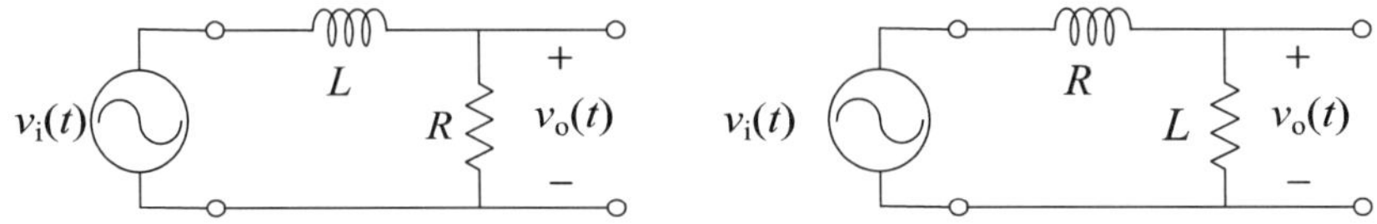

그림 6-6 (a) RL low-pass filter, (b) RL high-pass filter 회로

6.2.4 DRAM에 관하여

현재 컴퓨터에 사용되는 기억소자의 주류를 이루고 있는 DRAM(Dynamic Random Access Memory)은 여러 측면에서 전자공학, 그 가운데에서도 반도체 집적회로(IC, integrated circuit) 기술의 대표격이다. 그림 6-7에 보인 것처럼, 1bit의 데이터를 저장하는 DRAM의 cell 하나는 기본적으로 MOSFET 스위치와 capacitor로 이루어져 있다. 이러한 cell이 DRAM의 용량에 해당하는 수만큼 실리콘 반도체 표면에 매트릭스 형태로 배열되어 있다. 그러므로 스위치의 저항을 고려하면, DRAM cell은 기본적으로 RC회로이다. dynamic이란 단어가 붙은 이유는 capacitor에 저장되어 있는 전하가 어느 시간이 경과되면 방전되어 없어지므로 이 전하가 없어지기 전에 재충전시켜야 한다는 데에 있다. 이 동작을 refresh라고 한다.

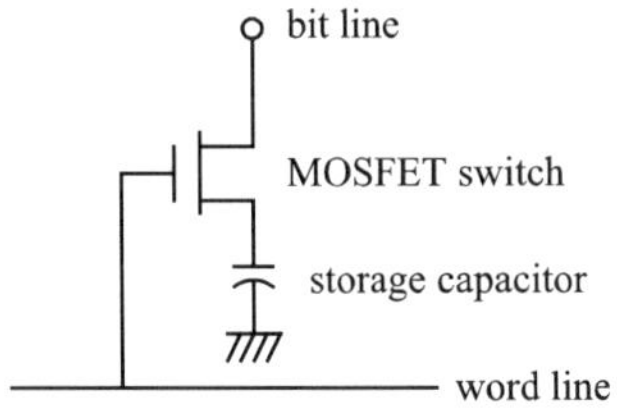

그림 6-7 DRAM cell의 회로 구성

표 6-3은 DRAM 기술이 얼마나 빠른 속도로 발전해 왔는지를 보여주고 있다. 1970년대 중반의 4k(4kilo bit) DRAM에서 1998년에 4G(4×10^9) DRAM이 개발되고 있음을 보면, 약 25년 사이에 용량이 백만 배로 증가한 것이다. 전자공학의 엄청난 발전 속도를 웅변해 주고 있다. 메모리 1bit의 가격도 1970년대 중반의 0.5센트에서 2000년에는 0.000001센트 수준으로 떨어져 DRAM이 범용의 제품으로 자리잡게 되었다. 이와 같은 비약적인 발전은 작게 만드는 기술의 발전으로 가능하였으며, 표 6-3의 선폭으로 나타낸 집적회로에 만들어진 형상의 최소 크기는 4M DRAM부터 1μm 이하로 되었다. 1G DRAM부터는 이 최소 선폭이 0.1μm가 되어 본격적으로 나노 시대로 접어들게 되었다.

표 6-3 DRAM의 발전 단계

메모리 용량	4k	16k	64k	256k	1M	4M	16M	64M	256M	512M	1G
칩 면적(mm^2)	20	25	30	45	54	91	113	200	225	210	130
셀 크기(μm^2)	1000	500	180	85	35	10	4.3	2	0.4	0.26	0.06
선폭(μm)	6	4	2	1.5	1.2	0.8	0.5	0.35	0.25	0.18	0.1
공정 단계	70	80	80	120	280	400	450	600			
연도	1976	1980	1981	1985	1987	1989	1991	1994	1997	2000	2003

6.2.5 발광 다이오드에 관하여

발광 다이오드는 기본적으로 PN 접합 다이오드로, 순방향 전압을 걸어 주었을 때 주입된 소수 캐리어가 다수 캐리어와 재결합하면서 빛이 방출되도록 설계, 제작되었다. 전자가 정공과 재결합하면, 다시 말하여 전도대의 전자가 가전대로 내려가면, 대략 에너지 갭에 해당하는 에너지가 방출된다. 이 에너지가 빛으로 방출되도록 설계 제작된 PN 접합 다이오드가 바로 발광 다이오드인 것이다.

이 다이오드에서 나오는 빛의 세기는 흘려주는 전류에 비례하며, 빛의 색깔은 다이오드를 구성하고 있는 반도체 재료의 종류와 특성에 따라 결정된다. 결론적으로 발광 다이오드는 전기 에너지를 빛 에너지로 바꾸어 주는 PN 다이오드로, 나오는 빛의 색깔은 사람이 볼 수 있는 가시광선 영역에서부터 사람의 눈에는 보이지 않는

자외선 및 적외선까지 다양하다. 일반적으로 이 발광 다이오드의 동작 속도는 빨라서 전류를 끊으면 수 nsec에서 수 μsec 이내에 빛이 끊어진다. 전자 제품의 동작을 나타내는 표시 장치의 대부분이 이 발광 다이오드이며, 큰 건물 옥상의 천연색 전광판도 발광 다이오드를 매트릭스 형태로 여러 개 배열하여 만든 것이다. 전기에너지를 빛 에너지로 바꾸는 효율이 높아지면서 이 발광 다이오드가 조명 장치에도 쓰이고 있으며 형광등을 대체할 것으로 전망되고 있다.

6.3 사용 기기와 부품

- 2채널 오실로스코프
- 파형 발생기
- 직류 전압원
- 디지털 멀티미터
- BNC probe 3개
- 저항 220Ω, 330Ω, 1kΩ, 2kΩ 각각 1개
- capacitor 470μF, 0.1μF, 0.05μF, 0.22μF, 0.022μF 각각 1개
- inductor 10mH 1개
- 연두색발광 다이오드(LED) 1개
- 토글 스위치 2개

6.4 실험 내용과 방법

6.4.1 실험 6-1: *RC* 회로의 과도 응답과 DRAM의 동작 원리

(1) *RC* 회로의 과도 응답

1. 1kΩ 저항과 0.1μF capacitor로 다음의 회로 6-1을 구성한다.

2. 이 회로의 입력으로 0V와 5V를 왕복하는 사각파 전압 파형을 넣는다. 이 파

형의 주기는 이론적으로 구한 시정수의 10배 정도가 되도록 맞춘다.

3. RC 회로의 과도 응답 : 오실로스코프를 이용하여 입력 파형과 capacitor 양단의 전압 파형을 충전될 때와 방전될 때로 나누어 관찰하고 기록한다. 또 이 충방전 특성으로부터 이 회로의 RC 시정수(time constant)를 구한다. 시정수는 capacitor 전압이 방전으로 인하여 초기 전압의 1/e(약 0.37)로 떨어지는 데까지 걸리는 시간이다. 오실로스코프의 "input coupling"은 DC로 둔다.

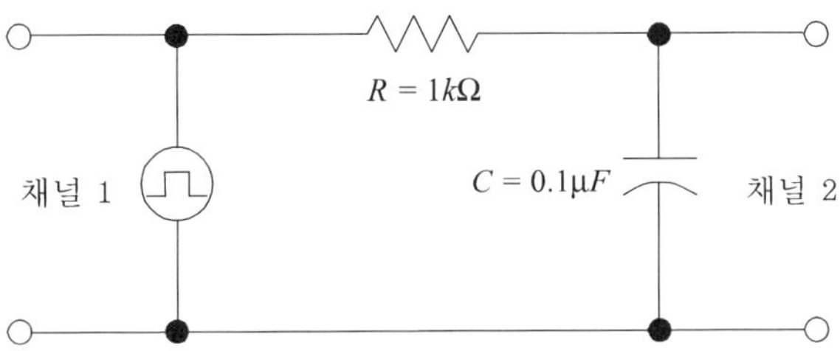

회로 6-1 과도 응답의 RC 시정수(time constant) 측정을 위한 회로

4. RC 시정수 : 표 1에 있는 다른 값의 저항과 capacitor로 회로 6-1을 구성하고 표 1을 완성한다.

표 1 RC 시정수

R*	C	RC 시정수(계산)	RC 시정수(실험)	C (실험값)
1 kΩ	0.1 μF			
1 kΩ	0.22 μF			
2 kΩ	0.1 μF			
2 kΩ	0.22 μF			

* 주의 : 이 값은 색 띠로부터의 값이므로, 저항계를 이용하여 측정한 값을 사용하라.

토의사항

저항이 커지면서 충전과 방전에 시간이 많이 걸리는 이유는? 또, capacitance가 커질수록 충전과 방전에 시간이 많이 걸리는 이유는? 시정수로부터 구한 capacitance 값과 capacitor에 표시된 값이 잘 일치하는가? 시정수의 측정에서 파형 발생기와 oscilloscope의 내부 저항이 미치는 영향은?

5. 회로 6-1에서 capacitor와 저항의 위치를 뒤바꾼 다음에, 직류 전압성분이 없는 100Hz, 1kHz, 10kHz의 사각파 전압을 입력에 넣고 출력 파형을 관찰한다.

토의사항

앞의 실험 과정 3에서 구한 파형과 어떻게 다른가? 그리고 그 이유는?

(2) DRAM의 동작 원리

1. 다음의 회로 6-2를 구성한다.

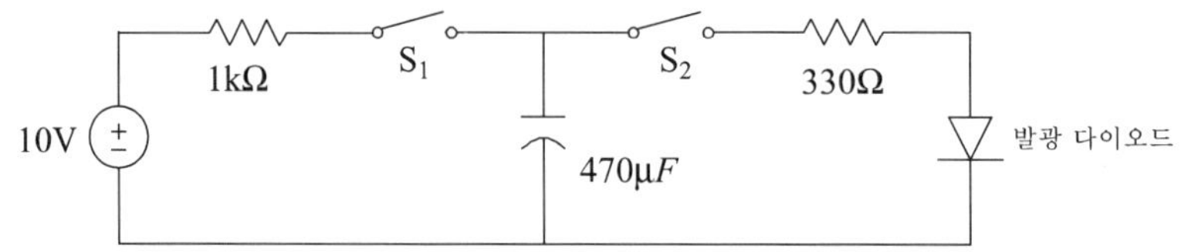

회로 6-2 Capacitor 충방전을 이용한 메모리 회로: DRAM cell

2. 메모리에 "1"을 써넣기: 스위치 S_1을 닫고 S_2를 열어 capacitor를 충전시킨다.

3. 메모리에 기록된 "1" 읽기: 스위치 S_1을 열고 S_2를 닫아 발광 다이오드를 통하여 capacitor에 충전되었던 전하를 방전시킨다. 발광 다이오드의 불이 켜지면 "1", 켜지지 않으면 "0"으로 읽힌다. "0"과 "1" 가운데 어느 값이 읽히는가?

토의사항

capacitor와 스위치로 기억소자를 만들 수 있는가? 또, 읽고 나면 capacitor에 전하의 형태로 저장되었던 데이터가 없어져 다시 읽으면 "0"이 읽혀 원래의 데이터 "1"과는 달라지는데, 이 문제를 해결하는 방법은?

(3) 사람 눈의 잔상 효과

1. 다음의 회로 6-3을 구성한다. 이 때, 파형 발생기 "TTL OUTPUT" 단자의 사각파 출력을 이용한다. 이 단자의 출력 전압은 0V와 5V를 왕복한다.

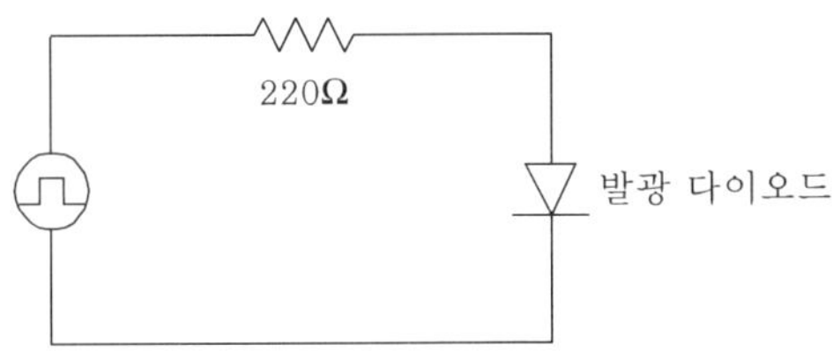

회로 6-3 발광 다이오드 구동 회로

2. 사람 눈의 잔상 효과: 파형 발생기의 출력 전압의 주파수를 1Hz에서 시작하여 천천히 증가시켜 가면서 발광 다이오드가 켜졌다 꺼졌다 하지(깜빡이지) 않고 계속 켜져 있는 것처럼 보이는 주파수에 맞춘 다음 그 주파수를 오실로스코프로 측정하여 기록한다.

토의사항

발광 다이오드에 공급되는 전류는 흐르다 끊어지다를 반복하는데, 발광 다이오드의 불빛은 계속 켜져 있는 것으로 보이는 이유는? 또, 그렇게 보이기 시작하는 주파수는? 이 주파수와 오실로스코프 화면에 나타나는 주기 함수 파형이 깜빡이지 않고 정지된 모습으로 나타날 주파수 사이의 관계는?(오실로스코프 화면에 1초 동안 파형을 그리는 회수, 즉 수평 편향판에 들어가는 톱니파의 주파수와 발광 다이오드가 깜빡이지 않게 되는 주파수를 비교해 보라.)

6.4.2 실험 6-2: oscilloscope의 AC coupling과 신호의 왜곡

1. 오실로스코프 채널 1의 "input coupling"을 DC에 두고 함수 발생기의 출력을 직접 연결하여 출력 파형이 주파수 100Hz, 진폭 3V의 대칭적인 사각파가 되도록 맞춘다.

2. RC 회로에서 저항 양단의 전압 파형 관찰: 회로 6-4를 연결한다. 오실로스코프의 채널 1에는 함수 발생기의 출력을 직접 연결하고, capacitor를 통하여 나가는 전압을 오실로스코프 채널 2에 넣고 오실로스코프에 나타난 파형을 비교, 관찰하고 기록한다. 이 때, 두 채널의 "input coupling"은 모두 "DC"로 둔다.

3. 오실로스코프 AC coupling에서 신호의 왜곡 관찰: 오실로스코프 채널 1의 "input coupling"을 "AC"로 두고 두 파형을 비교, 관찰하고 기록한다.

4. 주파수가 높을 때의 파형 왜곡 관찰: 사각파의 주파수를 10kHz로 두고 실험 과정 3을 반복한다.

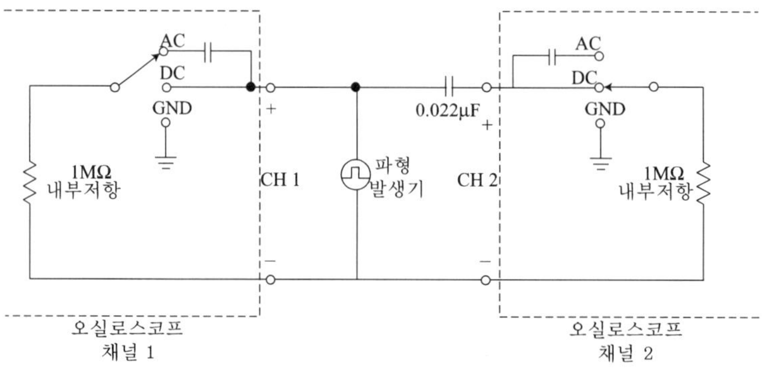

회로 6-4 오실로스코프 AC coupling에서 신호의 왜곡을 관찰하는 회로

토의사항

완벽한 모양의 사각파가 “input coupling”을 “AC”로 두고 측정했을 때 왜곡이 나타나는 이유는? 이로 보아 오실로스코프를 이용하여 파형을 관찰할 때 주의할 점은? 또, 오실로스코프를 이용하여 주파수가 낮은 삼각 함수 파형을 측정할 때에 나타날 수 있는 문제점은? 이 왜곡이 주파수가 높을 때에도 나타나는가? 나타나지 않는다면 그 이유는?

6.4.3 실험 6-3: *RC* 회로의 주파수 응답과 필터

(1) 임피던스의 개념: *RC* 회로의 임피던스 측정

1. 0.1μF capacitor와 1kΩ 저항으로 이루어진 다음의 회로 6-5를 구성한다.

2. 직류 성분이 없는 주파수 1kHz의 삼각 함수파를 입력하여, 입력 전압을 Y 입력으로, 저항 양단의 전압을 X 입력으로 하여 오실로스코프로 Lissajous pattern을 관찰하고 기록한다. 오실로스코프의 “INPUT COUPLING”은 “DC”로 둔다.

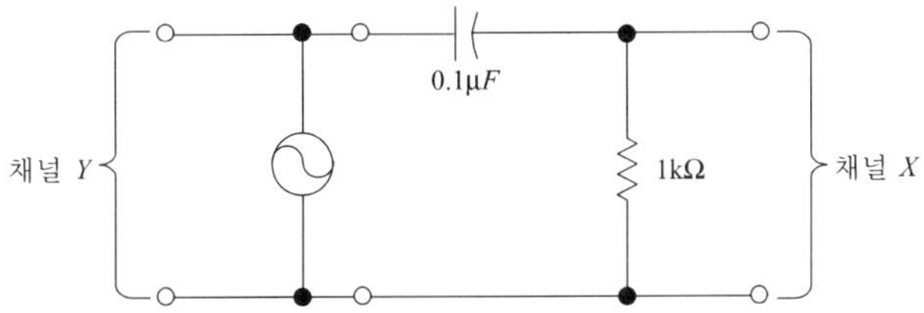

회로 6-5 high-pass filter 회로

3. 임피던스의 측정: 실험 과정 2에서 구한 Lissajous pattern으로부터 RC 회로 전체에 걸린 전압과 전류의 진폭 비와 위상을 구한다. 저항에 걸린 전압으로부터 회로에 흐르는 전류를 곧바로 구할 수 있음에 유의한다.

4. 다른 주파수에서의 임피던스 측정: 실험 과정 2, 3을 주파수 10kHz에 대하여 반복하고 다음의 표 2를 완성한다.

표 2 직렬 연결된 RC의 임피던스

주파수	임피던스(실험값)		임피던스(계산값)	
	크기(Ω)	위상(도)	크기(Ω)	위상(도)
1kHz				
10kHz				

토의사항

임피던스의 실험값과 계산값이 일치하는가? 0Hz(직류)에서의 임피던스는? 무한대 주파수에서의 임피던스는? 저항에서와는 달리 임피던스를 크기와 위상으로 나누어 표시해야 하는 이유는? 또, 임피던스를 복소수로 표현하는 것이 편리한 이유는?

(2) *RC* high-pass filter의 주파수 응답

1. *RC* high-pass filter의 주파수 응답 측정: 앞의 임피던스 측정 실험의 회로 6-5에서 파형 발생기 출력을 입력 V_i, 저항 양단의 전압을 출력 V_o로 하여 임피던스 측정에서와 같은 방법으로 아래의 표 3을 완성한다.

2. 표 3의 결과를 그래프로 그리고 이론적으로 구한 결과와 비교해 보라.

표 3 *RC* high-pass filter의 주파수 응답

주파수 (Hz)		10	100	1k	2k	4k	7k	10k	20k	40k
전달 함수	$\|V_o/V_i\|$									
	$\angle(V_o/V_i)$									
임피던스	$\|V_i/I\|$									
	$\angle(V_i/I)$									

토의사항

표 3이나 그래프로부터 회로 6-5가 high-pass filter로 동작한다고 할 수 있는가? 이 회로가 high-pass filter로 동작하게 되는 이유는? 이 RC high-pass filter의 전달 함수 또는 주파수 응답과 임피던스 사이의 관계는? 또 시정수와 주파수 응답이 3dB 떨어지는 주파수, 전달 함수와 임피던스의 위상이 45도가 되는 주파수와의 관계는?

(3) *RC* low-pass filter의 주파수 응답

1. 0.1μF capacitor와 1kΩ 저항으로 다음의 회로 6-6을 구성한다.

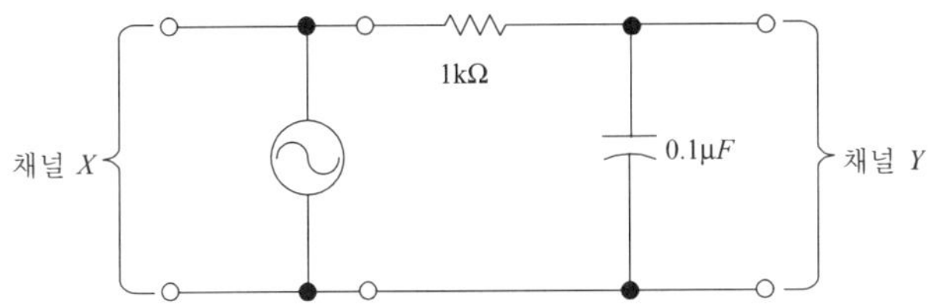

회로 6-6 RC low-pass filter 회로

2. RC low-pass filter의 주파수 응답 측정: 앞의 RC high-pass filter 실험과 같은 방법으로 회로 6-6의 주파수 응답과 임피던스를 측정하여 아래의 표 4를 완성한다. 물론 출력은 capacitor 양단의 전압으로 한다.

표 4 RC low-pass filter 회로의 주파수 응답

주파수 (Hz)		10	100	1k	2k	4k	7k	10k	20k	40k
전달 함수	$\|V_o/V_i\|$									
	$\angle(V_o/V_i)$									
임피던스	$\|V_i/I\|$									
	$\angle(V_i/I)$									

3. 표 4의 결과를 그래프로 그리고, 이론적인 결과와 비교해 보라.

토의사항

표 4와 그래프로부터 회로 6-6이 low-pass filter로 동작한다고 할 수 있는가? 이 회로가 low-pass filter로 동작하게 되는 이유는? 이 RC low-pass filter의 전달 함수 또는 주파수 응답과 임피던스 사이의 관계는? 또 시정수와 주파수 응답이 -3dB 떨어지는 주파수, 전달 함수와 임피던스의 위상이 45도가 되는 주파수와의 관계는? 표 4의 임피던스가 표 3의 결과와 일치하는가?

6.4.4 실험 6-4: *RL* 회로의 과도 응답과 주파수 응답

(1) *RL* 회로의 과도 응답

1. 1kΩ 저항과 10mH inductor로 다음의 회로 6-7을 구성한다.

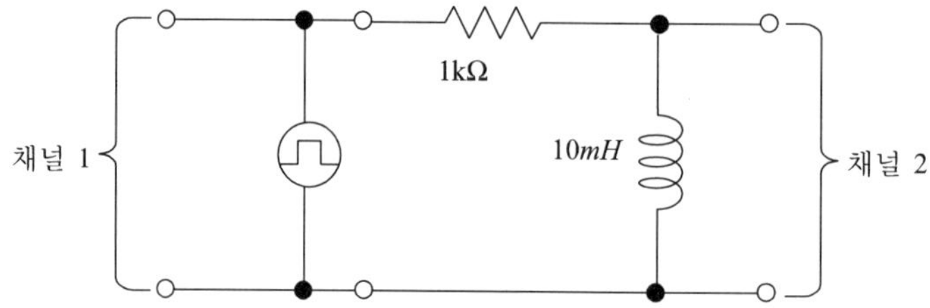

회로 6-7 *RL* high-pass filter 회로

2. *RL* 회로의 과도 응답: 입력으로 0V와 5V를 왕복하는 사각파를 넣고 inductor 양단의 전압 파형을 관찰하고, 기록한다. 이 때, 사각파의 주기는 *RL*회로 시정수의 10배로 한다.

3. inductor에 걸린 전압 파형에서 이 회로의 시정수를 구하라.

표 5 RL 회로의 시정수

R^*	L	L/R 시정수(계산)	LR 시정수(실험)	L (실험값)
1 kΩ	10mH			

* 주의 : 이 값은 색 코드로부터의 값으로, 저항계를 이용하여 측정한 값을 사용하라.

토의사항

저항이 커지면서 충방전에 시간이 적게 걸리는 이유는? 또, inductance가 커지면서 충방전에 시간이 많이 걸리는 이유는? 시정수로부터 구한 inductance 값과 inductor에 표시된 값이 잘 일치하는가? 시정수의 측정에서 파형 발생기와 oscilloscope의 내부 저항이 미치는 영향은?

(2) *RL* 회로의 임피던스와 주파수 응답

1. 1kΩ 저항과 10mH inductor로 다음의 회로 6-8을 구성한다. 입력은 직류 성분이 없는 삼각 함수파로 하며 저항에 걸린 전압을 출력으로 한다.

2. 주파수 응답과 임피던스의 측정 : 앞의 RC high-pass filter 실험과 같은 방법으로 회로 6-8의 주파수 응답과 임피던스를 측정하여 아래의 표 6을 완성한다. 물론 출력은 저항 양단의 전압으로 한다.

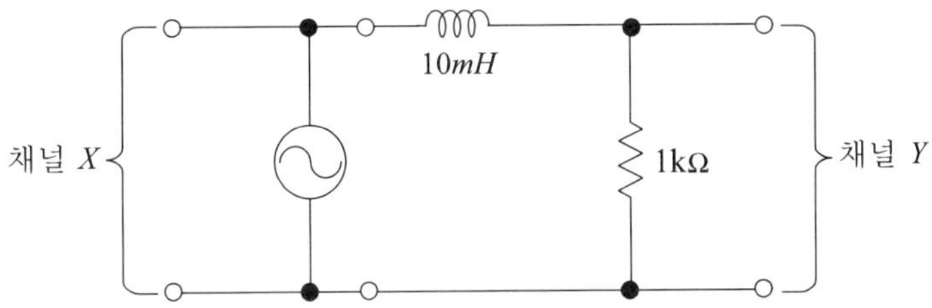

회로 6-8 *RL* low-pass filter 회로

표 6 RL low-pass filter 회로의 주파수 응답

주파수 (Hz)		100	1k	10k	20k	40k	70k	100k	200k	400k
전달 함수	$\|V_o/V_i\|$									
	$\angle(V_o/V_i)$									
임피던스	$\|V_i/I\|$									
	$\angle(V_i/I)$									

3. 표 6의 결과를 그래프로 그리고, 이론적인 결과와 비교해 보라.

토의사항

표 6과 그래프로부터 회로 6-8이 low-pass filter로 동작한다고 할 수 있는가? 이 회로가 low-pass filter로 동작하게 되는 이유는? 이 RC low-pass filter의 전달 함수 또는 주파수 응답과 임피던스 사이의 관계는? 또 시정수와 주파수 응답이 -3dB 떨어지는 주파수, 전달 함수와 임피던스의 위상이 45도가 되는 주파수와의 관계는?

6.5 예비 보고서와 결과 보고서

6.5.1 예비 보고서

(1) Review questions

1. capacitor와 inductor의 전류-전압 특성과 임피던스 사이의 관계는? 또 전류 관성과 전압 관성이 임피던스와 어떠한 관계가 있는가?

2. phasor란 무엇인가?

3. 임피던스란 무엇이며, 복소수를 써야 하는 이유는?

4. 주파수 영역에서의 전달 함수란 무엇인가? 입력 전압의 phasor와 전달 함수가 주어졌을 때, 출력 전압의 phasor는? 또, 출력 파형은 어떻게 구하는가?

5. 발광 다이오드에서 빛이 나오는 원리는?

6. DRAM에서 정보가 저장되는 원리는?

7. 시정수(time constant)란 무엇인가? 또, RC, RL 회로의 시정수와 R, L, C 값과의 관계는?

(2) 연습 문제

1. 회로 6-1의 RC 회로에서 과도 응답과 시정수를 구하라. 이 회로에서 시정수가 저항과 capacitance에 비례하는 이유에 대하여 설명하라.

2. 회로 6-7의 RL 회로에서 과도 응답과 시정수를 구하라. 이 회로에서 시정수가 inductance에 비례하고 저항에 반비례하는 이유에 대하여 설명하라.

3. 회로 6-5의 RC high-pass filter에 대하여 주파수 응답을 구하여 표 5를 완성하라.

4. 회로 6-8의 RL low-pass filter에 대하여 주파수 응답을 구하여 표 6을 완성하라.

5. 전달 함수 $H(\omega) = V_o(\omega)/V_i(\omega) = j10^{-4}\omega/(1+j10^{-4}\omega)$이고 $\omega = 10^4$ rad/sec일 때, 입력 파형 $v_i(t) = \cos(\omega t)$, $\sin(\omega t)$에 대하여 출력 파형을 구하라.

6.5.2 결과 보고서

실험 결과와 토의 사항에 대한 답을 정리하여 결과 보고서로 제출한다.

참고문헌

[1] A. M. Davis, Linear circuit analysis, PWS Publishing Company. 1998

[2] J. W. Nilsson, Electric circuits, fourth ed., Addison-Wesley, 1993

실험 7 RLC 공진 회로

지표면에 수평인 팽팽한 줄에 똑같은 무게의 쇠공 두 개를 똑같은 길이와 재질의 줄로 매달아 놓고, 하나의 공은 단진자 운동을 시키고 다른 하나의 공은 정지시킨다. 시간이 지나면, 처음부터 단진자 운동을 하던 쇠공의 진폭은 점점 줄어드는 반면에 정지해 있던 쇠공의 진폭은 커지고, 마침내 처음에 운동하던 쇠공이 정지한다. 시간이 더 지나면, 처음에 정지해 있었던 쇠공의 진폭이 줄어들면서, 다른 공의 진폭이 커지기 시작한다. 이렇게 함께 진동하는 현상을 공진(resonance)이라 하며, 두 쇠공이 줄을 통하여 에너지를 주고 받으면서 나타나는 현상이다. 두 쇠공의 고유 진동 주파수가 같으면 에너지 교환 효율이 100%가 되어 하나의 공이 정지해 있을 때 다른 공의 진폭이 가장 커진다. 물론, 두 쇠공의 에너지 손실이 없다면 에너지 보존의 법칙에 따라 두 공이 가지는 에너지의 합은 언제나 일정하다. 그리고, 이 시스템이 에너지를 잃지 않는다면 이 공진 현상은 무한정 계속될 것이다.

한편, 용수철과 쇠공으로 이루어진 진자에서 그 진자의 고유 진동 주파수와 같은 주파수로 시간에 따라 변하는 힘을 가해 주면, 그 힘에 따라 진동하는 이 진자의 진폭이 다른 주파수의 힘을 가했을 때에 비하여 매우 커지는데, 에너지 손실이 없는 경우에는 그 진폭이 무한대로 된다. 이 공진 현상도 가해진 힘과 진자가 에너지를 주고받으면서 나타나는 것으로, 가해지는 힘의 주파수가 진자의 고유 진동수와 같아 에너지 교환 효율이 높을 때 생기는 현상이다.

이와 비슷한 공진 현상이 inductor와 capacitor가 함께 있는 전기 회로에서도 나타난다. 이 때에는 capacitor의 전기 에너지와 inductor의 자기 에너지가 서로 교환되며, 공진 주파수에서는 둘 사이의 에너지 교환 효율이 이론적으로는 100%가 되어 하나의 줄에 연결되어 있는 두 쇠공의 공진과 똑같은 현상이 나타난다. 즉, inductor와 capacitor에 저장된 에너지의 총량은 일정하면서, 그 둘 사이의 상대적인 비율만 시간에 따라 주기적으로 변한다.

이 실험에서는 이렇게 흥미로운 공진 현상의 원리와 전기 회로 응용에 대하여 공부한다. 아울러, 별개의 것으로 생각하기 쉬운 주파수 응답과 과도 응답이 직접 연관되어 있음을 확인하고 이해하는 내용도 포함되어 있다. 이 공진 현상의 이해와 응용은 회로와 시스템 설계에 있어 중요한 밑바탕이 된다.

7.1 실험의 목표

(1) 공진, 공진 조건(공진 주파수), Q-factor 등의 개념을 실험을 통하여 터득한다.
(2) 공진이 RLC 회로의 임피던스에 미치는 영향을 실험을 통하여 확인한다.
(3) 공진에 따른 임피던스의 변화를 이용한 필터 회로의 동작 특성을 측정함으로써 이러한 종류의 필터 설계 능력을 기른다.
(4) 주파수 응답과 과도 응답 사이의 상관 관계에 대한 이해를 증진시킨다.

7.2 *RLC* 공진 회로

7.2.1 *LC* 공진 회로

시간에 따라 삼각 함수 형태로 변하는 힘이 외부에서 가해져 진자가 진동할 때, 진자의 고유 진동 주파수(natural oscillation frequency)와 가해지는 힘의 주파수가 일치하면 진폭이 무한대로 커질 수 있으며, 이러한 현상을 공진이라 함은 이미 기술한 바와 같다. 또 이러한 현상은, 진자의 고유 진동 주파수와 힘의 주파수가 같은 특별한 경우에, 진자가 외부에서 가해지는 force field로부터 에너지를 높은 효율로 전달받을 수 있다는 사실에서 비롯된다.

기계적인 진동에서의 이러한 공진 현상은 전기 회로에서도 관찰할 수 있다. 먼저 그림 7-1(a)의 LC 직렬 공진 회로에 대하여 살펴보자. 이 때에는 입력을 정현파 전압으로, 출력을 LC 직렬 연결에 흐르는 전류로 정한다. 그러면, 정상 상태 전류는 다음과 같이 주어진다.

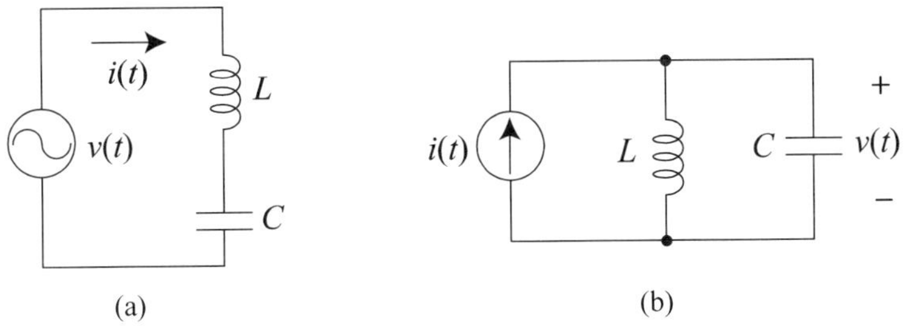

그림 7-1 (a)LC 직렬 공진 회로, (b)LC 병렬 공진 회로

$$I = \frac{V}{Z} = \frac{j\omega CV}{1-\omega^2 LC} \tag{1}$$

여기에서 I, V는 각각 LC 직렬 연결에 흐르는 전류 $i(t)$와 전압원 전압 $v(t)$의 phasor이다. 식 (1)로부터, $\omega = \omega_0 = 1/\sqrt{LC}$이면 전류가 무한대로 커짐을 알 수 있다. 이 현상을 기계적인 진동의 경우와 마찬가지로 공진이라 하며, 이 때의 주파수 $f_0 = \omega_0/2\pi = 1/(2\pi\sqrt{LC})$을 공진 주파수라고 한다.

그러면, 왜 이 공진 주파수에서만 전류가 무한대로 커지는 공진이 일어나는 것일까? 먼저, 이 공진 주파수에서는 LC 직렬 회로의 임피던스가 0Ω임에 주목하자. 임피던스가 0Ω이므로 직렬 연결된 LC에 걸리는 전압이 0V가 되어 유한한 전압원으로 구동하여도 전류가 무한대로 되는 것이다(실제로는 전압원의 내부 저항과 유한한 전류 공급 능력 때문에, 그리고 inductor와 capacitor가 이상적이지 않기 때문에 전류가 무한대로 커지지는 않는다.).

주의할 것은, 공진 주파수에서 inductor나 capacitor 각각의 임피던스는 0Ω이 아니고, 합성 임피던스가 0Ω이라는 사실이다. 즉, 각각의 임피던스가 크기는 같고 위상이 180도만큼 차이가 나서 합성 임피던스가 0Ω이 된다는 것이다. 그러므로 inductor나 capacitor 각각에 걸린 전압은 0V가 아니다. 다만, L에 걸린 전압과 C에 걸린 전압이 크기가 같고 위상 차이가 180도여서 두 전압의 합이 0V가 되는 것이다.

에너지의 측면에서 보면, 일단 정상 상태에 도달하고 난 뒤에는 inductor나 capacitor 각각은 공진 주파수에서 전력을 저장하거나 방출하지만(왜냐하면 각각에는 전류가 흐르고 전압이 걸리므로) LC 회로 전체적으로는 전력을 저장하지도 방출하지도 않는다. 어떻게 이러한 일이 가능할까?

결론을 먼저 이야기하면, 공진 주파수에서는 inductor와 capacitor의 임피던스가 크기는 같고 위상 차이가 180도여서, 정상 상태에서는 LC 직렬 연결의 임피던스가 0Ω이 되고 전압도 0V가 되기 때문이다. 따라서 전력 수요도 0W이다. 전압원으로부터 전력을 받지도 않고 전압원에 전력을 주지도 않는다. 이는 inductor와 capacitor가 에너지를 소비하지 않으면서 서로 에너지를 주고 받기만 하고 있음을 의미한다. 에너지의 소모가 없는 상태에서 총 에너지는 일정한데 서로 에너지를 주고 받기만 한다면, 외부에서 에너지를 공급 받을 필요가 없게 된다. 따라서 합성 임피던스가 0Ω이 되어 전압이 0V가 되어도 정상 상태를 유지할 수 있게 된다.

공진 주파수에서 inductor와 capacitor의 임피던스는 그 크기가 같아야 한다. 두 소자가 직렬로 연결되어 있으므로 두 소자 L, C에 흐르는 전류는 같다. 따라서, inductor와 capacitor 사이에서 전력의 완전한 교환이 일어나려면 두 소자의 에너지 저장 능력이 같아야 하며, 이는 임피던스의 크기가 같아 전압의 크기가 같아야 함을 의미한다. 이 조건에 따라 공진 주파수는 inductor와 capacitor의 임피던스 크기가 같게 되는 주파수가 된다.

정상 상태에서 inductor와 capacitor 각각은 전력을 저장하거나 방출하는데, LC 전체적으로는 전력을 저장하지도 방출하지도 않는 이유를 조금 더 자세히 살펴보자. 먼저, 정상 상태에서라는 전제 조건에 주의하여야 한다. 임피던스라는 개념 자체가 정상 상태에서 정의되었기 때문에 우리는 이미 정상 상태를 다루고 있는 것이다. 또, inductor와 capacitor에 저장되어 있는 에너지의 합이 공진 상태에서의 에너지의 합이 될 때까지, 즉 정상 상태에 이를 때까지는 inductor와 capacitor가 전원으로부터 에너지를 공급 받아야 하기 때문이다. 공진 주파수에서 일단 정상 상태에 들어서면, 전력의 교환은 inductor와 capacitor 사이에서만 일어나며 전원으로부터는 전력을 공급 받지 않는다. 즉 에너지가 inductor와 capacitor 사이에서만 왔다 갔다 할 뿐, 전원으로부터는 아무런 전력도 받지 않는다는 것이다. 기본적으로 이상적인 inductor와 capacitor는 에너지를 저장하거나 방출하기만 할 뿐, 에너지를 소비하지는 않는다. 그러므로, 저장된 에너지의 총량이 일정한 정상 상태에서 에너지를 소비하지 않으면서 서로 주고 받기만 한다면 외부로부터 에너지 공급을 받을 필요가 없는 것이다. 이와 같은 사실은 공진 주파수에서 L, C에 걸리는 전압의 합이 0V인 데에서도 확인할 수 있다. 이와 같이 각각의 소자에 저장되어 있는 에너지는 시간에 따라 변하여 전압도 변하지만, inductor와 capacitor에 저장되어 있는 에너지의 합은 일정하다. 그리고 정상 상태를 유지하기 위하여 외부로부터 전력을 공급 받을 필요가 없는 것이다. 이처럼 inductor와 capacitor에 걸리는 전압과 전압원으로부터 받아들이는 전력의 합은 각각 0V, 0W가 된다. 이는 합성 임피던스가 0Ω, 즉 inductor와 capacitor의 임피던스가 크기는 같고 위상 차이가 180도여야 가능하다. 그러므로, 공진은 이 조건이 만족되는 주파수, 즉 공진 주파수에 일어난다.

이 LC 직렬 공진 회로의 합성 임피던스는 $Z = j\omega L + 1/(j\omega C) = (1-\omega^2 LC)/j\omega C$로, 공진 주파수에서 0Ω이 된다. 공진 주파수는 임피던스가 0Ω이라는 조건에서도 구할 수 있지만, inductor와 capacitor의 임피던스 크기가 같은 주파수라는 조건에서도 구할 수 있다. 즉 $\omega_0 L = 1/\omega_0 C$에서 공진 각주파수 $\omega_0 = 1/\sqrt{LC}$을 바로 구할 수 있다. 합성 임피던스의 위상은 공진 주파수보다 낮은 주파수에서는 -90도, 공진 주파수보다 높은 곳에서는 90도가 된다. 이처럼 공진 주파수에서 갑작스러운 위상의 변화가 나타난다.

앞에서 기술한 공진 현상을 수식을 통하여 정리하여 보자. 먼저 LC에 흐르는 전류의 phasor I는 식 (1)과 같으므로 capacitor에 걸리는 전압의 phasor $V_c = I/j\omega C = V/(1-\omega^2 LC)$가 된다. 이에 따라 전압원 전압의 phasor가 실수로 주어져 $V = V_m$이라 하면 inductor와 capacitor에 저장되어 있는 에너지 W_L, W_C는 다음과 같다.

$$
\begin{aligned}
W_L(t) &= \frac{1}{2}Li^2(t) = \frac{L}{2}\{\mathrm{Re}[I\exp(j\omega t)]\}^2 \\
&= \frac{L}{2}\left(\frac{\omega C V_m}{1-\omega^2 LC}\right)^2 \sin^2(\omega t)(2) \qquad (2) \\
&= \frac{\omega^2 LC^2}{2}\left(\frac{V_m}{1-\omega^2 LC}\right)^2 \sin^2(\omega t)
\end{aligned}
$$

$$W_C(t) = \frac{1}{2} C v_C^2(t) = \frac{C}{2} \{\mathrm{Re}[V_c \exp(j\omega t)]\}^2$$
$$= \frac{C}{2} \left(\frac{V_m}{1-\omega^2 LC} \right)^2 \cos^2(\omega t) \tag{3}$$

식 (2)와 식 (3)으로부터 inductor와 capacitor에 저장되어 있는 에너지 $W_L(t)$, $W_C(t)$의 평균값 사이에는 주파수의 크기에 따라 다음의 관계가 성립함을 알 수 있다.

average $[W_L(t)]$ < average $[W_C(t)]$: $\omega < \omega_0$ $(\because \omega^2 LC < 1)$
average $[W_L(t)]$ = average $[W_C(t)]$: $\omega = \omega_0$ $(\because \omega^2 LC = 1)$
average $[W_L(t)]$ > average $[W_C(t)]$: $\omega < \omega_0$ $(\because \omega^2 LC > 1)$

그리고 공진이 일어나는 $\omega = \omega_0$에서는 저장된 총 에너지 $W_L(t) + W_C(t) = (C/2)\{V_m/(1-\omega_0^2 LC)\}^2$가 일정하게 되어, 일정한 총 에너지가 inductor와 capacitor 사이에서 교환되고 있음을 알 수 있다. 물론 공진 주파수에서 inductor에 저장된 에너지와 capacitor에 저장된 에너지의 최대 및 최소값과 평균값은 각각 같다. 그리고 기생성분이 없는 이상적인 LC 공진 회로에서 저장되는 에너지의 최대값은 정상 상태에서는 무한대이다. 따라서, 실현 가능한 상황은 아니다.

그림 7-1(b)의 LC 병렬 공진 회로에서도 거의 같은 일이 일어난다. 이 때에는 입력으로 삼각 함수파 전류원을, 출력으로 inductor와 capacitor에 걸리는 전압을 고려한다. 이 병렬 회로의 임피던스는 $Z = j\omega L/(1-\omega^2 LC)$이고 공진 주파수 $f_0 = \omega_0/2\pi = 1/(2\pi\sqrt{LC})$에서 임피던스가 무한대로 되어 전압도 무한대가 된다. 이 공진이 일어나기 위한 공진 주파수 역시 에너지 저장 능력이 같아야 한다는 조건에서 얻어진다. 병렬 회로에서는 병렬 연결된 소자에 걸리는 전압이 같으므로, 에너지 저장능력이 같으려면 각 소자에 흐르는 전류의 크기가 같아야 한다. 그러므로, 애드미턴스의 크기가 같아야 한다. 이렇게 $1/\omega_0 L = \omega_0 C$로부터 공진 주파수를 구할 수 있다. 병렬 연결된 LC의 애드미턴스가 공진 주파수에 0 Mho[= 1/Ω = S(Siemen)]가 되는 것은 물론 L, C 각각의 애드미턴스가 크기는 같고 위상 차이가 180도이기

때문이다.

LC 병렬 공진 회로에서 공진이 일어나면 임피던스가 무한대가 되어 전류가 공급되지 않아도 정상 상태가 유지된다. 그 이유도 inductor와 capacitor 사이에서 에너지의 교환만 일어날 뿐, 저장된 에너지의 합은 일정하여 전류원이 전력을 추가로 더 공급하지 않아도 되기 때문이다. 이렇게 전류는 inductor와 capacitor로 이루어진 폐경로(closed loop)에서 지속적으로 돌기만 할 뿐이어서, 밖에서 공급하지 않아도 되는 것이다. 이러한 사실은 앞에서 논의한 직렬 공진 회로에서와 같은 방법으로 수식을 전개하여 확인할 수 있다.

지금까지는 이상적인 inductor와 capacitor로 이루어진 공진 회로에 대하여 기술하였다. 식 (2), (3)에서 알 수 있듯이 이 때에는 공진 주파수에서 inductor와 capacitor에 저장되는 평균 에너지가 무한대가 된다. 그러므로, 이 무한대의 에너지를 저장하여 정상 상태에 도달하는 데에 걸리는 시간도 무한대가 될 것이다. 실제로 무한대의 에너지 저장은 불가능하며, 이상적인 inductor와 capacitor도 존재하지 않는다. 실제의 inductor와 capacitor는 이상적인 것과는 달리 손실의 원인이 되는 저항 성분을 지니고 있다. 앞의 실험에서 본 바와 같이 실제의 capacitor는 직렬 및 병렬 저항과 직렬 인덕턴스가 기생 성분으로 존재한다(그림 6-2). 이러한 사정은 inductor에서도 비슷하다. 이 가운데에서 특히 우세한 기생 성분은 inductor에서의 직렬 저항 R_S와 capacitor에서의 병렬 저항 R_P이다.

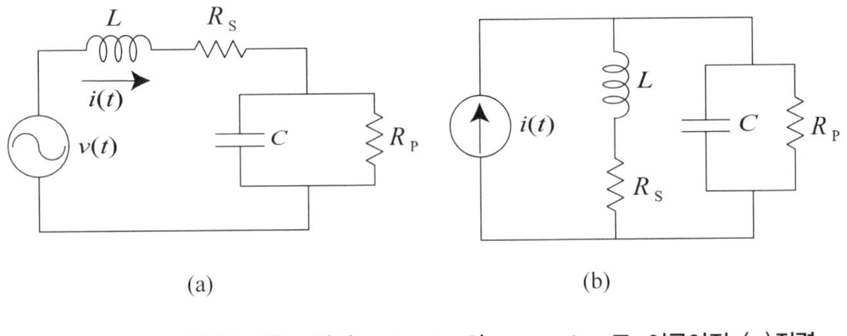

그림 7-2 손실이 있는 실제 inductor와 capacitor로 이루어진 (a)직렬, (b)병렬 공진 회로

그림 7-2는 이 우세한 기생 성분을 포함한 실제 공진 회로의 등가 회로를 보여준다. 이러한 손실 성분은 공진 주파수에서 공진 회로의 특성을 결정하는 중요한 요소가 된다. 그것은 이상적인 공진 회로의 임피던스나 애드미턴스가 공진 주파수에서 0이 되어 기생 성분이 임피던스나 애드미턴스를 결정하게 되기 때문이다.

실제 inductor의 직렬 저항과 capacitor의 병렬 저항을 고려한 그림 7-2(a), (b)의 회로는 더 이상 단순한 직렬 또는 병렬 회로가 아니다. 그렇지만, 이 기생 성분들이 공진 주파수 근처의 좁은 주파수 영역에서만 중요한 역할을 할 것임을 고려하면, 그림 7-2(a)의 capacitor 병렬 저항은 등가의 직렬 저항으로, 그림 7-2(b)의 inductor 직렬 저항은 등가의 병렬 저항으로 근사시킬 수 있다[참고문헌 1, 2]. 그러므로 기생 성분을 고려한 LC 직렬 공진 회로는 RLC 직렬 공진 회로로, LC 병렬 공진 회로는 RLC 병렬 공진 회로로 생각할 수 있다. 물론 회로 설계상의 이유로 부하 저항을 추가할 수도 있다. 다음 절에서는 이러한 RLC 공진 회로에 대하여 기술하기로 한다. 이 RLC 공진 회로에서 새로이 도입되는 개념은 Q-factor와 대역폭(bandwidth)으로 서로 깊게 연관되어 있으며, 모두 기생 저항 성분을 포함한 저항의 크기와 관계되는 양이다.

7.2.2 RLC 직렬 공진 회로

앞에서 기술한 바와 같이 inductor와 capacitor의 기생 저항 때문에 저항 성분이 포함된 LC 직렬 공진 회로는 RLC 직렬 공진 회로로 근사(approximation)시킬 수 있다. 또 부하 저항이라든지 회로 설계상의 필요에 따라 직렬 저항을 추가할 수도 있다.

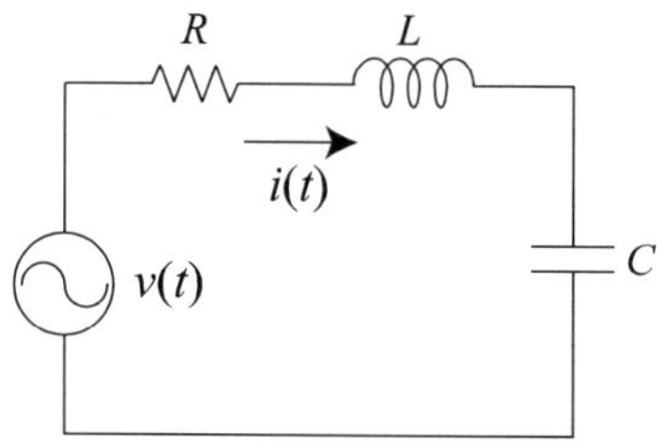

그림 7-3 RLC 직렬 공진 회로

이렇게 에너지 손실 성분인 저항이 포함된 그림 7-3의 RLC 직렬 공진 회로에서 입력 신호원으로 전압원을, 출력 신호로 전류를 선택하면, 이 회로의 특성은 애드미턴스로 기술할 수 있다. 애드미턴스 $Y(j\omega)$는 다음과 같다.

$$Y(j\omega) = \frac{1/R}{1+(\omega_0 L/R)(j\omega/\omega_0 + \omega_0/j\omega)} \tag{4}$$

여기에서 ω_0은 공진 주파수로 $1\sqrt{LC}$로 주어진다. 식 (4)에 따르면, 공진 주파수에서의 애드미턴스는 이상적인 LC 직렬 공진 회로에서의 무한대보다 작아진 $1/R$이 되는데, 이는 공진 주파수에서 LC 직렬 연결의 임피던스가 0Ω임을 생각하면 당연한 결과이다. 이 RLC 공진 회로에서도 inductor와 capacitor 사이의 에너지 교환이나 이에 따른 물리적 현상은 LC 직렬 공진 회로와 똑같다. 다만, 저항에서 에너지가 소모되기 때문에, 그만큼의 전력을 전원이 공급하여야 하는 것이 다를 뿐이다.

이상적인 LC 공진 회로에서는 전력을 소모하는 회로 요소가 없어, inductor와 capacitor에 저장되는 에너지가 이론적으로는 무한대로 될 수 있었다. 그러나 RLC 직렬 공진 회로와 같이 저항 성분이 있을 때에는 에너지가 늘 소모되고 있기 때문에 inductor와 capacitor에 저장되는 에너지도 유한한 값을 가지게 된다. 그러므로 저장된 에너지와 소모되는 에너지의 비율이 저항 성분의 상대적인 크기를 나타내는 변수로서 관심의 대상이 된다. 이 비율과 관련하여 Q-factor는 다음과 같이 정의된다.

$$Q = 2\pi \times \frac{\text{저장된 최대 에너지}}{\text{한 주기 동안 소모된 에너지}} \tag{5}$$

이 정의에 따라 그림 7-3 회로의 공진 주파수에서의 Q-factor Q_0을 구하면 다음과 같다.

$$Q_0 = 2\pi \frac{L V_m{}^2/2R^2}{T_0 V_m^2/2R} = \frac{\omega_0 L}{R} \tag{6}$$

여기에서 T_0은 공진 주파수에서의 주기로, 공진 각주파수는 $\omega_0 = 2\pi/T_0$가 된다. 식 (6)을 유도할 때에는 inductor와 capacitor에 흐르는 전류의 최대값이 공진 주파수에서는 전압원 출력 전압의 진폭 V_{m}의 함수인 V_{m}/R이 됨을 이용하였다. 이 때, inductor나 capacitor에 저장되는 에너지의 최대값은 inductor와 capacitor에 저장되는 에너지의 합과 같으며, 이 합은 시간에 따라 변하지 않고 일정함에 주의한다.

공진 주파수에서의 Q 값은 저항 R에 반비례한다. 이는 식 (6)의 가운데 항에서 보듯이 저항이 작을수록 많은 전류가 흘러 저항에서의 전력 소모는 R에 반비례하여 증가하지만, 저장되는 에너지는 R^2에 반비례하여 더 빠른 속도로 증가하기 때문이다. 특별히, 이상적인 LC 직렬 공진 회로에서는 $R=0$이어서 저항 성분이 없고 전력 소모도 없으므로 Q 값이 무한대로 된다.

여기에서 저항 R이 LC의 손실 성분에 따른 저항 r과 부하 저항 R_L의 합으로 주어지면 $R=R_{\mathrm{L}}+r$가 된다. 이렇게 부하 저항이 추가되면서 Q 값이 작아지게 된다. 부하가 없을 때의 Q를 무부하 Q(unloaded Q), 부하가 있을 때의 Q를 loaded Q라고 하며, 무부하 Q가 항상 크다. 이처럼 실제 회로 설계에서는 부하를 달았을 때 Q 값이 줄어드는 것을 고려하여야 한다.

Q 값은 그 자체로도 의미를 갖지만, 주파수에 따른 애드미턴스의 변화가 얼마나 급격히 일어나는지를 나타내는 척도로도 사용된다. 예를 들어 식 (4)로 주어지는 애드미턴스는 식 (6)의 Q_0을 대입하면 다음과 같이 된다.

$$Y(j\omega)=\frac{1/R}{1+Q_0(j\omega/\omega_0+\omega_0/j\omega)} \qquad (7)$$

이 함수는 그림 7-4에 보인 것처럼 그 절대값이 공진 주파수에서 최대가 되는 형태로, −3dB 대역폭(bandwidth)은 애드미턴스의 절대값이 애드미턴스 최대값의 $1/\sqrt{2}$이 되는 두 주파수의 차이로 주어진다. 식 (7)은 Q_0이 −3dB 대역폭과 연관되어 있음을 보여주고 있다. 이 식으로부터 −3dB 대역폭 BW는 다음과 같이 된다.

$$BW=\frac{\omega_0}{Q_0} \qquad (8)$$

이 결과로부터 대역폭은 공진 주파수에서의 Q 값, 즉 Q_0 값이 클수록 좁아짐을 알 수 있다. 특히 이상적인 LC 공진 회로에서처럼 Q가 무한대로 되면 대역폭이 0

[rad/sec]이 되어 임피던스 또는 애드미턴스의 변화가 매우 급격하게 일어난다. 그림 7-4는 RLC 직렬 공진 회로의 주파수에 따른 애드미턴스의 크기와 위상의 변화를 $Q_0 = 10$, 100에서 보여준다. 그림에서 알 수 있듯이 Q_0이 클수록 애드미턴스의 크기와 위상이 급격하게 변화하며, 이에 따라 -3dB 대역폭도 좁아진다.

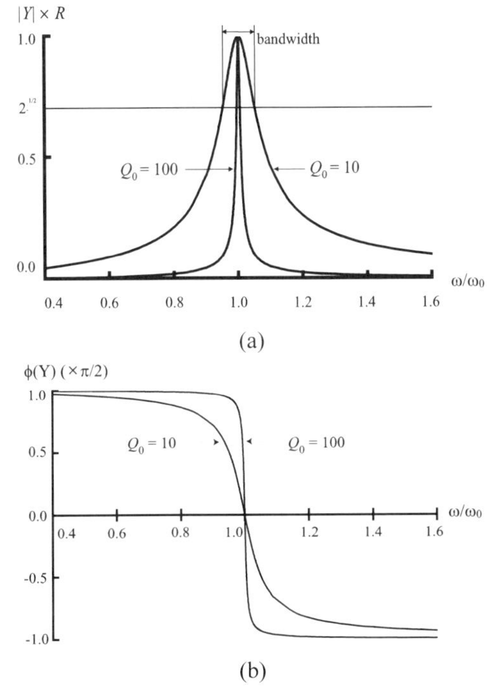

그림 7-4 Q_0 값에 따른 애드미턴스 (a)크기, (b)위상의 주파수 의존성

7.2.3 RLC 병렬 공진 회로

앞 절에서 기술한 바와 같이 손실이 있는 실제의 LC 병렬 공진 회로나 부하 저항이 병렬로 연결된 LC 병렬 공진 회로는 RLC 병렬 공진 회로로 볼 수 있다. 이 회로에서는 삼각 함수 전류를 입력으로, RLC 병렬 연결에 걸리는 전압을 출력으로 생각한다. 이러한 RLC 병렬 공진 회로를 그림 7-5에 보였다.

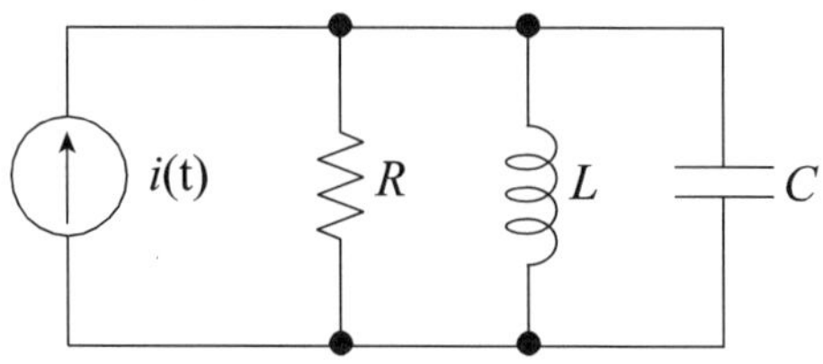

그림 7-5 RLC 병렬 공진 회로

이 회로의 임피던스는 다음과 같이 주어진다.

$$Z(j\omega) = \frac{R}{1 + j\omega_0 RC(\omega/\omega_0 - \omega_0/\omega)} \tag{9}$$

이 식에서 알 수 있듯이 공진 각주파수 $\omega = \omega_0 = 1/\sqrt{LC}$ 에서 임피던스는 R이 된다. 이는 공진 주파수에서 LC 병렬 연결의 임피던스가 무한대가 됨을 생각하면 당연한 결과이다. 공진 주파수에서 에너지 교환이 inductor와 capacitor 사이에서 일어나 외부에서의 전력 공급 없이도 정상 상태를 유지하기 때문에 LC 병렬 연결에 전류가 흘러 들어가지 않는다. 이에 따라 임피던스가 무한대가 됨은 이미 LC 병렬 공진 회로에서 설명한 대로이다.

이 회로의 Q-factor도 식 (5)의 정의식으로부터 바로 구할 수 있다. 공진 주파수에서의 Q 값 Q_0을 구하면 다음과 같다.

$$Q_0 = 2\pi \frac{C{I_m}^2 R^2/2}{T_0 {I_m}^2 R/2} = \omega_0 RC \tag{10}$$

여기에서 $2\pi/T_0 = \omega_0$이다. 식 (10)을 유도할 때, 공진 주파수에서 capacitor에 걸리는 최대 전압은 $I_m R$이어서 inductor와 capacitor에 저장되는 최대 에너지가 capacitor에 저장되는 최대 에너지와 같이 $C(I_m R)^2/2$이 됨을 이용하였다. 그림 7-5의 병렬 공진 회로에서도 부하 저항 R_L을 병렬로 추가하면 Q값이 줄어들어, 부하가 있을 때의 Q가 무부하 Q보다 작아짐을 알 수 있다.

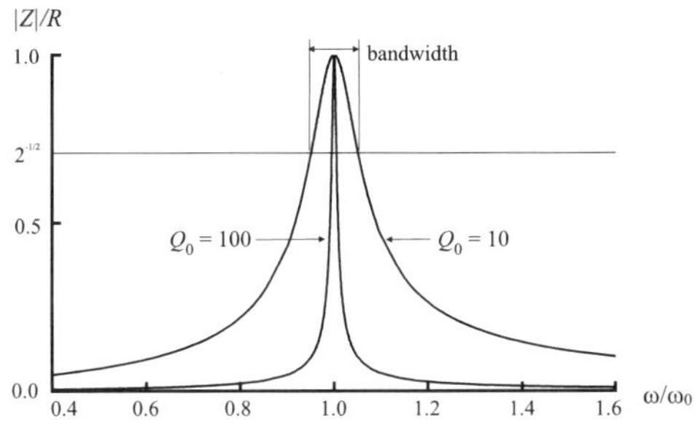

(a)

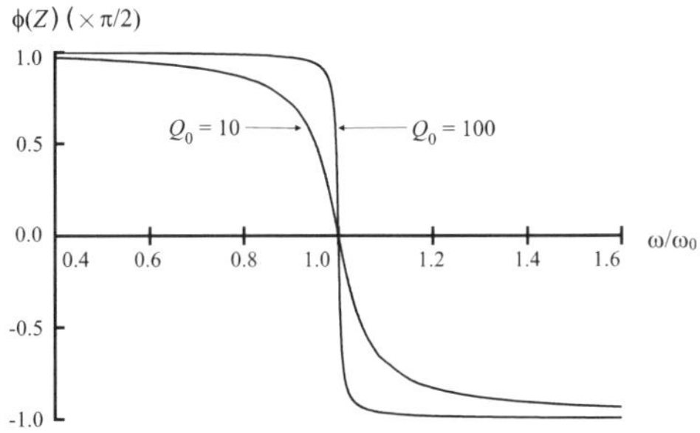

(b)

그림 7-6 RLC **병렬 공진 회로 임피던스의 (a)크기, (b)위상의 주파수에 따른 변화**

식 (10)의 Q_0을 식 (9)에 대입하면 임피던스는 다음과 같이 된다.

$$Z(j\omega) = \frac{R}{1 + jQ_0(\omega/\omega_0 - \omega_0/\omega)} \tag{11}$$

따라서 병렬 공진 회로의 -3dB 대역폭도 직렬 공진 회로에서와 같이 식 (8)로 주어진다. 이 병렬 공진 회로의 임피던스의 크기와 위상을 $Q_0 = 10$, 100에 대하여 그림 7-6에 보였다.

삼각 함수 입력 전류의 주파수가 공진 주파수일 때, 정상 상태에서 inductor와 capacitor에 저장되는 에너지를 계산하여 보자. 이 때 RLC 병렬 연결에 걸리는 전압은 $I_m R\ \cos(\omega_0 t)$이므로, capacitor와 inductor에 저장되는 에너지 $W_C(t)$와 $W_L(t)$는 각각 다음과 같다.

$$W_C(t) = (C/2)v_C{}^2(t) = (C/2)(I_m R)^2 \cos^2(\omega_0 t) \tag{12}$$

$$\begin{aligned} W_L(t) &= (L/2)i_L{}^2(t) = (L/2)\{(I_m R/\omega_0 L)\sin(\omega_0 t)\}^2 \\ &= (C/2)(I_m R)^2 \sin^2(\omega_0 t) \end{aligned} \tag{13}$$

따라서 inductor와 capacitor에 저장되는 에너지 $W_L(t)$와 $W_C(t)$의 합 $W = (C/2)(I_m R)^2$으로 그림 7-7에 보인 것처럼 시간에 관계없이 일정하다. 이는 이 일정한 에너지가 inductor와 capacitor 사이를 왔다 갔다 할 뿐, 총 에너지의 변화는 없음을 보여준다. 그러므로 정상 상태에서는 LC 병렬 연결에 전력이 공급될 필요가 없게 되어 전류가 흘러 들어가지 않는다.

물론 inductor나 capacitor 자체에는 전압이 걸려 전류가 흐르지만, 항상 이 두 전류의 크기가 같고 방향이 반대가 되어 병렬 연결 전체로 흘러 들어가는 전류가 0A가 된다. 이처럼, 전류는 inductor와 capacitor로 이루어진 폐경로를 돌고 있는 것이다. 실제의 inductor와 capacitor로 구성된 공진 회로에서는 에너지의 손실을 유발하는 저항 성분이 내포되어 있기 때문에 손실되는 양만큼의 전력이 전원으로부터 공급된다.

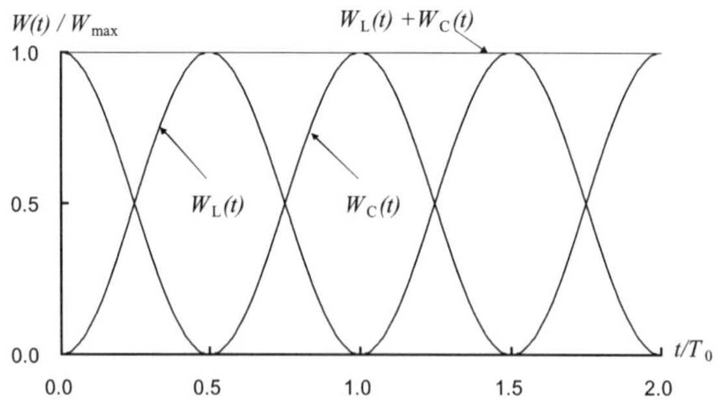

그림 7-7 정상 상태에서 inductor와 capacitor에 저장되는 에너지의 시간에 따른 변화

이제 RLC 공진 회로가 정상 상태에 이르는 데 걸리는 시간에 대하여 알아보자. 이 공진 회로가 정상 상태에 도달하려면, inductor와 capacitor에 저장된 에너지의 합이 정상 상태에서의 값 $(C/2)\ (I_m R)^2$이 되어야 한다. 이처럼 저항 R이 커지면 저장되어야 하는 에너지가 많아진다. 그 반면에 전류 구동 능력은 전류원에 의하여 일정한 값으로 정해진다. 그러므로, 정상 상태에 도달하는 데 걸리는 시간은 길어진다.

결론적으로, Q 값이 커져 대역폭이 줄어들수록 정상 상태에 이르는 시간은 길어진다. 이러한 사실은 Kirchhoff의 전류 법칙과 전압 법칙을 그림 7-5의 RLC 병렬 회로에 직접 적용하여 미분 방정식을 구하고, 그 해를 구함으로써 확인할 수 있다. 이 병렬 회로에 걸리는 전압을 v라고 하면 $v = L(di_L/dt)$로 inductor 전류 i_L과 관계된다. 그리고, 전류원 전류를 $I_m \sin(\omega_0 t)$라 하면, RLC 각 소자에 흐르는 전류의 합이 전류원 전류가 된다. 그러므로, 이 회로의 특성을 규정하는 미분 방정식은 다음과 같이 된다.

$$\frac{d^2 i_L}{dt^2} + \frac{1}{RC}\frac{di_L}{dt} + \frac{i_L}{LC} = \frac{I_m}{LC}\sin(\omega_0 t) \tag{14}$$

이 식으로부터 inductor에 흐르는 전류 i_L를 구하여 미분함으로써 전압 v를 구할 수 있다. 초기 조건을 $i_L(0) = 0$, $v(0) = 0$으로 두고 전류와 전압을 구하면 다음과 같다.

$$\begin{aligned} i_L(t) = &-\frac{I_m R}{\omega_0 L}\cos(\omega_0 t) + \\ &I_m e^{-1/2RC}\left\{\frac{\cos[\omega_0 t(1-1/4Q_0^2)^{1/2}]}{\omega_0 L/R} + \frac{\sin[\omega_0 t(1-1/4Q_0^2)^{1/2}]}{2(1-1/4Q_0^2)^{1/2}}\right\} \end{aligned} \tag{15}$$

$$v(t) = I_m R\sin(\omega_0 t) - \frac{I_m R}{\sqrt{1-1/4Q_0^2}}\exp\left(\frac{-\mathrm{t}}{2\mathrm{RC}}\right)\sin\left[\omega_0 t(1-1/4Q_0^2)^{1/2}\right] \tag{16}$$

위의 식에서 과도 응답을 나타내는 두 번째 항의 시정수가 $2RC$가 되므로, 저항이 커서 Q 값이 클수록 시정수가 커져 과도 상태가 오랫동안 지속됨을 알 수 있다.

그림 7-8은 $Q_0 = 10, 100$일 때, 식 (16)으로 주어지는 과도 응답을 보여 준다. $Q_0 = 100$일 때 정상 상태에 이르는 데에 더 오랜 시간이 걸림을 알 수 있다. 식 (14)의 미분 방정식에서 오른쪽 항의 입력 전류를 계단 함수(step function)로 바꾸어 주면 계단 응답(step response)을 얻을 수 있다. 계단 함수 입력에 대한 RLC 직렬 공진 회로의 과도 응답도 같은 방법으로 미분 방정식을 풀어서 구할 수 있다.

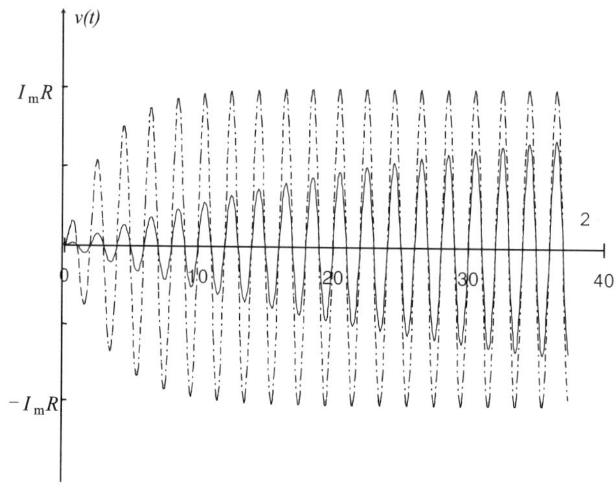

$Q_0 = 10$일 때(1점 쇄선)와 $Q_0 = 100$일 때(실선)

그림 7-8 RLC 병렬 공진 회로에서 Q_0 값에 따른 정상 상태에 이르는 시간 비교

7.2.4 공진 회로를 이용한 필터

앞에서 기술한 바와 같이 공진 회로의 임피던스나 애드미턴스는 공진 주파수 부근에서 급격히 커지거나 감소한다. 이러한 공진 회로의 특성은 특정 주파수 영역의 신호만을 통과시키는 band-pass filter와 통과시키지 않는 band-rejection(또는 notch) filter 회로에 응용할 수 있다. 그림 7-9는 이러한 공진 회로를 이용한 필터의 기본 구조를 보여 준다.

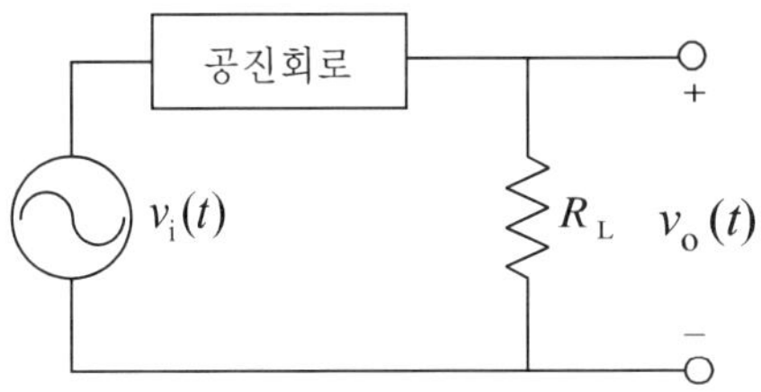

그림 7-9 공진 회로를 이용한 필터의 기본 구조

그림 7-9의 공진 회로가 RLC 직렬 공진 회로와 같이 공진 주파수에서 임피던스가 최소가 될 때에는 입력 신호가 부하로 거의 다 전달되어 공진 주파수 근처의 신호만을 통과시키는 band-pass filter가 될 것이다. 그 반대로, 그림 7-9의 공진 회로가 RLC 병렬 공진 회로처럼 공진 주파수에서 임피던스가 최대로 될 때에는 공진 주파수 근처에서는 입력 신호가 부하로 전달되지 못하게 되므로 band-rejection filter가 된다. 그리고 앞에서 공부한 바와 같이 이 filter의 대역폭은 공진 회로의 Q 값과 부하 저항이 결정한다.

7.3 실험 기기와 부품

- 2채널 오실로스코프
- 파형 발생기
- mylar capacitor : $0.22\mu F$
- inductor : 1mH
- 저항 : 100Ω, $100k\Omega$
- BNC probe 4개

7.4 실험 내용과 방법

7.4.1 실험 7-1: *LC* 공진 회로

(1) *LC* 직렬 공진 회로에서 공진 주파수 구하기

1. 파형 발생기의 삼각 함수파 진폭을 2V로 맞추고 *LC* 직렬 회로의 임피던스를 측정하기 위하여 $L = 1\text{mH}$, $C = 0.22\mu\text{F}$, $R_{\text{m}} = 100\,\Omega$으로 회로 7-1을 구성한다. 저항계를 써서 $100\,\Omega$ 저항의 저항값을 측정하여, 이후의 실험 결과 해석에는 이 측정값을 사용한다.

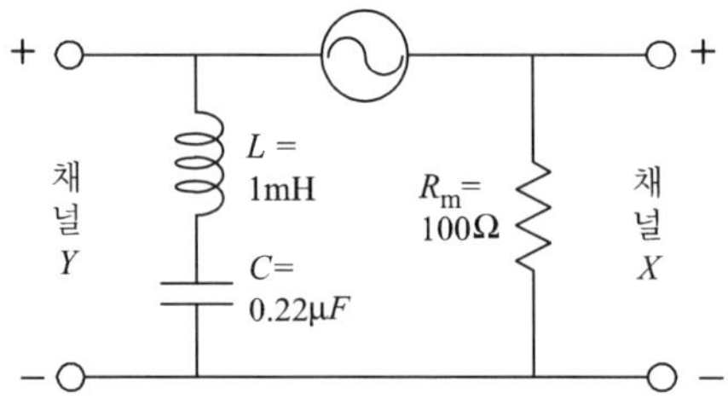

회로 7-1 *LC* 직렬 공진 회로의 임피던스 측정 회로

2. *LC* 직렬 공진 회로에서 공진 주파수 구하기 : 직렬 연결된 *LC*의 전압을 오실로스코프의 *Y*축에, 저항 R_{m} 양단의 전압을 *X*축에 넣고 Lissajous pattern을 얻는다. 저항 R_{m} 양단의 전압을 $-R_{\text{m}}$으로 나누면 *LC*에 흐르는 전류가 됨에 주의하여 이 *LC* 회로의 임피던스의 크기가 최소가 되도록 파형 발생기의 주파수를 조절한다. 그리고 이 때의 임피던스 Z_{S}를 구한다. 오실로스코프를 시간 영역 측정 모드로 바꾸고 이 때의 주파수를 구한다. 이 주파수가 공진 주파수이다.

토의사항

LC 회로 임피던스의 크기가 최소가 되는 주파수가 공진 주파수가 되는 이유는? 또, 이 공진 주파수에서 임피던스가 0Ω이 되지 않는 이유는? 그리고 공진 주파수에서의 이 임피던스 Z_S는 capacitor와 inductor의 특성과 어떠한 관련성이 있는가? 인덕터의 정상 상태 직류 저항과 Z_S는 어떤 관계에 있는가?(실제 capacitor와 inductor의 기생 저항을 고려해 보라.)

3. ***Q*-factor 구하기**: 오실로스코프를 다시 XY 모드로 두고 파형 발생기의 주파수를 공진 주파수보다 큰 쪽과 작은 쪽으로 조절하여, 임피던스의 크기가 공진 주파수에서의 임피던스 Z_S의 크기의 $\sqrt{2}$ 배로 되는 두 주파수를 구하여 식 (8)로부터 Q_0 값을 구한다.

토의사항

공진 주파수와 실험 과정 3에서 구한 두 주파수로부터 이 공진 회로의 Q_0 값을 구하고, 이 값이 가지는 물리적 의미와 주파수에 따른 임피던스 변화에 미치는 영향에 대하여 논하라. 그리고, Q_0이 무한대가 되지 않는 이유는?

(2) LC 병렬 공진 회로에서 공진 주파수 구하기

1. 파형 발생기의 삼각 함수파 진폭을 2V로 맞추고 LC 병렬 회로의 임피던스를 측정하기 위하여 $L=1\text{mH}$, $C=0.22\mu\text{F}$, $R_m=100\,\Omega$으로 회로 7-2를 구성한다. 회로 구성에 앞서 저항계를 써서 100Ω 저항의 저항값을 측정하여, 이후의 실험 결과 해석에는 이 측정값을 사용한다.

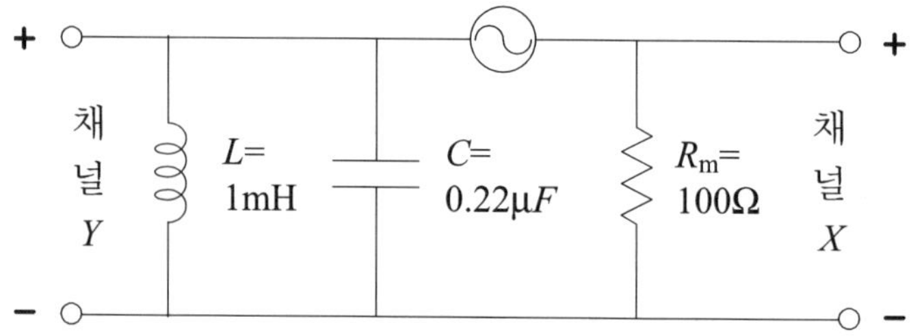

회로 7-2 LC 병렬 공진 회로의 임피던스 측정 회로

2. LC 병렬 공진 회로에서 공진 주파수 구하기: 병렬 연결된 LC의 전압을 오실로스코프의 Y축에, 저항 R_m 양단의 전압을 X축에 넣고 Lissajous pattern을 얻는다. 저항 R_m 양단의 전압을 $-R_m$으로 나누면 LC에 흐르는 전류가 됨에 주의하여 이 LC 회로의 임피던스 크기가 최대가 되도록 파형 발생기의 주파수를 조절하고 이 때의 임피던스 Z_P를 구한다. 오실로스코프를 시간 영역 측정 모드로 바꾸고 이 때의 주파수를 구한다. 이 주파수가 공진 주파수이다.

토의사항

LC 회로의 임피던스의 크기가 최대가 되는 주파수가 공진 주파수가 되는 이유는? 또, 이 공진 주파수에서 임피던스가 무한대가 되지 않는 이유는? 그리고 공진 주파수에서의 이 저항은 capacitor와 inductor의 특성과 어떠한 관련성이 있는가? capacitor의 정상 상태 직류 저항을 멀티미터로 측정한 값과 공진 주파수에서의 임피던스 Z_P 사이의 관계는?

3. **Q**-factor 구하기: 오실로스코프를 다시 XY 모드로 두고 파형 발생기의 주파수를 공진 주파수보다 큰 쪽과 작은 쪽으로 조절하여, 임피던스의 크기가 공진 주파수에서의 임피던스 Z_P의 크기의 $1/\sqrt{2}$ 배로 되는 두 주파수를 구하여 Q_0 값을 구한다.

토의사항

공진 주파수와 실험 과정 3에서 구한 두 주파수로부터 이 공진 회로의 Q_0 값을 구하고, 이 값이 가지는 물리적 의미와 주파수에 따른 임피던스 변화에 미치는 영향에 대하여 논하라. Q_0이 무한대가 되지 않는 이유는? 또, 이 LC 회로에 부하 저항 R이 병렬로 연결되어 있을 때 Q 값은 어떻게 변할까? 참고로 부하가 없을 때의 Q 값을 unloaded Q 부하가 있을 때의 Q를 loaded Q라 한다.

7.4.2 실험 7-2: 직렬 공진 회로

(1) *RLC* band-pass filter의 주파수 응답과 *RLC* 직렬 공진 회로의 임피던스 측정

1. $R_L = 100\,\Omega$, $L = 1\text{mH}$, $C = 0.22\,\mu\text{F}$으로 다음의 회로 7-3을 구성한다. 회로 구성에 앞서 $100\,\Omega$ 저항의 저항값을 저항계로 측정하여 기록한다. 파형 발생기의 삼각 함수파 출력 전압의 진폭은 부하 저항이 과도한 전력을 소모하지 않도록 2V 이하로 맞춘다.

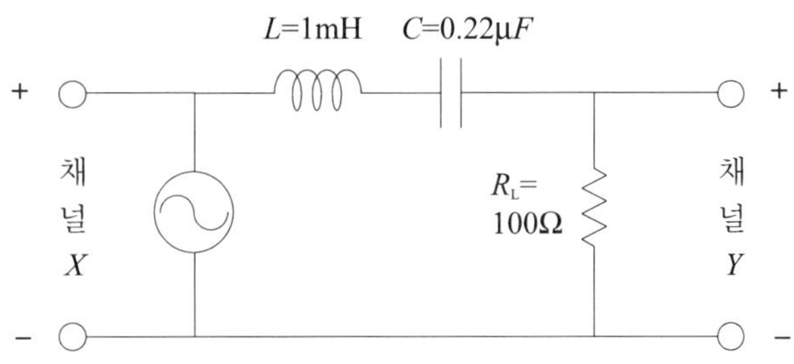

회로 7-3 *RLC* 직렬 회로를 이용한 band-pass filter

2. *RLC* 직렬 회로를 이용한 band-pass filter의 주파수 응답 측정: 파형 발생기 출력 전압, 즉 필터의 입력 전압을 오실로스코프의 X축에, 저항 R_L 양단의 전압, 즉 필터의 출력 전압을 Y축에 넣고 Lissajous pattern을 얻는다. 이 필터의 응답을 $H(f) = V_o(f)/V_i(f)$라 할 때, $|H(f)|$가 최대로 되고 위상 $\angle H(f)$가 0

도가 되는 공진 주파수 f_0을 구하라. 그리고, 이 필터의 주파수 응답 $|H(f)|$와 $\angle H(f)$, 그리고 직렬 연결된 R_L, L, C의 임피던스를 구하여 다음의 표 1을 완성한다. 여기에서 $V_o(f)$와 $V_i(f)$는 각각 출력과 입력 전압의 phasor이다.

표 1 *RLC* 직렬 회로를 이용한 band-pass filter의 주파수 응답과 임피던스

f	$0.01f_0$	$0.1f_0$	$0.2f_0$	$0.5f_0$	$0.9f_0$	f_0	$1.1f_0$	$2f_0$	$5f_0$	$10f_0$	$100f_0$
$\|H(f)\|$											
$\angle H(f)$											
$\|Z(f)\|$											
$\angle Z(f)$											

토의사항

표 1의 결과를 그래프로 그리고, 이론적인 계산 결과와 비교하여 보라. 임피던스와 주파수 응답 사이에는 어떤 관계가 있는가? 그리고 R_L과 필터의 -3dB 밴드폭 사이에는 어떤 관계가 있는가?

3. ***Q*-factor 구하기**: 임피던스의 크기가 공진 주파수에서의 임피던스 크기의 $\sqrt{2}$배로 되는 두 주파수를 구하여 3dB 대역폭을 구하고, 공진 주파수에서의 Q-factor Q_0을 구한다.

토의사항

여기에서 구한 Q_0 값을 7.4.1 (1)의 실험 과정 3에서 구한 결과와 비교하여 보라. Q_0 값이 작아진 이유는?(loaded Q와 unloaded Q의 비교)

(2) 공진의 의미

공진 주파수에서 inductor와 capacitor에 걸리는 전압: 공진 주파수에서 회로 7-3의 inductor와 capacitor에 걸리는 전압을 오실로스코프 채널 1에, capacitor에 걸리는 전

압을 채널 2에, trigger source를 채널 2에 두고 파형을 관찰하여 기록한다.

토의사항

공진 주파수에서 capacitor나 inductor 각각에 걸리는 전압은 0V가 아님에도 불구하고, capacitor와 inductor에 걸리는 전압의 합이 이상적인 inductor와 capacitor에 대하여는 0V가 되는 이유는? 또, 이 전압이 0V가 된다는 것과 공진이 일어난다는 사실과의 관계는?

(3) 계단 응답

1. RLC 직렬 회로를 이용한 band-pass filter의 계단 응답 측정: 회로 7-3에서 입력 파형을 0V와 2V를 왕복하는 1kHz 정도의 사각파로 하고 출력을 100Ω 저항 양단의 전압으로 하여 계단 응답을 구하여 파형을 기록한다. 물론 오실로스코프는 시간 영역에 둔다.

2. PSPICE를 이용한 계단 응답 구하기: 회로 7-3의 계단 응답을 PSPICE로 구하고, 실험 과정 1의 결과와 비교한다.

토의사항

실험 결과와 계산 결과는 일치하는가? 이 계단 응답으로 보아 이 회로는 underdamped, overdamped, critically damped 가운데 어디에 속하는가?

7.4.3 실험 7-3: 병렬 공진 회로

(1) RLC 병렬 공진 회로의 임피던스 측정

1. $R_L = 100\Omega$, $L = 1\text{mH}$, $C = 0.22\mu\text{F}$으로 다음의 회로 7-4를 구성한다. 회로 구성에 앞서 100Ω 저항의 저항값을 저항계로 측정하여 기록한다. 파형 발생기의 삼각 함수파 출력 전압의 진폭은 부하 저항이 과도한 전력을 소모하지 않도록 2V 이하로 맞춘다.

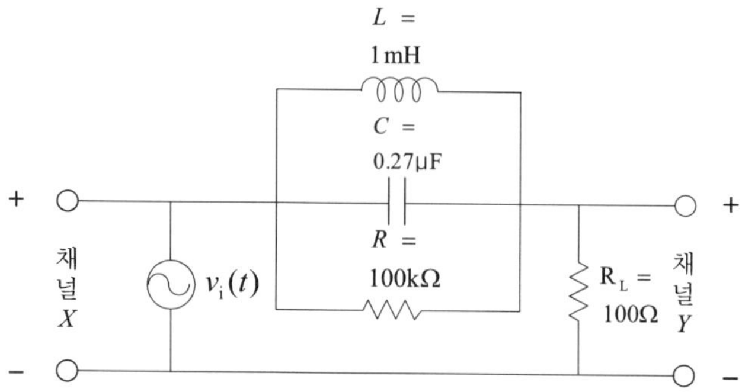

회로 7-4 *RLC* **병렬 회로를 이용한 notch filter**

2. *RLC* 병렬 회로를 이용한 notch filter의 공진 주파수 측정 : 회로 7-4의 파형 발생기 출력 전압, 즉 필터의 입력 전압을 오실로스코프의 *X*축에, 저항 R_L 양단의 전압, 즉 필터의 출력 전압을 *Y*축에 넣고 Lissajous pattern을 얻는다. 이 필터의 응답을 $H(f) = V_o(f)/V_i(f)$라 할 때, $|H(f)|$가 최소로 되고 위상 $\angle H(f)$가 0이 되는 공진 주파수 f_0을 구하고, 이 때 *RLC* 병렬 회로의 임피던스를 구한다. 여기에서 $V_o(f)$와 $V_i(f)$는 각각 출력과 입력 전압의 phasor이다.

3. *RLC* 병렬 회로를 이용한 notch filter의 주파수 응답 측정 : 회로 7-4의 notch filter에 대하여 주파수 응답 $|H(f)|$, $\angle H(f)$, 그리고 병렬 연결된 *R*, *L*, *C* 회로의 임피던스를 구하여 다음의 표 2를 완성한다. 여기에서 병렬 연결된 *R*, *L*, *C* 회로의 임피던스 $Z(f)$는 전체 임피던스에서 부하 저항 R_L을 뺀 것임에 주의한다.

표 2 *RLC* **병렬 회로를 이용한 notch(band-rejection) filter의 주파수 응답과 임피던스**

f	$0.5f_0$	$0.9f_0$	$0.95f_0$	$0.98f_0$	$0.99f_0$	f_0	$1.01f_0$	$1.0f_0$	$1.05f_0$	$1.1f_0$	$2f_0$
$\|H(f)\|$											
$\angle H(f)$											
$\|Z(f)\|$											
$\angle Z(f)$											

토의사항

표 2의 결과를 그래프로 그리고, 이론적인 계산 결과와 비교하여 보라. LC 병렬 연결의 임피던스와 필터의 주파수 응답 사이에는 어떤 관계가 있는가? 필터의 −3dB 대역폭이 이론값과 큰 차이가 나는 이유는? 또, 실험으로 구한 −3dB 대역폭에서 Q_0값을 구하면? 회로 7-4에서 이상적인 L, C와 병렬로 저항 R_x를 달고 PSPICE로구한 대역폭이 표 2에서 구한 실험값과 같으려면, R_x 값은 얼마여야 하는가? 이 저항값을 이용하여 구한 $Q_0 = \omega_0 R_x C$와 실험으로 구한 Q_0값을 비교하면?

(2) 계단 응답

1. RLC 병렬 회로를 이용한 notch filter의 계단 응답 측정: 회로 7-4에서 입력 파형을 0V와 2V를 왕복하는 1kHz 정도의 사각파로 하고 출력을 100Ω 저항 양단의 전압으로 하여 계단 응답을 구하여 파형을 기록한다. 물론 오실로스코프는 시간 영역에 둔다.

2. PSPICE를 이용한 계단 응답 계산: 회로 7-4의 계단 응답을 PSPICE로 구하고, 실험 과정 1의 결과와 비교한다.

토의사항

실험 결과와 계산 결과는 일치하는가? 이 계단 응답으로 보아 이 회로는 underdamped, overdamped, critically damped 가운데 어디에 속하는가?

(3) 공진의 의미

1. 다음의 회로 7-5를 구성하고, 스위치 S를 닫는다. 파형 발생기의 출력을 직류 성분이 없는 삼각 함수파로 하고, 주파수는 LC 회로의 공진 주파수에 맞춘다.

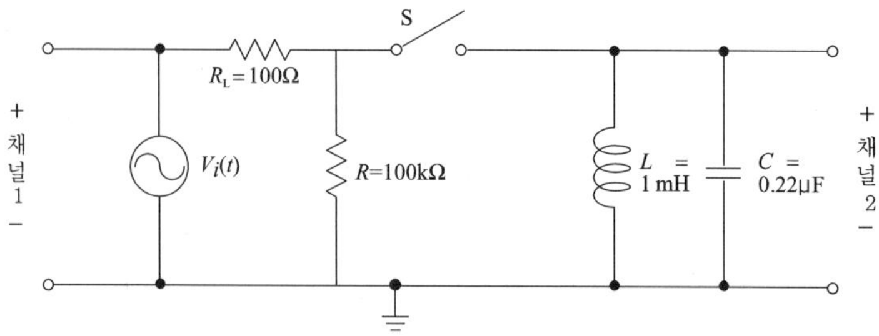

회로 7-5 LC 병렬 공진 회로에서 병렬 연결된 LC에 흐르는 전류를 측정하기 위한 회로

2. 공진 주파수에서 inductor와 capacitor 병렬 연결에 걸리는 전압 : 회로 7-5의 스위치를 닫고 입력 파형과 LC 병렬 연결에 걸리는 전압 파형을 오실로스코프로 관찰하여 기록하고 두 파형을 비교한다.

토의사항

공진 주파수에서 LC 병렬 연결의 임피던스는 무한대이므로 채널 1 전압과 채널 2 전압은 차이가 없어야 한다. 실제의 실험 결과도 그러한가? 만일 차이가 있다면 그 이유는? 또, 이 공진 주파수에서는 LC 병렬 연결에 흐르는 전류, 따라서 저항 R_L에 흐르는 전류도 0A가 되어 저항 R_L에 걸리는 전압도 0V가 되어야 하는데, 실제로도 그러한가? 만일 아니라면 그 이유는?

3. inductor와 capacitor 기생 성분의 영향 : 회로 7-5에서 스위치 S를 닫고 파형 발생기의 주파수를 공진 주파수에 맞춘 다음, 오실로스코프 채널 1, 2의 전압이 정상 상태 값을 유지하도록 놓아둔다. 정상 상태에 도달한 다음에, 스위치 S를 열면서 채널 1, 2의 전압 파형을 측정하여 비교한다.

토의사항

이상적인 inductor와 capacitor가 병렬 연결된 회로에서 공진이 일어나면, inductor와 capacitor는 서로 에너지를 교환하기만 할 뿐 방출하거나 소모하지 않으므로 스위치 S를 열더라도 저장된 에너지에 의한 전압이 걸리고 전류가 지속적으로 흐르게 된다. 전압 측정을 위하여 오실로스코프를 연결하면 오실로스코프의 입력 저항 1MΩ에서 에너지를 소모하므로 무한정 지속되지는 않더라도 스위치를 열고난 다음 수 초 동안은 LC 병렬 연결에 전압이 걸려야 한다. 실제 측정 결과는 어떠한가? 측정 결과를 설명하면? 이 값이 표 2에서 구한 Q_0값과는 어떻게 연관되는가?

4. 공진 주파수에서 PSPICE를 이용한 공진의 의미 해석: PSPICE를 이용하여 앞의 실험 과정 3을 반복한다.

토의사항

실험 결과와 어떻게 다른가?

5. 공진 주파수 근처에서 PSPICE를 이용한 공진의 의미 해석: 입력 신호의 주파수를 공진 주파수의 1.1배로 두고 PSPICE를 이용하여 앞의 실험 과정 3을 반복한다.

토의사항

스위치를 열어놨을 때 LC 회로에 걸리는 전압 파형의 주파수와 LC 공진 회로의 공진 주파수 사이에는 어떤 관계가 있는가? 스위치를 열어놨을 때 LC 회로에 걸리는 전압 파형의 주파수와 입력 주파수 사이에는 어떠한 관련성이 있는가? 이를 확인하기 위하여 입력 주파수를 공진 주파수의 0.9배로 두고 PSPICE로 앞의 실험 과정 3을 반복하면?

6. 근사적인 실제 회로의 PSPICE 시뮬레이션: 멀티미터를 DC에 두고 정상 상태에 이른 다음에 inductor의 근사적인 직렬 저항 R_S값을 측정하여 기록한다.

똑같은 방법으로 capacitor의 병렬 저항 R_P값을 측정하여 기록한다. 그리고 이 값을 추가하여 앞의 실험 과정 4를 반복한다.

토의사항

이 시뮬레이션 결과는 실험 결과와 일치하는가?

7.5 예비 보고서와 결과 보고서

7.5.1 예비 보고서

(1) Review questions

1. 공진 주파수를 inductor와 capacitor의 임피던스 크기가 같다는 조건에서 구할 수 있음을 보이고, 공진 주파수에서 임피던스 크기가 같아야 하는 이유를 설명하라.

2. 직렬 LC 공진 회로에서 공진이 일어날 때 임피던스가 0Ω이 되고 전압원이 전력을 공급하지 않아도 정상 상태가 유지되는 원리를 기술하라.

3. 병렬 LC 공진 회로에서 공진이 일어날 때 임피던스가 무한대가 되고 전류원이 전력을 공급하지 않아도 정상 상태가 유지되는 원리를 기술해 보라.

4. 병렬 LC 공진 회로에서 inductor와 capacitor에 저장되어 있는 에너지를 시간의 함수로 구하고, 공진 주파수에서는 이 에너지의 합이 일정함을 보여라.

5. RLC 직렬 공진 회로에서 삼각 함수 전압원의 주파수가 회로의 공진 주파수일 때, 정상상태에서 inductor와 capacitor에 저장되는 에너지의 합이 일정함을 보여라.

6. $Q-$factor란 무엇인가? 손실이 없는 LC 공진 회로의 Q값은? Q값과 대역폭 사이의 관계는?

7. 공진 회로에서 loaded Q와 unloaded Q가 무엇인지 정의하고, 그 크기를 비교하라.

8. 본문의 식 (7)에서 식 (8)을 유도하라.

9. Q값과 공진 회로가 정상 상태에 이르는 데 걸리는 시간 사이의 관계에 대하여 설명하라.

(2) 연습 문제

1. 회로 7-1에서 LC 직렬 연결의 공진 주파수와 임피던스를 구하라.

2. 회로 7-3의 LC 직렬연결에 대하여 공진 주파수와 임피던스, filter의 주파수 응답을 구하여 표 1을 완성하라.

3. 회로 7-4에서 공진 주파수와 임피던스, filter의 주파수 응답을 구하여 표 2를 완성하라.

7.5.2 결과 보고서

실험 결과와 토의 사항에 대한 답을 정리하여 결과 보고서로 제출한다.

참고문헌

[1] A. M. Davis, Linear circuit analysis, §12.3, §12.5, PWS Publishing Company, Boston, 1998

[2] J. W. Nilsson, Electric circuits (fourth ed.), §14.6, Addison-Wesley Publishing Company, 1993

08

실험 8 반파 정류 회로와 전파 정류 회로

발전소에서 송전되어 여러 전력 수요자에게 공급되는 전압은 교류인 반면에 대부분의 전자 장치에서 요구되는 전압은 직류 전압이다. 이에 따라 교류 전압을 직류 전압으로 바꾸어 주는 장치가 필요하게 된다. 이 실험에서는 거의 모든 전자 장치에 들어가서 교류를 직류로 바꾸어 주는 정류 회로에 대하여 공부한다. 기본적으로 정류 회로는 PN 다이오드가 지니고 있는 스위치로서의 특성과 capacitor의 전하 저장 능력(또는 전압 관성)을 잘 활용한 대표적인 예이다.

이 실험에서 추가로 다루는 것은 교류 신호의 전압, 전류, 전력 사이의 관계와 측정에 대한 것이다. 앞에서 우리는 디지털 멀티미터를 사용한 직류 전압과 전류의 측정에 대하여 공부하였다. 직류 신호는 시간에 따라 변하지 않는 신호이므로, 직류 신호에 대한 디지털 멀티미터 측정값의 의미는 자명하다. 그러나 교류 신호와 같이 시간에 따라 변하는 신호에 대하여는 디지털 멀티미터 측정값이 의미하는 바가 명확하지 않게 된다. 이 실험에서는 시간에 따라 변하는 신호에 대한 디지털 멀티미터 측정값이 의미하는 바에 대하여도 공부한다. 시간에 따라 변화하는 신호에 대한 디지털 멀티미터 측정값은 실효치(effective value)라고 하는 것으로, 이 실효치의 정의와 의미를 잘 파악하는 것은 시간에 따라 변화하는 신호를 이해하는 밑거름이 된다.

8.1 실험의 목표

이 실험의 목표는 다음과 같다.

(1) 정류 회로의 구성과 특성 사이의 상관관계를 이해함으로써, 정류 회로의 설계 및 수리 능력을 배양한다.

(2) 교류 신호와 시간에 따라 변하는 임의의 신호에 대한 실효치의 개념을 이해하고, 이러한 신호에 대한 디지털 멀티미터 측정값의 의미를 파악한다.

8.2 반파 정류 회로와 전파 정류 회로

반파 정류 회로는 교류 전압의 + 반 주기와 − 반 주기 가운데 하나만을 이용하는 정류 회로이며, 전파 정류기는 두 반 주기를 모두 이용하는 정류기이다. PN 다이오드는 순방향 전압에서는 닫힌 스위치로, 역방향 전압에서는 열린 스위치로 동작하여 교류 신호의 반 주기만을 부하로 전달한다. 그러므로 전파 정류기를 만들려면 두 개 이상의 다이오드가 필요하다.

8.2.1 PN 접합 다이오드의 스위치로서의 특성

PN 접합 다이오드의 정특성과 스위칭 특성 실험으로부터 다이오드는 순방향 전압에서는 닫힌 스위치로, 역방향 전압에서는 열린 스위치로 동작함을 알았다. 물론, PN 접합 다이오드는 비이상적인 스위치 특성을 보이기도 한다. 우리는 이미 스위칭 특성 실험으로부터 순방향 전압이 걸렸다가 갑자기 역방향 전압으로 바뀌면, 역방향 전압임에도 불구하고 많은 역방향 전류가 흐르기도 함을 확인하였다. 이 비이상적인 현상은 순방향 전압이 걸렸을 때에 주입된 소수 캐리어가 접합 근처에 남아 있기 때문에 나타나는 현상이다. 그러므로, 축적되어 있었던 소수 캐리어가 없어지면 이 현상은 사라지고 PN 접합 다이오드는 원래의 역방향 특성, 즉 열린 스위치로 되돌아간다. 이와 같이 이 비이상적인 현상은 순간적으로 나타났다 없어지는 현상으로, 60Hz의 저주파 삼각 함수 전압에 대하여는 나타나지 않는 것이 보통이다. 따라서, 정류 회로에서는 다이오드의 스위칭 특성은 고려하지 않고 정특성만 생각하면 된다.

그림 8-1(a)에 PN 접합 다이오드의 전류−전압 특성을 보였다. 역방향 전압이 걸렸을 때와 순방향 전압의 크기가 약 0.7V보다 작을 때에는 거의 전류가 흐르지 않아 개방 상태에 가깝다. 이에 따라 그림 8-1(b)처럼 개방된 스위치로서의 특성을 보

인다. 물론 역방향 전압이 항복 전압보다 커지면 그림 8-1(a)에서 보인 대로 갑자기 전류가 증가하면서 개방된 스위치로서의 특성은 사라진다. 따라서 항복 전압부터 0.7V까지는 그림 8-1(b)에 보인 대로 열린 스위치로 근사할 수 있다. 그 반면에 0.7V 이상의 순방향 전압에서는 전류가 급격히 증가하면서 다이오드 전압이 거의 증가하지 않으므로 닫힌 스위치로서의 특성을 보인다. 그러므로 이 영역에서는 그림 8-1(b)에 보인 대로 닫힌 스위치, 또는 0.7V의 전압원으로서의 특성을 보인다. 물론, 이 0.7V 전압원은 순방향에서 다이오드에 걸리는 전압이 0.7V라는 의미이며, 외부 회로에 이 전압을 공급할 수 있음을 의미하지는 않는다.

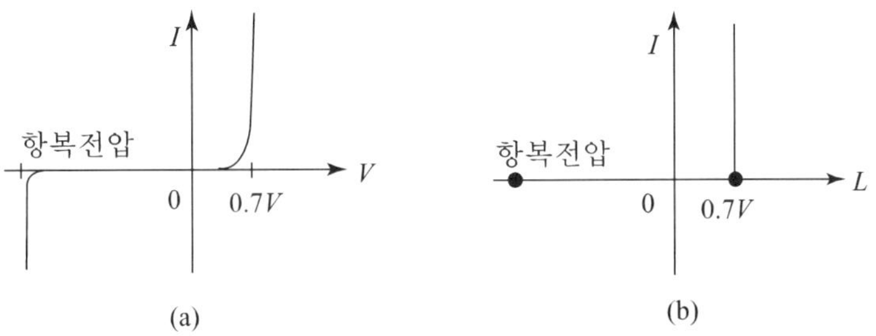

그림 8-1 (a)PN 접합 다이오드의 전류-전압 특성, (b) 스위치로 근사한 특성

8.2.2 반파 정류 회로와 capacitor filter

반파 정류기는 삼각 함수 전압의 반 주기만을 이용하는 가장 간단한 형태의 정류기로서, 그림 8-2와 같이 구성되어 있다. 여기에서 변압기는 AC 전원의 전압을 원하는 크기의 교류 전압으로 바꾸어 정류기 입력으로 넣어주는 역할을 한다. 정류기 입력 전압이 정류기 출력 전압을 결정하므로, 변압기 출력 전압은 정류기 출력 전압, 즉 직류 출력 전압의 크기를 결정한다. 또, 변압기는 AC 전원과 정류 회로를 전기적으로 절연시키는 중요한 역할도 한다. 변압기의 입력과 출력은 자기적(magnetic)으로만 연결되어 있을 뿐, 전기적으로는 절연되어 있다. 그렇기 때문에, 변압기는 AC 전원과 정류기 출력을 전기적으로 분리시키는 중요한 역할을 한다.

변압기에 입력되는 전압 v_{AC}와 변압기 출력, 즉 정류기 입력 전압 v_I 사이에는 변압기 입력부의 도선 감은 횟수 N_1과 출력부의 도선 감은 횟수 N_2에 따라 다음의 관계가 있다.

$$v_I / v_{AC} = N_2 / N_1 \tag{1}$$

따라서 변압기 출력 전압, 즉 정류기 입력 전압은 변압기의 도선 감은 횟수로 조절할 수 있다. 앞에서도 설명한 바와 같이, 변압기의 입력과 출력은 자속(magnetic flux)을 통하여 자기적으로 연결되어 있을 뿐, 전기적으로는 분리되어 있다. 이에 따라 같은 AC 전원을 사용하는 다른 정류기가 있다 하더라도 AC 전원의 두 개의 hot line을 구별하지 않고 사용하여도 문제가 없다.

이제 그림 8-1(b)의 근사적인 다이오드의 특성을 이용하여 그림 8-2 반파 정류 회로의 동작 특성을 알아보자. 먼저, 입력 신호의 크기가 0.7V 이하일 때에는 다이오드가 열린 스위치로 동작하여 부하 저항에 전류가 흐르지 않는다. 그러므로, 출력 전압은 0V가 된다. 물론 입력 전압의 역방향 최대값은 PN 접합 다이오드의 항복 전압보다 작아서 다이오드의 항복이 일어나지 않아야 한다. 즉 입력 삼각 함수 전압의 진폭은 항복 전압보다 작아야 한다.

입력 전압이 0.7V보다 클 때에는 다이오드는 닫힌 스위치로 동작한다. 그렇지만 입력 전압이 대략 0.7V일 때부터 전류가 흐르기 시작하기 때문에, 0.7V의 전압 강하(voltage drop)가 있는 스위치로 동작한다. 그러므로 출력 전압은 입력 전압보다 0.7V 정도 작다. 이를 그림 8-3에 보였다.

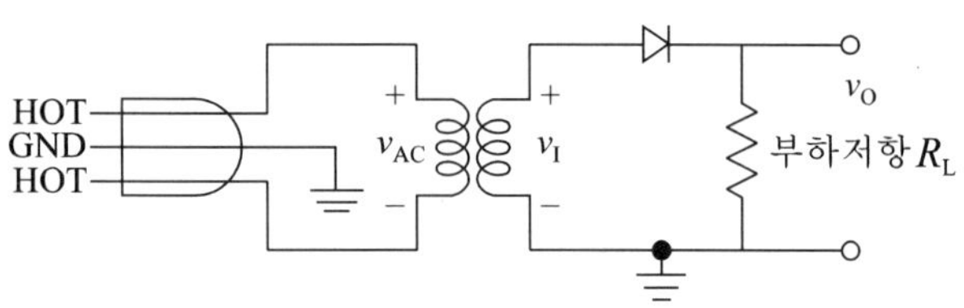

그림 8-2 반파 정류기 회로

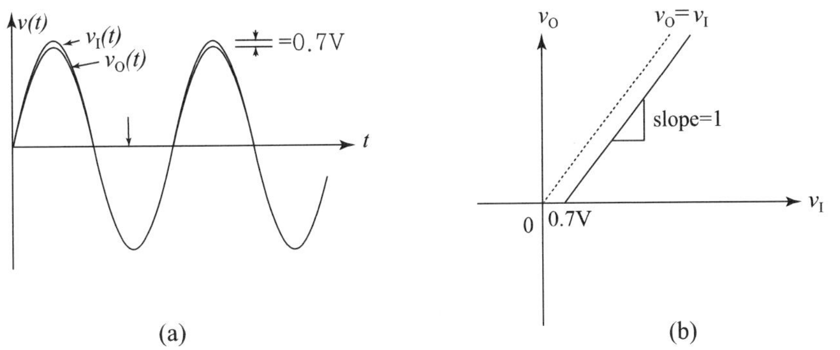

그림 8-3 반파 정류기(a) 입출력 파형, (b)입출력 전달 특성

그림 8-3(a)에 보인 것처럼 입력 전압이 0.7V 이하일 때에는 출력 전압은 0V이다. 0.7V 이상의 + 반 주기 동안은 출력 전압은 입력 전압보다 0.7V 정도 작다. 이것은 다이오드에서의 전압 강하가 0.7V 정도이기 때문이다.

이러한 정류기의 동작을 입력 파형에 관계없이 일반적으로 표시할 수 있다. 그림 8-3(b)에 보인 입력 신호와 출력 신호의 크기 사이의 관계를 나타내 주는 전달 특성이 바로 그것이다. 이 특성에서도 입력이 0.7V 이하에서는 출력이 0V이고, 입력이 0.7V 이상에서는 출력은 입력보다 0.7V 작다는 것을 알 수 있다. 이렇게 반파 정류기는 입력 신호의 + 반 주기만을 이용하는데, 반파(half-wave) 정류기라 불리는 이유가 여기에 있다.

그림 8-3(a)의 출력 파형에서 보듯이 반파 정류기의 출력은 직류 전압과는 거리가 멀다. 그러므로, 이 출력 파형을 직류 전압에 가깝게 만들 필요가 있다. 이러한 목적으로 사용되는 것이 capacitor filter이다. capacitor는 전압 관성이 있으므로, 일단 전하가 충전되고 나면 전하가 빨리 없어지지 않기 때문에 원래의 전압을 그대로 유지하려고 한다. 그러므로, 그림 8-2의 정류 회로에서 부하 저항과 병렬로 capacitor를 연결하면, 출력 전압의 변동을 크게 줄일 수 있을 것이다.

이 capacitor filter가 달려 있는 정류기의 동작을 살펴보자. 입력 전압이 + 반 주기일 때, 공급되는 전류의 대부분은 capacitor로 흘러 들어간다. capacitor가 충전되기 시작할 때에는 capacitor의 임피던스가 작기 때문이다. 전류가 이렇게 capacitor로 흘러 들어가 capacitor가 충전되고 나면, 입력 전압이 줄어들더라도 출력 전압은 입력 전압을 따라 줄어들지 않는다. 다이오드에 역방향 전압이 걸려 열린 스위치가 되기 때문에 입력 전압이 출력으로 전달되지 않기 때문이다. 이에 따라 출력 전압은 capacitor에 충전되어 있던 전하가 부하 저항을 통하여 방전되는 속도에 따라 천천히 줄어들게 된다. 그러므로 capacitance가 크면 클수록 정류기 출력 전압의 변동, 즉 리플 전압 V_r은 작아진다. 일단 충전되고 나면, capacitor는 많은 전하를 가지고 있으므로 부하 저항을 통하여 전하의 일부가 전류로 빠져 나가도 전압은 크게 줄어들지 않기 때문이다. 큰 저수지는 물을 조금 흘려 보내도 수위가 많이 낮아지지 않는 것과 같은 이치이다. 다만, capacitance가 크면 완전히 충전되어 정상 상태 전압에 도달하는 데까지 걸리는 시간은 길어진다. 이러한 capacitor filter의 역할을 그림 8-4에 보였다.

capacitor filter가 있을 때에는 입력 신호가 0.7V보다 크더라도 입력 전압이 출력 전압보다 0.7V 이상 크지 않을 때에는 다이오드로 전류가 흐르지 않는다. 그러므로, 출력 전압은 capacitor에 충전된 전하가 부하 저항을 통하여 방전되면서 나타나며 시간에 따라 다음과 같이 변화한다.

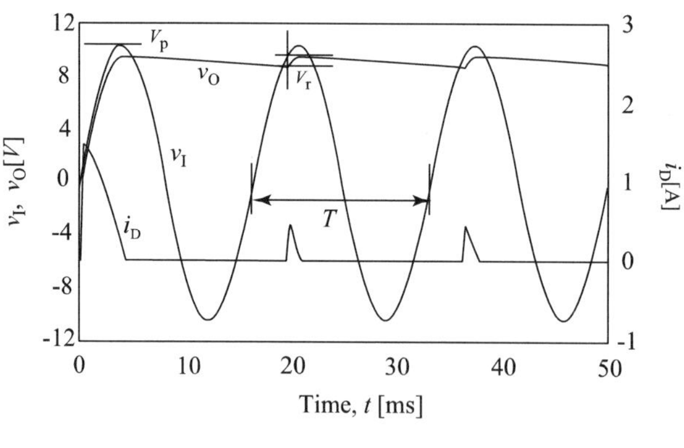

그림 8-4 초기 상태에서 capacitor filter 반파 정류 회로의 출력 파형과 다이오드 전류

$$v_O(t) \cong (V_p - 0.7)\ \exp(-t/R_L C) \tag{2}$$

여기에서 V_P는 입력 삼각 함수 전압의 진폭이며, R_L은 부하 저항, C는 filter capacitance이고, 시간 t는 입력이 최대가 되는 시점을 기준 시간 $t=0$으로 하였다. 식 (2)에서 알 수 있는 것처럼 시정수 $R_L C$가 클수록 출력 전압의 변동이 작아진다.

그림 8-4에 보인 대로 출력 전압의 최대값과 최소값의 차이 V_r를 리플(ripple) 전압이라고 한다. 이 반파 정류기에서는 거의 한 주기 T 동안 방전되면서 줄어든 출력 전압의 크기에 해당되므로 식 (2)으로부터 $V_r \cong v_O(t=0) - v_O(t=T)$가 된다. 여기에서 $T \ll R_L C$를 가정하면, $\exp(-T/R_L C) \cong 1 - T/R_L C$로 근사되므로, 반파 정류기에서의 리플 전압 V_r은 다음과 같이 된다.

$$V_r(half\ wave) \cong (V_p - 0.7)\{1 - \exp(T/R_L C)\} \cong \frac{(V_P - 0.7)T}{R_L C} \tag{3}$$

8.2.3 전파 정류 회로와 capacitor filter

앞 절에서 다룬 반파 정류기는 입력 신호의 + 반 주기밖에 이용하지 못하는 문제점이 있다. 이 문제를 해결하여 입력 신호의 + 반 주기와 − 반 주기를 모두 사용하는 정류기를 전파(full wave) 정류기라고 한다. 전파 정류기로 동작하려면 입력 신호의 − 반 주기 동안에도 부하에 전류가 흐르게 하여야 할 뿐 아니라, 전류의 방향도 + 반 주기 동안 흐르는 전류의 방향과 같게 해 주어야 한다.

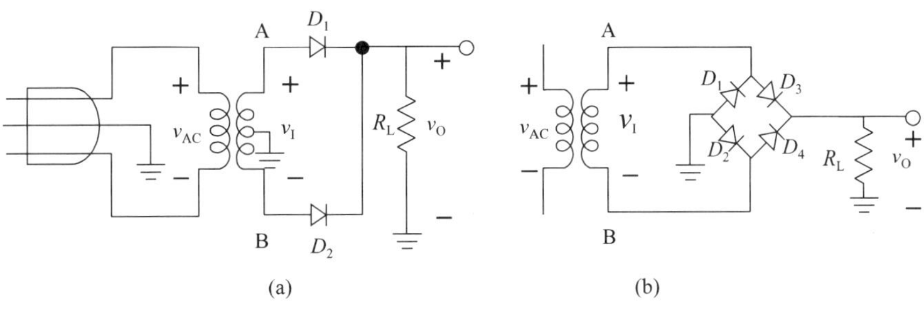

그림 8-5 (a)변압기 중간 탭을 사용한 전파 정류 회로, (b)브릿지 전파 정류 회로

그림 8-5는 두 가지 전파 정류 회로를 보여준다. 그림 8-5(a)는 변압기 중간 탭을 사용한 전파 정류기이다. 이 정류기는 변압기 출력부 코일의 중앙에 접지 단자(중간 탭)를 넣어 준 변압기와 두 개의 다이오드를 사용한 회로로서, 기본적으로 두 개의 반파 정류기를 병렬로 연결한 구조라 할 수 있다. 그림 8-5(b)의 브릿지(bridge) 정류 회로는 다이오드 4개를 사용하여 +, − 반 주기 모두에서 전류가 부하에 같은 방향으로 흐르게 한 전파 정류 회로로, 가장 널리 쓰이는 구조이다.

(1) 중앙 접지 단자가 있는 변압기를 사용한 전파 정류기의 동작

그림 8-5(a) 회로의 동작을 이해하려면 먼저 중앙 접지 단자가 있는 변압기의 동작부터 살펴보아야 한다. 변압기의 출력 전압이 도선을 감은 횟수의 비율에 따라 결정됨은 이미 기술한 바와 같다. 중앙 접지 단자가 없을 때에 변압기 출력 전압은 출력부 코일 두 단자 사이의 전압 차이만을 나타낼 뿐, 접지점을 기준으로 한 절대 전압은 정하여지지 않은 상태이다. 다만, 반 주기 동안은 한 단자의 전압이 다른 단자 전압에 비하여 높고, 다음 반 주기 동안은 그 반대로 되는 형태가 반복된다. 이렇게 절대 전압이 정해져 있지 않으므로 사용자의 필요와 안전 때문에 정류 회로에서 적절하게 접지시킨다. 중앙에 접지 단자가 있을 때에는 이 접지점의 전압이 0V가 된다. 그러므로 그림 8-5(a) 변압기 출력 단자의 전압은 단자 A가 + 반 주기에 있을 때에는 단자 B는 − 반 주기에 있게 되고, 단자 B가 + 반 주기에 있을 때에는 단자 A는 − 반 주기에 있게 된다. 다시 말하면, 단자 A의 전압이 + 이면 단자 B의 전압은 −이고, 단자 A의 전압이 −이면 단자 B의 전압은 +이다. 그리고 A 또는 B 단자와 중앙 접지 단자에서 빼어낸 전압의 진폭은 A 단자와 B 단자에서 빼어낸 전압에 비하여 절반으로 줄어든다.

중앙 접지 단자가 있는 변압기의 동작과 앞 절에서 다룬 반파 정류기의 동작을 이해하면, 그림 8-5(a)의 중앙 접지 단자가 있는 전파 정류기의 동작은 쉽게 이해할 수 있다. 단자 A가 + 반 주기에 있을 때에는 A점의 전압이 다이오드 D_1을 통하여 부하 저항으로 전달된다. 이 때, 단자 B는 − 반 주기에 있기 때문에 역방향 전압이 걸린 다이오드 D_2는 열린 스위치로 동작한다. 그러므로 단자 A의 전압보다 다이오드 D_1에서의 전압 강하 0.7V 만큼 낮은 전압이 부하 저항에 걸린다. 이에 따라, 단자 AB 사이에 걸리는 삼각 함수 전압의 진폭을 V_P라 하면 출력 전압의 진폭은 $V_P / 2 - 0.7$V가 된다.

이 때 다이오드 D_2에 걸리는 역전압은 부하 저항에 걸리는 전압에서 단자 B의 전압을 뺀 값으로 주어진다. 그리고, 부하 전압이 최대일 때 단자 B의 전압이 최저(−로 최대)가 되어 그 값은 $V_P / 2 - 0.7 - (-V_P / 2) = V_P - 0.7$V가 된다. 그러므로 이 정류기에 사용할 다이오드의 항복 전압은 V_P보다 여유 있게 커야 한다.

단자 A가 − 반 주기에 있을 때에는 단자 B가 + 반 주기에 있게 되어 다이오드 D_1은 열린 스위치로, 다이오드 D_2는 닫힌 스위치로 동작한다. 따라서 부하 저항에 걸리는 전압은 단자 B의 전압보다 0.7V 낮게 된다. 물론 이 때에 다이오드 D_1에 걸리는 최대 역전압도 $V_P - 0.7$V가 된다. 이와 같이 이 정류기는 두 다이오드가 교대로 닫힌 스위치로 동작하여 부하에 변압기 출력 전압을 전달하므로, 전파 정류기가 된다.

그림 8-6(a)는 접지 단자가 변압기 출력 코일의 정중앙에서 단자 B쪽으로 치우쳐 있어 단자 B 전압의 진폭이 작은 정류기의 출력 파형을 보여주고 있다. 정류기 출력 파형인 부하 저항에 걸린 전압은 + 반 주기 동안에는 단자 A의 전압 $v_A(t)$보다 0.7V 작다. − 반 주기에 있을 때에는 단자 B의 전압 $v_B(t)$보다 0.7V 작다. 이를 그

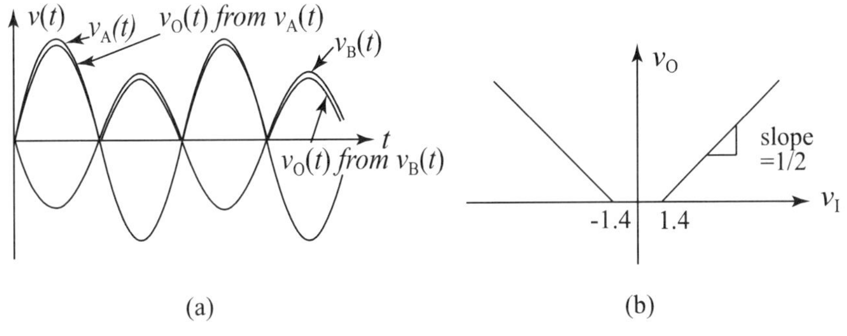

그림 8-6 변압기 중앙 접지 단자가 있는 전파 정류기의 (a)입출력 파형과 (b)전달 특성

림 8-6(b)의 입출력 전달 특성에 보였다. 여기에서 주의할 것은 입력 전압 v_I로 단자 A와 B 사이의 전압 v_{AB}를 사용하였다는 점이다. 변압기의 출력 전압에 비하여 진폭이 반으로 줄어듦을 강조하기 위한 것이다.

그림 8-5(a)의 전파 정류기에서도 출력 전압의 변동을 줄이기 위하여 capacitor를 부하 저항과 병렬로 달아 준다. 그림 8-6(a)에서 두 반 주기에서의 전압이 같아 $v_A(t)=v_B(t)$ 일 때에는 최대 전압이 반복되는 주기가 $T/2$가 된다. 그림 8-4 반파 정류기의 T에 비하여 절반으로 줄어들어 $T/2$가 된 것이다. 그러므로 capacitor 방전 시간인 최대점에서 그 다음 최대점까지의 시간 차이도 입력 신호의 주기 T의 절반보다 작게 된다. 이에 따라 리플 전압도 식 (3)의 T가 $T/2$로 대치되어 절반으로 줄어들므로, 다음 식으로 주어진다.

$$V_r(full\,wave) \cong (V_P/2-0.7)(T/2R_L C) \tag{4}$$

또 그림 8-6(a)처럼 두 반 주기 동안의 진폭이 다를 때의 리플 전압은 식 (4)에 두 반 주기에서의 최대 전압의 차이를 더한 값이 된다. 만일, 이렇게 더한 값이 식 (4)의 2배보다 커질 때에는 실질적으로 반파 정류기가 되므로 리플 전압은 식 (4)의 2배가 된다. 즉 반파 정류기의 리플 전압과 같아진다.

결론적으로, 중앙 접지 단자가 있는 변압기를 이용한 전파 정류기는 두 반파 정류기를 병렬로 연결하여 반 주기씩 교대로 동작하게 한 구조로, 중앙 접지 단자를 쓰기 때문에 출력 전압의 진폭이 변압기 출력 전압 진폭의 절반으로 줄어드는 문제점이 있다. 똑같은 부하 저항과 capacitor를 쓸 때에는 capacitor 방전 시간이 절반으로 줄어들어, 부하에서의 최대 전압을 같다고 하면, 리플 전압이 반파 정류기에 비하여 절반으로 줄어든다. 그렇지만 다이오드에 걸리는 역방향 최대 전압은 $V_P-0.7\text{V}$가 되어 반파 정류기의 V_P와 거의 같다.

(2) 브릿지 전파 정류기

그림 8-5(b)의 브릿지 정류기는 변압기 중앙 접지 단자를 사용하면서 나타난 단점, 즉 정류기 출력이 변압기 출력 진폭의 반으로 되는 문제점을 해결한 회로이다.

+와 −의 두 반 주기에서 부하 저항에 흐르는 전류의 방향을 같게 하여 이 문제를 해결하려고 두 개의 다이오드를 더 사용하게 되었다. 먼저, 다이오드 D_1, D_2의 P전극에 연결되어 있는 접지점, 그리고 부하 저항에 연결되어 있는 접지점은 같은 점임(즉 서로 단락되어 있음)에 주의하자. 단자 A의 전압이 단자 B보다 높은 + 반 주기에서는 다이오드 D_3을 통하여 부하 저항으로 전류가 흘러 접지점으로 간다. 그리고, 접지점에서 다이오드 D_2와 B를 거친 다음, 변압기 출력 코일을 통하여 단자 A로 전류가 흐른다. 이에 따라 부하 저항에 걸리는 전압은 변압기 출력 전압에서 다이오드 D_3, D_2에서의 전압 강하를 뺀 것이 되어, 변압기 출력 전압보다 약 1.4V 작다. 단자 B의 전압이 높은 − 반 주기 동안에는 다이오드 D_4, 부하 저항, 접지점, 다이오드 D_1, 단자 A, 변압기 출력 코일의 순서로 전류가 흐른다. 이처럼 + 반 주기와 − 반 주기에 부하 저항에 흐르는 전류의 방향은 변함이 없고, 이에 따라 전압의 극성도 변하지 않는다. 이 − 반 주기에서도 부하 저항에 걸리는 출력 전압은 변압기 출력 전압보다 약 1.4V 작다.

그림 8-7은 브릿지 정류기의 입출력 전달 특성을 보여 준다. 입력 신호가 + 반 주기일 때나 − 반 주기일 때에나 출력 전압이 양의 값을 가짐을 보여주고 있다. 그리고, 입력 전압의 절대값이 1.4V 이상일 때 전달 함수의 기울기는 입력이 −일 때에는 거의 −1, 입력이 + 일 때에는 거의 + 1이 된다. 변압기 출력이 거의 대부분 정류기 출력으로 변환됨을 의미한다.

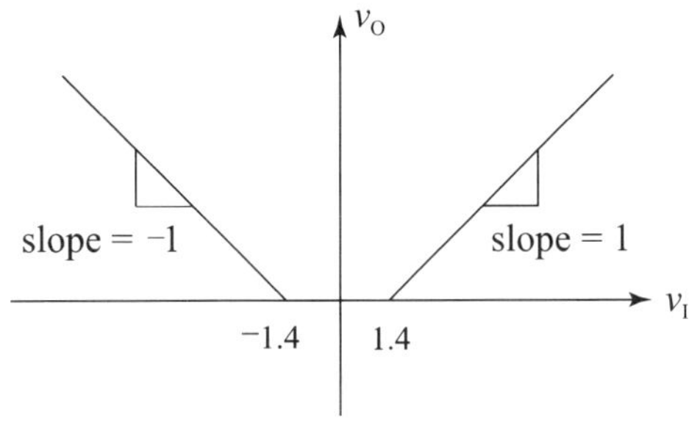

그림 8-7 브릿지 전파 정류기의 입출력 전달 특성

이 브릿지 정류기에도 부하 저항과 병렬로 capacitor를 달아줌으로써 전압 변동을 줄일 수 있다. 이 때에도 리플은 반파 정류기에 비하여 절반으로 줄어들어 $V_r = (V_P - 1.4)(T/2R_L C)$로 된다. capacitor가 있을 때 다이오드에 걸리는 최대 역전압은 $V_P - 0.7\text{V}$임을 쉽게 알 수 있다. 따라서 브릿지 정류기에 사용하려면, 다이오드의 항복 전압은 V_P보다 여유 있게 커야 한다.

capacitor filter를 사용하는 정류기를 설계할 때에는 surge 전류를 고려하여야 한다. surge 전류는 정류기가 동작하기 시작할 때 다이오드에 갑자기 흐르는 많은 양의 전류를 말한다. 이 때에는 capacitor가 충전되어 있지 않아 양단의 전압이 0V이므로, capacitor가 단락 상태에 있는 것처럼 된다. 이에 따라 다이오드에 흐르는 최대 surge 전류는 다음과 같다.

$$I_{surge} \cong \frac{V_p - 1.4}{R_{Th} + R_{wire} + 2R_{SD}} \tag{5}$$

여기에서 R_{Th}는 변압기의 Thevenin 등가저항이며, R_{wire}는 회로 연결 도선의 저항, R_{SD}는 다이오드의 직렬 저항이다. 그림 8-4에 $t = 1ms$ 근처에서 i_D가 매우 많이 커짐을 볼 수 있는데, surge 전류는 이보다 더 크다.

그런데, 변압기 출력부의 Thevenin 등가저항과 다이오드 직렬 저항은 수 Ω 정도의 아주 작은 저항이어서 surge 전류는 매우 큰 값이 될 수 있다. 그러므로 정류 회로에 사용되는 다이오드는 이 전류를 견딜 수 있어야 한다. 다이오드가 견딜 수 있는 최대 surge 전류값, 즉 허용 최대 surge 전류값은 다이오드 data sheet에 non-repetitive peak surge current란 이름으로 나와 있으며, 정류기에 사용할 다이오드를 선택할 때에 반드시 고려하여야 한다. 즉, 허용 최대 surge 전류가 정류 회로에 흐르는 surge 전류보다 여유 있게 큰 다이오드를 선택하여 사용하여야 한다.

8.2.4 디지털 멀티미터, 평균 전압 그리고 실효 전압

교류 전압이나 전류와 같이 전압이나 전류가 시간의 함수일 때에 디지털 멀티미터는 무엇을 측정하며, 그 측정치는 어떠한 의미를 가질까? 다양한 정류기 출력 파형을 만나게 된 이 시점이 이 질문에 대한 답을 얻을 수 있는 좋은 기회이다.

직류 전압이나 직류 전류를 측정할 때처럼 디지털 멀티미터의 동작 모드를 DC에 두면, 디지털 멀티미터는 입력 신호의 시간에 대한 평균값을 읽는다. 시간에 관계없이 전류나 전압이 일정한 직류 신호에 대하여 평균값을 읽게 되면 신호에 섞여 있는 잡음의 영향을 없앨 수 있는데, 이는 잡음의 시간 평균은 0이기 때문이다. 그러므로, 멀티미터 측정값은 직류 전류나 전압이 된다. 한편, 직류 성분이 없는 순수 교류 전압이나 전류를 DC 모드로 놓고 측정하면 측정값은 0이 된다. 순수 교류 전류나 전압은 직류 성분, 즉 주기의 정수배 시간동안 평균한 평균값이 0이 되기 때문이다. 물론 직류 성분이 들어있는 교류 신호에 대한 측정값은 그 직류 성분이 된다. 이와 같이 디지털 멀티미터를 DC로 두고 측정한 값은 신호의 시간 평균, 즉 직류 성분이 된다.

시간에 따라 변하는 신호의 특성을 대표하는 하나의 숫자를 선택하는 일은 그리 쉬운 일이 아니다. 예를 들어 삼각 함수 파형과 같이 시간 의존성(time dependence)이 정해져 있는 주기적인 파형일 때에는 진폭이나 첨두치(peak-to-peak value) 가운데 하나만 알면, 신호의 크기에 대한 모든 정보를 알 수 있다. 그러므로 이 때에는 진폭이나 첨두치와 같은 숫자가 삼각 함수파의 크기를 대표한다고 할 수 있다. 따라서 디지털 멀티미터의 측정값으로 이 두 숫자 가운데 하나를 선택할 수 있을 것이다. 그러나 신호의 시간 의존성이 삼각 함수같이 단순한 형태로 나타나지 않을 때에는, 특히 신호의 파형을 모를 때에는 진폭이나 첨두치는 신호의 크기를 대표하기에는 적절하지 않다. 예를 들어 입력 신호가 삼각 함수파인지 삼각파인지 또는 사각파인지 모르는 상태에서 진폭이 같다고 하여 이 신호들을 동등하다고 할 수는 없다. 또 진폭이 같은 사각파라고 하더라도 최대값을 유지하는 시간과 최소값을 유지하는 시간의 비율, 즉 duty cycle에 따라 파형의 특성은 큰 차이를 보인다. 그러면 진폭이나 첨두치보다 더 기본적인 양은 무엇일까? 신호가 가지고 있는 에너지가 바로 그 대답이 된다. 단위 시간당의 에너지가 전력이므로, 평균 전력도 의미 있는 척도가 된다. 그리고 전류나 전압의 제곱이 전력과 직접 대응되므로, 전류와 전압의 제곱을 시간에 대하여 평균한 값도 좋은 척도가 된다. 그런데, 전류나 전압의 제곱의 시간 평균은 그 단위가 사용하기에 불편하므로, 이 제곱한 값의 제곱근을 사용하기로 한다. 그러면, 그 단위가 전류나 전압과 같으므로 단위에서 오는 불편함이 사라지게 된다. 바로 이 값을 실효치라 하며 수학적으로는 다음과 같이 정의된다.

$$I_{\text{eff}} \equiv \sqrt{\frac{1}{T}\int_0^T i^2(t)dt} \tag{6}$$

$$V_{\text{eff}} \equiv \sqrt{\frac{1}{T}\int_0^T v^2(t)dt} \tag{7}$$

여기에서 신호의 주기 T를 평균하는 시간으로 사용하였다. 이는 평균하는 시간, 즉 적분 시간에 따라 실효치가 달라지는 것을 막기 위함이다. 이 실효치를 rms value라고도 한다. 이는 식 (6), (7)의 정의식이 제곱의 평균의 제곱근, 즉 root mean square라는 사실에서 유래된 것이다.

디지털 멀티미터를 AC에 두고 측정한 값은 이 실효치이며 신호의 파형에 관계없이 신호가 가지고 있는 평균 전력을 나타낸다. 예를 들어 저항 R에 실효치가 I인 전류가 흐를 때, 저항에서 소모되는 평균 전력은 단순히 I^2R이며, 실효치가 V인 전압이 걸렸을 때 평균 전력은 V^2/R이 됨을 식 (6), 식 (7)을 써서 쉽게 증명할 수 있다. 또, 저항에서는 전압의 실효치가 전류의 실효치에 저항을 곱한 값이 되므로 평균 전력은 단순히 전류와 전압의 실효치를 곱한 값이 된다. 이처럼 저항에서 소모되는 전력을 계산할 때 전류나 전압의 실효치는 직류 전류나 전압과 같은 역할을 한다.

전류가 $I_m\sin(2\pi t/T)$, 전압이 $V_m\sin(2\pi t/T+\Phi)$으로 위상 차이가 있는 전류와 전압에 대하여 평균 전력 P_{av}를 수식으로 전개하면 다음과 같다.

$$P_{av} = \frac{1}{T}\int_0^T I_m\sin(2\pi t/T)\,V_m\sin(2\pi t/T+\Phi)dt = \frac{1}{2}I_m V_m\cos\Phi$$

$$P_{av} = \frac{1}{2}I_m V_m\cos\Phi = I_{\text{eff}}V_{\text{eff}}\cos\Phi \tag{8}$$

단순한 저항이 아닌 RLC 회로에 삼각 함수 형태의 전압에 의한 전류가 흐르면,

전류와 전압 사이에는 위상 차이가 생긴다. 그러므로 전력을 구하려면 식 (8)에 보인 것처럼 전류와 전압의 실효치를 곱한 값에 위상 차이 Φ의 cosine을 곱해 주어야 한다. 이 $\cos\Phi$를 역률(power factor)이라고 한다. 특별히 이 위상 차이가 0인 저항에서는 $\cos\Phi$가 1이 된다. 그러므로, 전력은 전류와 전압의 실효치를 곱한 값으로 주어진다. 위상 차이가 90도인 capacitor나 inductor는 평균 전력 소모가 0W임을 알 수 있다.

이제 주요 파형의 실효치를 구하여 보자. 직류 성분이 없는 삼각 함수파의 실효치는 진폭의 $1/\sqrt{2}$ 이 되는데, 식 (6)의 정의식으로부터 다음과 같이 구한다.

$$I_{\mathrm{eff}} \equiv \sqrt{\frac{1}{T}\int_0^T I_{\mathrm{m}} \sin^2(2\pi t/T)dt} = \frac{I_{\mathrm{m}}}{\sqrt{2}} \tag{9}$$

또 다이오드에서의 전압 강하를 무시하면, 전파 정류된 파형은 $|V_{\mathrm{m}}\sin(2\pi t/T)|$가 되므로 평균값 V_{av}와 실효치 V_{eff}는 각각 $2V_{\mathrm{m}}/\pi$, $V_{\mathrm{m}}/\sqrt{2}$ 으로 주어진다. 그리고 반파 정류된 파형의 평균값은 전파 정류된 평균값의 절반이 되며, 실효치는 전파 정류된 파형의 실효치의 $1/\sqrt{2}$ 이 됨을 쉽게 알 수 있다. 평균값에서는 적분값이 절반이 되며, 실효치에서는 제곱근 안의 적분값이 절반이 되기 때문이다.

8.3 사용 기기와 부품

- 파형 발생기
- 오실로스코프
- curve tracer
- 디지털 멀티미터
- 다이오드 1N4001 4개
- 스위칭 다이오드 1N4148 1개
- 저항 : 1kΩ
- capacitor : 100μF
- 변압기(220V 입력, 출력 진폭 10V)

• 변압기 ($N_1 : N_2 = 1 : 1$)

8.4 실험 내용과 방법

8.4.1 실험 8-1: 반파 정류 회로

(1) 반파 정류 회로와 입출력 전달 특성

1. 다음의 반파 정류 회로 8-1을 구성한다. 삼각 함수 전압원으로는 파형 발생기(또는 변압기 2차측 출력)를 사용하며 주파수는 60Hz, 진폭은 10V로 맞춘다.

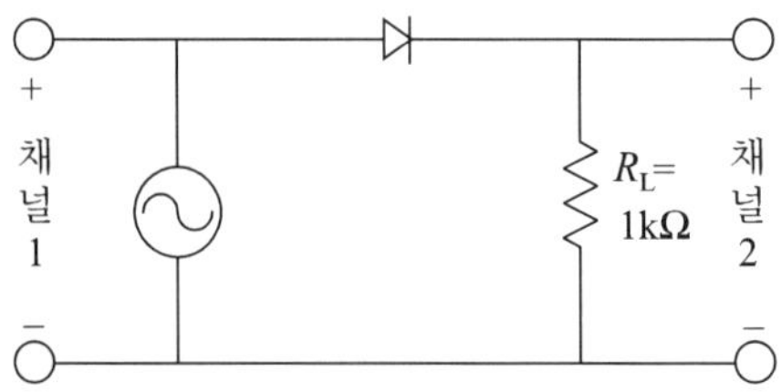

회로 8-1 반파 정류 회로

2. 입출력 파형의 관찰: 이 정류 회로의 입력을 오실로스코프의 채널 1에, 부하 저항 양단의 전압을 채널 2에 넣고, 두 파형을 비교하고 기록한다.

> **토의사항**
>
> 입출력 파형으로부터 반파 정류의 의미를 찾으면? 다이오드의 극성을 바꾸면 어떤 출력 파형이 나타날까? 또 입력 전압의 최대값보다 출력 전압의 최대값이 작은 이유는? 다이오드에 걸리는 최대 역방향 전압은?

3. 시간에 따라 변하는 신호에 대한 디지털 멀티미터의 동작: 정류 회로의 입력 전압과 출력 전압을 멀티미터를 AC, DC에 놓고 측정하여 다음의 표 1을 완성한다.

표 1 반파 정류된 파형에 대한 멀티미터 측정 전압과 오실로스코프 측정 전압의 비교

측정 방법 / 신호	멀티미터 측정 전압		오실로스코프 측정 전압(진폭)
	AC	DC	
입력 전압			
출력 전압			

토의사항

오실로스코프로 측정한 진폭을 사용하여 입력과 출력 전압의 실효치와 평균치를 구하여 멀티미터 측정 결과와 비교한다.

4. 입출력 전달 특성 구하기: 파형 발생기의 삼각 함수 전압을 오실로스코프의 X 입력으로, 부하 저항 양단의 전압을 Y 입력으로 두고 이 정류 회로의 입출력 전달 특성을 구한다.

토의사항

전달 특성이 반파 정류기의 특성을 보여주고 있는가? 실험 과정 3에서 보았듯이 출력 전압의 진폭이 입력 전압의 진폭보다 작아지는데, 이 작아지는 정도가 전달 특성에도 나타나는가? 또 삼각파 전압이 입력되었을 때의 출력 파형을 전달 특성으로부터 구해 보면?

5. 고주파 신호에 대한 정류 특성: 파형 발생기의 주파수를 100kHz로 두고 정류 회로의 입출력 전달 특성을 구한다. 그리고 오실로스코프를 시간 영역에 두고 입출력 파형을 비교한다.

토의사항

이 정류 회로가 100kHz에서도 제대로 동작한다고 할 수 있는가? 60Hz에서의 결과와 무엇이 다르며 왜 이러한 현상이 나타났을까? 이 정류 회로의 다이오드를 스위칭 다이오드로 바꾸면 어떤 결과가 나타날까?

(2) capacitor 필터를 사용한 반파 정류 회로와 리플 전압

1. 파형 발생기를 사용하여 다음 회로 8-2의 capacitor filter가 있는 반파 정류기를 구성한다.

2. capacitor filter가 있는 반파 정류기의 입출력 파형과 전달 특성 구하기 : 이 회로에 대하여 입력과 출력 파형을 비교하고 입출력 전달 특성을 구한다. 또 리플 전압을 구하고 이론치와 비교한다.

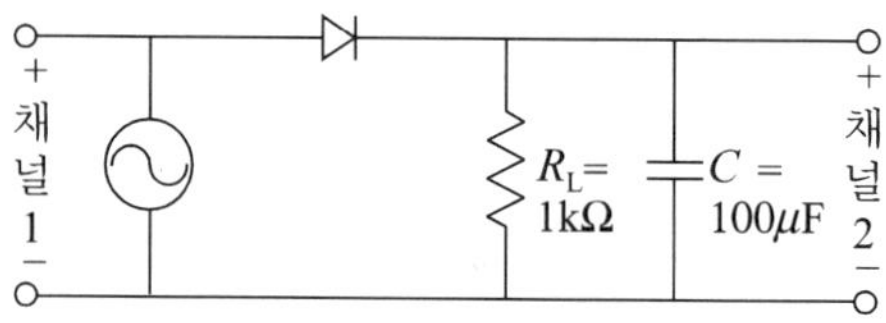

회로 8-2 capacitor filter가 있는 반파 정류기

토의사항

capacitor filter가 없는 회로와의 차이점은? 또, 이 정류기의 리플 전압은? 부하 저항이 작아지면 전달 특성과 리플 전압이 어떻게 변하며 왜 그러한가? capacitance 값이 커지면 전달 특성과 리플 전압이 어떻게 변하며 왜 그러한가? 또 이 정류기에 걸리는 최대 역방향 전압은?

8.4.2 실험 8-2: 전파 정류 회로

(1) 브릿지 전파 정류 회로와 입출력 전달 특성μ

1. 다음 회로 8-3의 브릿지 전파 정류 회로를 구성한다.

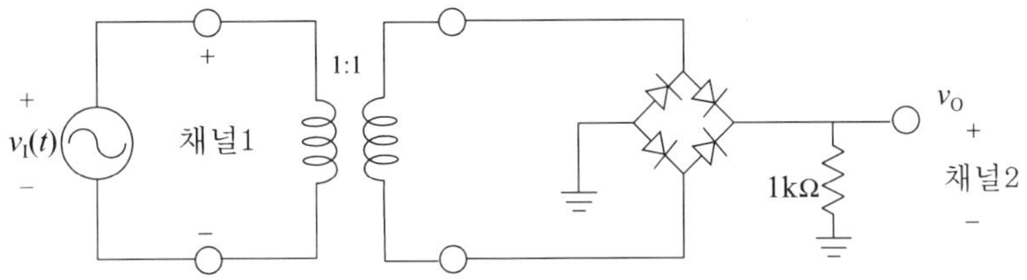

회로 8-3 브릿지 전파 정류기

2. 브릿지 전파 정류기의 입출력 파형과 전달 특성: 이 정류기의 입출력 파형과 전달 특성을 구한다.

토의사항

반파 정류기의 입출력 파형과 전달 특성과는 어떻게 다른가? 이 정류기의 다이오드에 걸리는 최대 역방향 전압은?

3. 시간에 따라 변하는 신호에 대한 디지털 멀티미터의 동작: 정류 회로의 입력 전압과 출력 전압을 멀티미터를 AC, DC에 놓고 측정하여 다음의 표 2를 완성한다.

표 2 전파 정류 파형에 대한 멀티미터 측정 전압과 오실로스코프 측정 전압의 비교

측정 방법 / 신호	멀티미터 측정 전압		오실로스코프 측정 전압(진폭)
	AC	DC	
입력 전압			
출력 전압			

토의사항

오실로스코프로 측정한 진폭을 사용하여 입력과 출력 전압의 실효치와 평균치를 구하여 멀티미터 측정 결과와 비교한다. 또, 이 결과를 반파 정류된 파형에 대한 실험 8-1(1)의 실험 과정 3의 결과와 비교한다.

(2) capacitor 필터를 사용한 브릿지 정류 회로와 리플 전압

1. 다음 회로 8-4의 capacitor 필터를 사용한 브릿지 정류 회로를 구성한다.

2. capacitor 필터를 사용한 브릿지 정류 회로의 입출력 파형과 전달 특성: 이 정류 회로의 입출력 파형과 전달 특성을 구한다.

토의사항

capacitor 필터를 사용한 반파 정류 회로의 특성과는 어떻게 다른가? 이 정류 회로의 다이오드에 걸리는 최대 역방향 전압은? 또, 이 최대 역방향 전압이 사용한 다이오드의 항복 전압보다 크다면, 어떤 일이 벌어질까? 다이오드 하나가 고장으로 개방 또는 단락 상태라면, 출력 파형은?

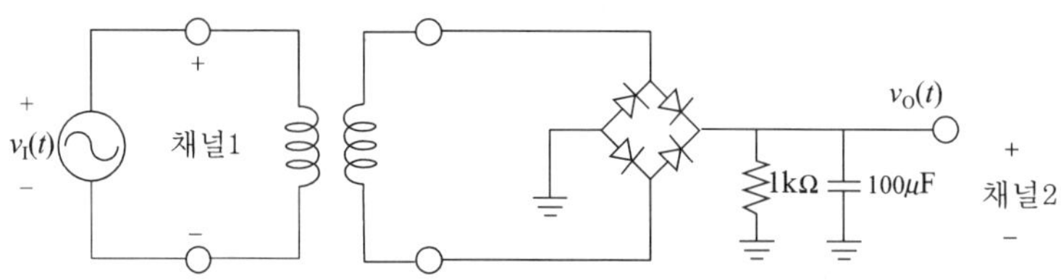

회로 8-4 capacitor 필터를 사용한 브릿지 정류 회로

3. 리플 전압의 측정: 출력 전압이 입력되는 오실로스코프 채널의 입력 coupling을 AC로 두고 리플 전압을 측정한다.

기억해 둘 만한 실험 요령

capacitor filter를 써서 정류한 파형과 같이 큰 직류 성분에 작은 교류 성분이 포함되어 있는 신호에서 교류 성분만을 정확히 측정하는 방법은 없을까? 이에 대한 해답은 오실로스코프의 입력 coupling 단자를 “AC”에 놓는 것이다. 왜 그럴까?

토의사항

입력 전압, 부하 저항, capacitance가 반파 정류기 회로와 똑같을 때, 전파 정류기의 리플 전압은 어떻게 되며 왜 그러한가? 또 전달 특성으로부터 리플 전압을 구하는 방법은?

8.5 예비 보고서와 결과 보고서

8.5.1 예비 보고서

(1) Review questions

1. 60Hz의 교류 전압을 정류하는 보통의 정류기에서 다이오드에는 순방향 전압과 역방향 전압이 교대로 걸린다. 따라서, 소수 캐리어가 주입하고 끌어가는 과정이 반복된다. 그러함에도 불구하고, 순방향 전압에서 주입된 소수 캐리어가 남아 있어서 나타나는 역방향 특성 회복 시간을 고려하지 않아도 되는 이유는?

2. 다이오드가 순방향 전압이 걸렸을 때에는 0.7V의 전압 강하가 있는 닫힌 스위치로, 역방향 전압이 걸렸을 때에는 열린 스위치로 동작하는 원리를 설명하라.

3. 입출력 전달 특성이란?

4. 본문의 그림 8-3(b)에서 그림 8-3(a)를 구하라.

5. 그림 8-7의 입출력 전달 특성으로부터 삼각 함수 파형의 입력 전압에 대한 출력 파형을 구하라.

6. 그림 8-5(a)의 중앙 접지 단자가 있는 변압기에서 입력 전압의 실효치가 220V이고, 변압기 도선을 감은 횟수의 비가 $N_2/N_1 = 0.1$일 때, A점과 B점의 전압 $v_A(t)$, $v_B(t)$를 구하라.

7. 변압기 중앙 접지 단자가 있는 전파 정류기의 장점과 단점은?

8. 그림 8-5(b) 브릿지 전파 정류기의 동작을 설명하라.

9. capacitor filter가 있는 반파 정류기, 변압기 중앙 접지 단자가 있는 전파 정류기, 브릿지 전파 정류기의 출력 직류 전압이 V_0라 할 때, 다이오드에 걸리는 최대 역전압을 비교하여 보라.

10. capacitor filter가 있는 정류기에서 surge 전류란 무엇인가? 정류기에 사용할 다이오드를 선택할 때 이 surge 전류가 미치는 영향은?

11. 실효치란 무엇인가? 직류 전압이나 전류에 대한 실효치는?

12. 디지털 멀티미터를 DC에 두고 시간에 따라 변화하는 신호를 측정하면, 그 결과는 신호와 어떠한 관계가 있는가? 또, 디지털 멀티미터를 AC에 두고 시간에 따라 변화하는 신호를 측정하면, 그 결과는 신호와 어떠한 관계가 있는가? 그리고, 진폭이 V_m이고 직류 성분이 없는 사각파 전압을 멀티미터를 AC와 DC로 놓고 측정한 결과는? 사각파의 duty cycle은 50%라고 가정한다.

13. 저항에서 소모되는 평균 전력이 실효치 I_{eff}, V_{eff}와 $I_{eff}^2 R$, V_{eff}^2/R로 주어짐을 밝혀라.

14. 역률이란 무엇인가?

(2) 연습 문제

1. 디지털 멀티미터를 DC, AC에 두고 $V_m\sin(\omega t)$, $|V_m\sin(\omega t)|$ 전압을 각각 측정하였을 때, 각각의 측정치는?

2. PSPICE를 이용하여, 회로 8-2의 capacitor filter가 있는 반파 정류기의 입출력 전달 특성과 출력 파형을 60Hz, 100kHz 삼각 함수 전압에 대하여 구하라. 이 때, 다이오드 모델 변수는 default value를 사용한다. 또, 다이오드의 모델 변수 가운데 TT = 1μs로 두고 회로 8-2의 capacitor filter가 있는 반파 정류기의 입출력 전달 특성과 출력 파형을 60Hz, 100kHz 삼각 함수 전압에 대하여 구하라. 그리고 두 결과를 비교하고, 차이의 원인을 설명하라.

8.5.2 결과 보고서

실험 결과와 토의 사항에 대한 답을 정리하여 결과 보고서로 제출한다.

참고문헌

[1] A. S. Sedra and K. C. Smith, Microelectronic circuits, fifth ed., Oxford University Press, New York, 2004.

[2] R. C. Jaeger and T. N. Blalock, Microelectronic circuit design, second ed., McGraw-Hill, New York, 2004.

[3] A. P. Malvino, Electronic Principles, fourth edition, McGraw-Hill, 1989.

실험 9 제너 다이오드의 특성과 정전압원 응용

제너 다이오드는 순방향 전압이 걸렸을 때에는 보통의 다이오드와 전류－전압 특성의 차이가 거의 없다. 그러나, 역방향 전압이 걸렸을 때에는 정해진 전압에서 갑자기 전류가 증가하기 시작하여 전압이 조금만 변하여도 전류는 많이 변하는 특성을 보인다. 다시 말하면 전류에 관계없이 전압이 거의 일정한, 즉 직류 전압원에 가까운 특성을 보인다. 이렇게 역방향 전류가 갑자기 증가하기 시작할 때의 전압을 항복 전압이라 하며, 이 항복 전압의 크기는 다이오드의 구조와 P, N 반도체의 불순물 농도를 바꿈으로써 조절할 수 있다. 이렇게 항복 영역에서 사용하도록 만들어진 다이오드를 제너 다이오드라고 한다. 항복 영역에서 직류 전압원에 가까운 제너 다이오드의 이러한 특성은 직류 전압원에 응용된다. 앞의 실험에서 공부한 정류 회로의 리플 전압을 줄여 출력 전압을 거의 일정하게 한 전압원, 즉 정전압원에 제너 다이오드의 특성이 활용되는 것이다.

이 실험에서는 이러한 제너 다이오드의 전류－전압 특성을 분석하고, 이 특성에 기초한 정전압원 동작에 대하여 다룬다. 특히 제너 다이오드의 특성과 이 다이오드로 만들어진 정전압원의 특성 사이의 상관 관계에 주목한다. 아울러 제너 다이오드의 SPICE 모델에 대하여도 공부한다.

9.1 실험의 목표

(1) 정전압원에 가까운 제너 다이오드의 전류－전압 특성을 이용한 정전압원 회로에서 정전압원의 동작 특성과 제너 다이오드 전류－전압 특성 사이의 상관 관계를 이해함으로써, 정전압원 회로의 설계 능력을 배양한다.

(2) 제너 다이오드의 SPICE 모델을 이해함으로써 제너 다이오드가 포함된 회로의 SPICE simulation 능력을 배양한다.

9.2 제너 다이오드의 특성과 정전압원 응용

9.2.1 제너 다이오드의 전류－전압 특성과 항복 영역에서의 동저항

앞에서 공부한 정류 회로에서 다이오드는 순방향 전압에서는 닫힌 스위치로, 역방향 전압에서는 열린 스위치로 근사할 수 있어 교류 전압을 직류 전압으로 바꾸는 데에 중요한 역할을 하였다. 그리고 정류기에 쓰이는 다이오드의 항복 전압은 회로가 동작할 때 다이오드에 걸리는 최대 역방향 전압보다 커서 항복이 일어나지 않도록 설정되어야 한다.

정류용 다이오드와는 달리 제너 다이오드는 항복 영역에서 동작하도록 설계되었다. 아래의 그림 9-1(a)에서 보듯이 제너 다이오드는 항복 전압 근처에서 갑자기 역방향 전류가 증가하는 특성을 보인다. 이에 따라 이 항복 영역에서 제너 다이오드에 흐르는 전류는 전압이 조금만 증가하여도 크게 증가하는, 바꾸어 표현하면 전류가 많이 변하여도 전압은 거의 변하지 않는 정전압원에 가까운 전류－전압 특성을 보인다.

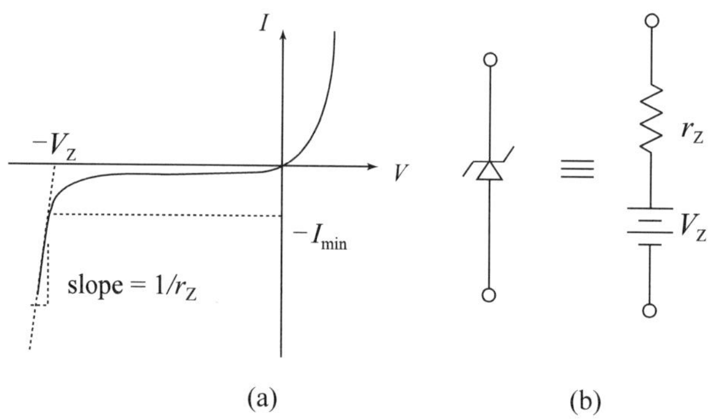

그림 9-1 제너 다이오드 (a)전류－전압 특성, (b)항복 영역에서의 등가 회로

그림 9-1(a)에서 항복 영역에서의 기울기 $1/r_Z$은 항복 영역에서의 다이오드의 직렬 저항 r_Z의 역수로 주어진다. 이 저항이 작으면 작을수록 기울기가 커져 이상적인 정전압원의 특성을 보인다. 이 저항 r_Z를 항복 영역에서의 동저항이라고도 한다. 항복 전압 V_Z는 직선 영역의 접선이 전압 V 축과 만나는 점의 전압으로 주어지며, 제너 항복 전압 또는 제너 전압이라고 한다. 이 전압은 제너 다이오드의 불순물 농도와 구조에 의하여 결정된다. 그러므로, 제너 다이오드 제작 공정에 의하여 결정된다. 이 항복 전압은 보통 1.8V에서 100V까지 여러 값이 있어 사용 목적에 따라 골라 쓸 수 있다.

제너 다이오드의 역방향 최소 전류 I_{min}은 제너 다이오드가 충분히 항복 영역 안에 있어 그림 9-1(b)의 등가 회로가 타당하게 되기 시작하는 전류로, 정전압원으로 동작하기 위한 최소 전류를 나타낸다. 제너 다이오드에 흐르는 역방향 전류가 이 전류보다 작으면 그림 9-1(a)의 제너 다이오드 전류－전압 특성 곡선에서 기울기가 급격히 작아져 r_Z 값이 급격히 증가하게 된다. 이에 따라, 그림 9-1(b)의 등가 회로에서 보면 직렬 저항이 큰 전압원이 되는 것이므로, 전류에 따라 전압의 변동이 큰 회로, 즉 나쁜 정전압원이 되는 것이다. 그러므로 정전압원으로 사용하려면, 제너 다이오드에 흐르는 역방향 전류는 I_{min}보다 커야 한다. 그림 9-1(a)에서 보면 다이오드 전류 I가 $-I_{min}$아래에 있어야 한다.

또 최대 허용 전류 I_{max}는 다이오드가 과열되지 않고 소모할 수 있는 최대 전력 P_{max}에 의하여 결정되며 $I_{max} \approx P_{max} / V_Z$로 주어진다. 보통 I_{min}은 10μA 정도이며, P_{max}는 0.25에서 50W 정도이다. 또 제너 다이오드 직렬 저항 r_Z는 수 Ω에서 수 kΩ 정도로 제너 전압이 6.5V 정도일 때 가장 작다.

그림 9-1(b)에서는 제너 다이오드 저항 r_Z가 상수로서 일정하다고 보았다. 그러나, 실제로는 일정하지 않은 것이 보통이고, 전류가 많이 흐를수록 r_Z 값이 작아진다. 이러한 제너 다이오드의 특성을 자세히 알려면 제작자의 웹 사이트에서 제공하는 data sheet를 참조하면 된다. 또 전자회로와 관련된 교재의 부록에도 이러한 data sheet가 수록되어 있다(참고문헌 [1]).

9.2.2 정전압원 회로

앞 절에서 기술한 바와 같이 제너 다이오드는 항복 영역에서 동작하며, 이 영역에서 제너 다이오드의 전류−전압 특성은 정전압원에 가깝다. 즉 제너 다이오드에 흐르는 역방향 전류가 I_{min}보다 커서 항복 영역에서 동작하면, 제너 다이오드의 등가 회로는 그림 9-1(b)처럼 된다. 즉, 출력전압이 항복 전압 V_Z로 주어지는 이상적인 전압원과 직렬 저항 r_Z로 이루어진 전압원이 된다. 직렬 저항 r_Z가 충분히 작으면, capacitor filter를 이용한 정류기 출력처럼 리플이 있는 입력 전압이 들어오더라도, 제너 다이오드 정전압원 회로의 출력은 리플이 거의 없는 직류 전압이 된다. 이 절에서는 이 제너 다이오드 정전압원 회로의 설계와 동작 특성에 대하여 다룬다.

(1) 정전압원 회로의 설계

정전압원 설계를 위한 기본 규격으로는 출력 전압, 최대 부하 전류 $I_{L,max}$, 전압 변동률 또는 리플 전압 Δv_O 등을 들 수 있다. 그림 9-2의 기본 회로를 사용하여 설계 규격에 맞추어 설계하여 보자. 먼저 출력 전압은 제너 다이오드의 항복 전압에 따라 결정되므로 원하는 출력 전압에 맞추어 제너 다이오드를 선택한다. 또 부하를 달지 않았을 때에는 모든 전류가 제너 다이오드로 흐르므로, 최대 부하 전류는 제너 다이오드에 흐를 수 있는 최대 허용 전류보다 클 수 없다. 다행히 원하는 출력 전압에 맞는 제너 다이오드의 최대 허용 전류 I_{max}가 최대 부하 전류 $I_{L,max}$ 보다 작으면, 그림 9-2의 기본 회로를 그대로 사용할 수 있다. 그러나 최대 부하 전류가 I_{max}보다 클 때에는 트랜지스터를 이용하여 전류를 증폭시켜야 하므로, 그림 9-2의 회로를 곧바로 쓸 수 없고, 수정하여 사용하여야 한다.

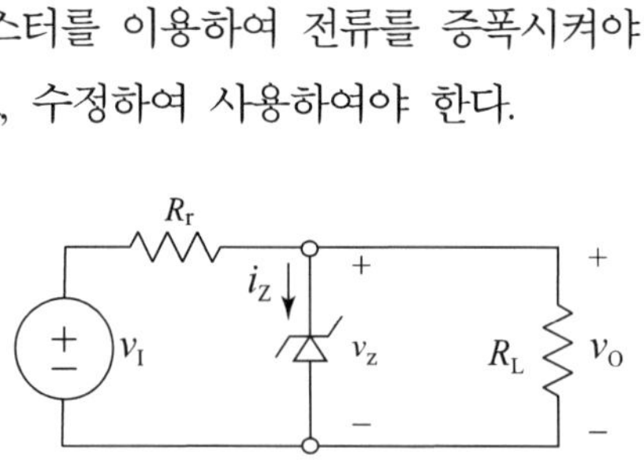

그림 9-2 제너 다이오드를 이용한 기본적인 정전압원 회로

최대 부하 전류와 관련하여 더 고려하여야 할 것은 제너 다이오드에 최소한 I_{min}보다 큰 전류를 흘려주어야 한다는 점이다. 제너 다이오드가 정전압원으로 동작하려면 제너 다이오드에 흐르는 역방향 전류가 I_{min}보다 커야 함은 이미 기술하였다. 이 조건이 만족되지 않아 r_Z가 큰 영역에서 동작하면 출력 전압의 리플이 증가한다. 특히, 제너 다이오드에 걸리는 역방향 전압이 제너 항복 전압보다 낮으면 제너 다이오드는 개방 상태가 되어 아예 정전압원으로 동작하지 않게 된다. 그러므로 제너 다이오드에 흐르는 역방향 전류는 최악의 상황에서도 I_{min}보다 크게 되도록 설계하여야 한다. 이 최악의 상황은 정전압원 회로의 입력 전압이 최소이고, 부하 전류가 최대일 때에 나타난다.

출력 전압의 리플은 입력 전압의 리플과 회로 구성에 따라 달라진다. 입력 전압의 리플은 설계에 앞서 주어져 있으므로 회로 구성을 바꾸어 리플 전압을 줄여야 한다. 또 출력 전압의 리플은 부하 전류가 커짐에 따라 커지므로 부하 전류와 연계하여 고려하여야 한다.

부하 전류가 커지면 리플이 증가하는데 이것은 제너 다이오드에 흐르는 전류가 I_{min}에서부터 거의 최대 부하 전류까지 변한다는 사실을 인식하면 쉽게 이해할 수 있다. 즉, 제너 다이오드에 흐르는 전류가 I_{min}에서 $I_{L,max}$까지 변하면 제너 다이오드 직렬 저항 r_Z에 걸리는 전압이 $I_{min}r_Z$에서 $I_{L,max}r_Z$까지 변하므로, r_Z에 나타나는 전압 변동은 거의 $I_{L,max}r_Z$가 된다. 이처럼 제너 다이오드에 흐르는 전류의 변동이 곧바로 출력 전압의 변동, 즉 출력 리플로 이어진다. 그러므로 최대 부하 전류가 커지면 제너 다이오드 전류의 변동이 커져 출력 전압의 리플도 증가한다.

설계 규격으로 주어지는 최대 부하 전류와 리플 전압을 동시에 충족시키기 어려울 때에는 제너 다이오드 정전압원 회로를 한 단 더 사용하여 2단 제너 다이오드 회로를 사용할 수도 있고, 연산 증폭기 회로를 사용할 수도 있다.

출력 전압에 대한 규격으로부터 제너 다이오드가 정하여지면, 다른 규격을 맞추도록 그림 9-2의 회로에서 저항 R_r를 정하는 일이 남는다. 이 저항값에 따라 부하에 흐를 수 있는 최대 전류와 제너 다이오드에 흐르는 최소 전류 및 최대 전류가 결정되며, 리플 전압의 크기도 결정된다. 이렇게 이 저항은 정전압원 회로의 동작 특성을 결정하는 중요한 요소이다.

정량적인 설계에 앞서 그림 9-2에 보인 정전압원 회로의 등가 회로를 구하여 회로 동작을 살펴보자. 제너 다이오드에 걸리는 역방향 전압 v_Z가 항복 전압 V_Z보다 작으면 제너 다이오드는 개방 상태로 근사할 수 있다. 또, 제너 다이오드가 항복 영역에서 동작할 때에는 그림 9-1(b)의 등가 회로를 사용할 수 있다. 이를 종합하면 그림 9-3의 등가 회로를 얻을 수 있다. 다이오드가 개방 상태에 있다고 가정하고 제너 다이오드에 걸리는 전압 v_Z를 구하면 $\{R_L/(R_r+R_L)\}v_I$가 된다. 이 전압이 V_Z보다 작으면 제너 다이오드는 항복 영역에 있지 않아 개방 상태에 가까우므로 그림 9-3(a)의 등가 회로를 쓸 수 있다. 그리고 제너 다이오드 전압 v_Z가 항복전압 V_Z보다 크면, 제너 다이오드는 항복 영역에 있어 그림 9-3(b)의 등가 회로가 적용된다.

그림 9-3의 등가 회로에서 정전압원 입력 전압 v_I가 V_{I0}과 $V_{I0}+\Delta V_I$ 사이에서 변한다고 하자. 그리고 최대 부하 전류 $I_{L,max}$는 제너 다이오드 최대 허용 전류 I_{max}보다 작다고 하자. 그러면 제너 다이오드에 최대의 전류가 흐르는 것은 입력 전압이 최대이고 부하가 연결되지 않았을 때이며, 이 때 제너 다이오드에 흐르는 전류는 I_{max}보다 작아야 한다. 그러므로 제너 다이오드에 흐르는 최대 전류 $I_{Z,max}$와 최소 전류 $I_{Z,min}$은 다음의 조건을 만족하여야 한다.

$$I_{Z,max} = \frac{V_{I0}+\Delta V_I - V_Z}{R_r + r_Z} < I_{max} \tag{1}$$

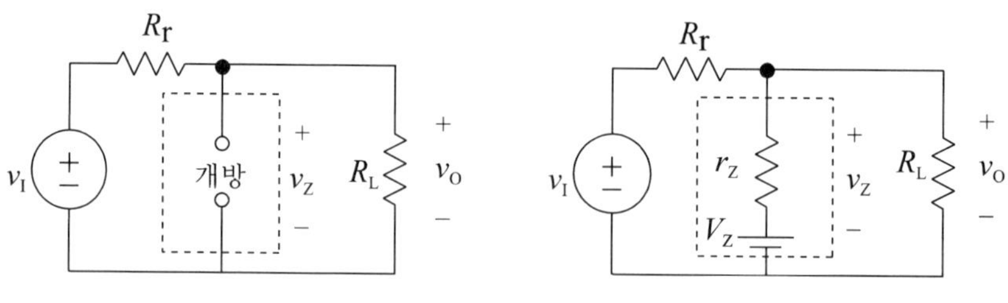

(a) (b)

제너 다이오드에 걸린 전압이 항복 전압보다 (a) 작을 때 (b) 클 때

그림 9-3 그림 9-2에 보인 정전압원 회로의 등가 회로

$$I_{Z,\min} = \frac{V_{I0} - V_Z - I_{L,\max} R_r}{R_r + r_Z} > I_{\min} \tag{2}$$

그림 9-3(b)의 등가 회로에서 제너 다이오드 전류를 구하면 식 (1), (2)의 조건은 바로 구할 수 있다. 제너 다이오드 직렬 저항 r_Z는 정해진 값이므로 저항 R_r는 식 (1), (2)의 조건을 동시에 만족시키는 범위에서 정해진다. 식 (1), (2)로부터 R_r의 범위를 구하면 다음과 같이 된다.

$$\frac{V_{I0} + \Delta V_I - V_Z - I_{\max} r_Z}{I_{\max}} < R_r < \frac{V_{I0} - V_Z - I_{\min} r_Z}{I_{L,\max} + I_{\min}} \tag{3}$$

이와 같이 R_r의 최소값은 제너 다이오드에 흐르는 최대 전류가 최대 허용 전류 $I_{\max}$보다 작아야 한다는 조건으로부터 결정된다. 그리고 R_r의 최대값은 제너 다이오드에는 언제나 $I_{\min}$보다 큰 전류가 흘러야 한다는 조건으로부터 결정된다. 다음 절에서는 식 (3)의 조건으로부터 R_r 값이 정해졌을 때, 출력 전압의 리플을 포함한 정전압원 회로의 특성에 대하여 다루기로 한다.

(2) 입출력 전달 특성과 리플 전압

먼저, 그림 9-2에 보인 정전압원 회로의 입출력 전달 특성을 그림 9-3의 등가 회로를 이용하여 구한다. 제너 다이오드가 항복 영역에 있지 않을 때까지를 포함한 일반적인 전달 특성을 구하자는 것이다. 다이오드가 개방 상태에 있다고 가정하면, 제너 다이오드에 걸리는 전압 v_Z는 $\{R_L/(R_r + R_L)\}v_I$가 된다. 앞에서 기술한 바와 같이 이 전압이 V_Z보다 작으면 제너 다이오드는 항복 영역에 있지 않아 개방 상태에 가깝다. 그러므로, 그림 9-3(a)의 등가 회로를 쓸 수 있다.

제너 다이오드 전압 v_Z가 V_Z보다 크면, 제너 다이오드는 항복 영역에 있어 그림 9-3(b)의 등가 회로가 적용된다. 그러므로, $v_I = \{(R_r + R_L) / R_L\} V_Z$를 경계로 하여 입력 전압이 이보다 작으면 그림 9-3(a)의 등가 회로를, 이 전압보다 크면 그림 9-3(b)의 등가 회로를 사용한다. 이에 따라 출력 전압 v_O는 다음과 같이 주어진다.

$$v_O = \frac{R_L}{R_r + R_L} v_I \qquad : \; v_I \le \frac{R_r + R_L}{R_L} V_Z \qquad (4)$$

$$v_O = \frac{R_L // r_Z}{R_r + R_L // r_Z} v_I + \frac{R_r // R_L}{r_Z + R_r // R_L} V_Z \; : \; v_I > \frac{R_r + R_L}{R_L} V_Z \qquad (5)$$

식 (4)는 그림 9-3(a)에서 바로 구할 수 있으며, 식 (5)는 그림 9-3(b)의 등가 회로에서 중첩의 정리를 사용하여 간단히 구할 수 있다. 식 (5)에서 출력 전압의 리플 Δv_O는 입력 전압 리플 Δv_I와 다음과 같이 선형적으로 관계됨을 알 수 있다.

$$\Delta v_O = \frac{R_L // r_Z}{R_r + R_L // r_Z} \Delta v_I \qquad : \; v_I > \frac{R_r + R_L}{R_L} V_Z \qquad (6)$$

식 (5)에서 제너 다이오드 항복전압 V_Z는 상수여서 출전전압 리플 Δv_O에 영향을 미치지 못하기 때문이다.

식 (6)에서 알 수 있듯이 제너 다이오드 직렬 저항 r_Z가 작을수록, 그리고 직렬 저항 R_r가 클수록 입력의 리플이 출력으로 적게 전달된다. 물론 r_Z가 0이어서 제너 다이오드가 이상적인 정전압원일 때에는, 입력 전압이 제너 다이오드가 항복 영역에서 동작하기에 충분할 정도로 크기만 하면, 출력 리플 전압 Δv_O는 0V가 된다.

(3) 동작점과 정전압원 동작을 위한 입력 신호의 범위

앞 절에서 구한 제너 다이오드 정전압원 회로의 입출력 전달 특성은 그림 9-3의 등가 회로를 이용하여 유도하였다. 그런데, 이 등가 회로는 제너 다이오드의 역방향 전류－전압 특성, 즉 $i_Z - v_Z$ 특성을 두 개의 직선, 즉 $i_Z = 0$($v_Z < V_Z$일 때)과 $v_Z = V_Z + i_Z r_Z$ ($v_Z > V_Z$일 때)로 근사하여 만들어졌다. 그러므로 항복 전압 부근에서 제너 다이오드의 역방향 전류가 점진적으로 증가할 때에는 이 입출력 전달 특성이 정확하지 않게 된다. 이에 따라 식 (4), (5)로 주어지는 입출력 전달 특성도 항복 전압 부근에서는 정확도가 떨어진다. 제너 다이오드의 전류－전압 특성을 두 개의 직선으로 근사한다는 것은 정전압원으로 동작하기 위한 제너 다이오드 최소 전류 I_{min}

이 실질적으로 0임을 의미하기 때문에, 항복 전압 부근의 특성을 보다 정확히 고려할 필요가 있다.

이 절에서는 제너 다이오드의 있는 그대로의 전류–전압 특성으로부터 정전압원의 특성을 해석하는 방법에 대하여 기술한다. 이렇게 하려고 할 때 부딪히는 가장 큰 문제점은 제너 다이오드의 전류–전압 특성이 선형적이지 않다는 데에 있다. 그렇지만 제너 다이오드를 제외한 나머지 요소들의 전류–전압 특성은 직선의 식으로 표시된다. 이는 제너 다이오드를 제외한 나머지 회로를 간단한 Thevenin 또는 Norton 등가 회로로 바꿀 수 있음을 의미한다. 지금 우리가 다루고 있는 회로는 정전압원 회로이므로 Thevenin 등가 회로로 바꾸는 것이 좋을 것이다. 이렇게 그림 9-2의 회로를 제너 다이오드에서 본 Thevenin 등가 회로와 제너 다이오드로 간단히 함으로써, 제너 다이오드의 전류–전압 특성을 근사식으로 다루지 않고 원래의 특성 그대로 다룰 수 있다.

그림 9-4는 제너 다이오드 정전압원 회로와 그 등가 회로를 보여 준다. 그림 9-4(a)에서 Thevenin 전압과 저항은 각각 $v_{\mathrm{Th}} = \{R_{\mathrm{L}} / (R_{\mathrm{r}} + R_{\mathrm{L}})\} v_{\mathrm{I}}$, $R_{\mathrm{Th}} = R_{\mathrm{r}} \,//\, R_{\mathrm{L}}$이 됨을 알 수 있다. 따라서 제너 다이오드 전류와 전압은 그림 9-4(b)에서 Kirchhoff의 전류 법칙을 써서 구한 다음의 비선형 방정식을 풀어서 구할 수 있다.

$$i_{\mathrm{Z}}(v_{\mathrm{Z}}) = \frac{v_{\mathrm{Th}} - v_{\mathrm{Z}}}{R_{\mathrm{Th}}} \tag{7}$$

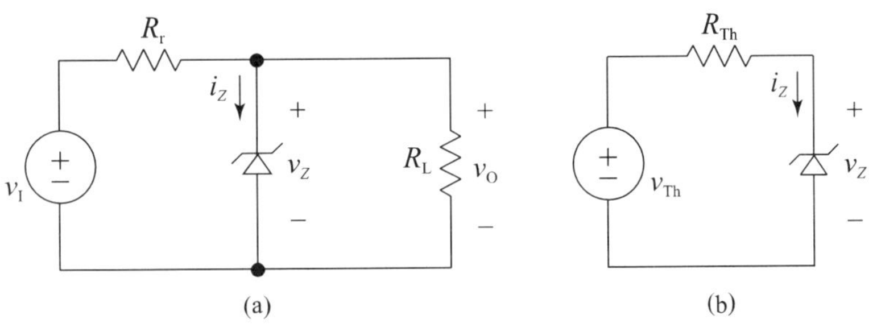

그림 9-4 (a)제너 다이오드 정전압원 회로, (b)Thevenin 등가 회로

이 식이 비선형 방정식이 되는 것은 제너 다이오드의 역방향 전류 $i_Z(v_Z)$가 역방향 전압 v_Z의 비선형적인 함수이기 때문이다. 이 방정식은 여러 가지 수치 해석 방법을 이용하여 SPICE에서처럼 컴퓨터로 풀 수 있다. 그렇지만 정전압원 회로의 동작을 이해하는 데에 더 유용한 방법은 그래프를 이용하여 해를 구하는 방법이다. 세로축을 역방향 제너 다이오드 전류 i_Z로, 가로축을 역방향 제너 다이오드 전압 v_Z로 두고 이 식의 좌변과 우변의 그래프를 함께 그린다. 식 (7)의 좌변에 해당하는 그래프는 제너 다이오드의 전류−전압 특성 곡선이며, 우변에 해당하는 그래프는 가로축 절편이 v_{Th}, 세로축 절편이 $v_{\mathrm{Th}} / R_{\mathrm{Th}}$인 직선이다. 그리고, 그 교차점이 비선형 방정식 (7)의 해가 된다. 이 해에 해당하는 제너 다이오드 전류와 전압을 동작점이라고 한다.

이 두 그래프를 함께 나타낸 것이 그림 9-5(a)이다. 그리고, 그림 9-5(b)는 v_{Th}의 변동, 즉 입력 전압 v_I의 변동에 따른 동작점과 출력 전압의 변화를 보여주고 있다. 특히, 그림 9-5(b)는 제너 다이오드 역방향 전류가 $I_{\min}$이 되는 입력 전압 $V_{\mathrm{Th,min}}$ 값을 직접 보여주고 있다.

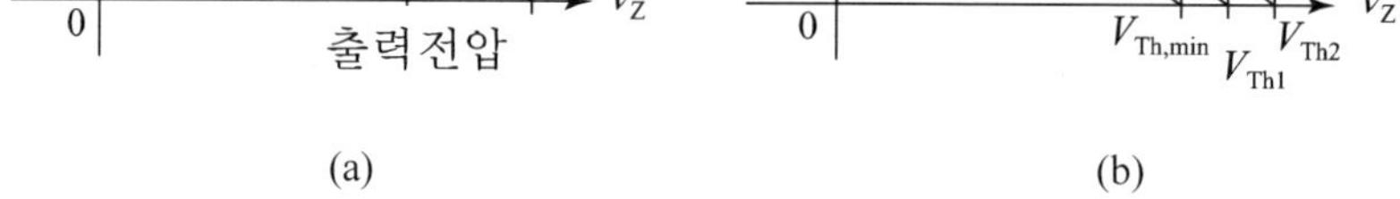

그림 9-5 정전압원 회로 그대로 (a)제너 다이오드의 동작점, (b)입력 전압의 변동에 따른 출력 전압과 동작점의 변화

그림 9-2에서 보듯이 제너 다이오드 전압이 곧바로 정전압원 회로의 출력 전압이다. 그러므로 그림 9-5(b)의 입력 전압의 변화에 따른 동작점 또는 v_Z의 변화는 곧바로 출력 전압의 변화를 나타낸다. 항복 영역에서 제너 다이오드의 전류-전압 특성의 기울기가 클수록, 다시 말하여 제너 다이오드 직렬 저항 r_Z가 0에 가까울수록, 동작점 전압의 변화, 즉 출력 전압의 변화가 작아진다.

9.2.3 제너 다이오드의 SPICE 모델

보통의 다이오드와는 달리 제너 다이오드는 60Hz나 120Hz 정도의 저주파에서 사용하기 때문에, 회로 해석에 대신호 모델이나 소신호 모델과 같은 시간 의존성이 고려된 모델들은 필요하지 않고, 직류 모델로 충분하다. 직류 모델 그 자체도 보통 다이오드의 모델과 같다. 다만, 보통의 다이오드 모델에서는 중요하게 생각하지 않았던 항복 영역의 특성을 중요하게 고려하여야 한다는 점만이 다를 뿐이다. 이 절에서는 다이오드 항복 특성의 SPICE 모델에 대하여 다루기로 한다. 이 항복 특성에 대한 모델도 제너 다이오드만의 고유한 것이 아니고, 보통 다이오드의 SPICE 모델에 포함되어 있는 것으로 여기에서 처음으로 다룰 뿐이다.

다이오드의 전류-전압 특성은 다음과 같다.

$$\begin{aligned} I_D &= I_S\{\exp(V_D/NV_T)-1\}+V_D G_{min} && for\ V_D>-BV \\ I_D &=-IBV && for\ V_D=-BV \\ I_D &=-I_S\{\exp[BVeff+V_D/NV_T]-1\} && for\ V_D<-BV \end{aligned} \tag{8}$$

여기에서 G_{min}은 다이오드와 병렬로 연결된 저항을 통한 누설 전류를 나타내는 conductance 항으로, 입력 변수로 정의되어 있지 않은 경우도 있다. 또 BV는 항복 전압으로 항상 양수이며, IBV는 항복 전압에서의 역방향 전류이다. 그리고 $BVeff$는 다이오드 전압 $V_D=-BV$일 때 식 (8)의 세 번째 식으로 주어지는 항복 영역에서의 전류가 항복 전압에서의 전류 $-IBV$가 되도록 SPICE 내부에서 계산되는 값이다. Electronics Workbench에는 제너 다이오드가 별개의 소자로 포함되어 있는데, 전류-전압 특성과 모델의 차이는 없고 식 (8)의 IBV를 IZT로, BV를 VZT로 생각하면 된다. 실제로 IZT, VZT는 항복 영역에서 제너 다이오드 특성 곡선 위에 있는 한 점의 좌표이지만, 여기에서는 그 좌표를 항복 전압으로 잡은 것이다. 제너 다이오드에서도 직렬 저항이 R_S로 포함되어 있으며, 이 값은 동저항 r_Z와 거의 같다. 표 9-1은 제너 다이오드의 주요 모델 변수와 그 default 값들을 보여준다.

표 9-1 제너 다이오드의 주요 SPICE 모델 변수

Symbol	Parameter name	Default	Unit
I_S	Saturation current	1e−14	A
R_S	Ohmic series resistance	0	Ω
VZT	Zener test voltage		V
IZT	Zener test current		A
N	Emission coefficient	1	−

9.3 사용 기기와 부품

- 오실로스코프
- 파형 발생기
- curve tracer
- personal computer와 PSPICE
- 1 : 1 변압기
- 다이오드 : 1N4001(4개)
- 제너 다이오드 : 1N4099(제너 전압 : 6.8V, 최대 역전류 : 35mA)
- 저항 : 100Ω, 1kΩ(2개)
- capacitor : 100μF
- 직류 전원
- 제너 다이오드 : 1N4614(제너전압 1.8V) : 파형발생기 출력 전압진폭이 5V를 넘지 않는 경우 필요.

9.4 실험 내용과 방법

9.4.1 실험 9-1: 제너 다이오드의 전류-전압 특성 측정

제너 다이오드의 항복 특성: curve tracer의 전류 범위를 0.1mA에 두고 다음 그림 9-6의 A, B 영역에 해당하는 점의 전류 I_A와 전압 V_A, $I_A + 0.4\mu A$에서의 전압을 측정하여 다음의 표 1에 기록한다. 그리고, I_B와 전압 V_B, $I_B + 0.4\mu A$에서의 전압을 측정하여 표 1에 기록한다. 또 역방향 전류가 1mA, 6mA일 때의 전압을 측정하여 표 1에 기록하고, 각 영역에서의 동저항을 계산하여 표 1을 완성한다.

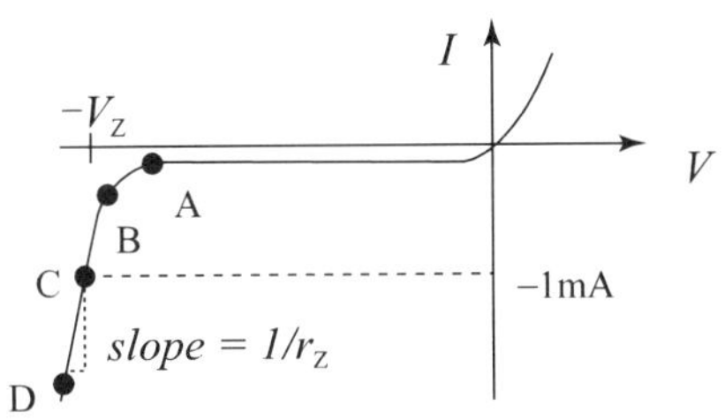

그림 9-6 제너 다이오드의 항복 특성과 동저항 측정점

표 1 제너 다이오드의 전류-전압 특성과 동저항

영역	A 영역		B 영역		C, D 영역	
역전류, I					1 mA	6 mA
역전압, V						
동저항, $\Delta V/\Delta I$						

토의사항

제너 다이오드의 특성과 이상적인 정전압원의 특성 사이에는 어떠한 차이가 있는가? 좋은 정전압원으로 동작하기 위하여 제너 다이오드에 흘려주어야 할 최소 전류의 크기는? 제너 다이오드의 동저항과 이 제너 다이오드로 만들어진 정전압원의 특성 사이에는 어떠한 관계가 있나?

9.4.2 실험 9-2: 제너 다이오드 정전압원 회로의 입출력 전달 특성 측정

1. 다음 회로 9-1의 제너 다이오드 정전압원 회로를 구성한다.

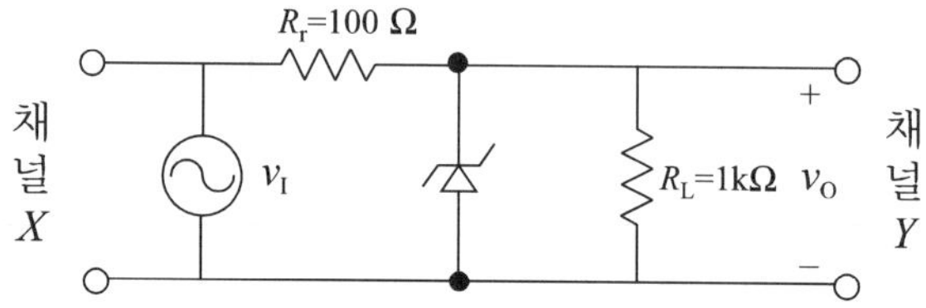

회로 9-1 제너 다이오드 정전압원 회로

2. 제너 다이오드 정전압원 회로의 입출력 전달 특성 측정: 입력으로 파형 발생기의 60Hz 삼각 함수 전압을 넣고 오실로스코프를 *XY* 모드로 두어 입출력 전달 특성을 구한다. 물론 오실로스코프의 입력 coupling은 두 채널 모두 DC로 두고, 파형 발생기의 출력 전압은 최대값이 10V 정도 되도록 맞춘다. 또 원점은 오실로스코프 화면의 왼쪽 아래로 놓고 volts/div 단자는 가능한 한 작은 값으로 놓아 전달 특성을 최대한 자세히 보도록 한다.

3. 만일 파형 발생기의 출력 전압이 충분히 크지 않아 전달 특성을 다 볼 수 없을 때에는 파형 발생기와 직렬로 직류 전압원을 연결하여 입력 신호에 +의 직류 성분을 더하여 준다.

4. 전달 특성 곡선의 저전압 영역에서의 기울기, 고전압 영역에서의 기울기, 두 영역 경계점의 입력 및 출력 전압 등을 측정하여 기록한다.

토의사항

전달 특성 곡선에서 정전압원으로 동작하기 위한 입력 전압의 범위는? 저항 R_r, R_L의 값과 전달 특성의 기울기와 경계 전압 사이의 관계는? 제너 다이오드의 제너 전압과 동저항의 변화에 따른 전달 특성의 변화는?

9.4.3 실험 9-3: 입력 신호의 크기에 따른 동작점과 출력 전압 파형의 변화

1. 위의 회로 9-1에서 파형 발생기의 삼각 함수 전압을 진폭이 1V가 되게 하고, 파형 발생기의 "DC OFFSET" 단자(또는 직렬 연결된 직류 전압원 출력)를 조정하여 직류 전압 성분을 전달 특성 곡선상의 경계점 입력 전압보다 1V 작게 맞춘다.

2. 저전압 영역에서 정전압원 회로의 출력 전압과 리플 측정: 이 때의 출력 전압 파형을 기록하고 리플 전압을 측정한다. 또, 이 때 제너 다이오드에 걸리는 직류 전압과 전류를 계산, 또는 측정하여 기록한다.

토의사항

실험 항목 1, 2의 조건에서 정전압원 회로의 동작점을 제너 다이오드의 전류-전압 특성 곡선에 표시해 보라. 또, 이 영역에서 전달 특성의 기울기와 리플 전압의 관계에 대하여 논하라. 이 입력 전압 영역은 정전압원 회로로 동작하는 영역인가?

3. 경계 전압에서 정전압원 회로의 출력 전압과 리플 측정: 입력 삼각 함수 전압의 진폭은 1V로 그대로 두고, 직류 전압 성분을 전달 특성상의 경계점 입력 전압으로 맞춘 다음, 출력 파형을 기록하고 리플 전압을 측정한다. 또, 이 때 제너 다이오드에 걸리는 직류 전압과 전류를 계산, 또는 측정하여 기록한다.

토의사항

실험 항목 3의 조건에서 정전압원 회로의 동작점을 제너 다이오드의 전류-전압 특성 곡선에 표시해 보라. 또, 이 영역에서 전달 특성의 기울기와 출력 전압 파형의 관계에 대하여 논하라. 이 입력 전압 영역은 정전압원 회로로 동작하는 영역인가? 정전압원 회로로 동작하기 위한 입력 신호의 범위는?

4. 고전압 영역에서 정전압원 회로의 출력 전압과 리플 측정: 입력 삼각 함수 전

압의 진폭은 1V로 그대로 두고, 직류 전압 성분을 전달 특성상의 경계점 입력 전압보다 1V와 3V가 큰 값으로 맞춘 다음, 출력 파형을 기록하고 리플 전압을 측정한다.

토의사항

실험 항목 4의 조건에서 정전압원 회로의 동작점을 제너 다이오드의 전류-전압 특성 곡선에 표시해 보라. 또, 이 영역에서 전달 특성의 기울기와 리플 전압의 관계에 대하여 논하라. 실험 9-1에서 구한 제너 다이오드의 특성 변수를 이용하여 계산한 이론적 리플 전압과 실제 측정값은 일치하는가? 이 입력 전압 영역은 정전압원 회로로 동작하는 영역인가? 저항 R_T, R_L의 값에 따른 동작점의 변화는? 실험 과정 2, 3, 4에서 구한 제너 다이오드의 전류-전압 특성 곡선상에서의 동작점과 제너 다이오드 정전압원 회로의 입출력 전달 특성 곡선상에서의 동작점이 어떻게 대응되는가? 또 이 동작점과 정전압원 회로로서의 동작과는 어떠한 관계가 있는가? 직류 전압이 경계전압보다 1V가 높을 때와 3V가 높을 때, 출력 리플 전압을 비교하면? 차이가 난다면, 그 이유는?

9.4.4 실험 9-4: PSPICE를 이용한 실험 9-3 결과의 재현

1. 제너 다이오드의 PSPICE 모델 변수 추출: 9.4.1절의 그림 9-5를 참조하고 curve tracer를 이용하여 제너 다이오드의 항복 전압 V_Z, 이 전압에서의 전류 $I_Z(@V_Z)$, 항복 영역에서의 직렬 저항 r_Z를 구한다. 제너 다이오드의 PSPICE 모델 변수는 앞의 측정 결과로부터 다음과 같이 주어진다.
   $R_S = r_Z = \{V_Z(6mA) - V_Z(1mA)\} / (6mA - 1mA)$로부터 구한다.
   $VZT = V_Z$, $IZT = I_Z(@V_Z)$로 두고 나머지 변수들은 default value를 사용한다.

2. PSPICE를 이용한 simulation: PSPICE를 이용하여 실험 4-3의 실험 과정 2, 3, 4의 결과를 계산해 보고 실험 결과와 비교한다.

토의사항

컴퓨터 계산 결과와 실험 결과를 비교하고 공통점과 차이점을 찾고, 차이점의 원인에 대하여 기술하라.

9.4.5 실험 9-5: 제너 다이오드 정전압원 회로

1. 다음 회로 9-2의 브릿지 다이오드 정류 회로를 포함하는 정전압원 회로를 구성한다. 파형 발생기의 출력 전압진폭의 최대값이 5V인 경우에는 1.8V 제너 다이오드를 사용한다.

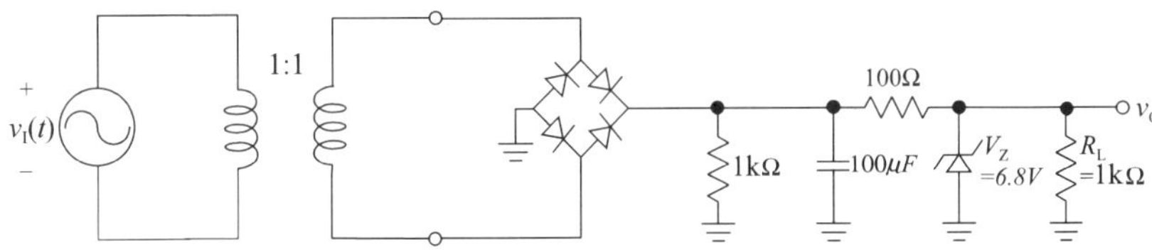

회로 9-2 정류 회로를 포함한 제너 다이오드 정전압원

2. 무부하 상태에서의 출력 전압 파형 및 입출력 전달 특성 측정: 회로가 제대로 구성되었는지를 확인하고 부하 저항 1kΩ을 떼어낸 상태에서 정전압원의 입력(즉 정류기 출력)과 출력 파형, 그리고 입출력 전달 특성을 측정한다. 이때, 파형 발생기의 출력 전압 진폭은 10V(1.8V 제너 다이오드를 사용할 때에는 5V) 이상으로 한다. 또, 입력 및 출력 파형의 리플 전압을 오실로스코프의 AC coupling을 이용하여 측정한다.

토의사항

정전압원 입력과 출력 리플 전압의 변화율은? 이 변화율을 정전압원 회로의 입출력 전달 특성과 비교하면?

3. 부하가 있을 때의 출력 전압 파형 측정: 부하 저항 1kΩ을 연결하고, 입력과 출력 파형, 입출력 전달 특성, 그리고 리플 전압을 측정한다.

토의사항

부하 저항이 출력 파형을 어떻게 변화시키는가? 부하 저항이 매우 작아지면 위의 정전압원 회로가 정전압원으로 동작하지 않을 수도 있는가? 부하 저항이 있으면 무부하일 때와 비교하여 리플 전압은 증가하는가? 부하 저항이 작아질수록 리플 전압은 어떻게 변하며, 그 이유는? 리플 전압을 감소시키는 방법은?

4. 입력 전압이 낮을 때의 출력 파형 측정: 파형 발생기 출력 전압 진폭을 5V (1.8V 제너 다이오드를 사용할 때에는 2.5V)로 두고 앞의 실험 과정 2를 반복한다.

토의사항

실험 결과를 실험 과정 2의 결과와 비교하면? 차이의 원인은?

기억해 둘 만한 실험 요령: External Trigger

위의 실험에서와 같이 입력 전압과 출력 전압이 모두 직류 전압 성분에 작은 교류 성분이 포함되어 있을 때에는 신호의 변화폭이 너무 작아 trigger level을 맞추어 파형을 정지시키기가 쉽지 않다. 그렇지만, 이 경우에도 쉽게 파형을 정지시킬 수 있는데, 바로 external trigger를 사용하면 된다. 주의할 것은 파형발생기 출력 전압은 여전히 큰 진폭의 교류 신호라는 점이다. 그러므로, 이 신호를 external trigger 입력으로 사용하면 편리할 것이다. 물론 오실로스코프의 trigger source는 앞의 실험에서 공부한 것처럼 "EXT"로 두어야 한다.

9.5 예비 보고서와 결과 보고서

9.5.1 예비 보고서

(1) Review Questions

1. 제너 다이오드의 I_{min}, I_{max}는 어떤 의미를 가지는가?

2. 정전압원 회로에서 제너 다이오드에 흐르는 전류가 I_{min}보다 커야 하는 이유는?

3. 그림 9-2에서 입력 전압 v_I가 V_{I0}와 $V_{I0}+\Delta V_I$ 사이에서 변할 때, 제너 다이오드에 최소 전류가 흐르는 경우와 최대 전류가 흐르는 경우는?

4. 식 (3)을 설명하라.

5. 식 (4), (5), (6)을 유도하라.

6. $R_r=100\,\Omega$, $R_L=1\text{k}\Omega$, $r_Z=10\,\Omega$, $V_Z=10\text{V}$일 때, 식 (4), (5)를 이용하여 그림 9-2 제너 다이오드 정전압원의 입출력 전달 특성을 구하고, 그려라.

7. 위의 문제 6에서 구한 전달 특성의 기울기와 리플 전압 사이의 관계를 설명하라.

8. 문제 6에서 구한 입출력 전달 특성에서 그림 9-2의 회로가 정전압원으로 동작하기 시작하는 입력 전압을 경계 전압 V_C라고 하자. 입력 전압의 최대값이 V_C보다 작을 때, 입력 전압의 최대값은 V_C보다 크고 최소값은 V_C보다 작을 때, 입력 전압의 최소값이 V_C보다 클 때의 세 가지 경우에 대하여 입력 전압과 출력 전압의 파형을 문제 6에서 구한 입출력 전달 특성을 이용하여 그려라.

9. 그림 9-3의 등가 회로를 이용하여 구한 식 (4), (5)의 결과가 제너 다이오드의 항복 전압 근처에서 부정확하게 되는 이유는?

10. 그림 9-5(b)를 이용하여 r_Z가 작아야 리플이 작아짐을 설명하라.

(2) 연습 문제

1. 실험 4-1의 제너 다이오드 전류–전압 특성 결과가 다음과 같이 주어졌다. 각 영역의 동저항을 구하라.

표 9-2 제너 다이오드의 전류–전압 특성과 동저항

영역	A 영역		B 영역		C,D 영역	
역전류, I	0.6μA	0.8μA	3.0μA	10.4μA	1 mA	6mA
역전압, V	5.76V	5.80V	5.84V	5.88V	6.04V	6.08V
동저항, $\Delta V/\Delta I$						

2. 다음 그림 9-7의 2단 제너 다이오드 정전압원 회로에서 스위치 S가 열렸을 때, v_{O1}의 리플을 구하라. 또, 스위치 S가 닫혔을 때, v_{O1}, v_{O2}의 리플을 구하라. 그리고 2단 제너 다이오드 정전압원 회로의 리플이 얼마나 줄어들었는지 설명하라.

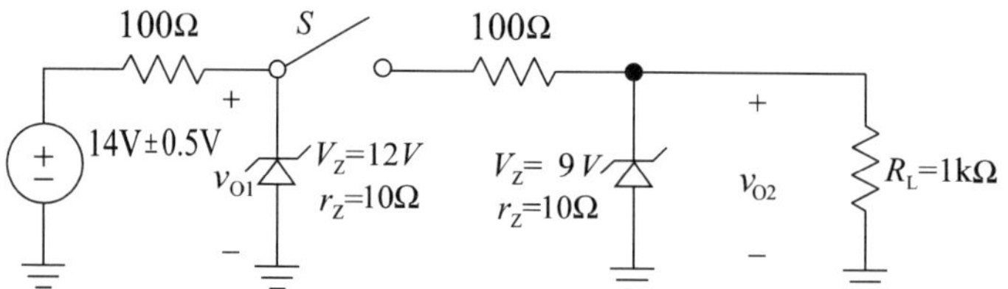

그림 9-7 2단 제너 다이오드 정전압원 회로

9.5.2 결과 보고서

실험 결과와 토의 사항에 대한 답을 정리하여 결과 보고서로 제출한다.

참고문헌

[1] R. C. Jaeger, *Microelectronic circuit design*, McGraw-Hill, 1997

[2] A. P. Malvino, *Electronic Principles*, fourth edition, McGraw-Hill, 1989

10

실험 10 연산 증폭기와 파형 발생기

연산 증폭기(operational amplifier)는 analog 회로를 구성하는 기본 요소의 하나로, 어떠한 신호에 상수 곱하기(즉 증폭 기능), 미분 및 적분, 두 신호의 덧셈 및 뺄셈 등의 기본적인 수학적 연산 기능을 한다. 연산 증폭기란 이름도 이 기능에서 유래되었다. 1965년 이전에는 진공관이나 개별(discrete) 트랜지스터를 써서 만들었기 때문에 가격도 비싸고 크기도 컸으며 성능도 좋지 않았다. 그러나, 1960년대에 들어서면서 발전하기 시작한 집적 회로(IC, Integrated Circuit) 기술이 연산 증폭기에 적용되면서 성능, 가격, 크기 등의 모든 문제가 해결되기 시작하였다. 1965년에 Fairchild 사가 출시한 μ-A 709는 집적 회로 연산 증폭기가 본격적으로 쓰이게 되는 계기를 만들었다. 이후 집적 회로 연산 증폭기의 성능이 더욱 향상되고 가격이 낮아져 성능 대 가격 비가 급속히 향상되면서 연산 증폭기는 analog 회로의 기본 구성 요소로 자리하게 되었다.

현재의 연산 증폭기는 실리콘 반도체 기판에 집적되어 있는 20~50개의 트랜지스터로 구성된 회로로, 시판되고 있는 것만도 수 백 가지 종류에 이른다. 응용 범위도 매우 넓어, 계측기, 능동 필터(active filter), A/D(analog-to-digital) 변환기, 각종 제어 기기 등 거의 모든 종류의 전자회로에 이용되고 있다.

이 실험은 이렇게 중요한 연산 증폭기를 이용한 기본적인 회로 구성에 대하여 공부한다. 아울러 이 기본 회로들이 조합되어 만들어진 파형 발생기에 대하여 다룬다. 또한 feedback의 개념과 안정성도 간단히 다룬다.

10.1 실험의 목표

(1) 연산 증폭기 회로에서 negative feedback, positive feedback, 안정도 사이의 상관 관계를 실험을 통하여 익힌다.
(2) 반전 증폭기, 비반전 증폭기, 미분기, 적분기, 덧셈기, 뺄셈기 등 연산 증폭기를 이용한 연산 회로의 동작 특성을 알아봄으로써 연산 증폭기 회로 설계 능력을 배양한다.
(3) 연산 증폭기 응용 예의 하나로서 파형 발생기 회로의 동작을 알아보고, 발진기의 개념을 익힌다.

10.2 연산 증폭기와 파형 발생기

연산 증폭기는 입력단이 차동 증폭기(differential amplifier)로 구성되어 있어 두 입력 단자에 들어온 신호의 차이에 비례하는 전압이 출력되게 되어 있다. 두 입력 단자 가운데 빼어지는 신호가 들어가는 단자를 −로 표시하며 반전 입력 단자(inverting input)라고 한다. 그리고, 원래의 신호가 들어가는 단자를 +로 표시하며 비반전 입력 단자(noninverting input)라 한다.

그림 10-1(a)는 연산 증폭기의 회로 표시(symbol)를 보여 주며 그림 10-1(b)는 등가 회로를 보여준다. 그림 10-1(b)에 보인 것처럼 두 개의 입력 단자가 있으며, 두 입력 전압의 차이 v_{id}에 비례하여 출력 전압 v_o가 나가고, 그 비례 상수, 즉 전압 이득은 A가 된다. 또 차동 입력 신호 v_{id}에 대한 저항, 즉 차동 입력 저항(differential input resistance)은 R_{id}로, 출력 저항은 R_o로 나타내었다.

이상적인 연산 증폭기는 이득 A가 무한대이고 차동 입력 저항 R_{id}가 무한대이며 출력 저항 R_o가 0Ω이다. 이상적인 연산 증폭기의 이러한 특성은 입력 단자로 흘러 들어가는 전류가 0A이며, 출력 전압이 유한하다면 입력 전압 v_{id}가 0V가 됨을 의미한다. 만일 입력 전압 v_{id}가 0V가 아니면 이득이 무한대이므로 출력도 무한대가 되기 때문에, 유한한 출력이 나오려면 입력 전압이 0V가 되어야 하는 것이다.

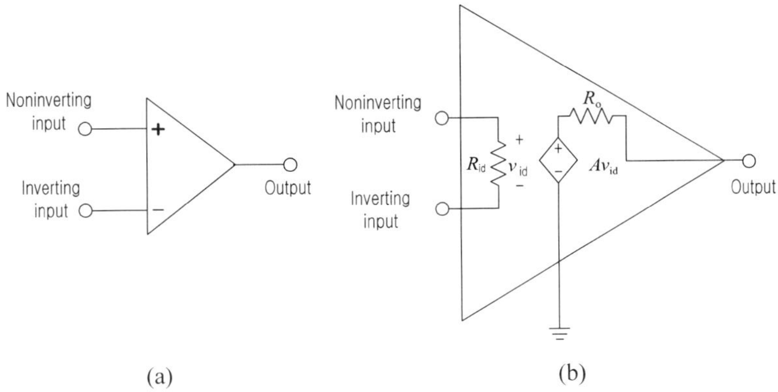

그림 10-1 연산 증폭기 (a)회로 표시, (b)등가 회로

실제의 연산 증폭기는 이 이상적인 특성에 가까운 특성을 보이기는 하지만, 완전히 이상적인 것은 아니다. 이러한 연산 증폭기의 비이상성에 대하여는 이 단원의 뒤에 있는 참고문헌 [1-5]에 자세히 나와 있다. 또 현재 상품화되어 판매되고 있는 연산 증폭기의 종류와 특성에 대하여는 참고문헌 [6]을 찾아보자.

10.2.1 반전 증폭기와 비반전 증폭기 : feedback과 안정성(stability)

연산 증폭기는 트랜지스터와 저항으로 구성되어 있기 때문에 증폭기로서 동작하려면 직류 전력을 공급하여야 한다. 보통 이 직류 전력은 직류 전압원을 이용하여 공급하며, $+V_{CC}$와 $-V_{CC}$의 두 개의 전압원을 사용한다. 종류에 따라서는 $-V_{CC}$ 대신 0V를 공급하여 직류 전압원이 하나만 쓰이는 경우도 있는데, 이를 single-supply 연산 증폭기라고 한다.

앞에서 설명한 것처럼 연산 증폭기의 이득이 무한대이므로, 비교기(comparator)로 쓰일 때를 제외하면 두 입력 단자에 직접 신호를 넣어 사용하지 못한다. 이렇게 입력을 직접 넣으면 연산 증폭기의 출력 전압이 두 직류 전압원 전압 $+V_{CC}$와 $-V_{CC}$에 의하여 제한되어 입력 전압과 무관하게 나오기 때문이다. 비반전 입력 전압이 반전 입력 전압보다 크면 출력은 $+V_{CC}$보다 약간 작은 전압이, 그 반대일 때에는 $-V_{CC}$보다 약간 큰 전압이 출력으로 나온다. 이론적으로는 각각 $+\infty$와 $-\infty$가 나와야 하지만, 출력의 범위가 직류 전원 전압 $-V_{CC}$와 $+V_{CC}$ 사이로 제한되어, 이 범위를 넘어설 수 없기 때문이다. 그러므로 증폭기로서는 아무런 의미가 없고 단순히 두 입력 전압의 크기를 비교하는 비교기로서 동작할 뿐이다.

이에 따라 증폭기로 동작할 수 있도록 전압 이득을 안정된 값으로 낮추어 주는 방법이 요구된다. 이러한 목적으로 사용되는 기법이 feedback인데, 출력의 일부 또는 전부를 입력으로 되돌려 준다는 의미를 가진다.

(1) negative feedback, positive feedback과 안정성(stability)

회로나 시스템의 설계에는 두 가지 형태의 feedback이 사용되는데, 그 하나는 negative feedback이고 다른 하나는 positive feedback이다. negative feedback은 출력 신호를 입력으로 되돌려 줄 때 입력 신호와 위상이 반대가 되게 하여, 입력 신호의 크기를 줄이는 형태이다. 즉 원래의 입력에서 출력으로부터 되돌아온 입력이 빼어지는(negative) 형태이다. 그러므로 증폭기 전체의 이득은 감소하게 된다.

이득이 줄기는 하지만, 이 방법에는 여러 가지 장점이 있다. 가장 중요한 것 가운데 하나가 안정성이다. 예를 들어 온도 변화 등에 의하여 연산 증폭기 이득 A가 커졌다고 할 때, negative feedback에서는 증가된 출력이 입력으로 되돌아 와서 빼어진다. 그러므로 입력 신호의 크기가 조금 커지므로 출력도 조금만 커지게 된다. 반대로 A가 작아졌을 때에는 작아진 출력이 되돌아 와서 빼어지므로 입력 신호의 크기가 조금 작아지므로 출력도 조금만 작아진다. 이렇게 negative feedback에서는 증폭기 특성의 변화나 잡음 등에 대하여 덜 민감하게 반응하기 때문에, 이득은 작아지지만 시스템이나 회로의 안정성은 좋아진다.

이와는 달리 positive feedback에서는 되돌려 주는 신호의 위상이 원래 입력 신호의 위상과 같다. 그러므로 되돌아 온 신호가 원래 입력 신호에 더하여져(positive) 증폭기의 입력으로 들어간다. 이에 따라 신호의 크기가 증가하면 출력이 증가하고 되돌아온 신호도 증가하여 두 신호의 합으로 주어지는 입력 신호는 더 크게 증가한다.

그러므로, 증폭기 출력은 더 크게 증가한다. 이렇게 positive feedback이 이루어지면 출력은 입력의 변화에 더 민감해져 이득이 증가한다. 이 이득의 증가가 너무 큰 경우에는 이러한 입력과 출력이 커지는 과정이 반복되어 계속 커지기 때문에 출력이 $+V_{CC}$로 발산해 버리고 만다. 마찬가지로 입력 신호가 작아지면 출력이 작아지고 작은 신호가 더해지므로 입력은 더 작아지고 출력 또한 더 작아진다. 이러한 과정이 반복되어 출력은 계속 작아져 $-V_{CC}$로 가 버린다. 이렇게 이득은 증가하지만 안정성이 나빠져, 이 positive feedback은 특별한 응용에서만 사용된다.

(2) negative feedback을 이용한 반전 증폭기와 비반전 증폭기

연산 증폭기를 증폭기로 사용하려면 그 큰 이득을 줄여 주어야 하므로 negative feedback을 사용한다. 이 때에는 출력 신호가 반전 입력 단자로 되돌아와 비반전 입력과 반전 입력 단자 사이의 차동 신호 v_{id}를 줄여 거의 0V가 되게 한다. 이에 따라 유한한 출력이 나오게 된다. 이렇게 negative feedback을 사용함으로써 유한한 이득을 얻고 안정성이 좋아질 뿐 아니라 다른 여러 특성도 함께 좋아진다. 이 부분은 여기에서 다룰만한 내용이 아니며 고급 과정의 실험이나 강의에서 공부할 기회가 주어질 것이다. 이제 negative feedback을 이용한 연산 증폭기 회로 구성에 대하여 살펴보자.

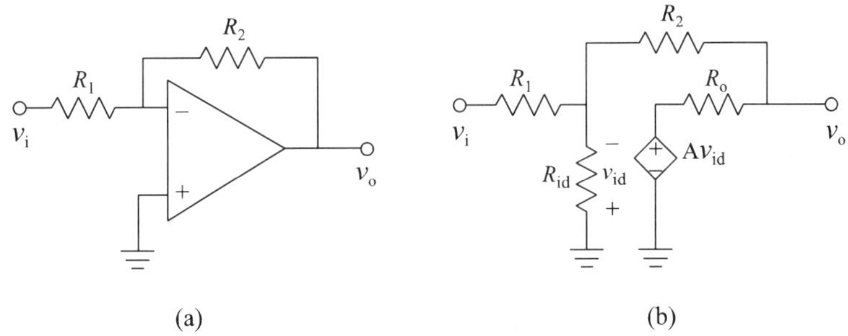

그림 10-2 (a)연산 증폭기를 이용한 반전 증폭기, (b)등가 회로

이제 그림 10-2에 보인 반전 증폭기의 동작 원리에 대하여 알아보자. 먼저 그림 10-2(a)에서 출력 v_o가 저항 R_2를 통하여 반전 입력으로 되돌아갔음에 주의하자. 이 때문에 이 회로에서는 그림 10-2(b)의 등가 회로로부터 negative feedback이 이루어지고 있음을 알 수 있다. 즉 반전 입력 단자의 전압은 $-v_{id}$이고 이 단자로 되돌아오는 전압은 Av_{id}에 비례하므로 위상이 180도 바뀌어 있다. 이와 같이 반전 입력 단자로 출력이 되돌아오면 negative feedback이 된다.

이러한 사실은 다음과 같은 방법으로도 설명할 수 있다. 먼저 입력 전압 v_i가 증가하여 저항 R_1을 통하여 흐르는 전류가 증가하면, 저항 R_{id}를 통하여 − 입력에서 + 입력 단자로 흐르는 전류가 증가한다. 이 R_{id}에 흐르는 전류의 방향과 전압의 방향이 반대이므로 v_{id}의 값이 줄고, 따라서 출력 전압도 줄어든다. 이에 따라 저항 R_2를 통하여 반전 입력에서 출력 단자로 흐르는 전류가 증가하는데, 이는 R_{id}를 통하여 − 입력에서 + 입력 단자로 흐르는 전류가 감소함을 의미한다. 따라서 v_{id}의 값이 늘어나게 되어 입력 전압의 증가에 따른 효과를 상쇄시킨다. 이와 같이 입력 전압의 증가에 따른 효과를 자동으로 상쇄시켜 입력의 변동에 따른 출력의 변동을 줄이는 것이 negative feedback의 작동 원리이다.

실제로 R_{id}는 매우 크고 연산 증폭기의 이득 A도 매우 커서 R_{id}로 흘러 들어가는 전류와 R_{id}에 걸리는 전압은 거의 0V이다. 이렇게 negative feedback을 이용하여 입력 전압에 관계 없이 R_{id}에 걸리는 전압을 거의 0V로 유지시킬 수 있다. 이를 통하여 출력 전압이 유한한 값이 되도록 하였기 때문에 이 반전 증폭기 회로가 실제의 증폭기로 사용할 수 있게 된 것이다.

이제 그림 10-2(b)의 등가 회로를 이용하여 이 증폭기의 이득을 구하여 보기로 한다. 먼저, 반전 입력 단자 node와 출력 단자 node에서 이 node로 들어오는 전류를 기준으로 Kirchhoff의 전류 법칙을 적용하면 각각 다음의 방정식을 얻는다.

$$\frac{v_i + v_{id}}{R_1} + \frac{v_{id}}{R_{id}} + \frac{v_o + v_{id}}{R_2} = 0 \tag{1}$$

$$\frac{Av_{id} - v_o}{R_o} - \frac{v_{id} + v_o}{R_2} = 0 \tag{2}$$

식 (2)에서 v_{id}를 v_o의 함수로 구하여 식 (1)에 넣고 전압 이득 $A_v = v_o/v_i$를 구하면 다음과 같다.

$$A_v \equiv \frac{v_o}{v_i} = \frac{-R_2/R_1}{1+(1/A)(1+R_2/R_1)\{(R_2+R_o)/(R_2-R_o/A)\}} \tag{3}$$

식 (3)의 전압 이득 A_v를 등가 회로의 전압 이득 A와 구별하여 closed-loop gain이라고 한다. 그리고 연산 증폭기의 이득 A를 open-loop gain이라 한다. feedback이 이루어지면 closed loop가 형성되기 때문에 feedback 증폭기의 이득을 closed-loop gain이라고 하는 것이다.

식 (3)에서 open-loop gain A와 R_{id}는 매우 큰 값을 가지며, R_o는 매우 작은 값을 가지므로 분모의 두 번째 항은 무시할 수 있다. 따라서 이득은 간단히 $-R_2/R_1$, 즉 저항값의 비율로 주어진다. 이처럼 이 증폭기의 이득은 음수가 되어 출력의 위상이 반전되는데, 반전 증폭기란 이름이 여기에서 유래되었다. 또 negative feedback에 의하여 무한대의 이득이 홍미롭게도 저항값의 비율로 주어지는 유한한 이득으로 바뀌었다.

이 증폭기의 이득 $-R_2/R_1$는 그림 10-2(a)에서 반전 입력 단자의 전압이 거의 0V라는 점과 이 입력 단자로 흘러 들어가는 전류가 거의 0A임을 이용하면 훨씬 쉽게 구할 수 있다. 저항 R_1을 통하여 흐르는 전류 v_i/R_1가 그대로 저항 R_2로 흐른다. 그리고 반전 단자의 전압이 거의 0V이다. 그러므로 출력 전압은 $(-R_2/R_1)v_i$가 되어 전압 이득이 $-R_2/R_1$가 된다. 이와 같이 비반전 입력 단자의 전압이 접지된 비반전 단자의 전압과 같이 0V가 된다는 사실을 강조하기 위하여 이 반전 단자를 virtual ground(가상 접지)라 부른다. 이 말에는 반전 입력 단자가 접지점과 같이 전압이 0V이기는 하지만 직접 접지된 것과는 다르다는 의미를 내포하고 있기도 하다. 반전 입력 단자를 직접 접지시키면 접지와 이 단자 사이에 전류가 흐를 것이다. 그러나 접지와는 연결되어 있지 않기 때문에 실제로는 이 단자와 접지 사이에 전류가 흐르지 않는다. 이렇게 전압이 0V라는 의미에서는 접지와 동등하지만, 이 단자와 접지 사이에 전류가 흐르지 않는다는 의미에서는 접지가 아니다. virtual ground라는 말은 이런 의미를 지닌다.

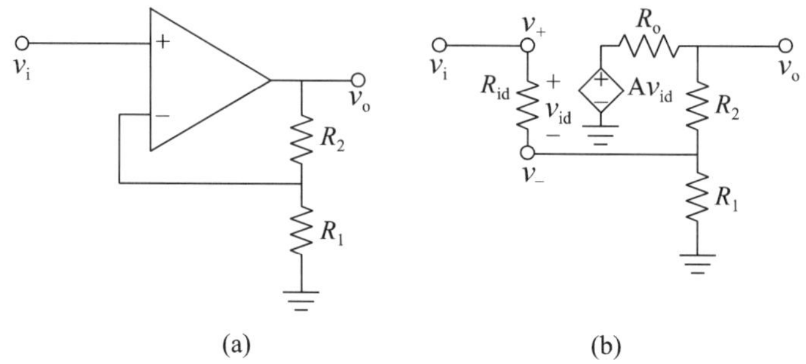

그림 10-3 (a)연산 증폭기를 이용한 비반전 증폭기, (b)등가 회로

증폭기의 주요 특성 변수는 전압 이득 이외에도 전류 이득, 입력 저항, 출력 저항 등이 있다. 이러한 특성 변수를 포함한 이 증폭기의 다른 특성에 대하여는 참고문헌 [4,5]로 넘긴다.

반전 증폭기의 단점은 위상이 반전된다는 데에 있다. 또 입력 저항이 R_1로 주어져 크기가 작다는 문제점도 있다. 이 문제를 해결한 것이 비반전 증폭기로, 그림 10-3(a)는 그 회로 구성을, 그림 10-3(b)는 등가 회로를 보여 준다.

그림 10-3(a) 회로는 출력 전압 v_o가 저항 R_1, R_2에 의해 분배되어 반전 입력 단자로 feedback되므로, 이 또한 negative feedback 증폭기이다. 그림 10-3(b)의 등가 회로를 이용하면 반전 증폭기에서와 같은 방법으로 negative feedback이 이루어짐을 추론할 수 있다.

그림 10-3(b) 등가 회로의 반전 단자와 출력 단자에 Kirchhoff의 전류, 전압 법칙을 적용하면 이 증폭기의 전압 이득을 R_1, R_2, R_{id}, R_o, A의 함수로 나타낼 수 있다. 그러나 문제를 간단히 하기 위하여 R_{id}를 무한대로, R_o를 0으로 보내면, 반전 입력 단자의 전압 v_-는 다음과 같이 주어진다.

$$v_- = v_i - v_{id} = \frac{R_1}{R_1 + R_2} v_o = \frac{AR_1}{R_1 + R_2} v_{id} \tag{4}$$

식 (4)에 $v_{id} = v_o / A$를 넣고 전압 이득 $A_v = v_o / v_i$를 구하면 다음과 같이 된다.

$$A_v \equiv \frac{v_o}{v_i} = \frac{1 + R_2/R_1}{1 + (1/A)(1 + R_2/R_1)} \tag{5}$$

여기에서 open-loop gain A가 매우 크다는 점을 이용하면, 비반전 증폭기의 이득은 $1 + R_2/R_1$로 간단히 주어진다. 이렇게 비반전 증폭기에서도 전압 이득은 저항의 비로 주어지며, 이 때에는 이득이 양수가 되어 출력 신호의 위상 반전은 일어나지 않는다. 이 이득은 비반전 단자의 전압이 반전 단자의 전압과 거의 같아 v_i가 됨을 이용하면 훨씬 쉽게 구할 수 있다. 또 반전 증폭기와는 달리 입력 저항이 매우 크다. 이 회로의 다른 특성에 대하여는 참고문헌 [4, 5]를 보도록 한다.

(3) positive feedback에 따른 증폭기의 불안정성(instability)

그림 10-2와 10-3의 반전 증폭기와 비반전 증폭기에서 반전 입력과 비반전 입력을 뒤바꾸면 어떠한 현상이 나타날까? 이 때에는 출력이 비반전 입력 단자로 되돌아가므로 positive feedback이 일어난다. 이상적인 연산 증폭기를 가정하여 open-loop gain이 무한대이고 두 입력 단자 사이의 전압이 0V이며 두 입력 단자로 들어가는 전류가 0A이고 출력 저항이 0Ω이라고 가정하고 전압 이득을 구해 보자. 그 결과는 입력 단자가 바뀌기 전의 negative feedback 증폭기의 전압 이득과 똑같다. 그러면 두 입력 단자가 뒤바뀌어 positive feedback 증폭기가 되어도 증폭기 특성은 negative feedback 증폭기와 같아서 아무런 변화가 없는 것일까?

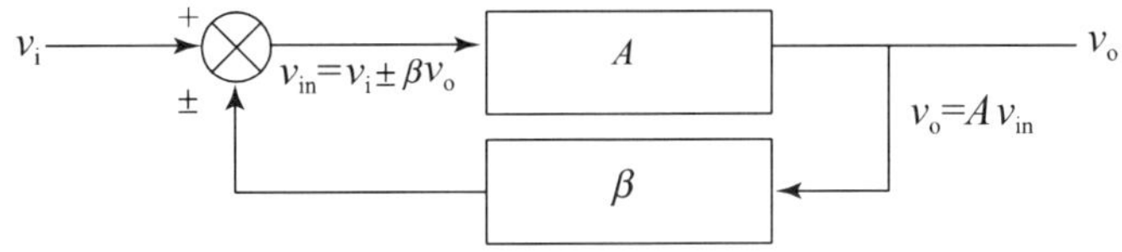

그림 10-4 Feedback 개념도

복호의 +, − 부호는 각각 positive feedback과 negative feedback을 나타낸다. 그리고 A가 쓰여진 상자는 전압 이득이 A인 증폭기를, β가 쓰여진 상자는 전압 이득이 β인 feedback 경로를, 그리고 ⊗는 mixer(덧셈기)를 나타낸다.

이 의문에 대답하기 위하여 feedback의 개념을 좀 더 공고히 해보자. 그림 10-4에 feedback의 일반적인 구조를 보였다. 입력과 출력을 모두 전압이라고 보고 이 feedback 구조를 살펴보자.

출력 전압 v_o는 β배만큼 곱해져서 mixer(즉 덧셈기)로 되돌아온다. 이것이 출력 전압이 feedback되어 mixer로 되돌아온 feedback 입력 βv_o이다. 그림 10-4에서 전압 이득이 A인 증폭기의 입력 전압 v_{in}은 이 feedback 입력과 원래 입력 신호인 v_i의 두 성분으로 이루어진다. 이 두 성분 신호가 mixer의 복호 부호에 따라 더해지거나 빼어져서 이득이 A인 증폭기로 입력된다. 그러므로 $v_{in} = v_i \pm \beta v_o$가 된다. A와 β가 모두 양수라면, +는 feedback 신호 βv_o가 더해지므로 positive feedback을 나타낸다. 그 반면에, −는 feedback 신호가 빼지므로 negative feedback을 나타낸다.

증폭기의 이득이 A이고 입력 전압이 v_{in}이므로 출력 v_o는 다음과 같이 된다.

$$v_o = Av_{in} = A(v_i \pm \beta v_o) \tag{6}$$

이 관계식에서 전압 이득(closed-loop gain) $A_v = v_o/v_i$를 구하면 다음과 같이 된다.

$$A_v \equiv \frac{v_o}{v_i} = \frac{A}{1 \mp \beta A} \tag{7}$$

식 (6), (7)에서 복호의 순서는 같다. 식 (6)에서 positive feedback에 해당하는 + 부호가 식 (7)의 − 부호에 대응되며, 식 (6)에서 negative feedback에 해당하는 − 부호가 식 (7)의 + 부호에 대응된다. 또 식 (7)에서 feedback 경로의 전압 이득 β와 증폭기 이득 또는 open-loop gain A의 곱인 βA를 loop gain이라고 한다. 그림 10-4의 feedback loop를 따라 한 바퀴를 돌 때의 이득을 의미하기 때문이다. β와 A가 모두 양수이고 βA<1이라고 가정한다. 이 때, negative feedback이 이루어지면 식 (7)의 부호가 +가 되어 이득이 A보다 $1/(1+\beta A)$ 만큼 줄어들게 된다. 그리고 positive feedback이 이루어지면 식 (7)에서 부호가 −가 되어 이득이 $1/(1-\beta A)$ 배가 되어 open-loop gain A보다 커진다. 이에 대하여는 앞 절에서 설명한 그대로이다.

주목할 만한 사실은 식 (7)에서 loop gain이 1이 되면 positive feedback에서의

closed-loop gain이 무한대가 된다는 사실이다. 이는 신호가 없어도 유한한 출력이 나올 수 있음을 의미한다. 이렇게 입력 없이도 출력을 발생시키는 회로를 발진기(oscillator)라고 한다. loop gain이 1이면 입력 신호가 없어도 자기 자신을 재생(self-regeneration)시켜 발진기로 동작한다. 예를 들어 출력 v_o는 feedback 회로를 거쳐 βv_o가 되며 mixer로 들어가 입력과 합해진다. 입력이 0이므로 mixer의 출력은 변함없이 βv_o가 된다. 그리고 증폭기를 통과하면 $A\beta v_o$가 된다. loop-gain βA가 1이므로 $A\beta v_o = v_o$가 되어 자기 자신이 재생된다. 이렇게 입력이 없어도 feedback 때문에 자기 자신이 재생되어 입력으로 계속 공급되므로 발진기로 동작하게 된다. 실제의 회로에서는 증폭기의 비선형성 때문에 이득이 줄어들어 loop-gain이 1보다 클 때 발진하게 된다. 이와 같이 loop-gain이 1보다 크면 신호가 계속 커지다가 비선형성 때문에 loop-gain이 1로 줄어들면서 발진기로 동작하게 된다. 바로 이 발진이 회로나 시스템이 불안정하게 되기 시작하는 점으로 증폭기의 설계에서는 반드시 피하여야 하는 대상이다.

일반적으로는 증폭기 이득 A나 feedback gain β는 주파수에 따라 변화하는 복소수이다. 그러므로 발진이 꼭 positive feedback에서만 일어나지는 않는다. negative feedback에서도 loop-gain이 -1이 되면 closed-loop gain이 무한대로 되어 발진할 수 있다. 그러므로 발진의 문제, 즉 증폭기의 안정성 문제는 positive feedback 회로에 국한된 문제가 아니다. 또, 이 발진 조건은 특별한 주파수에서만 만족되는 경우가 많은데 이를 이용하여 특정 주파수의 발진기를 만들 수 있다. 한 걸음 더 나아가 feedback loop를 바꾸어 발진 조건을 만족시키는 주파수를 바꾸어 주면 발진 주파수를 바꿀 수 있다. 파형 발생기(function generator)는 이러한 예의 하나이다.

이제 이 절을 시작하면서 품었던 의문에 대하여 답을 얻을 차례이다. 그림 10-5(a)에는 반전 증폭기의 입력 단자를 뒤바꾼 positive feedback 증폭기를, 그림 10-5(b)에는 비반전 증폭기의 입력 단자를 뒤바꾼 positive feedback 증폭기를 보였다. 그림 10-5(a), (b)의 회로를 각각 그림 10-2(b), 10-3(b)의 회로와 비교해 보면 단순히 반전 입력 단자와 비반전 입력 단자가 뒤바뀌어 positive feedback 증폭기가 되었음을 알 수 있다.

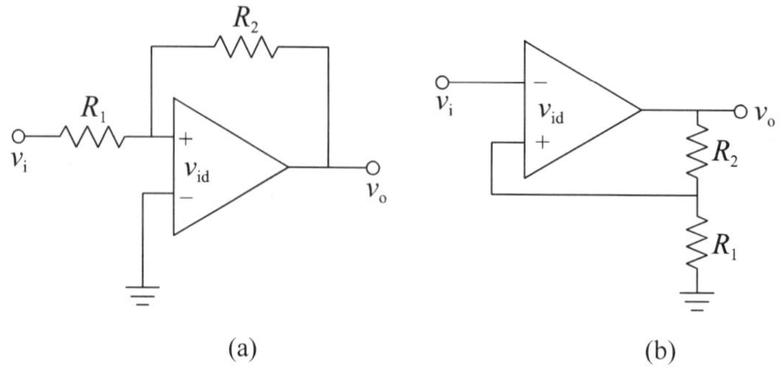

그림 10-5 비반전 단자로 feedback 되어 positive feedback 형태로 된 (a) 반전 증폭기와 (b) 비반전 증폭기

먼저 이 회로가 왜 positive feedback 회로인지 살펴보자. 그림 10-5(a)에서 어떤 원인에 의하여 v_{id}가 증가하였다고 생각하자. 그러면 출력 전압 v_o가 더 크게 증가할 것이며, 이에 따라 저항 R_2를 통하여 저항 R_{id}로 흘러 들어가는 전류가 증가하여 v_{id}가 증가하게 된다. 결국 입력의 증가가 출력의 증가로 이어지고 그 증가된 출력이 입력에 더하여져 입력이 더욱 커지는 현상이 계속된다. 그러므로 그림 10-5(a) 회로는 positive feedback 증폭기이다.

이 positive feedback 증폭기에서 loop gain이 1보다 크면 이 회로는 발진하거나 출력이 $\pm\infty$로 발산해 버린다. 출력이 $\pm\infty$로 발산한다는 것은 출력 전압이 연산 증폭기에 공급되는 직류 전압 $\pm V_{CC}$로 제한된다는 것을 의미한다. 그리고 이러한 때에는 v_{id}가 더 이상 0V가 아닌데, 그 이유는 v_{id}가 유한하여 출력이 $\pm\infty$로 발산해야 하는데 공급 전압에 의하여 제한되어 $\pm\infty$로 발산하지 못하였을 뿐이기 때문이다. 결론적으로 이 회로의 출력 전압은 v_{id}가 0V보다 크면 $+V_{CC}$에 가까운 값으로, v_{id}가 0V보다 작으면 $-V_{CC}$에 가까운 값으로 가게 된다.

그림 10-5(b)에서도 비슷한 추론을 할 수 있다. 먼저 어떤 이유에서 v_{id}가 커졌다고 생각하자. 그러면 비반전 입력 단자의 전압 v_+는 $v_i + v_{id}$로 주어지므로 증가할 것이다. v_{id}가 증가하면 출력 전압 v_o가 더 크게 증가한다. 그리고 저항 R_1, R_2에 의하여 분배되어 나타나는 v_+는 더 크게 증가하게 된다. 즉 v_+의 증가가 더 큰 v_+

의 증가로 이어져 positive feedback이 일어난다. 이 때에는 feedback gain β가 $R_1/(R_1+R_2)$이 되어 loop gain이 1을 넘는 것이 보통이다. 따라서 출력은 v_{id}가 0보다 크면 $+V_{CC}$에 가까운 값으로, v_{id}가 0보다 작으면 $-V_{CC}$에 가까운 값으로 가게 된다.

편의상 공급 전압에 의하여 제한되는 최대 출력 전압을 $\pm V_m$이라 하자. V_o가 $\pm V_m$일 때에 비반전 입력 단자의 전압 $v_+ = \pm\{R_1/(R_1+R_2)\}V_m = \pm\beta V_m$이 된다. 이에 따라 입력 전압이 0V일 때 출력 전압이 $+V_m$이었다고 하면, 입력 전압 v_i가 βV_m보다 작을 때까지는 비반전 입력 단자의 전압이 높아 출력은 $+V_m$을 유지한다. 그러나 v_i가 βV_m보다 커지면 반전 입력 전압이 비반전 입력 전압보다 커져 출력 전압은 $-V_m$이 된다. 그러므로 $v_+ = -\beta V_m$이 되고, 입력 전압 v_i가 $-\beta V_m$보다 작아져 비반전 입력이 반전 입력보다 커지기 전까지 출력 전압은 $-V_m$을 유지한다. 입력 전압인 반전 입력이 더 작아지면 비반전 입력이 반전 입력보다 커져 출력 전압은 $+V_m$이 된다. 이 입출력 전달 특성을 그림 10-6에 보였다.

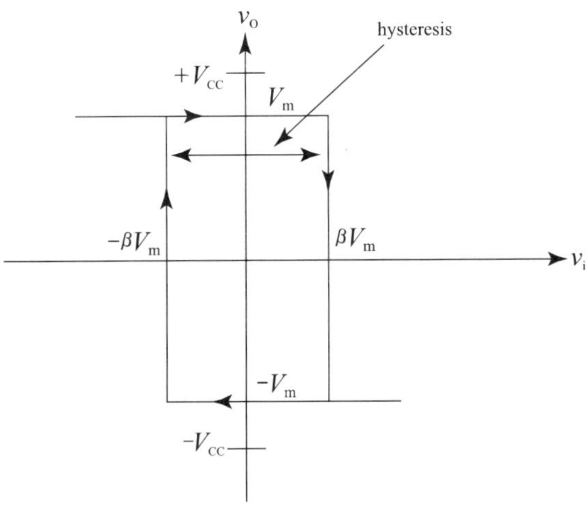

그림 10-6 그림 10-5(b)의 positive feedback 회로의 입출력 특성

앞에서 설명한 것처럼 이 비반전 증폭기의 입력 단자를 뒤바꾸어 만든 그림 10-5 (b) positive feedback 회로의 입출력 특성은 증폭기에서는 볼 수 없는 특이한 모습이다. 입력이 하나의 값으로 정해져 있더라도 출력 전압이 무엇이었느냐에 따라 출력이 달라질 수 있다. 입력뿐 아니라 초기 출력값에 따라 출력 전압이 결정되는 특이한 특성을 보이는 것이다. 이 회로는 Schmitt trigger 회로의 하나로 디지털 회로에서 신호가 0에 해당하는지 1에 해당하는지를 결정하는 데 사용된다. 이와 같이 두 입력 단자를 뒤바꾸어 positive feedback이 일어나게 하면, 입출력 전달 특성이 증폭기와는 전혀 다른 모습을 하게 된다.

결론적으로 연산 증폭기를 증폭기로 사용할 때에는 negative feedback 회로를 사용하여야 하는데, 이는 이 연산 증폭기의 open-loop gain이 너무 커서 이득을 줄여야 하기 때문이다. $\beta A > 0$일 때 negative feedback 회로가 되려면 입력으로 되돌아간 출력 신호의 일부, 즉 feedback 신호가 반전 단자로 들어가야 한다. 이 때에는 feedback loop의 loop gain이 -1이 될 수 있는 높은 주파수 영역이 아니면 발진하지 않는다. 이와는 달리 feedback 신호가 비반전 입력 단자로 들어가는 positive feedback 회로에서는 발진하거나 출력 전압이 직류 전원 전압값으로 발산해 버린다. 이는 이 회로가 불안정함을 의미하며, 증폭기 회로에서는 이러한 설계는 피해야 한다. 이러한 회로도 응용 분야가 있는데, 발진기나 Schmitt trigger 회로가 그 좋은 예이다.

연산증폭기에서 negative feedback, positive feedback 그리고 안정성 예제

예제 1 : negative feedback 증폭기에서 open-loop gain A가 커지면 v_{in}은 0으로 가는가?

$A = 10^5$, $\beta = 9.99 \times 10^{-3}$이면 closed-loop gain은 다음과 같다.

$$A_f \equiv \frac{v_o}{v_i} = \frac{A}{1+\beta A} = 100 \quad (\text{주}: A \equiv \frac{v_o}{v_{in}})$$

그러므로 $v_i = 10mV$이면 v_o는 $1V$이고 $v_{in} = v_i - \beta v_o = v_o / A = 10\mu V$가 된다.

이와 같이 negative feedback 증폭기에서의 closed-loop gain $A_f = 100$은 open-loop gain $A = 10^5$보다 훨씬 작다. 그 이유는 증폭기의 입력이 $v_{in} = v_i - \beta v_o$가 되어, 즉 βv_o만큼 빼어져, $v_i = 10mV$보다 훨씬 작은 $v_{in} = 10\mu V$가 되기 때문이다. β는 그대로 두고 open-loop gain A만 10^6으로 키우면 $v_{in} \fallingdotseq 1\mu V$가 되어, A가 커질수록 v_{in}은 0에 가까이 간다. 연산증폭기에서는 v_{id}가 v_{in}의 역할을 하고 $A \fallingdotseq 10^6$ 정도이므로, 출력전압이 유한한 값이면 $v_{id} \fallingdotseq 0$이라는 근사식은 잘 맞는다.

[질문] 연산증폭기에는 빼셈 장치가 없는데 $v_{in} = v_i - \beta v_o$의 빼셈이 이루어질 수 있는 이유가 무엇인가?

[답] Kirchhoff의 전압법칙에 따라 연산증폭기에서 $v_{id} = v_+ - v_-$로 주어진다. 그리고 출력 전압 v_o는 비반전 입력단자 전압 v_+와 반전 입력단자 전압 v_-의 차이인 $v_{id} = v_+ - v_-$에 비례한다. 특별히 출력저항 r_o의 영향이 무시할 수 있을 정도로 작을 때에는 $v_o = A v_{id}$가 된다. 따라서 $v_{id} = v_{in}$, $v_+ = v_i$, $v_- = \beta v_o$로 두면 $v_{in} = v_i - \beta v_o$의 빼셈이 그대로 이루어진다. 출력 전압의 일부가 반전 입력단자로 feedback되어, 즉 $v_- = \beta v_o$가 되어, 빼셈이 이루어진 것이다. 이렇게 회로에서 이루어지는 빼셈과 덧셈은 Kirchhoff의 전압 또는 전류법칙을 이용하는 것이다. 출력의 일부가 비반전 입력 단자로 feedback되면 어떻게 될까? feedback이 일어나는 과정에서 위상의 변화가 없다면 positive feedback이 일어난다.

예제 2 : positive feedback 증폭기가 되면 closed-loop gain A_f는 커지는가?

$A = 10^5$, $\beta = 5 \times 10^{-6}$이면 closed-loop gain A_f는 다음과 같다.

$$A_f \equiv \frac{v_o}{v_i} = \frac{A}{1 - \beta A} = 2.0 \times 10^5$$

positive feedback으로 하여 이득이 2배로 커졌다. $\beta v_o = v_i$가 되어 $v_{in} =$

$v_i + \beta v_o$로부터 입력전압 v_{in}이 $2v_i$로 2배 커졌기 때문이다. $\beta v_o = \beta A_f v_i = 5\times 10^{-6}\times 2\times 10^5 v_i = v_i$에서 $\beta v_o = v_i$임을 유도할 수 있다. 이렇게 positive feedback이 일어나면 closed-loop gain A_f는 커진다.

예제 3 : positive feedback 증폭기의 불안정성

$A = 10^3$, $\beta = 10^{-3}$이면 closed-loop gain A_f는 다음과 같다.

$$A_f = \frac{A}{1-\beta A} = \infty$$

positive feedback을 통하여 closed-loop gain A_f가 무한대로 커졌다. A_f가 무한대이고 $\beta A = 1$이라는 것은 발진과 불안정성을 의미한다. 왜 그럴까?

먼저 불안정성에 대하여 살펴본다. 불안정성이란 유한한 입력 전압에 대해서도 출력의 절대값이 무한정 커지는 것을 의미한다. 처음에 $v_i = 1mV$, $v_o = 0$을 가정하면 다음과 같이 된다.

$$v_{in} = v_i + \beta v_o = v_i = 1mV,\ \ v_o = Av_{in} = 10^3 mV = 1V$$

$v_o = 10^3 mV$가 되었으므로 그 다음 순간에는 다음과 같이 된다.

$$v_{in} = v_i + \beta v_o = 1mV + 1mV = 2mV,\ \ v_o = Av_{in} = 2\times 10^3 mV = 2V$$

$v_o = 2\times 10^3 mV = 2V$가 되었으므로 그 다음 순간에는 다음과 같이 된다.

$$v_{in} = v_i + \beta v_o = 1mV + 2mV = 3mV,\ \ v_o = Av_{in} = 3\times 10^3 mV = 3V$$

이렇게 출력이 계속 증가하여 ∞로 가버린다. 증폭기가 불안정한 상태에 있는 것이다.

만일 $v_o = 1V$인 상태에서 입력이 끊어진다면, 즉 $v_i = 0$이 된다면 어떤 일이 벌어질까? $v_i = 0$으로 두고 똑같은 과정을 반복하면 출력은 다음과 같이 주어진다.

$$v_{in} = v_i + \beta v_o = 0 + 1mV = 1mV,\ \ v_o = Av_{in} = 1V$$

그 다음 순간에는 v_{in}과 v_o는 다음과 같이 된다.

$$v_{in} = v_i + \beta v_o = 0 + 1mV = 1mV,\ \ v_o = Av_{in} = 1V$$

이렇게 $v_{in} = 1mV$, $v_o = 1V$ 상태를 계속 유지한다. 즉, 입력 없이도 출력이 계속 나올 수 있는 것이다. 이와 같이 입력 없이도 출력을 내는 장치를 발진기라고 하며 $\beta A = 1$인 특별한 경우에 나타나는 현상이다. 그러면, 왜 $\beta A = 1$인 positive feedback 증폭기에서 발진이 일어날까? closed-loop gain $A_f \equiv v_o / v_i$가 무한대이므로 입력 $v_i = 0$이어도 즉 입력 없이도 출력이 나올 수 있기 때문이다. 조금 더 자세히 들여다보면, $\beta A = 1$이므로 $v_{in} = \beta v_o = \beta A v_{in} = v_{in}$이 되어 출력이 입력으로 들어가 원래의 입력신호를 재생시킨다. 이렇게 출력이 입력으로 되돌아가 입력을 재생해 주므로 입력 신호 없이도 출력이 계속 유지되는 발진기가 되는 것이다. 실제의 발진기에서는 βA 값을 1보다 약간 크게 해준다. βA 값이 1보다 커도 발진이 일어날까? 실제의 증폭기에서 βA 값을 1보다 크게 해주는 이유는 도대체 무엇일까?

10.2.2 가산 증폭기(summing amplifier)와 감산 증폭기(difference amplifier)

반전 증폭기와 비반전 증폭기 회로를 적당히 중첩시킴으로써 덧셈이나 뺄셈을 하면서 동시에 그 결과를 증폭시키는 가산 또는 감산 증폭기를 만들 수 있다. 출력이 반전 입력 단자로 feedback되어 이 연산 증폭기 회로가 안정하게 동작한다고 하면, 이 때에도 두 입력 단자 사이의 전압은 0V이며 그 입력 단자로 흘러 들어가는 전류도 0A라는 가정이 잘 성립한다. 이 기본적인 동작 특성을 이용하면 감산 또는 가산 증폭기의 이득도 쉽게 구할 수 있다.

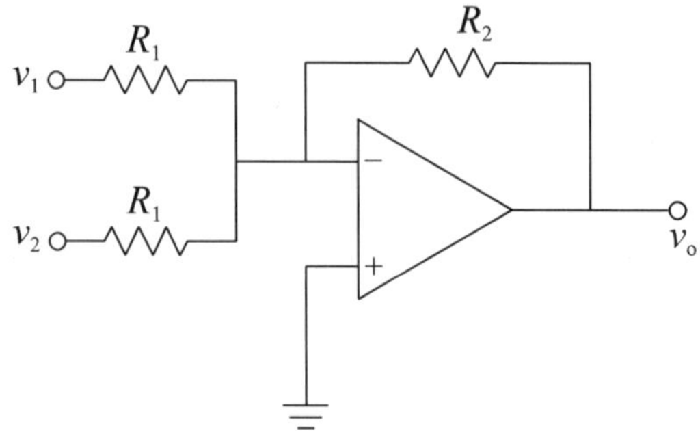

그림 10-7 반전 증폭기를 이용한 가산 증폭기

그림 10-7은 반전 증폭기를 이용한 가산 증폭기이다. 반전 입력 단자가 virtual ground임을 이용하고 중첩의 정리를 사용하면 저항 R_2로 흘러 들어가는 전류가 $(v_1+v_2)/R_1$가 된다. 이 전류가 두 입력 전압의 합에 비례하므로 출력 전압도 다음과 같이 두 입력 전압의 합에 비례한다.

$$v_o = -\frac{R_2}{R_1}(v_1+v_2) \tag{8}$$

이 가산기의 단점은 입력 저항이 작다는 것 외에도 전압 이득의 부호가 −라는 점이다. − 부호는 이득이 −1인 반전 증폭기를 출력단 뒤에 붙임으로써 해결할 수 있다.

그림 10-7에는 입력이 둘밖에 없지만 여러 개의 입력을 같은 방식으로 넣어주면 여러 입력 신호의 합에 비례하는 출력을 얻을 수 있다. 또 저항 R_1을 입력 신호마다 바꾸어 주면 신호에 따라 비중을 다르게 하여 더하는 weighted summing amplifier가 된다.

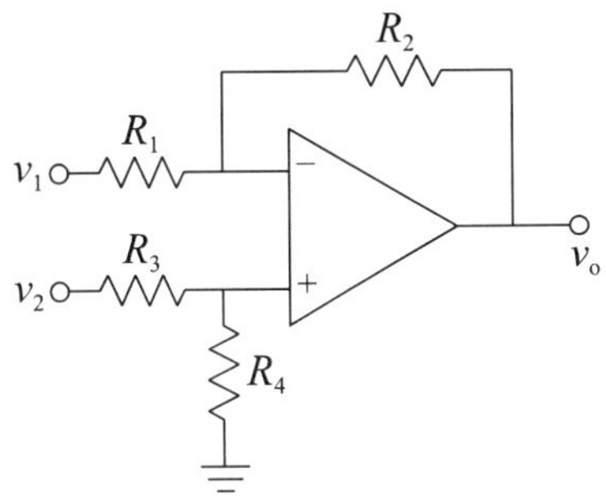

그림 10-8 감산 증폭기(difference amplifier)

그림 10-8은 감산 증폭기를 보여 준다. 출력 전압은 중첩의 원리에 따라 v_1이 0일 때 v_2에 의한 출력 전압과 v_2가 0일 때 v_1에 의한 출력 전압의 합으로 주어진다. 먼저 v_1이 0일 때 v_2에 의한 출력 전압은 입력 전압이 $\{R_4/(R_3+R_4)\}v_2$인 비반전 증폭기 출력 전압에 해당되므로, 이 입력 전압의 $1+R_2/R_1$ 배가 된다. 또, v_2가 0일 때 v_1에 의한 전압은 반전 증폭기의 출력에 해당되므로 $-(R_2/R_1)v_1$이 된다. 따라서 출력 전압은 다음과 같다.

$$v_o = -\frac{R_1}{R_1}v_1 + \frac{1+R_2/R_1}{1+R_3/R4}v_2 \tag{9}$$

특히 $R_2/R_1 = R_4/R_3$이면 $v_o = (R_2/R_1)\ (v_2 - v_1)$이 되어 출력이 두 전압의 차이에 비례하는 감산 증폭기가 된다.

10.2.3 미분기와 적분기

반전 증폭기 회로와 capacitor를 이용하면 미분기와 적분기를 만들 수 있다. 반전 증폭기에서 저항 R_2로 흘러 들어가는 전류는 v_i/R_1로 주어져, 입력 전압에 비례한다. 이는 반전 입력 단자가 virtual ground이기 때문에 나타난 현상이다. 이 반전 증폭기의 저항 R_2를 capacitor C로 바꾸면 적분기로 동작한다. capacitor에 걸리는 전

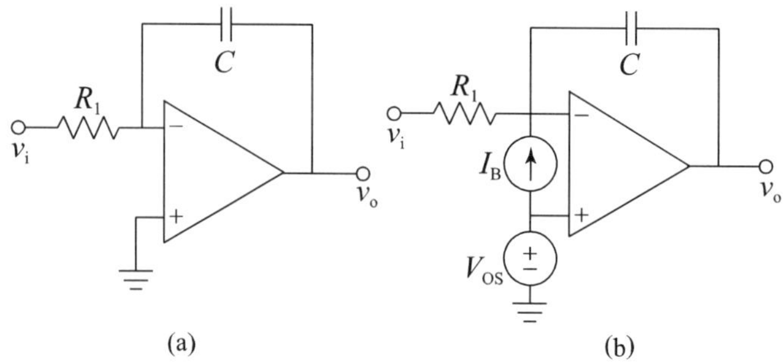

그림 10-9 (a) 연산 증폭기를 이용한 적분기, (b) 연산 증폭기 비이상성의 영향

압이 충전된 전하량, 즉 전류의 적분에 비례한다는 사실과 capacitor C로 흘러들어가는 전류가 v_i/R_1로 v_i에 비례하기 때문이다. 또, 적분기와 미분기는 역의 수학적 연산을 하므로, 적분기에서 저항과 capacitor의 위치를 바꾸면 미분기를 만들 수 있으리라 기대된다.

그림 10-9(a)는 연산 증폭기를 이용한 적분기를 보여준다. 반전 단자가 virtual ground임을 이용하면 출력 전압 v_o는 다음과 같다.

$$v_o(t) = v_o(t=0) - \frac{1}{R_1 C}\int_0^t v_i(\tau)d\tau \tag{10}$$

이와 같이 반전 증폭기의 저항 R_2를 capacitor로 바꿈으로써 적분기를 만들 수 있다.

또 저항 R_1, R_2를 각각 일반적인 임피던스 Z_1, Z_2로 대치하면, 정상 상태(sinusoidal steady state)에서 삼각 함수 입력에 대한 phasor를 이용한 이득은 $-Z_2/Z_1$가 된다. 그러므로 삼각 함수 입력에 대한 적분기의 정상 상태 전압 이득은 $-1/j\omega CR_1$이 된다. 이에 따라 $\omega=0$인 직류 신호에 대한 전압 이득은 무한대가 되는데, 이는 capacitor의 직류 임피던스가 정상 상태에서 무한대가 되기 때문이다.

그림 10-9(b)는 연산 증폭기를 이용한 적분기에서 나타나는 비이상성을 보여준다. 연산 증폭기의 직류 offset 전류 I_B와 offset 전압 V_{OS}의 영향으로 출력 전압은 다음과 같이 주어진다.

$$v_o(t) = v_o(0) - \frac{1}{R_1 C}\int_0^t v_i(\tau)d\tau + \frac{V_{OS}}{R_1 C}t + \frac{1}{C}\int_0^t I_B d\tau + V_{OS} \tag{11}$$

식 (11) 우변의 세 번째와 네 번째 항으로 표시된 직류 offset 전압과 전류에 의하여 시간이 지날수록 적분기의 오차가 커져 출력 전압이 $\pm V_m$으로 발산하는 문제점이 발생한다. 이 문제를 해결하기 위하여 그림 10-9(a)의 적분기에서 capacitor와 병렬로 저항을 달아준다. 이 저항 때문에 직류 전압 이득이 무한대가 아닌 유한한 값이 되어 적분기의 오차가 어느 이상 누적(accumulation)되는 것을 막을 수 있다. 그렇지만, 이 적분기는 신호의 주파수에 따라 적분기가 되기도 하고 단순한 반전 증폭기가 되기도 한다. 새로 달아준 병렬 저항 R_P와 capacitance C의 곱으로 주어지는 시정수의 역수에 해당하는 각주파수, 즉 $\omega_c = 1/R_p C$를 경계 각주파수라고 한다. 이 경계 각주파수를 기준으로, 이보다 높은 각주파수에서는 적분기로 동작하지만, 이보다 낮은 각주파수에서는 단순한 반전 증폭기가 된다. 그리고 경계 각주파수 부근에서는 적분기도 반전 증폭기도 아닌 중간적인 거동을 한다. 이렇듯, 적분기에서 연산 증폭기의 바이어스 전류 I_B나 offset 전압 V_{OS}의 영향을 최소화하기 위하여 병렬 저항을 달면, 경계 각주파수보다 높은 각주파수 영역에서만 적분기로 동작하는 문제점이 있다.

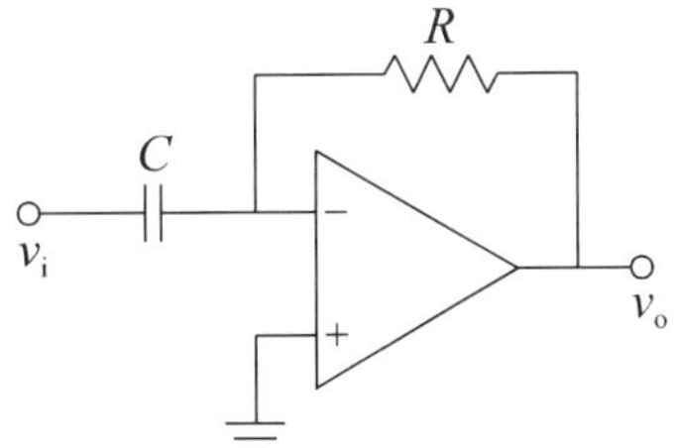

그림 10-10 연산 증폭기를 이용한 미분기

그림 10-10은 미분기를 보여 준다. 이 그림에서 알 수 있는 것처럼 적분기에서 저항과 capacitor의 위치를 바꾸면 미분기가 된다. capacitor를 통하여 저항 R로 흐르는 전류가 $C(dv_i/dt)$로 주어지므로, 이 미분기의 출력 전압은 다음과 같이 된다.

$$v_o(t) = -RC\frac{dv_i(t)}{dt} \tag{12}$$

이 식으로부터, 위상의 반전이 생기기는 하지만, 그림 10-10의 회로는 입력 전압을 미분하는 미분기로서 동작함을 알 수 있다.

지금까지 살펴본 연산 증폭기의 덧셈과 뺄셈, 상수 곱셈(증폭), 미분과 적분 등의 연산 기능은 디지털 컴퓨터가 널리 사용되기 전에 사용되었던 analog computer의 기초가 되었다. 이러한 연산 기능을 이용하여 미분 방정식 등을 비롯한 여러 형태의 방정식을 풀 수 있다.

10.2.4 파형 발생기

앞 절에서 우리는 연산 증폭기에 positive feedback을 해 주어 발진기를 만들 수 있음을 알았다. 그리고 feedback 회로를 바꾸어 주면 원하는 주파수의 사각파나 삼각 함수파를 발생시키는 발진 회로를 만들 수 있음도 알았다. 또 미분기와 적분기를 사용하면 사각파와 삼각파 사이의 변환이 가능함도 잘 알고 있다. 이러한 기초 지식을 바탕으로 이 절에서는 파형 발생기에 대하여 다루어 보자. 발진 회로에 대한 자세한 사항은 이 실험 과목의 수준을 벗어나므로 자세히 다루지 않고, 하나의 예제를 통하여 파형 발생기의 동작을 간단히 이해하고 넘어가는 데에 주안점을 두기로 한다. 실제 상품화되어 우리가 사용하고 있는 파형 발생기에 대하여는 참고문헌 [7]을 읽어보자.

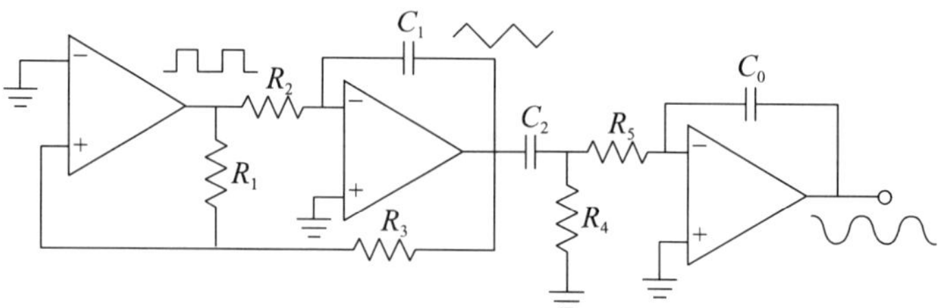

그림 10-11 연산 증폭기를 이용한 파형 발생기의 예

그림 10-11은 연산 증폭기를 이용한 간단한 파형 발생기의 예를 보여준다(참고문헌[8]). 먼저 이 파형 발생기의 첫 단은 positive feedback을 이용한 비교기 회로로 비반전 입력 전압이 크면 출력 전압은 $+V_{CC}$ 가까이로 가며, 비반전 입력 전압이 낮으면 $-V_{CC}$ 가까이로 간다. 둘째 단과 셋째 단은 적분기이며 그 사이에 있는 capacitor C_2는 셋째 단 증폭기에 들어가는 직류 성분을 없애기 위한 것이다. 첫 단 비교기의 출력은 사각파이다. 이 사각파 출력이 둘째 단에서 적분되어 삼각파가 된다. 그리고 두 신호가 모두 첫 단으로 positive feedback되어 첫 단 비반전 입력 단자의 전압을 시간에 따라 변하게 한다. 이 비반전 입력이 증가하면서 0V를 통과할 때 첫 단의 출력이 −에서 +로 된다. 또, 비반전 입력이 감소하면서 0V를 통과할 때 +에서 −로 변하게 된다. 이렇게 지속적으로 사각파와 삼각파가 만들어진다. 셋째 단의 출력은 삼각파 입력에 대한 적분이므로 사실은 포물선(2차 함수)의 조합이며, 삼각 함수와 비슷하게 보일 뿐이다. 이 파형도 적당한 filter를 사용하여 삼각 함수에 가까운 파형으로 만들 수 있다.

10.3 사용 기기와 부품

- 오실로스코프
- 2채널 직류 전압원
- 파형 발생기
- 연산 증폭기 4개
- 저항 : 1kΩ 2개, 10kΩ 4개, 75kΩ 1개, 100kΩ 3개
- capacitor : $0.015\mu F$, $0.1\mu F$, $0.33\mu F$, $10\mu F$ 각각 1개

10.4 실험 내용과 방법

10.4.1 실험 10-1: 반전 증폭기와 비반전 증폭기

(1) 반전 증폭기의 입출력 전달 특성

1. $R_1 = 1\text{k}\,\Omega, R_2 = 10\text{k}\,\Omega$으로 다음 회로 10-1의 반전 증폭기를 구성한다.

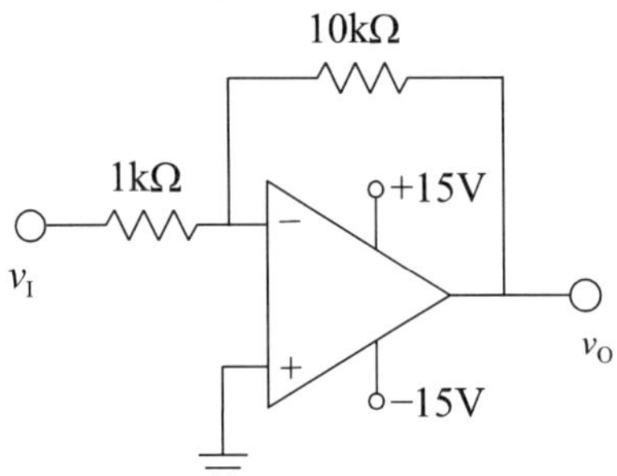

회로 10-1 반전 증폭기

2. 출력 파형의 증폭과 clipping: 주파수 1kHz, 진폭 0.1V, 1V의 삼각 함수파를 입력시키고 출력을 관찰한다. 또, 진폭을 2V로 하여 출력 파형을 관찰한다.

> **토의사항**
>
> 입력 파형과 출력 파형 사이의 위상 차이는? 이 위상 차이와 반전 증폭기라는 이름과의 관계를 찾으면? 입력 파형의 진폭이 1V에서 2V로 변할 때, 출력 파형은 어떻게 변하는가? 그 이유는? 이 회로에서 최대 출력 전압은?

3. 반전 증폭기의 입출력 전달 특성: 반전 증폭기의 입력을 오실로스코프의 X 입력으로, 출력을 Y 입력으로 하여 반전 증폭기의 입출력 전달 특성을 구한다. 이 때, 입력 신호의 진폭은 1.5V 이상으로 한다.

토의사항

입출력 전달 특성의 기울기와 전압 이득, 저항 R_1, R_2 사이의 관계는? 위상 반전과 기울기 부호 사이의 관계는? 전달 특성으로부터 출력 전압의 최대값과 최소값을 구하면? 또, clipping 없이 증폭될 수 있는 입력 신호의 범위는?

4. positive feedback 구조에서 입출력 전달 특성: 회로 10-1 반전 증폭기의 + 입력 단자와 − 입력 단자를 뒤바꾸고 앞의 실험 과정 3을 반복하여 입출력 전달 특성을 구한다.

토의사항

실험 과정 3의 결과와 비교하면?

(2) 비반전 증폭기의 입출력 전달 특성

1. $R_1 = 1k\Omega$, $R_2 = 10k\Omega$으로 다음 회로 2의 비반전 증폭기를 구성한다.

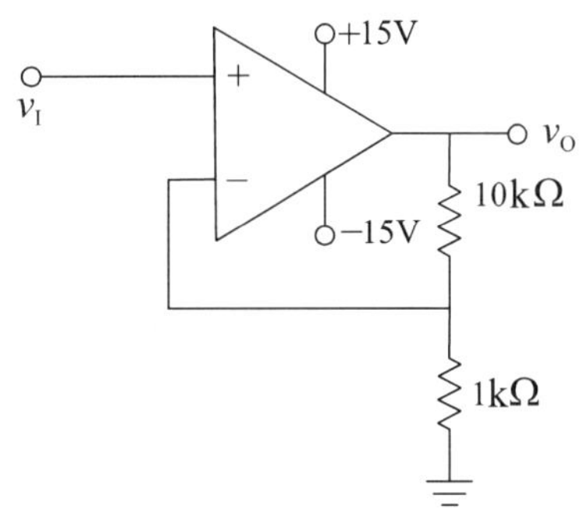

회로 10-2 비반전 증폭기

2. 출력 파형의 증폭과 clipping: 주파수 1kHz, 진폭 1V의 삼각 함수파를 입력시키고 출력을 관찰한다. 또, 진폭을 2V로 하여 출력 파형을 관찰한다.

토의사항

입력 파형과 출력 파형 사이의 위상 차이는? 이 위상 차이와 비반전 증폭기라는 이름과의 관계를 찾으면? 입력 파형의 진폭이 1V에서 2V로 변할 때, 출력 파형은 어떻게 변하는가? 그 이유는? 또 이 반전 증폭기의 + 입력 단자와 − 입력 단자를 뒤바꾸면 어떻게 될까? 입력 단자를 바꾸어 실험해 보라.

3. 비반전 증폭기의 입출력 전달 특성: 비반전 증폭기의 입력을 오실로스코프의 X 입력으로, 출력을 Y 입력으로 하여 비반전 증폭기의 입출력 전달 특성을 구한다. 이 때, 입력 신호의 진폭은 1.5V 이상으로 한다.

토의사항

입출력 전달 특성의 기울기와 전압 이득, 저항 R_1, R_2 사이의 관계는? 위상 반전과 기울기 사이의 관계는? 전달 특성으로부터 출력 전압의 최대값과 최소값을 구하면? 또, clipping 없이 증폭될 수 있는 입력 신호의 범위는? 이 범위를 반전 증폭기의 결과와 비교하면? 그 차이의 원인은? $R_2=0\Omega$, R_1=무한대이면 어떤 기능의 회로가 될까?

10.4.2 실험 10-2: 가산기와 감산기

(1) 가산기

1. 다음 회로 10-3의 가산기 회로를 구성한다.
2. 가산기 회로를 이용한 덧셈: 가산기 입력으로 파형 발생기의 1kHz TTL output과 진폭 1V의 삼각 함수파를 넣고, 출력 파형을 입력 파형과 비교하여 기록한다.

토의사항

이 회로가 가산기로 동작 하는가? 위상의 반전을 해결하는 방법은? 또 두 입력 저항 R_1의 값이 서로 다를 때의 출력은?

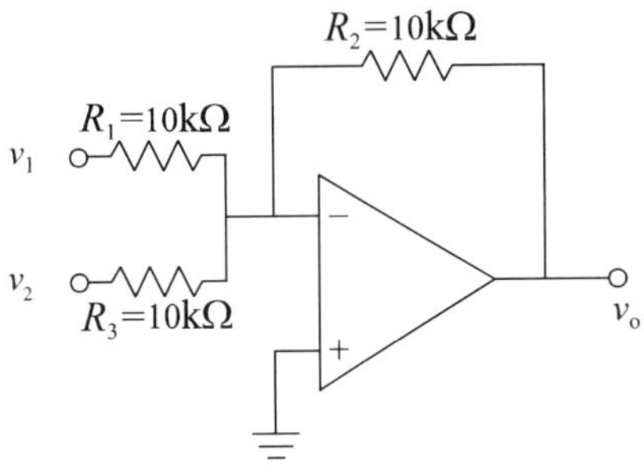

회로 10-3 가산기 회로

(2) 감산기

1. 다음 회로 10-4의 감산기 회로를 구성한다.

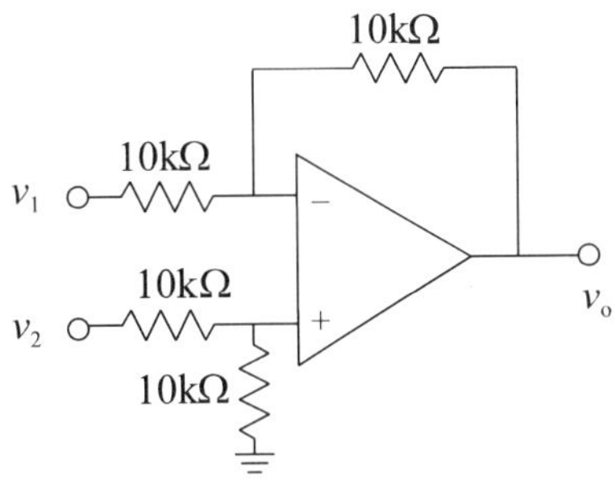

회로 10-4 감산기 회로

2. 감산기 회로를 이용한 뺄셈: 감산기의 입력 v_1로 파형 발생기의 1kHz TTL output을, 입력 v_2로 진폭 3V의 삼각 함수파를 넣고, 출력 파형을 입력 파형과 비교하여 기록한다.

> **토의사항**
>
> 이 회로가 감산기로 동작하는가?

3. 감산기의 비이상성 점검 : 감산기의 입력 v_1로도 입력 v_2로도 같은 진폭 1V의 삼각 함수파를 넣고, 출력 전압이 0V가 되는지 확인한다.

토의사항

출력이 정확히 0V가 되는가? 안된다면 그 원인은?

10.4.3 실험 10-3 : 적분기와 미분기

(1) 적분기

1. 다음 회로 10-5의 적분기를 구성한다.

2. 적분기의 입력으로 주파수 1kHz, 진폭이 1V이고 직류 성분이 없는 삼각파, 사각파, 삼각 함수파를 넣고 출력 파형을 입력 파형과 함께 기록한다.

토의사항

이 회로가 적분기로 동작하는가? 이 회로의 입력에 직류 성분이 있으면 어떠한 일이 생기는가? 이러한 문제를 해결하는 방법은?

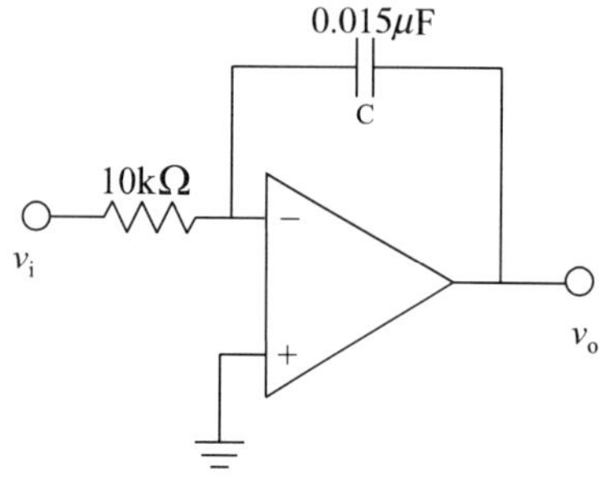

회로 10-5 연산 증폭기를 이용한 적분기

3. 병렬 저항의 영향 : 회로 10-5에서 capacitor와 병렬로 100kΩ의 저항을 달고 입력에 진폭 1V의 삼각 함수를 넣고 주파수를 100Hz, 1kHz, 10kHz로 바꾸어 가며 출력 파형을 입력 파형과 함께 기록한다. 그리고, 병렬 저항을 10kΩ으로 바꾼 다음, 입력 신호의 주파수를 100Hz, 1kHz, 10kHz로 바꾸어 가며 출력 파형을 입력 파형과 함께 기록한다.

토의사항

병렬 저항값과 주파수에 따라 적분기로 동작하는 경우를 찾으면? 이로부터 적분기로 동작하는 주파수 영역에 대하여 얻을 수 있는 결론은?

(2) 미분기

1. 다음 회로 10-6의 미분기를 구성한다.

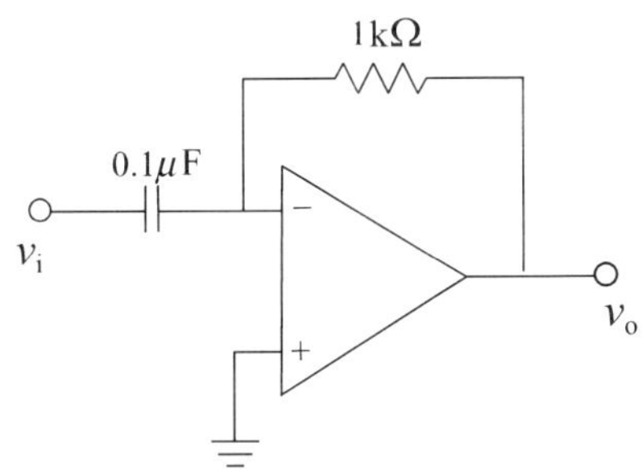

회로 10-6 연산 증폭기를 이용한 미분기

2. 미분기 : 이 미분기의 입력으로 주파수 1kHz, 진폭 1V의 삼각파를 넣고 입력과 함께 출력 파형을 기록한다.

토의사항

이 회로가 미분기로 동작하는가? 이 회로의 입력으로 사각파를 넣으면, 출력 파형은 어떻게 될까?

3. 파형 발생기 삼각 함수 출력의 비이상성 점검 : 이 미분기의 입력으로 주파수 1kHz, 진폭 1V의 삼각 함수파를 넣고 입력과 함께 출력 파형을 기록한다. 또, 입력을 오실로스코프의 X 입력으로, 출력을 Y 입력으로 하고, volts/div 단자와 cal 단자를 조절하여 화면에 나타나는 두 파형의 진폭이 같도록 한다. 그리고 Lissajous pattern을 관찰한다.

토의사항

이 회로가 미분기로 동작하는가? 출력 파형은 삼각 함수인가? Lissajous pattern은 원인가? 만일 아니라면 그 이유는? 삼각 함수 파형의 비이상성을 미분기와 적분기 가운데 어느 것으로 더 쉽게 알 수 있을까?

10.4.4 실험 10-4 : 파형 발생기

1. 다음 회로 10-7의 파형 발생기 회로를 구성한다.

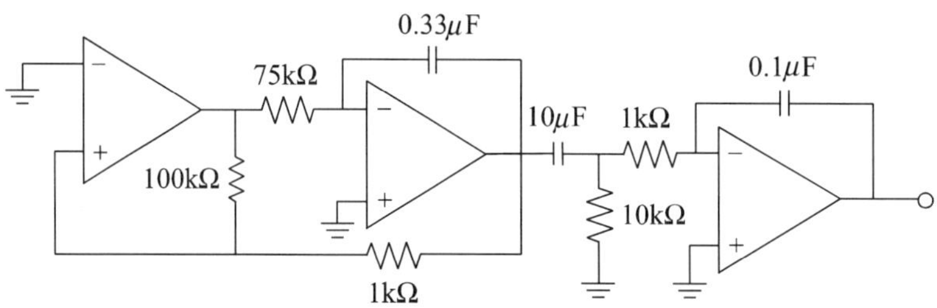

회로 10-7 연산 증폭기를 이용한 파형 발생기 회로

2. 출력 파형의 관찰 : 각 연산 증폭기의 출력 파형을 관찰하고, 함께 그린다.

토의사항

삼각 함수파 출력은 정상적인 삼각 함수일까? 이 출력을 미분하면 어떤 파형이 될까?

3. 병렬 저항의 영향 : 회로 10-7의 적분기 capacitor인 0.33μF, 0.1μF와 병렬로 각각 100kΩ의 저항을 달고 각각의 연산 증폭기 출력단 파형을 관찰하고 함께 그린다.

> **토의사항**
>
> 이 실험 결과를 앞의 실험 과정 2의 결과와 비교하면? 차이가 있다면 그 이유는? 또, 이 회로의 0.33μF capacitor 값을 0.15μF으로 줄이면, 출력 파형의 주기는 어떻게 될까?

10.5 예비 보고서와 결과 보고서

10.5.1 예비 보고서

(1) Review questions

1. negative feedback과 positive feedback이 무엇인지 비교하여 설명해 보라.

2. 반전 증폭기에서와 같은 방법으로, 비반전 증폭기에서도 negative feedback이 이루어짐을 그림 10-3(b)의 등가 회로를 이용하여 추론해 보라.

3. negative feedback이 이루어지는 연산 증폭기 회로에서 차동 입력 전압 v_{id}가 거의 0으로 유지되는 원리를 설명하라.

4. 식 (3)의 전압 이득을 그림 10-2(b)의 등가 회로를 이용하여 구해 보라.

5. 삼각 함수 파형의 비이상성을 적분기보다는 미분기로 더 잘 볼 수 있는 이유를 설명하라.

6. 그림 10-4의 feedback 개념도에서 $\beta > 0$, $A > 0$이라 하면, positive feedback에서는 $\beta A = 1$일 때, negative feedback에서는 $\beta A = -1$일 때 발진이 일어남을 설명하라.

7. 그림 10-4의 feedback 개념도에서 closed-loop gain에 대한 식 (7)을 유도하라.

(2) 연습 문제

1. 직류 바이어스 전원의 전압이 ±15V일 때 출력 전압의 범위가 ±13V라고 가정하고, 회로 10-1에 있는 반전 증폭기의 입출력 전달 특성을 구하라.

2. 직류 바이어스 전원의 전압이 ±15V일 때 출력 전압의 범위가 ±13V라고 가정하고, 회로 10-2의 비반전 증폭기의 입출력 전달 특성을 구하라.

10.5.2 결과 보고서

실험 결과와 토의 사항에 대한 답을 정리하여 결과 보고서로 제출한다.

참고문헌

[1] J. G. Braeme, G. E. Tobey, and L. P. Huelsman, *Operational amplifiers : design and applications*, McGraw-Hill, 1971

[2] J. V. Wait, L. P. Huelsman, G. A. Korn, *Introduction to operational amplifiers : theory and applications*, Mc-Graw-Hill, 1992

[3] S. Franco, *Design with operational amplifiers and analog integrated circuits*, McGraw-Hill, 1988

[4] A. S. Sedra and K. C. Smith, *Microelectronic circuits*, Saunders College Publishers, 1991

[5] R. C. Jaeger, *Microelectronic circuit design*, McGraw-Hill, 1997

[6] P. Horowitz, and W. Hill, *The art of electronics*, second ed., Ch. 4, Cambridge University Press, 1989

[7] C. F. Coombs, Jr. ed., *Electronic instrument handbook*, second ed., Ch. 16, McGraw-Hill, 1995

[8] C. D. Ferris, *Elements of electronic design*, pp.889-891, West Publishing Company, 1995

참고 웹 사이트

[1] http ://en.wikipedia.org/wiki/Operational_amplifier
[2] http ://en.wikipedia.org/wiki/Operational_amplifier_applications
[3] http ://focus.ti.com/lit/an/slod006b/slod006b.pdf
(OP amps for Everyone, R. Mancini, Texas Instrumrnts)
[4] http ://www.national.com/an/AN/AN-31.pdf
(OP Amp Circuit Collection by National Semiconductor Corporation)
[5] http ://focus.ti.com/lit/an/sboa092a/sboa092a.pdf
(Handbook of Operational Amplifier Applications by Texas Instruments)
[6] http ://instruct1.cit.cornell.edu/courses/bionb440/datasheets/SingleSupply.pdf
(A Single-supply OP Amp circuit Collection, Texas Instruments)
[7] http ://www.analog.com/UploadedFiles/Application_Notes/28080533AN106.pdf
(A collection of Amp Applications, J. Wong, Analog Devices)
[8] http ://focus.ti.com/lit/an/sloa011/sloa011.pdf
(Understanding Operational Amplifier Specifications, J. Karki, Texas Instruments)
[9] http ://focus.ti.com/lit/an/sloa030a/sloa030a.pdf
(Single-Supply OP Amp design Techniques, Texas Instruments)

11

실험 11 BJT의 동작점과 증폭기로서의 특성

트랜지스터는 인류의 삶과 일의 방식을 바꾼 20세기가 낳은 최대의 발명품으로 인식되고 있다. 1947년에 발명된 이래 트랜지스터는 집적 회로의 형태로 발전하여 현재 우리의 삶과 생활 방식을 지배하고 있는 컴퓨터와 통신 기술로 대변되는 정보화 시대를 열어 왔다. 또, 이 발명은 전자공학이 공학의 한 분야로서 본격적으로 발전하게 된 계기를 마련해 주었다고 할 수 있다. 이 실험에서는 이러한 트랜지스터가 가지고 있는 가장 중요한 특성의 하나인 증폭 작용에 대하여 공부한다.

기본적으로 BJT(Bipolar Junction Transistor)는 두 개의 PN 접합 다이오드를 반대 방향으로 가까이 붙여 놓은 구조이다. 이 트랜지스터에는 P와 N, 두 극성의 반도체로 이루어진 PN 접합이 2개 있다. 이렇게 BJT에는 두 극성의 반도체로 이루어졌다는 구조상의 특징, 그리고 서로 다른 극성의 캐리어인 전자와 정공이 모두 나름대로의 역할을 하는 동작상의 특징이 있다. 이 동작상의 특징과 구조상의 특징에서 각각 bipolar와 junction이란 이름이 붙여졌다. 이름 그대로, 이 트랜지스터의 동작에는 + 전하의 캐리어인 정공과 − 전하의 캐리어인 전자, 즉 두 극성의 캐리어가 모두 중요한 역할을 한다.

증폭 작용은 하나의 PN 접합에는 순방향 전압을, 다른 PN 접합에는 역방향 전압을 걸어 주어 트랜지스터가 능동영역에 있을 때에 일어난다. 이 능동영역에서는 순방향 전압이 걸린 PN 다이오드에서 소수 캐리어를 주입하고 역방향 전압이 걸린 PN 다이오드에서 주입된 대부분의 소수 캐리어를 뽑아 간다. 그러면, 두 접합에 흐르는 전류는 거의 같은데, 역방향 전압이 걸린 접합의 저항은 크고 순방향 전압이 걸린 접합의 저항은 작다. 그러므로 역방향 전압이 걸린 접합에 걸리는 전압이 커서 전압 및 전력의 증폭 작용이 일어나게 된다. 이처럼 작은 입력 저항에 흐르는 전류를 저항이 큰 출력 저항으로 전달해 주는 트랜지스터의 역할을 나타낸 transfer resistor 또는 transfer varistor에서 transistor란 이름이 만들어졌다.

이 트랜지스터가 증폭기로만 쓰이는 것은 아니다. 두 PN 접합에 가해지는 바이어스 전압의 극성과 크기에 따라 열린 스위치로 동작하기도 하고 닫힌 스위치로 동작하기도 한다. 이렇게 스스로 판단하여 열리기도 하고 닫히기도 하는 스위치 동작, 즉 인공지능을 가진 스위치 동작이 디지털 시대를 연 핵심 요소였다.

트랜지스터가 증폭기 또는 스위치로 동작하려면 용도에 맞추어 직류 전압을 걸어주어야 한다. 이렇게 입력 신호가 없을 때 트랜지스터 각 단자 사이에 걸어주는 직류 전압과 각 단자로 흘려주는 직류 전류를 각각 바이어스 전압과 바이어스 전류라고 한다. 이 바이어스 전압과 전류를 적절한 좌표계에 나타내면 한 점이 되는데, 이 점을 동작점(operation point) 또는 Q-point(Quiescent point)라고 한다. 이렇듯, 트랜지스터 동작의 기준이 되는 동작점은 바이어스 전압과 전류가 결정한다. 그리고, 이 동작점의 위치에 따라 트랜지스터의 특성이 결정되어 증폭기나 스위치로 동작하게 된다. 이렇게 용도에 따라 동작점을 설정하는 것을 biasing이라고 한다. 이 실험은 이렇게 큰 의미를 가지는 트랜지스터의 동작과 트랜지스터의 동작 특성을 결정하는 동작점에 대하여 살펴본다.

11.1 실험의 목표

(1) 트랜지스터에서 바이어스, 동작점, 증폭 작용, 스위치 작용 사이의 상관관계를 인식함으로써 트랜지스터 회로 설계 능력을 기른다. 특히 동작점의 위치와 증폭기로서의 특성 사이의 상관관계를 이해함으로써 증폭기 설계의 기초를 마련한다.

(2) 증폭기로 동작하도록 동작점을 설정하는 기법을 익힌다. 아울러 동작점이 바이어스 회로 및 소자 변수와 어떻게 연관되어 있는지를 이해한다.

11.2 BJT의 동작점과 증폭기로서의 특성

바이폴라 트랜지스터에는 PNP 트랜지스터와 NPN 트랜지스터의 두 종류가 있다.

PNP 트랜지스터는 P형 반도체, N형 반도체, P형 반도체가 순서대로 층을 이루어 만들어진 것이고, NPN 트랜지스터는 N형 반도체, P형 반도체, N형 반도체가 순서대로 층을 이루어 만들어진 것이다. 두 PN 접합 가운데 하나에는 순방향 전압을, 다른 하나의 접합에는 역방향 전압을 걸어주어 능동영역에서 동작하는 것을 생각하여 발명되었다.

PNP 트랜지스터를 예로 들면, 순방향 전압이 걸린 PN 접합에서 P형 반도체에 있던 정공은 N형 반도체로 주입되어 소수 캐리어가 된다. 이렇게 N형 반도체 층으로 주입된 정공은 역방향 전압이 걸린 NP 접합의 P형 반도체로 끌려간다(collect). 이 PNP 트랜지스터에서, 순방향 전압이 걸린 PN 접합의 P형 반도체를 정공을 넣어주는(방출하는) 곳이라는 의미에서 이미터(emitter)라고 한다. 그리고 역방향 전압이 걸린 NP 접합의 P형 반도체를 정공을 끌어가는(collect) 곳이라는 의미에서 컬렉터(collector)라고 한다. 이렇듯, 트랜지스터는 PN 접합 다이오드의 주요 기능, 즉 순방향 전압이 걸린 PN 접합의 소수 캐리어 주입(minority carrier injection 또는 emission) 기능과 역방향 전압이 걸린 PN 접합의 소수 캐리어 끌어가기 기능을 잘 활용한 소자이다. PN 접합 다이오드의 소수 캐리어 주입 기능과 끌어가기 기능에 대하여는 PN 접합 다이오드 실험에서 이미 다룬 바 있다.

우리는 P형 저항과 N형 저항을 붙여 놓은 PN 접합 다이오드는 저항과는 전혀 다른 정류기 모습의 전류－전압 특성을 보였음을 알고 있다. 흥미롭게도, PN 접합 다이오드 두 개를 붙여놓은 트랜지스터도 다이오드와는 전혀 다른 차원의 전류－전압 특성을 보인다.

NPN 트랜지스터에서는 이미터인 N형 반도체에 많이 있는 전자가 순방향 전압에 의하여 P형 반도체로 주입된다. 그리고 P형 반도체로 주입된 이 소수 캐리어인 전자가 역방향 전압이 걸린 PN 접합에서 컬렉터인 N형 반도체로 끌려가게 된다. 이렇게 트랜지스터의 구조는 다르지만 기본적인 동작은 같아서 순방향 전압이 걸린 접합에서는 가운데 층으로 소수 캐리어를 주입시키고, 역방향 전압이 걸린 접합에서는 가운데 층에 주입된 소수 캐리어를 끌어간다. 이 가운데 층을 베이스라고 하는데, 이는 가운데 층을 기판(base substrate)으로 하여 그림 11-1(a)에 보인 트랜지스터 구조가 만들어진 데에서 유래된 것이다. 이 기판의 위쪽과 아래쪽을 다른 형으로 바꾸는 방법으로 초기의 트랜지스터가 만들어졌던 것이다.

그림 11-1은 초기에 제작된 트랜지스터와 현재 제작되고 있는 트랜지스터의 단면도를 비교하여 보여준다. 현재의 트랜지스터는 그림 11-1(b)처럼 불순물을 두 번 확산하여 만든다. PNP 트랜지스터는 P형 기판에 비소와 같은 N 형 불순물(도너)을 확산시켜 N형 베이스를 만들고, 그 위에 다시 붕소와 같은 P형 불순물(억셉터)을 확산시켜 P형 이미터 영역을 만든다. 처음에는 N형 불순물인 도너가 많이 있어서 N형 반도체였다 하더라도, 원래 있었던 N형 불순물보다 더 많은 P형 불순물을 넣어주면 P형 반도체로 바뀌는 현상을 이용한 것이다. 그림 11-1(b)의 NPN 트랜지스터는 N형 기판에 억셉터를 확산시켜 P형 베이스 영역을 만들고, 이 영역의 일부에 다시 도너를 확산시켜 N형 이미터 영역을 만든다.

베이스에 주입된 소수 캐리어는 원래 베이스에 있던 다수 캐리어와 재결합하여 없어질 수도 있다. 그러므로 재결합하여 없어지는 소수 캐리어의 비율을 작게 하여 대부분의 소수 캐리어가 컬렉터로 끌려가게 하려면 베이스 층이 얇아야 한다. 베이스 층이 얇아야 소수 캐리어가 다수 캐리어와 재결합하기 전에 베이스 층을 빠져 나갈 것이기 때문이다. 이렇게 베이스를 빠져 나가는 데에 걸리는 시간이 짧아야 하기 때문에, 베이스 층의 두께는 0.1에서 수 μm 정도로 아주 얇게 하는 것이 보통이다.

순방향 전압이 걸린 이미터-베이스 접합에서의 소수 캐리어 주입은 이미터에서 베이스 쪽으로만 일어나는 것은 아니다. 그 반대 방향인 베이스에서 이미터 쪽으로도 일어난다. 그러나, 이렇게 이미터 쪽으로 주입된 소수 캐리어는 컬렉터 전류에 전혀 기여하지 못하고 이미터 전류만 증가시킨다. 캐리어들이 이미 이미터로 들어가고 난 상태여서 컬렉터가 끌고 가지 못하기 때문이다. 그리고 이미터의 입장에서

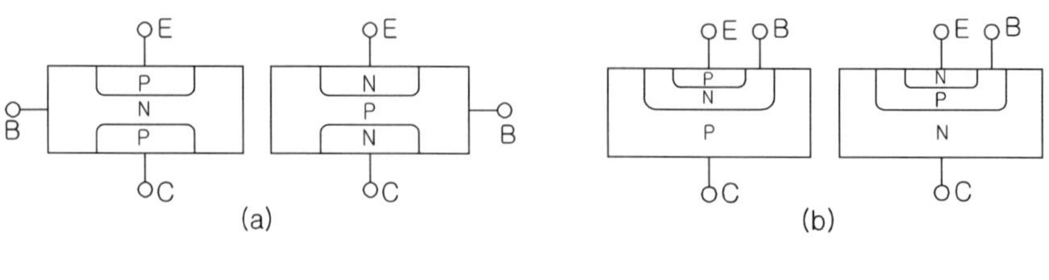

그림 11-1 (a)제작 초기의 트랜지스터, (b)현재의 트랜지스터 단면도

는 들어온 소수 캐리어를 없애기 위하여 다수 캐리어를 공급하여야 하기 때문에 이미터 전류가 커지는 것이다.

예를 들어 그림 11-2(a)의 PNP 트랜지스터를 살펴보자. 이미터인 P형 반도체와 베이스인 N형 반도체 접합에 순방향 전압이 걸리면, 이미터인 P형 반도체의 정공이 N형 반도체인 베이스로 주입된다. 동시에, 베이스인 N형 반도체의 전자도 P형 반도체인 이미터로 주입되어, 이미터의 정공과 재결합되어 없어진다. 이렇게 없어진 정공을 보충해 주어야 정상 상태가 유지되기 때문에, 이미터에서는 정공을 공급하려고 전류 i_{ER}를 흘린다. 그리고 베이스에서 주입된 전자들은 이미 이미터에 들어가 없어졌으므로 컬렉터로 끌려갈 수 없게 된다.

결론적으로, 베이스에서 이미터로 주입된 캐리어들은 이미터 전류만 증가시키고, 컬렉터 전류에는 전혀 기여하지 못한다. 베이스 공통 전류 이득을 $\alpha \equiv i_C / i_E$로 정의하므로, 이미터로 주입된 캐리어들은 전류 이득 α만 감소시키는 바람직하지 않은 역할만 하게 된다.

이렇게 보면, 베이스에서 이미터로 캐리어가 주입되는 것을 적극적으로 막아야 한다. 즉, 이미터에서 베이스로는 캐리어 주입이 잘되게 하면서, 베이스에서 이미터로는 캐리어 주입이 안 되도록 하여야 한다. 다시 말하면, 이미터에서 베이스로는 많은 캐리어들이 주입되도록 하여야 하고, 베이스에서 이미터로는 아주 적은 양의 캐리어들만 주입되도록 하여야 한다. 이러한 목적으로 가장 흔히 사용되는 방법이 이미터의 불순물 농도는 높이고, 베이스의 불순물 농도는 낮추는 방법이다. 이미터에는 캐리어가 많아 베이스로 많이 들어가게 하고, 베이스에는 캐리어를 적게 하여 이미터로 적게 들어가게 하자는 것이다. 이러한 이유로, 트랜지스터에서는 이미터의 불순물 농도를 베이스 불순물 농도의 100배 이상으로 높인다.

한편, 증폭기에 쓰이는 트랜지스터에서 베이스-컬렉터 접합에는 높은 역방향 전압이 걸리는 것이 보통이다. 이 역방향 전압보다 베이스-컬렉터 접합의 항복 전압이 높아야 하므로, 컬렉터의 불순물 농도는 낮추는 것이 좋다. 불순물 농도를 낮추어야 항복 전압이 높아지기 때문이다. 이에 따라, 베이스-컬렉터 접합 근처의 컬렉터 영역에서는 불순물 농도가 이미터는 물론 베이스보다도 낮다. 트랜지스터 구조는 그림 11-1에 보인 것처럼 언뜻 보기에는 베이스를 중심으로 하여 대칭적으로 보인다. 그렇지만, 불순물 농도의 관점에서 보면 매우 비대칭적이다. 불순물 농도가 이미터에서 가장 높고 컬렉터에서 가장 낮기 때문이다. 따라서, 트랜지스터는 이미터와 베이스를 바꾸어 사용하면 안 된다.

그림 11-2(a)에서 베이스로 들어간 정공은 N형 베이스에 있던 다수 캐리어인 전자와 만나 재결합하기도 하고, 컬렉터로 끌려가기도 한다. 베이스 공통 전류 이득 $\alpha \equiv i_C / i_E$를 높이려면 베이스에서 재결합되는 전류 성분 i_{BR}를 최소화하여야 한다. 그 이유는 전류 이득을 $a \equiv i_C / i_E = i_C / (i_{ER} + i_{BR} + i_C)$의 형태로 나타내 보면 쉽

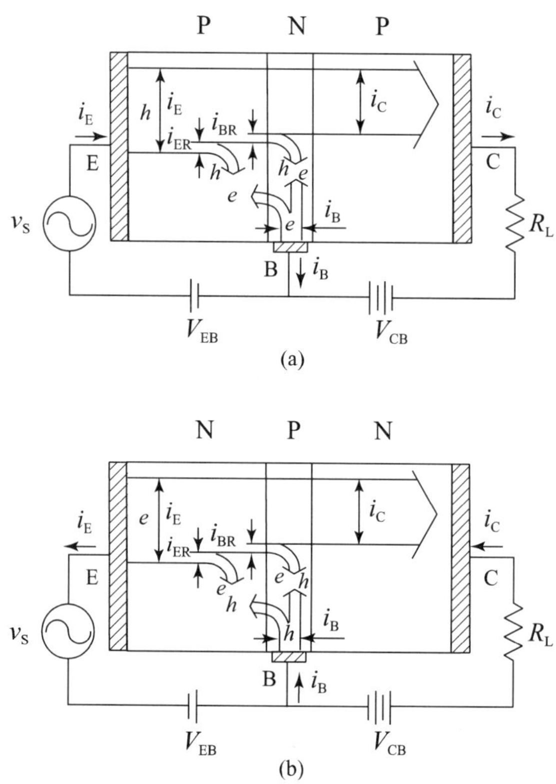

그림 11-2 (a)PNP 트랜지스터, (b)NPN 트랜지스터의 전류 성분

게 알 수 있다. 어떻게 하면 베이스에서 재결합되는 전류 성분 i_{BR}를 최소화할 수 있을까? 베이스 폭을 줄여 재결합할 사이 없이 베이스를 통과하게 하는 방법과 베이스에 있는 전자의 농도를 줄여 재결합 확률을 줄이는 방법을 생각할 수 있겠다. 현재의 트랜지스터는 이 두 방법을 함께 사용한다. 그림 11-2(b)의 NPN 트랜지스터 전류 성분은 전자와 정공의 역할만 바꾸면 PNP 트랜지스터와 똑같다.

11.2.1 BJT의 동작 : 능동 영역, 차단 영역, 포화 영역과 역능동 영역

앞에서 설명한 것처럼 트랜지스터의 이미터－베이스 접합에 순방향 전압이 걸리고 베이스－컬렉터 접합에 역방향 전압이 걸려 있으면 트랜지스터가 증폭기로 동작할 수 있는 영역이다. 이러한 의미에서 이 영역을 능동 영역(forward active 또는 active)이라고 한다. 이 영역에서는 이미터에서 베이스로 주입된 소수 캐리어의 대부분이 컬렉터로 끌려가므로 컬렉터 전류는 이미터 전류에 거의 근접하게 된다. 그리고 Kirchhoff의 전류 법칙에 따라 이미터 전류에서 컬렉터 전류를 뺀 값으로 주어지는 베이스 전류는 매우 작다. 그러므로 입력 전압을 저항이 작은 이미터－베이스 접합의 전압으로, 출력 전압을 역방향 전압이 걸려 저항이 큰 컬렉터－베이스, 또는 컬렉터－이미터 접합의 전압으로 하면 전압 이득을 얻을 수 있다. 또, 베이스 전류를 입력 전류로, 컬렉터 전류를 출력 전류로 두면 전류 이득을 얻을 수 있다.

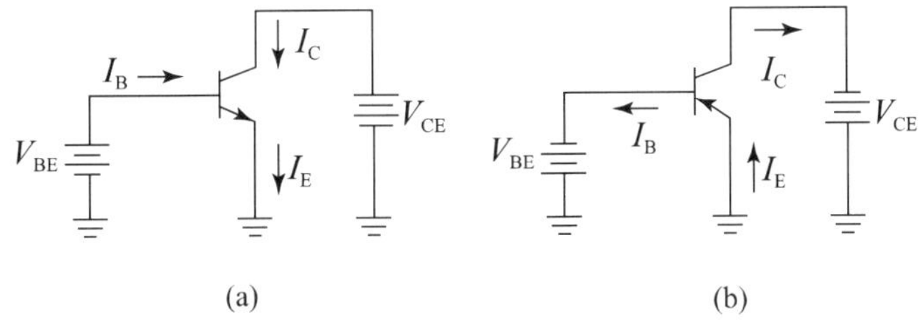

그림 11-3 능동 영역에 있는 (a) NPN 트랜지스터와 (b) PNP 트랜지스터에 흐르는 전류

이렇게 전류 이득을 얻는 원리를 능동 영역에 있는 PNP 트랜지스터를 예로 하여 간단히 살펴보기로 하자. 먼저 베이스 전극을 통하여 베이스에 전자를 넣어준다고 가정하자. 그러면, 베이스에는 정상 상태(steady state)에서보다 전자가 더 많이(과잉으로) 있게 되므로, 이 전자를 없애고 정상 상태로 되돌아가려고 할 것이다. 전자를 없애려면 정공을 베이스로 들여보내 베이스에 과잉으로 있는 전자와 재결합시켜야 한다. 이 정공은 순방향 전압이 걸린 접합에서 들어가게 되므로 P형 이미터가 이 정공을 공급한다. 그런데 베이스가 아주 얇아 이미터에서 공급된 정공들의 대부분은 전자와 만나 재결합하기도 전에 베이스를 빠져 나가 컬렉터로 간다. 그리고 주입된 정공의 일부만 전자와 재결합하여 없어진다. 이처럼 전자를 하나만 베이스에 넣어 주어도 이 전자를 없애기 위하여 주입되는 정공의 수가 많게 되므로, 작은 베이스 전류가 큰 이미터 전류와 컬렉터 전류를 흐르게 하는 것이다. 이렇게 작은 베이스 전류로 큰 이미터 전류와 컬렉터 전류를 흐르게 하는 것이 바로 전류 증폭의 원리이다.

능동 영역에 있도록 바이어스된 NPN 트랜지스터와 PNP 트랜지스터에 흐르는 전류를 그림 11-3에 나타내었다. 각 단자 사이에 걸리는 전압이나 흐르는 전류의 방향이 두 트랜지스터에서 반대임을 알 수 있다. 그리고 Kirchhoff의 전류 법칙에 따라 직류 전류 사이에는 $I_E = I_C + I_B$의 관계가 성립한다. 물론, 여기에서 아래 첨자 E, C, B는 각각 트랜지스터의 이미터, 컬렉터, 베이스를 나타낸다. 그림 11-3처럼 이미터가 접지되어 있어 입력 전류와 출력 전류가 각각 베이스, 컬렉터 전류가 되는 경우에는 전류 이득은 $\beta \equiv I_C / I_B$로 주어진다. 이를 이미터가 공통(또는 접지)일 때의 전류 이득이라 하여 이미터 공통 전류 이득(common-emitter current gain)이라 부르며 보통 50 ~ 200 사이의 값이다. 여기에서 이미터 공통이란 말은 입력(베이스-이미터 사이)과 출력(컬렉터-이미터 사이)에서 이미터가 - 단자로서 공통으로 사용됨을 의미한다.

베이스가 접지되어 있을 때에는 입력 전류와 출력 전류가 각각 이미터, 컬렉터 전류가 된다. 그러므로 이 때의 전류 이득은 $\alpha \equiv I_C / I_E$로 주어지며 보통 1보다는 작지만 1에 가까운 값이다. 이 전류 이득을 베이스 공통 전류 이득(common-base current gain)이라고 한다. 베이스 단자를 입력(이미터-베이스 사이)과 출력(컬렉터-

베이스 사이)에서 공통으로 사용하기 때문이다. 각 단자 전류 사이에는 $I_E = I_C + I_B$의 관계가 성립하므로, 이 두 전류 이득 사이에도 다음과 같은 일정한 관계가 성립한다.

$$\beta \equiv \frac{I_C}{I_B} = \frac{I_C}{I_E - I_C} = \frac{I_C/I_E}{1 - I_C/I_E} = \frac{\alpha}{1-\alpha} \qquad (1)$$

$$\alpha \equiv \frac{I_C}{I_E} = \frac{I_C}{I_C + I_B} = \frac{I_C/I_B}{I_C/I_B + 1} = \frac{\beta}{\beta+1} \qquad (2)$$

식 (1)로부터 α 값의 조그만 변화가 β 값에는 큰 영향을 미침을 알 수 있다.

앞에서 다룬 전류 이득은 직류 전류에 대한 것으로 (I_C, V_{CE})로 표시되는 동작점을 구할 때에, 즉 직류 해석을 할 때에 사용된다. 실제의 입력 신호인 베이스 교류 전류 i_b가 얼마나 증폭되어 컬렉터에 i_c로 나타나는지를 나타내 주는 전류 이득을 교류 전류 이득 β_{AC}라 하며 다음과 같이 정의된다.

$$\beta_{AC} \equiv \frac{i_c}{i_b} = \frac{\Delta I_C}{\Delta I_B} \qquad (3)$$

신호에 대한 해석, 즉 소신호 해석에는 이 교류 전류 이득을 사용한다. 그렇지만, 이 교류 전류 이득은 직류 전류 이득과 큰 차이가 나지 않는 것이 보통이어서 구분 없이 사용되기도 한다.

실제의 트랜지스터에서 식 (1), (2), (3)에서 정의된 전류 이득은 상수가 아니며 동작점에 따라 달라진다. 이 전류 이득값은 능동 영역에서 가장 크며 역능동 영역에서는 아주 작고, 포화 영역에서는 동작점에 따라 매우 급격히 변한다. 그리고 능동 영역이라 하더라도 동작점의 위치에 따라 비교적 큰 차이를 보인다. 또 트랜지스터의 β 값과 β_{AC} 값은 같은 모델 번호의 트랜지스터라 하더라도 트랜지스터마다 많은 차이를 보인다. 이러한 이유로 트랜지스터 회로를 설계할 때에는 트랜지스터 특성 변수의 변화를 고려하지 않으면 안 된다. 이 특성 변화를 고려하지 않으면 회로가 설계한 대로 동작하지 않을 것이기 때문이다.

두 접합에 모두 역방향 전압이 걸려 있으면, 트랜지스터에 흐르는 전류가 거의 0A에 가깝게 된다. 이 영역을 차단된 스위치와 같다는 의미에서 차단 영역(cut-off region)이라고 한다. 이와는 반대로 두 접합에 모두 순방향 전압이 걸리면 이미터와 컬렉터가 이미터로서의 역할만 할 뿐, 컬렉터 역할을 못한다. 그리고 두 접합 모두 저항이 작은 닫힌 스위치로 동작한다. 이 영역을 포화영역(saturation)이라고 한다. 트랜지스터를 이용한 디지털 회로에서 차단 영역은 "1"에, 포화 영역은 "0"에 해당되는데, 그 이유는 차단 영역에서는 출력 전압인 v_{CE}가 전원 전압 V_{CC}에 해당하는 5V(또는 그보다 약간 작은 값)여서 "1"에 해당하며 포화 영역에서는 0.3V 정도로 작아 "0"에 해당하기 때문이다.

이미터－베이스 접합에 역방향 전압이 걸리고 베이스－컬렉터 접합에 순방향 전압이 걸리면, 이미터와 컬렉터의 역할이 뒤바뀌므로 트랜지스터의 특성에 아무런 변화가 없을 것처럼 생각될 수도 있다. 그러나 앞에서 설명한 것처럼 트랜지스터의 구조는 베이스를 기준으로 대칭적이지 않다. 그러므로 이미터와 컬렉터의 역할이 뒤바뀐 역능동 영역(reverse active)에서의 트랜지스터 특성도 능동 영역에서의 특성과 많은 차이를 보인다. 그 이유는 트랜지스터의 구조를 능동 영역에서의 특성이 가장 좋도록 설계하였기 때문인데, 그 구체적인 예의 하나가 앞에서 기술한 불순물 농도이다. 일반적으로 이미터의 불순물 농도를 베이스나 컬렉터의 불순물 농도보다 높게 만들어 준다. 이렇게 하면 이미터에서 베이스로 주입되는 캐리어의 양이 베이스에서 이미터로 주입되는 캐리어의 양보다 많아진다. 이에 따라, 이미터 전류 가운데 베이스로 주입되는 소수 캐리어에 의한 전류의 비중이 높아지므로, 트랜지스터의 전류 이득도 높아진다. 컬렉터 불순물 농도를 낮추는 것은 큰 역방향 전압에서도 항복이 일어나지 않도록 항복 전압을 높이기 위함이다. 이렇게 능동 영역에서 전류 이득도 크고 동작 전압도 높도록 이미터의 불순물 농도를 베이스나 컬렉터의 불순물 농도보다 높였기 때문에, 이미터와 컬렉터의 역할이 뒤바뀐 역능동 영역에서는 전류 이득도 낮아지고 항복 전압도 낮아진다. 그림 11-4는 트랜지스터의 이러한 특성을 보여주고 있다.

그림 11-4에 보인 트랜지스터의 특성을 능동 영역을 중심으로 자세히 알아보자. 그림 11-5(a)는 이미터 공통 NPN 트랜지스터의 입력 특성, 즉 베이스 전류와 전압

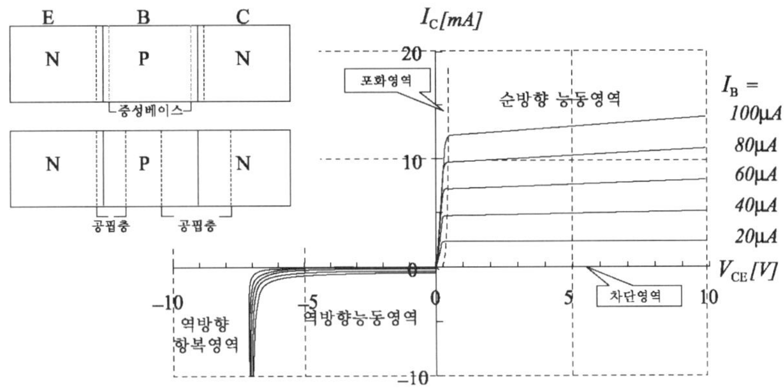

그림 11-4 NPN 트랜지스터의 동작 영역별 전류-전압 특성

사이의 관계를 보여주며, 그림 11-5(b)는 출력 특성, 즉 컬렉터 전류와 컬렉터-이미터 전압 사이의 관계를 보여준다.

먼저 그림 11-5(a)는 컬렉터-이미터 사이의 전압 V_{CE}의 변화에 따른 베이스 전류 I_B의 변화를 베이스-이미터 전압 V_{BE}의 함수로 표시하고 있다. V_{CE}가 0V일 때의 이 입력 특성은 기본적으로 베이스-이미터 PN 접합의 전류-전압 특성과 같다. 다만 V_{CE}가 0이 아닐 때에는 이 전압의 영향으로 전류-전압 특성이 오른쪽으로 이동하고 기울기도 작아진다. 아래로 이동하기도 하지만, 그 크기는 매우 작다. 이 현상은 V_{CE}의 증가에 따라 컬렉터-베이스 접합의 역방향 전압이 증가하여 중성 상태에 있는 베이스의 두께가 줄어들기 때문에 나타나는 현상이다. 그림 11-4의 단면도에 보인 것처럼 공핍층의 두께가 증가하면서 중성 상태에 있는 베이스의 폭이 줄어든다. 이에 따라, 베이스에서 재결합되는 전자-정공 쌍의 수가 감소하여 베이스 전류도 감소하게 된다. 그리고, 베이스 컬렉터 접합의 역방향 전류도 증가한다. 특성 곡선이 아래로 이동하는 것은 컬렉터-베이스 접합의 역방향 전류 때문이며, 오른쪽으로 이동하는 것은 베이스에서 재결합되는 전자-정공 쌍의 수가 줄어들어 베이스로 공급해야 하는 정공의 양이 줄어들기 때문이다. 이렇게 중성 베이스 영역이 줄어드는 현상을 발견한 사람의 이름을 따서 Early effect라고 한다.

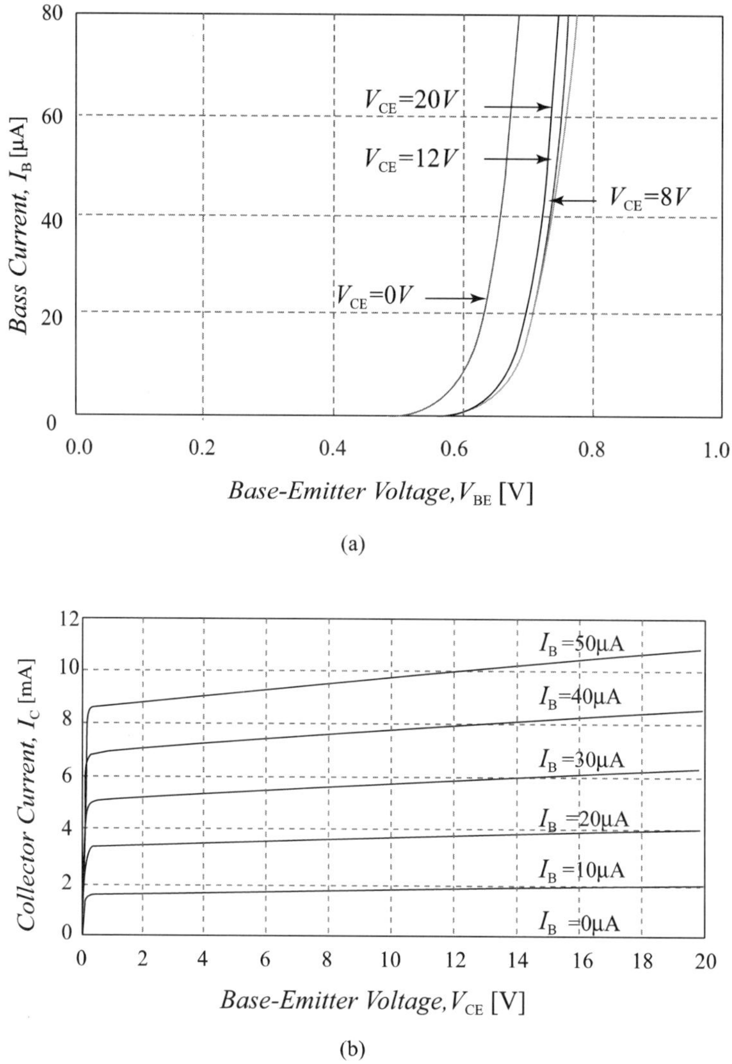

그림 11-5 이미터 공통 NPN 트랜지스터의 (a)입력 특성, (b)출력 특성

그림 11-5(b)는 몇몇 일정한 베이스 전류값에서 컬렉터 전류의 변화를 V_{CE}의 함수로 나타낸 출력 특성이다. 베이스 전류에 따라 전류값이 결정되는 전류원의 특성

을 보임에 주목할 필요가 있다. 컬렉터 전류 I_C는 베이스 전류의 증가에 거의 비례하여 증가하는데, 각각의 전류에서 이 비례상수가 전류 이득 β에 해당된다. 베이스 전류가 0A, 즉 베이스가 개방 상태에 있을 때에도 컬렉터 전류가 흐르는 것은 역방향 전압이 걸려 있는 컬렉터－베이스 접합에서 컬렉터의 소수 캐리어 정공이 베이스로 들어가 마치 베이스 전극을 통하여 정공을 공급하여 베이스 전류를 흘려준 것과 같은 효과가 나타나기 때문이다. 이 전류는 컬렉터의 소수 캐리어 정공 때문에 흐르는 전류여서 크기가 작으므로 컬렉터 전류도 작게 나타난다. 베이스 전류가 0A 이하이면 그림 11-5(a)의 입력 특성에서 베이스와 이미터 사이의 전압이 거의 0V에 가깝거나 역방향 전압이 걸려 있는 상태이므로, $I_B = 0$일 때의 특성 곡선 밑 부분은 차단 영역에 해당된다. 이 영역에서는 베이스－이미터 접합과 컬렉터－베이스 접합이 모두 역방향으로 바이어스되어 있기 때문이다.

베이스 전류가 정해졌을 때에는 컬렉터－이미터 사이의 전압 V_{CE}가 증가하여도 컬렉터 전류가 크게 증가하지 않는다. 그 이유는 베이스 전류가 일정하여 이미터에서 주입되는 전자의 양이 일정한 수준으로 유지되기 때문이다. 컬렉터가 전자를 끌어가는 능력은 커지지만, 이미터에서 공급되는 전자의 양이 정해져 있기 때문에 그 이상으로 끌어갈 전자가 없기 때문이다. 이에 따라, V_{CE}의 증가에 따른 베이스 폭의 감소로 나타나는 Early effect가 없으면 컬렉터 전류는 V_{CE}에 거의 무관하게 일정하게 유지될 것이다. 실제 컬렉터 전류는 Early effect 때문에 V_{CE}가 증가함에 따라 조금씩 증가한다. 베이스의 폭이 줄어들면 베이스에서 재결합되는 전자의 양이 줄어들어 그만큼 늘어난 수의 전자가 컬렉터로 나간다. 그러므로 컬렉터 전류는 증가하고, β값도 따라서 커진다. 그림 11-4의 역능동 영역에서 V_{CE}의 절대값이 클 때 컬렉터 전류가 급격히 증가하기 시작하는 것이 보이는데 이는 항복 현상이 나타난 것이다. 순방향 능동 영역에서도 항복현상은 나타난다. 다만, 항복 전압값이 클 뿐이다.

한편, V_{CE}가 아주 작을 때에는 V_{CE}가 늘어남에 따라 컬렉터 전류가 급격히 늘어난다. V_{CE}값이 0.2~0.3 이하일 때에는 컬렉터－베이스 접합이 순방향으로 바이어스되면서 컬렉터가 이미터에서 주입된 전자를 충분히 끌어가지 못한다. 이에 따라 이미터에서 주입된 전자들은 대부분 베이스에서 재결합되어 컬렉터 전류에 기여하지 못하며, 이에 따라 전류 이득도 작다. 전자는 이미터에서 충분히 공급되고 있는데 컬렉터 전압이 낮아 주입된 전자를 끌어가지 못하기 때문에 나타나는 현상이다. 그러므로 컬렉터 전류는 컬렉터가 전자를 끌어가는 능력에 의하여 결정된다. 컬렉터 전압이 높아지면서 컬렉터 전류가 빠르게 증가하는 것은 전자를 끌어가는 능력이 빠르게 커지면서 나타나는 현상이다.

V_{CE}가 작아질 때에 컬렉터－베이스 접합이 순방향으로 바이어스되는 것은 다음과 같이 설명할 수 있다. 먼저 NPN 트랜지스터에서는 베이스를 기준으로 한 컬렉터 전압 V_{CB}가 0보다 커야 컬렉터－베이스 접합이 역방향으로 바이어스됨에 주의하자. 또 $V_{CB} = V_{CE} - V_{BE}$이고 V_{BE}는 0보다 크며 대개 그 값이 그림 11-5(a)에서 알 수 있듯이 0.7V 정도이다. 그러므로 V_{CE}가 0.7V 이하일 때에는 V_{CB}가 0보다 작아 컬렉터－베이스 접합이 순방향으로 바이어스된다. 그러나 PN 접합에 0.4V 이하의 약한 순방향 전압이 걸리더라도 내부의 built-in field 때문에 소수 캐리어의 주입은 거의 일어나지 않고 소수 캐리어 끌어가기를 계속한다. 이에 따라, 실제로 컬렉터 전류가 줄어들기 시작하는 컬렉터－이미터 전압은 그림 11-4(b)에 보인 것처럼 약 0.3V(V_{CB} =－0.4V의 약한 순방향 전압) 정도가 된다. 이 영역은 전류는 많이 흐르고 출력 전압인 V_{CE}가 0V에 가까워 저항이 작기 때문에 닫힌 스위치, 또는 디지털 회로에서의 "0"에 해당된다. 물론 이 영역은 출력 전압이 작고 신호의 찌그러짐도 심하여 증폭기로 사용할 수 없는 영역이기도 하다.

그림 11-5(a), (b)에서 트랜지스터가 능동 영역에 있을 때에는 입력 전압 V_{BE}를 조금 바꾸어 베이스 전류를 바꾸어 주면 컬렉터 전류가 많이 변함을 알 수 있다. 이 컬렉터 전류를 컬렉터에 달아준 저항으로 흐르게 하면, 작은 입력 전압의 변화가 큰 컬렉터 전류, 그리고 컬렉터 저항에 걸리는 큰 전압으로 변환되어 증폭기로 동작하게 된다. 이와 같이 트랜지스터를 증폭기로 사용하려면 트랜지스터의 동작점이 능동 영역에 있어야 한다.

그림 11-5(a), (b)로부터 능동 영역에 있는 트랜지스터는 기본적으로 PN 접합 다이오드처럼 동작하는 입력부(베이스－이미터 접합)와 베이스 전류에 따라 변하는

종속 전류원(dependent current source)으로 동작하는 출력부(컬렉터－이미터 포트)로 이루어져 있다. 뒤에서 공부하겠지만, 트랜지스터의 등가 회로는 입력부는 PN 접합 다이오드로, 출력부는 종속 전류원으로 나타낸다. 이렇게 트랜지스터의 등가 회로는 트랜지스터의 전류－전압 특성에서 비롯된 것이다.

11.2.2 BJT의 바이어스 회로와 동작점

앞 절에서 트랜지스터의 특성은 동작점에 따라 결정되며, 동작점은 직류 바이어스 전압에 의하여 결정됨을 알았다. 그리고, 이 동작점의 위치에 따라 트랜지스터가 증폭기로 동작할지, 스위치로 동작할지가 결정된다는 사실도 알았다. 한 걸음 더 나아가, 증폭기로서의 특성도 동작점에 의하여 결정된다. 따라서, 트랜지스터 증폭기에서 가장 중요한 것이 동작점을 올바로 설정하는 일이다.

증폭기에서 동작점의 위치 못지 않게 중요한 것이 동작점의 안정성이다. 다시 말하면, 트랜지스터 특성이나 동작 온도 등이 변하더라도 동작점, 특히 컬렉터 전류 I_C가 많이 변하지 않고 거의 일정한 값을 유지하여야 한다는 것이다. 동작점이 변하면 증폭기의 모든 특성이 변할 수 있기 때문이다. 특히, 트랜지스터 증폭기에서 나타나는 문제점의 대부분은 이 동작점이 잘못 설정되었기 때문에 나타난다. 그러므로, 동작점을 결정하는 바이어스 회로 설계의 기본 목표는 바로 이 동작점의 안정성을 향상시키는 데에 있다. 이 절에서 바이어스 회로 각 요소들의 영향을 자세히 살펴 보는 근본적인 이유는 바로 동작점을 제대로 설정하고자 함이다. 그리고, 동작점이 잘못 설정되었을 때에 그 원인을 찾아 곧바로 해결하려는 데에 있다.

실제로 트랜지스터의 동작점은 어떻게 설정해 주며, 동작점의 위치를 결정하는 변수들은 무엇인가? 그리고 이 변수들의 변화가 동작점을 어느 방향으로 얼마나 움직이게 할까? 이제 이러한 의문에 대하여 답할 차례가 되었다. 먼저, 동작점이 어떻게 결정되는지부터 살펴본다.

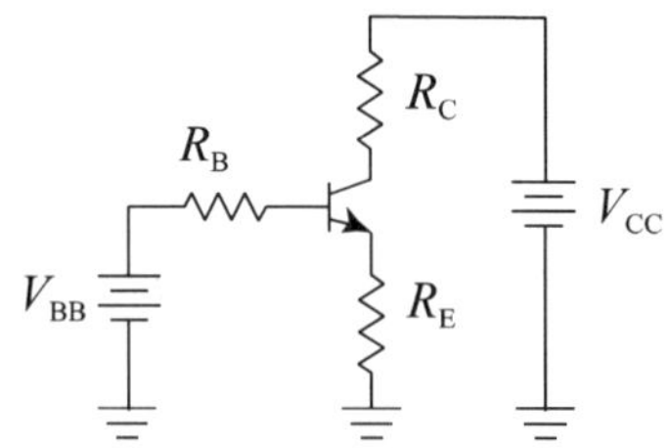

그림 11-6 NPN트랜지스터 바이어스 회로의 기본 형태

그림 11-6은 트랜지스터의 동작점을 설정하는 바이어스 회로의 기본적인 구조를 보여준다. 먼저 베이스 전류가 어떻게 정해지는지 알아보자. 그림 11-6의 베이스-이미터 loop에 Kirchhoff의 전류, 전압 법칙을 적용하면 베이스 전류는 다음과 같이 주어진다.

$$I_B = \frac{V_{BB} - V_{BE}(I_B, V_{CE})}{R_B + (1+\beta)R_E} \tag{4}$$

그림 11-5(a)에 보인 것처럼 베이스-이미터 전압은 베이스 전류와 컬렉터-이미터 전압의 비선형적인 함수이므로 이 식에서 직접 베이스 전류를 구할 수는 없다. 그렇지만 그림 11-5(a)에서 볼 수 있듯이 베이스-이미터 전압은 베이스 전류 변화에 민감하지 않고 대략 0.7V 정도의 값을 가진다. 그러므로 식 (4)에서 베이스-이미터 전압 $V_{BE}(I_B, V_{CE}) \approx 0.7\,V$를 대입하면 베이스 전류의 근사값은 구할 수 있다.

그래프를 이용하여 식 (4)의 해를 찾을 수도 있는데, 식 (4)로 주어지는 부하선(load line)이라 불리우는 직선을 이용한다. 그림 11-7(a)처럼 입력 특성 곡선에 부하선을 중첩시켜 그렸을 때 입력 특성 곡선과 부하선이 만나는 점이 동작점이 된다. 문제는 그림 11-7(a)의 입력 특성 곡선이 아직 우리가 모르고 있는 V_{CE} 값에 따라 달라진다는 데에 있다. 그렇지만 베이스 전류의 근사값은 구할 수 있으며, 근사값에서 출발하여 오차를 줄이는 과정을 반복함으로써 정확한 값을 찾을 수도 있다. 이렇게 베이스 전류를 구하고 나면 그림 11-7(b)의 출력 특성에서 컬렉터 전류값을 알 수 있다.

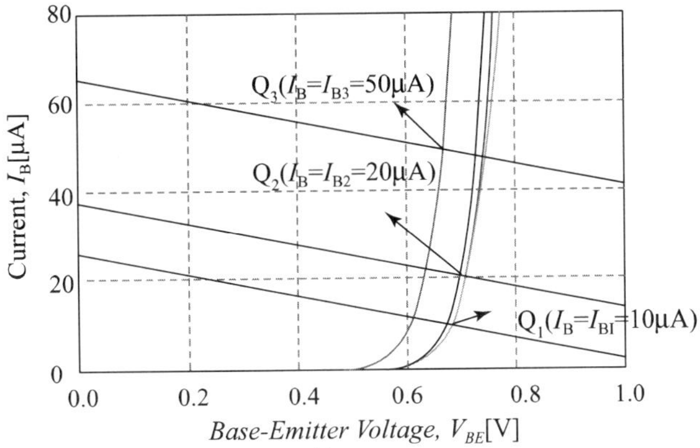

(a)

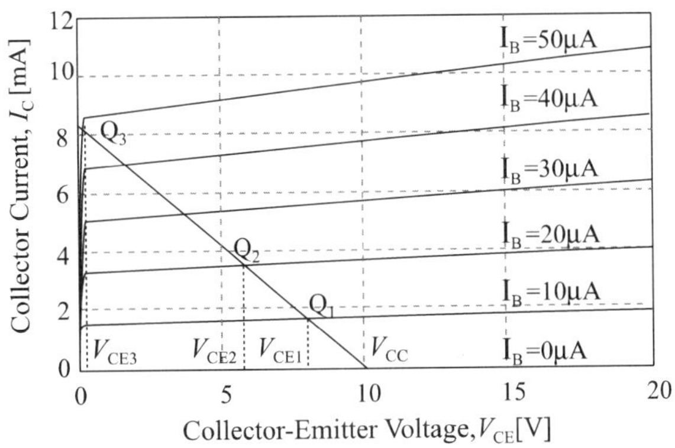

(b)

그림 11-7 트랜지스터의 (a)입력, (b)출력 특성에 대한 부하선과 동작점

(a)에서 부하선이 $I_B = 10,\ 20,\ 50\mu A$ 에서 입력 특성 곡선과 만나면 (b)의 출력 특성에서는 부하선과 $I_B = 10,\ 20,\ 50\mu A$ 에 해당하는 $I_C - V_{CE}$ 곡선이 만나는 Q_1, Q_2, Q_3이 각각의 동작점이 되어 V_{CE1}, V_{CE2}, V_{CE3}이 구해진다.

이 출력 특성의 특징은 컬렉터 전류가 V_{CE}에 매우 둔감하여 컬렉터 전류를 안다고 하더라도 V_{CE} 값을 모른다는 데에 있다. V_{CE} 값을 구하려면 컬렉터−이미터 loop에 Kirchhoff의 전류, 전압 법칙을 적용하면 된다.

$$V_{CE} = V_{CC} - I_C R_C - I_E R_E \cong V_{CC} - I_C(R_C + R_E) \quad (5)$$

이 식을 컬렉터 전류에 대한 식으로 바꾸면 다음과 같다.

$$I_C \cong \frac{V_{CC} - V_{CE}}{R_C + R_E} \quad (6)$$

이 식이 나타내는 $I_C - V_{CE}$ 좌표계의 직선도 부하선(load line)이라 부른다. 여기에서 그림 11-6(b)에 보인 주어진 베이스 전류에 대한 트랜지스터의 출력 특성을 수식으로 표현하면 $I_C(V_{CE})$가 됨에 주의하자. 그러므로 식 (6)으로 주어지는 부하선 위의 I_C와 그림 11-6(b)에서 주어진 베이스 전류에 해당하는 출력 특성 곡선 위의 $I_C(V_{CE})$가 같은 점, 즉 부하선과 특성 곡선이 만나는 점 $(I_{C,Q},\ V_{CE,Q})$가 동작점(Q-point, Quiescent point)이 된다. 이 동작점이 그림 11-7(b)의 Q3처럼 포화 영역에 있거나 이 영역 가까이에 있든지, 그림 11-7(b)의 $(I_C \cong 0,\ V_{CE} = V_{CC})$ 좌표점처럼 차단 영역에 있거나 이 영역 가까이에 있으면 증폭기로 사용하기에는 적절하지 않다. 이 부분에 대하여는 다음 절에서 더 자세히 다루기로 하자.

이렇게 베이스-이미터, 컬렉터-이미터 loop에 대하여 Kirchhoff의 전류, 전압 법칙을 적용함으로써 트랜지스터의 동작점을 구할 수 있다. 일단 I_B, V_{BE}, I_C, V_{CE}를 구하고 나면 I_E, V_{CB}는 쉽게 구할 수 있다. $I_E = I_C + I_B$로 주어지고, $V_{CE} = V_{CE} - V_{BE}$이기 때문이다. 이렇게 트랜지스터 모든 단자의 직류 바이어스 전류와 전압을 구할 수 있다.

일반적인 의미의 동작점은 이 모든 단자의 전류와 전압으로 표시되는 한 점이지만, 보통 동작점이라 하면 $I_C - V_{CE}$ 좌표계의 한 점 $(I_{C,Q},\ V_{CE,Q})$를 의미한다. 실제로는 이 점만 알면 나머지 정보도 모두 알 수 있다.

위에서 동작점 구하는 방법을 설명할 때, 입력 특성에서 동작점을 구할 때에는 V_{CE}가 출력 특성에서 동작점을 구할 때에는 베이스 전류 I_B가 주어졌다고 가정하였다. 그러나 입력 특성에서 동작점을 구할 때 필요한 V_{CE}는 출력 특성에서, 출력 특성에서 동작점을 구할 때 필요한 I_B는 입력 특성에서 구하여야 한다. 그리고 입출력 특성이 서로 연관되어 있기 때문에 I_B가 변하면 V_{CE}가 변하고, V_{CE}의 변화는 다시 I_B의 변화를 초래하여 동작점을 정확하게 구하기가 쉽지 않다.

가장 간단하여 가장 널리 쓰이는 방법은 그림 11-7(a)의 여러 입력 특성 곡선 가운데에서 $V_{CE} \neq 0$일 때의 특성 곡선 하나를 선택하여 베이스 전류를 구하는 것이다. 이 때에는 V_{BE}가 대략 0.7V 정도이므로 식 (4)에서 베이스 전류의 근사값을 바로 구할 수 있다. 이렇게 베이스 전류의 근사값을 구하고 나면, 입력 특성에서 구한 베이스 전류에 해당하는 출력 특성 곡선을 그림 11-7(b)의 출력 특성에서 찾을 수 있다. 이 출력 특성 곡선이 부하선과 만나는 점을 찾아 동작점으로 잡으면 된다.

더 정확하게 동작점을 구하려면 다음의 오차를 줄이는 과정을 반복하면 된다. 먼저 앞에서 구한 근사적인 동작점을 출발점으로 삼아, 이 동작점에서의 V_{CE}를 구한다. 그림 11-7(a)의 입력 특성에서 이 V_{CE}에 해당하는 특성 곡선을 찾아 베이스 전류를 다시 구한다. 그리고 그림 11-7(b)의 출력 특성 곡선에서 이 베이스 전류에 해당하는 출력 특성 곡선을 찾아 동작점을 다시 구한다. 이 과정을 반복하면 정확한 동작점을 구할 수 있다.

이제 그림 11-6의 바이어스 회로에서 하나하나의 변수들이 동작점의 위치에 어떠한 영향을 미치는지에 대하여 살펴보자. 각각의 변수가 동작점의 위치에 미치는 영향은 기본적으로 식 (4), (5)에 다 포함되어 있지만, 구체적으로 살펴볼 만한 충분한 가치가 있다.

(1) 베이스 바이어스 공급 전압 V_{BB}의 영향

베이스 바이어스 공급 전압은 식 (4)로 주어지는 입력 특성에서의 부하선에서 알 수 있듯이 베이스 이미터 바이어스 저항과 함께 베이스 전류를 결정하는 요소이다.

그림 11-7(a)에서 볼 수 있는 것처럼 V_{BB}는 부하선이 I_B축과 만나는 점$(0,\ V_{BB}/\{R_B+(1+\beta)R_E\})$와 V_{BE}축과 만나는 점$(V_{BB},\ 0)$을 결정한다. 그러므로 V_{BB}가 변하면 부하선이 평행 이동하게 된다. V_{BB}가 커지면 그림 11-7(a)에서 트랜지스터의 입력 특성 곡선과 부하선이 만나는 점이 위로 올라가 베이스 전류가 커진다. 반대로 V_{BB}가 줄어들면 동작점이 아래로 내려가 베이스 전류가 줄어든다. 이는 다른 변수는 변하지 않고 그대로 있는 상태에서 V_{BB}만 커지면(줄어들면) V_{BE}가 따라서

커져(줄어들어) 베이스 전류가 커지는(줄어드는) 것으로 설명할 수 있다.

이렇게 베이스 전류가 변화하면 출력 특성 곡선상의 동작점도 달라진다. 그림 11-7(b)에서 베이스 전류가 커지면 더 큰 베이스 전류에 해당하는 $I_C(V_{CE})$ 곡선이 부하선과 만나는 점이 새로운 동작점이 된다. 그러므로 동작점이 부하선을 따라 왼쪽 위로 올라가서 I_C는 커지고 V_{CE}는 줄어든다. 그리고 베이스 전류가 줄어들면 동작점이 오른쪽 아래로 내려간다. 이처럼 베이스 전류가 커지면 컬렉터 전류와 이미터 전류가 커지면서 이미터 저항과 컬렉터 저항에 걸리는 전압이 증가하여 식 (5)가 보여 주듯이 V_{CE}가 줄어든다.

V_{BB}가 증가하여 베이스 전류가 지나치게 커지면 동작점이 부하선의 왼쪽 끝 가까이까지 가서 베이스 전류를 더 증가시켜도 거의 움직이지 않고 그 자리에 있게 된다. 이와 같이 동작점이 Q_3 위치에 있으면 트랜지스터는 포화 영역에 있게 되며, 이 때에는 베이스 전류를 증가시켜도 컬렉터 전류는 증가하지 않는다. 이는 트랜지스터의 직류 전류 이득 β가 능동 영역에서의 값에 비하여 감소하고, 교류 전류 이득이 0에 가까워짐을 의미한다. 이렇듯, 전류 이득의 갑작스러운 감소는 트랜지스터가 포화 영역에 있음을 알려주는 좋은 증거의 하나이다. 물론 이 전류 이득의 감소는 V_{CE}가 줄어들면서 V_{CB}가 함께 줄어 그 값이 0V 이하로 되기 때문이다. 이렇게 C－B 접합에 순방향 전압이 걸리면, 베이스에 주입된 소수 캐리어를 collect하지 못하기 때문에 컬렉터 전류와 함께 전류 이득이 줄어들 수밖에 없게 된다.

베이스 바이어스 전압 V_{BB}를 줄이면 그림 11-7(a)에 보인 대로 V_{BE}가 줄면서 베이스 전류가 줄어 그림 11-7(b)에서의 동작점은 오른쪽 아래로 내려간다. V_{BB}를 지나치게 줄이면 베이스 전류가 0A가 되어 동작점은 $(I_C = 0,\ V_{CE} = V_{CC})$ 위치에 있게 된다. 이 때에는 베이스 전류와 함께 컬렉터 전류도 거의 0A가 되어 저항 R_C, R_E에 전압이 걸리지 않으므로 V_{CC}가 전부 컬렉터와 이미터 사이에 걸리게 되는 것이다. 트랜지스터의 이 동작 영역을 차단 영역이라 함은 앞에서 이야기한 대로이다. 이 때에는 출력 전압 V_{CE}가 V_{CC}가 되므로 디지털 회로에서는 “1”에 해당하는 상태가 된다.

이처럼 V_{BB}가 너무 크면 트랜지스터가 포화 영역으로 들어가고, 너무 작으면 차단 영역으로 들어간다. 그러므로 트랜지스터가 증폭기로 동작하도록 능동 영역에 동작점을 설정하려면 이 양 극단을 피해야 한다.

(2) 베이스 바이어스 저항 R_B의 영향

베이스 바이어스 전압 V_{BB}와 같이 베이스 바이어스 저항 R_B도 베이스 전류를 결정하는 주요 요소이다. 식 (4)로 주어지는 입력 특성에서 R_B는 R_E와 함께 부하선의 기울기를 결정한다. 따라서 R_B가 커지면 기울기의 감소로 그림 11-8(a)에서 I_B축 절편이 줄면서 동작점도 아래로 내려와 베이스 전류가 줄어든다. 이에 따라 컬렉터 전류도 줄어 그림 11-8(b)의 출력 특성에서의 동작점은 오른쪽 아래로 내려가며, 심한 경우에는 차단영역인 Q_C로 가게 된다. 반대로 R_B가 작아지면 베이스 전류가 증가하여 컬렉터 전류가 커져 출력 특성에서의 동작점은 왼쪽 위로 올라간다. 이에 따라 R_B가 너무 작게 되면 동작점이 그림 11-8(b)의 Q_S로 가게 되어 트랜지스터가 포화 영역에서 동작하게 된다.

여기에서 눈여겨 볼 것 가운데 하나는 R_B가 클수록 그림 11-8(a)의 부하선 기울기가 작아져 베이스 전류가 V_{CE}의 변화나 트랜지스터 입력 특성의 변화에 덜 민감하게 된다는 점이다. 즉 V_{BB}와 R_B가 동시에 커지면 이 베이스 바이어스 회로가 전류원처럼 동작하여 트랜지스터의 입력 특성의 변화에 관계없이 거의 일정한 베이스 전류를 공급하게 된다. 트랜지스터의 전류 이득 β의 편차가 작아 베이스 전류만으로 컬렉터 전류를 조절할 수 있을 때에는 이러한 바이어스 회로가 잘 동작할 수 있다. 그러나 β는 심하게는 9배까지 차이가 날 수 있을 만큼 편차가 큰 소자 변수이다. 그러므로 베이스 전류를 일정하게 유지하는 것은 동작점을 안정화시키는 데에 별 도움이 못된다. 베이스 전류를 일정하게 유지시켰다 하더라도 β값이 두 배로 커져 컬렉터 전류가 두 배로 커지면 그림 11-8(b)의 부하선 정중앙에 있었던 동작점이 포화 영역으로 가버리기 때문이다. 그러므로 가장 중요한 것은 이렇게 심한 β값의 변화에도 불구하고 컬렉터 전류를 일정하게 유지하여 출력 특성에서의 동작점을 일정한 위치에 있게 하는 것이다.

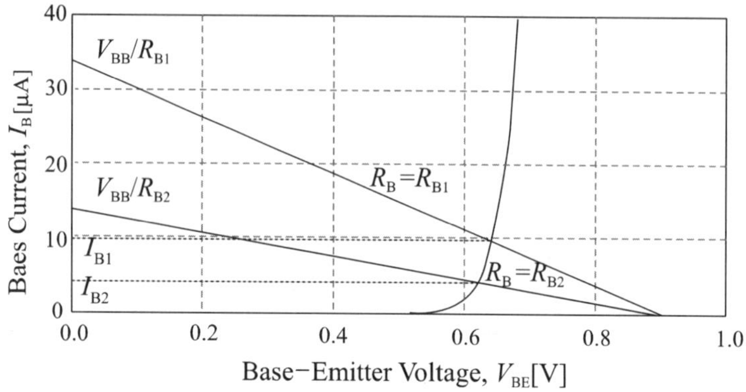

(a)

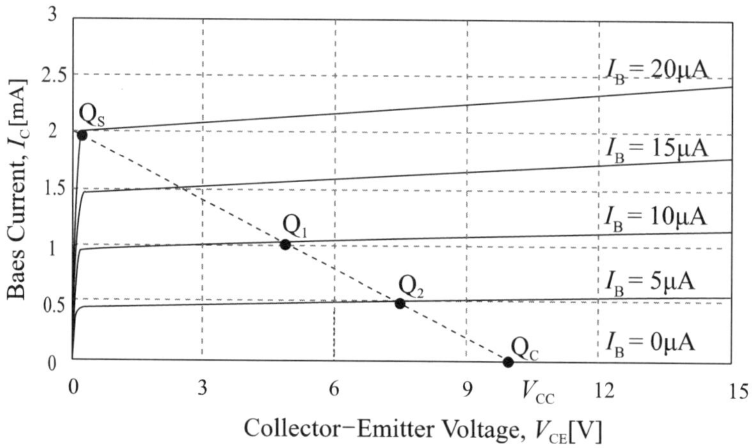

(b)

그림 11-8 베이스 바이어스 저항 R_B에 따른 (a)입력 특성, (b)출력 특성 곡선 상의 동작점 변화 (R_E=0 가정)

(3) 이미터 공통 직류 전류 이득 β의 영향

앞에서도 이야기한 것처럼 β는 그 값의 편차가 매우 큰 특성 변수이다. 똑같은 모델 번호의 트랜지스터에서도 심하게는 9배까지 차이가 날 수 있다. 이러한 β 값의

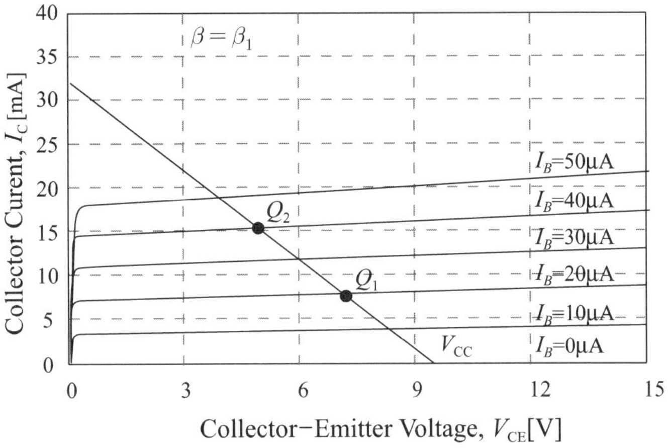

(a)

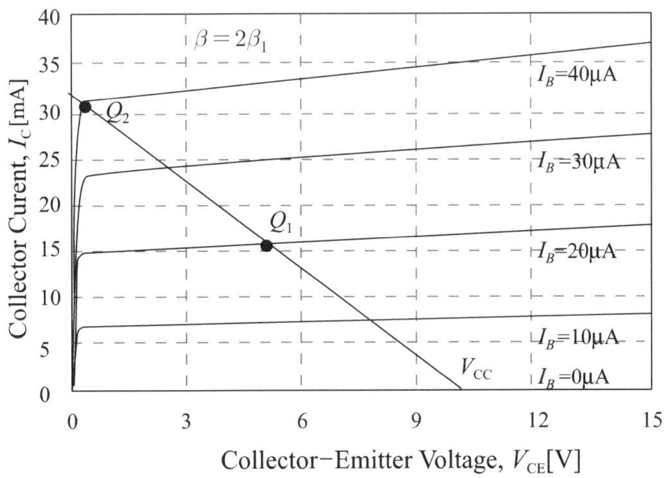

(b)

그림 11-9 베이스 전류를 일정하게 유지하고 있는 바이어스 회로에서 (a)트랜지스터 전류 이득 $\beta = \beta_1$일 때, (b) $\beta = 2\beta_1$으로 커졌을 때의 동작점의 위치 변화. 이미터 저항 $R_E = 0$으로 가정하였다.

커다란 편차에도 불구하고 동작점의 변화를 적게 하는 것, 즉 동작점을 안정하게 하는 것이 바이어스 회로를 설계하는 데에 있어 가장 중요한 과제의 하나이다.

그림 11-9는 이미터 저항 $R_E=0$이고, 바이어스 회로가 베이스 전류를 일정하게 유지하고 있을 때, β값이 2배로 되면서 동작점이 어떻게 변하는지를 보여준다. 먼저 그림 11-8(a)에서 Q_1과 Q_2는 능동 영역에 있으면서 이 영역의 정중앙에서 약간 아래, 위로 치우쳐져 있다. 베이스 전류가 일정하게 유지된 상태에서 트랜지스터의 β만 2배로 커지면 트랜지스터의 출력 특성곡선과 동작점은 그림 11-8(b)처럼 된다. β가 2배로 커졌으므로 컬렉터 전류가 2배로 커져 차단 영역 쪽으로 치우쳐져 있었던 Q_1은 능동 영역의 정중앙으로 가고, 포화영역 쪽으로 약간 치우쳐져 있었던 Q_2는 완전히 포화 영역으로 들어갔다. 이렇게 베이스 전류를 일정하게 유지시켜 주는 바이어스 회로에서는 트랜지스터 β값의 변화가 동작점의 위치에 직접 영향을 미친다. 그러므로, 똑같은 모델 번호의 트랜지스터로 똑같은 증폭기를 만들어도 동작점의 위치가 같다는 것을 보장할 수 없다.

위에서 살펴본 것처럼, 베이스 전류를 일정하게 유지시키는 바이어스 회로에서는 $I_C = \beta I_B$이므로, β값의 변화는 그 변화율만큼 동작점의 위치를 변화시킨다. 즉, 동작점의 안정성이 전혀 없다. 그러므로, 트랜지스터 β값의 편차가 클 때에는 베이스 전류를 일정하게 유지하는 형태의 바이어스 회로는 사용할 수 없다.

이렇게 심한 β값의 편차에도 불구하고 컬렉터 전류를 일정하게 유지하여 동작점을 안정하게 하는 방법은 없을까? 다음에 다룰 이미터 저항이 이 멋진 역할을 하는데, 그 원리는 연산 증폭기에서 공부한 negative feedback이다.

(4) 이미터 바이어스 저항 R_E의 영향

식 (4)에서 보면 이미터 저항 R_E는 베이스 저항 R_B에 비하여 $1+\beta$배 만큼 큰 저항으로 작용할 뿐 그 역할에 큰 차이가 없어 보인다. 여기에서 이미터 저항이 $1+\beta$배만큼 큰 저항으로 된 것은 이미터 전류가 베이스 전류에 비해 $1+\beta$배 만큼 크기 때문이다. 즉, 베이스 저항 R_B에서의 전압 강하는 $I_B R_B$이고 이미터 저항 R_E에서의 전압 강하는 $I_E R_E$인데, I_E가 $(1+\beta)I_B$이므로 이미터 저항에서의 전압 강하는 $(1+\beta)I_B R_E$가 된다. 그러므로 이미터 저항에 I_B의 전류가 흐른다고 보고 유효 저항값을 구하면 $(1+\beta)R_E$가 된다.

그러면 무엇이 이 이미터 저항을 특별하게 만드는 것일까? 그 이유를 알기 위하여 식 (4)의 양변에 전류 이득 β를 곱하면 다음과 같이 된다.

$$I_C = \beta I_B = \frac{\beta(V_{BB} - V_{BE})}{R_B + (1+\beta)R_E} \tag{7}$$

이 식에서 먼저 눈여겨 볼 것은 편차가 매우 심한 β가 분모와 분자에 함께 있다는 점이다. 이에 따라 $R_B \ll (1+\beta)R_E$의 관계가 성립하면 I_C가 β에 관계없이 거의 일정한 값을 가질 것이며, $R_B \ll (1+\beta)R_E$의 관계가 성립하지 않더라도 β의 변화가 I_C의 변화에 미치는 영향이 작아져 출력 특성에서의 동작점이 안정하게 유지될 것이다. 이는 β가 매우 편차가 심한 소자 변수임에 비추어 매우 바람직한 일이다.

트랜지스터 β값의 변화에도 불구하고 I_C가 거의 일정하게 유지되는 것은 무엇 때문일까? 그림 11-6의 바이어스 회로로 되돌아가서 이 의문에 대한 답을 찾아보자. 먼저 트랜지스터 온도 상승 등의 이유로 트랜지스터의 β값이 커졌다고 생각하자. 그러면 컬렉터 전류가 커지고, 이미터 전류가 따라서 커져 이미터 저항에 걸리는 전압이 커진다. 이에 따라 V_{BE}가 줄어들어 베이스 전류도 줄어든다. 따라서 컬렉터 전류도 줄어든다. 이렇게 β의 증가로 인한 효과가 상쇄된다. 다시 말하면, β가 커져 컬렉터 전류가 증가하면 V_{BE}를 줄여 베이스 전류를 줄임으로써 컬렉터 전류의 증가를 막는 negative feedback이 이미터 저항 R_E에 의하여 일어난다. β가 줄어들면 반대의 현상이 나타나 컬렉터 전류가 줄어드는 것을 막는다. 이러한 negative feedback은 이미터 저항 R_E가 클수록 강하게 일어나므로 동작점의 안정성을 위해서는 R_E가 클수록 좋다.

이미터 저항을 사용하면 동작점의 안정성이 구체적으로 얼마나 좋아질까? 베이스 바이어스 저항과 이미터 바이어스 저항의 상대적인 크기에 따라 달라지기는 하지만, β의 변화가 동작점의 위치에 미치는 영향이 크게 줄어든다. 예를 들어 식 (7)에서 $R_E = R_B$라 하고 β의 변화에 따른 I_C의 변화율을 계산하여 보자. 식 (7)로부터 $I_C = \{\beta/(2+\beta)\}(V_{BB} - V_{BE})/R_B$가 되므로 $\beta = 100$일 때에 비하여 $\beta = 200$일 때에는

I_C가 102/101배 증가하는 데 그쳤으며, $\beta = 50$일 때에는 51/52배 감소하는 데 그쳤다. 이 예로부터 이미터 저항이 컬렉터 전류의 안정화에 얼마나 크게 기여하는지 알 수 있다.

그림 11-10은 이미터 저항 R_E가 각각 0Ω과 $1k\Omega$인 회로에서 $\beta = 100$일 때에 컬렉터 전류가 1mA가 되도록 설계한 다음, β값을 50, 200으로 변화시키면서 동작점의 변화를 관찰한 것이다. 이 때, 베이스-이미터 사이의 전압 V_{BE}는 0.7V로 고정하였다. 이미터 저항이 없을 때에는 컬렉터 전류가 β값에 비례하여 증가하므로, β값이 200일 때에는 컬렉터 전류가 2배 증가한 2mA가 되어 포화 영역 근처인 Q_3까지 갈 정도로 동작점의 안정성이 나쁘다. 그러나, R_E가 $1k\Omega$인 회로에서는 컬렉터 전류의 변화가 0.1mA 이내일 정도로 안정성이 좋다. 이 모두가 이미터 저항 때문이다. β값이 줄어들면 이미터 전압이 낮아져 베이스 전류가 증가하므로 컬렉터 전류는 거의 그대로 유지된다. 실제로 β값이 50일 때에는 베이스 전류가 $18.5\mu A$로 $\beta = 100$일 때의 $10\mu A$에 비해 거의 2배 가까이 증가한다. 이렇게, β값이 반으로 준 영향이 대부분 상쇄된다. β값이 200일 때에는 베이스 전류가 $5.15\mu A$로 $\beta = 100$일 때에 비해 거의 1/2 가까이 감소한다. 이렇게 됨으로써 β값이 2배로 증가한 영향이 상쇄된다.

그러나 이미터 저항이 동작점의 안정성을 높이는 바람직한 역할만 하는 것은 아니다. 이미터 저항이 커져 negative feedback이 강하게 일어나면 증폭기의 이득이 함께 줄어든다. 베이스 바이어스 전압과 직렬로 입력 전압 신호원을 연결하였다고 가정하자. 입력 신호가 증가하면 베이스 전류가 증가하여 컬렉터 전류가 같이 증가한다. 그러면 이미터 저항에 걸리는 전압이 증가하여 베이스 전류를 줄이게 되어 신호의 영향을 줄인다. 입력 신호 전압으로 베이스 전류와 컬렉터 전류를 변화시키고, 이 컬렉터 전류의 변화 때문에 생기는 컬렉터 저항 R_C 양단의 전압 변화를 출력 전압으로 사용하는 것이 증폭기이다. 그런데 이미터 저항이 컬렉터 전류의 변화를 방해하여 컬렉터 저항에 걸리는 출력 전압이 작게 나타나므로, 전압 이득이 줄어드는 것이다.

동작점은 안정하게 유지하면서 신호에 대해서는 negative feedback이 일어나지 않도록 하는 방법은 없을까? 동작점은 직류 전압과 전류에 의하여 결정되며, 신호는 일반적으로 시간에 따라 변화하는 교류이다. 그러므로 직류에서는 이미터 저항을 유지시키고 교류에서는 이미터 저항을 줄이는 방법을 사용하면 될 것이다. 그림 11-6의 이미터 저항 R_E와 병렬로 큰 값의 capacitor를 달아 줌으로써 우리의 목표가 달성된다.

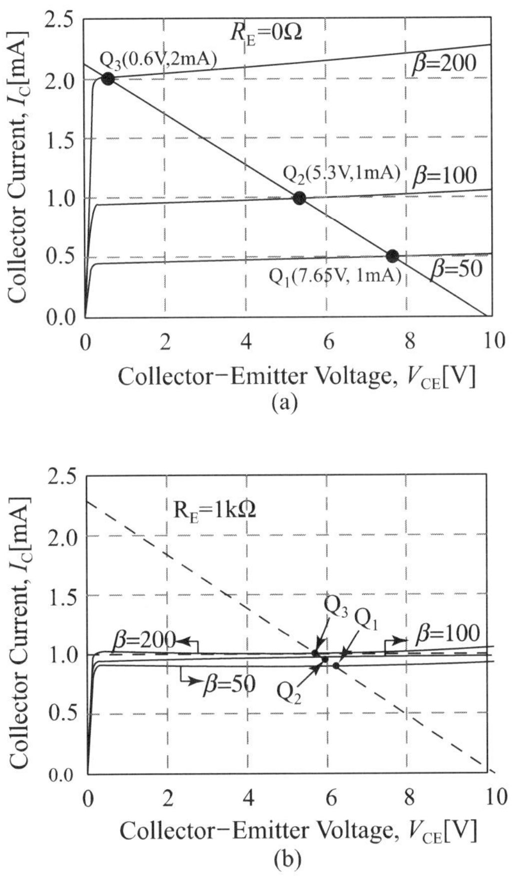

그림 11-10 이미터 저항이 (a)0Ω과 (b)1kΩ일 때, β값의 변화에 따른 동작점의 변화 비교. β가 100일 때의 컬렉터 전류가 1mA가 되도록 설계된 바이어스 회로에서의 결과이며, 베이스−이미터 전압 V_{BE}는 0.7V로 고정되었다고 가정하였다.

한편, 이미터 저항은 출력 특성 곡선에서의 동작점에도 영향을 미친다. 식 (6)으로 주어지는 부하선의 기울기는 R_E가 커지면 줄어들고, 줄어들면 커진다. 기울기가 줄어든다는 것은 똑같은 V_{CC}에 대하여 부하선의 I_C 축 절편이 작아져 포화 영역에 들어가게 되는 컬렉터 전류와 베이스 전류의 크기가 작아짐을 의미한다. 이미터 저항이 클수록 이미터 저항에 걸리는 전압이 커져 V_{CE}를 줄임으로써 컬렉터-베이스 접합의 역방향 전압을 줄이기 때문이다. 이와 같이 이미터 저항은 컬렉터 전류를 안정하게 하여 동작점을 안정하게 해주는 반면, 전압 이득을 줄이고 포화가 빨리 일어나게 하는 바람직하지 않은 역할도 한다.

(5) 컬렉터 바이어스 전압 V_{CC}의 영향

식 (6)으로 주어지는 출력 특성 그래프의 부하선에서 V_{CC}는 I_C와 V_{CE}축의 절편을 결정한다. 그림 11-11에서 볼 수 있듯이 V_{CC}가 커지면 부하선은 오른쪽으로, 작아지면 왼쪽으로 평행 이동한다. 그러므로 컬렉터 특성 곡선과 부하선이 만나는 점인 동작점은 V_{CC}가 커지면 오른쪽으로 이동하여 V_{CE}가 커지고, 작아지면 왼쪽으로 이동하여 V_{CE}가 작아진다. 그러나 컬렉터 전류는 Early effect를 무시하면 변하지 않는다. 실제로는 V_{CC}와 V_{CE}가 커지면서 Early effect 때문에 컬렉터 전류가 조금씩 커진다.

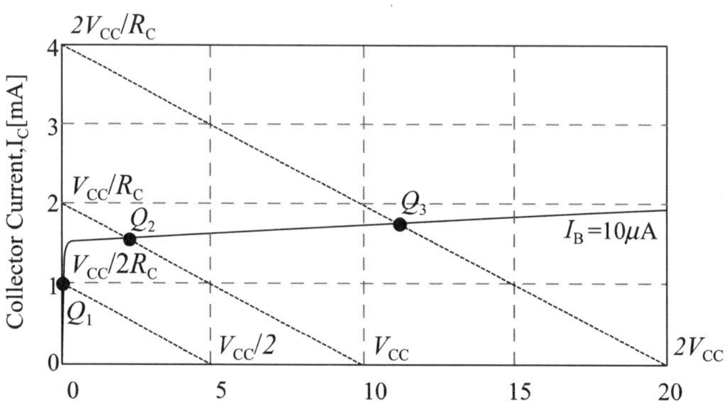

그림 11-11 컬렉터 전원 전압 V_{CC}의 변화에 따른 동작점의 변화

V_{CC}가 커지면 I_C축 절편이 커져 포화 영역으로 들어가기 시작하는 베이스 전류와 컬렉터 전류가 증가하므로, 트랜지스터가 능동 영역에서 동작하는 베이스, 컬렉터 전류의 범위가 넓어진다. 예를 들어 그림 11-11의 Q_1은 포화 영역에 있지만, V_{CC}를 조금만 증가시키면 부하선이 오른쪽으로 이동하여 포화 영역에서 벗어나 Q_2로 갈 수 있다. 그 반대로 V_{CC}가 작아지면 트랜지스터의 능동 영역에서 동작하는 베이스 전류와 컬렉터 전류의 범위가 줄어든다. 예를 들어 V_{CC}가 반으로 줄어들면 그림 11-11의 Q_2도 포화 영역으로 들어가 동작점이 Q_1로 간다. 이와 같이 V_{CC}는 트랜지스터가 능동 영역에서 동작하는 베이스 전류와 컬렉터 전류의 범위를 결정한다.

(6) 컬렉터 바이어스 저항 R_C의 영향

식 (6)으로 주어지는 출력 특성 그래프에서 R_C는 부하선의 기울기와 I_C축 절편을 결정하는 요소의 하나이다. 출력 특성 곡선에서 이미터 저항이 동작점에 미치는 영향에 대하여 이야기할 때, 부하선의 기울기는 능동 영역에서 동작하게 되는 베이스, 컬렉터 전류의 범위와 관련됨을 밝힌 바 있다. 컬렉터 저항 R_C가 커지면 부하선의 기울기가 작아지고 I_C축 절편이 작아져 작은 베이스, 이미터 전류에서도 포화 영역으로 들어가게 된다. 그러므로 R_C 값을 키울 때에는 동작점의 위치 변화에 깊은 주의를 기울여야 한다.

이렇게 컬렉터 저항이 커지면서 포화 영역으로 들어갈 가능성이 높아지는 이유는 컬렉터-이미터 전압이 줄어드는 것으로 설명할 수 있다. 컬렉터 전류가 일정한 상태에서 컬렉터 저항이 증가하면 $V_{CE} = V_{CC} - I_C R_C - I_E R_E$에서 컬렉터-이미터 전압이 줄어든다. 그만큼 컬렉터-베이스 접합 사이의 역방향 전압이 줄어들기 때문에, 순방향 전압이 걸려 포화 상태로 갈 가능성이 높아지는 것이다.

그림 11-12는 이미터 저항이 없을 때, 컬렉터 저항 R_C의 변화에 따른 동작점의 변화를 보여준다. 컬렉터 저항이 작아지면 I_C축 절편이 커지기 때문에 동작점이 오른쪽으로 이동하여 Q_1에서 Q_2로 간다. 이렇게 움직이면 전압 이득과 출력 전압

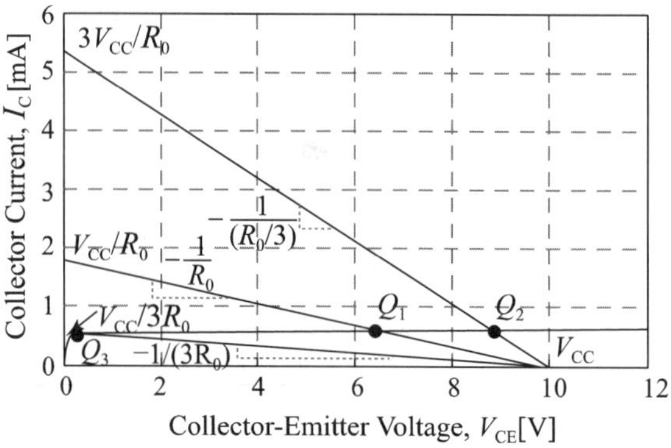

그림 11-12 컬렉터 저항 R_C가 R_0에서 $R_0/3$, $3R_0$으로 변화함에 따른 동작점의 변화

스윙 폭이 줄어들기는 하지만 동작점이 순방향 능동 영역을 벗어나지는 않는다. 그러나 컬렉터 저항이 커질 때에는 심각한 문제가 발생할 수 있다. 컬렉터 저항이 3배로 커지면 동작점이 그림 11-12의 Q_3으로 가게 되어 포화 영역으로 들어간다. 이 영역은 증폭기로는 사용할 수 없는 곳이다.

그렇지만 R_C 값이 큰 것이 나쁜 역할만 하지는 않는다. 동작점이 능동 영역에 있다는 것이 보장되면 증폭기의 이득을 크게 한다. 보통 출력 전압을 컬렉터 저항에서 빼어 내기 때문에, 컬렉터 저항이 클수록 입력 전압 신호에 의한 베이스 전류 변화가 컬렉터 전압의 큰 변화를 유발하기 때문이다. 결론적으로 컬렉터 저항이 크면 능동 영역에서 동작하게 되는 베이스, 컬렉터 전류의 범위는 줄어드는 대신 증폭기의 전압 이득은 증가한다.

11.2.3 동작점과 증폭기의 특성

트랜지스터는 그 전류−전압 특성이 비선형적이기 때문에 동작점의 위치에 따라 증폭기로서의 특성이 많이 달라진다. 특히 포화 영역이나 차단 영역에 있으면 출력 파형의 모습은 입력 파형의 모습과 많이 달라진다. 이와 같은 파형의 변화를 왜곡이라 하며, 좋은 증폭기로 동작시키려면 반드시 없애야 한다.

이제 증폭 특성과 동작점 사이에는 어떠한 관계가 있는지 알아보자. 그림 11-13(a)는 이미터 저항이 없는 증폭기의 베이스 교류 전압 신호에 따른 베이스 전류 파형의 모습을 보여 준다. 그림에서 알 수 있듯이 교류 신호 전압이 작을 때에는 베이스 전류도 입력 전압과 같이 삼각 함수 파형을 보이지만, 전압 신호의 크기가 커지면 지수 함수 형태의 트랜지스터 입력 특성 때문에 신호의 + 반주기에서 베이스 전류가 더 크게 변한다. 이에 따라 위 아래가 비대칭인 찌그러진 삼각 함수 모습의 베이스 전류 파형이 나타난다. 이러한 베이스 전류 파형의 찌그러짐은 곧바로 컬렉터 전류 파형의 찌그러짐으로 이어져 출력 전압 파형 왜곡의 원인이 된다. 이와 같은 트랜지스터의 비선형적인 입력 특성에서 오는 신호의 왜곡을 줄이려면 베이스 바이어스 전류를 높이고, 신호의 진폭을 작게 하여야 한다. 여기에서는 다루지 않겠지만, 이미터 저항을 넣어주면 이러한 파형의 왜곡도 줄어드는데, 이는 negative feedback의 효과 때문이다. 앞에서 설명한 negative feedback의 효과를 잘 음미해 보면 왜곡이 줄어드는 원리를 이해할 수 있을 것이다.

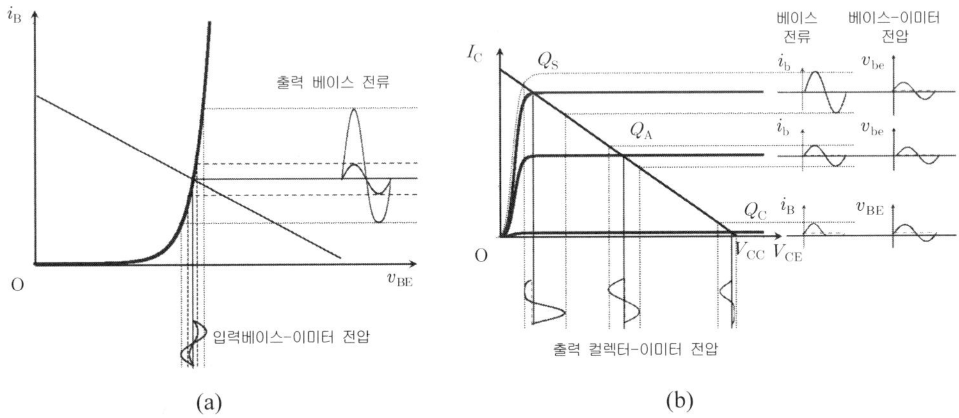

그림 11-13 (a)베이스 입력 전압과 베이스 전류 파형 사이의 관계, (b)출력 특성 곡선에서 동작점의 위치에 따른 출력 전압 파형의 변화

그림 11-13(b)는 이미터 저항이 없는 이미터 공통 증폭기에서 동작점의 위치에 따라 출력 파형의 모습이 어떻게 달라지는지를 보여준다. 동작점이 Q_A 처럼 부하선의 정 가운데에 있을 때에는 작은 입력 전압이 거의 왜곡 없이 베이스 전류로 변환되어 컬렉터 전류의 변화로 이어진다. 컬렉터 전류가 변하면 부하선과 컬렉터 전류 특성 곡선이 만나는 점의 위치가 변하면서 V_{CE}가 변하는데, 이 전압 변화가 곧 출력 전압이 된다. 입력 파형과 출력 파형 사이에는 180도 위상 차이, 즉 위상의 반전이 일어났음에 주의하자. 이미터 저항이 없을 때에는 베이스 전압이 조금만 바뀌어도 컬렉터 전류가 많이 변하기 때문에 V_{CE}도 많이 변한다. 즉, 전압 이득이 크다. 그리고 전압의 증폭이 거의 왜곡 없이 이루어진다.

그렇지만 동작점이 Q_S처럼 포화 영역의 경계에 있을 때에는 베이스 입력 전압에 따라 베이스 전류가 변하여도 그림에 보인 것처럼 + 반 주기 동안에는 컬렉터 전류는 거의 증가하지 않는다. 그러므로 이 입력 파형의 + 반 주기에 해당하는 출력 파형도 거의 변화가 없어 출력 파형의 밑부분이 거의 없어진 반파 정류된 파형의 모습을 보인다.

한편 동작점이 Q_C처럼 차단 영역의 경계에 있을 때에는 입력 전압이 삼각 함수의 모습이어도 베이스 전류는 그림에 보인 것처럼 아래 부분이 축소된 찌그러진 모습을 한다. 이 베이스 전류의 찌그러짐은 그림 11-13(a)에서 동작점의 베이스−이미터 전압이 0V에 가까울 때를 생각하면 쉽게 이해할 수 있다. 그러므로 출력 전압 파형은 위쪽이 찌그러진 모습으로 나타난다.

이와 같이 출력 파형의 모습을 보면 동작점의 위치를 알 수 있는데, 컬렉터 전압의 직류 성분이 V_{CC}에 가깝고 교류 신호 파형의 위쪽이 찌그러지면 동작점은 차단 영역 가까이에 있는 것이다. 또 컬렉터 전압의 직류 성분이 0V에 가깝고 교류 신호 파형의 아래 부분이 찌그러지면 동작점이 포화 영역에 가까이 있는 것이다.

위에서 기술한 동작점과 출력 파형 사이의 관계는 그림 11-14의 증폭기 입출력 전달 특성을 이용하여 정리할 수 있다. 먼저 그림 11-14의 전달 특성을 이해하여 보자. 입력 전압 v_{BE}가 작을 때에는 그림 11-13(a)에서 보인 것처럼 베이스 전압이 변하여도 베이스 전류가 많이 변하지 않기 때문에 컬렉터 전류의 변화도 작다. 그러므로 컬렉터 저항에서의 전압 강하가 작아 출력 전압 v_{CE}가 V_{CC}에 가깝고 v_{BE}가 증가

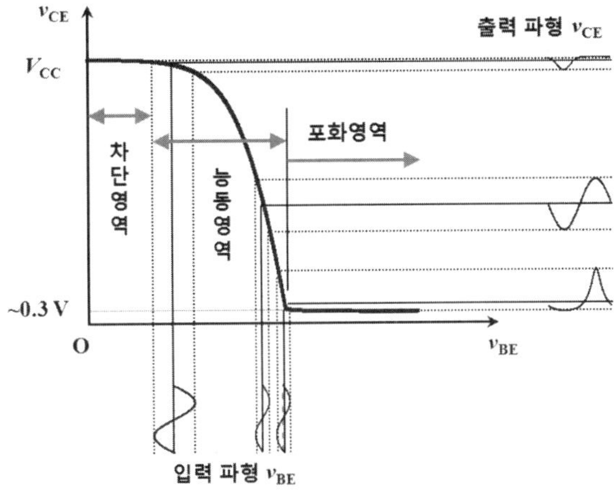

그림 11-14 이미터 저항이 없는 이미터 공통 증폭기의 입출력 전달 특성

함에 따라 조금씩 줄어든다. 여기에서 이미터 저항이 없을 때에는 $v_{CE} = V_{CC} - i_C R_C$ 임을 기억하자. 그러므로 i_C가 커지면서 v_{CE}는 감소한다. 이 증폭기에서 전압 이득 값이 −부호를 갖는 것, 즉 입력과 출력 사이에 180°의 위상 차이가 나는 것은 이 때문이다.

그림 11-3(a)에서 보듯이 베이스 전압이 증가함에 따라 베이스 전류의 증가율이 증가하므로(즉 동저항이 감소하므로) 베이스 전압 변화에 따른 컬렉터 전류 증가율도 증가한다. 이에 따라 v_{CE}가 더 빠른 속도로 감소한다. 베이스 전압이 더 커지면 트랜지스터가 포화 영역에 들어가 $V_{CE} \cong 0.3\text{V}$ 정도를 유지한다.

그림 11-14에 작은 그림으로 보였듯이 동작점이 Q_C처럼 맨 위의 차단영역 가까이에 있을 때에는 출력 전압의 직류 성분은 V_{CC}에 가깝고 파형의 위쪽이 찌그러진다. 동작점이 Q_A처럼 능동 영역의 한가운데에 있을 때에는 파형의 찌그러짐이 거의 없고, 직류 성분은 $V_{CC}/2$ 정도이다. 마지막으로 동작점이 Q_S처럼 포화 영역에 있을 때에는 출력 전압의 직류 성분은 0V에 가깝고 파형의 아래쪽이 찌그러진다.

앞에서 살펴본 것처럼 동작점의 위치와 증폭기 특성은 밀접하게 연관되어 있다.

그러므로, 증폭기를 설계할 때에는 동작점이 능동 영역의 한가운데에 있도록 하여야 한다. 그리고, 트랜지스터 변수나 환경 변화에 관계 없이 컬렉터 바이어스 전류를 일정하게 유지시켜야 한다.

실제로 증폭기 실험을 할 때에는 트랜지스터의 동작점이 능동 영역, 차단 영역, 포화 영역 가운데에서 어느 영역에 있는지를 파악하는 능력이 매우 중요하다. 확인 결과, 트랜지스터가 능동 영역이 아닌 포화 영역이나 차단 영역 근처에 있을 때에는 동작점이 능동 영역에 있도록 바이어스 회로를 다시 설정할 수 있어야 한다.

그림 11-13이나 11-14에서 볼 수 있듯이 출력 파형의 모양으로부터 동작점의 위치를 알아낼 수 있다. 그렇지만, 더 간편한 방법은 컬렉터－이미터 전압의 직류 성분 V_{CE}를 측정해 보는 것이다. 포화 영역에 들어가면 V_{CE}는 0V에 가깝다. 차단 영역에 들어가면 V_{CE}는 V_{CC}에 가깝다. 능동 영역에 있으면 V_{CE}는 $V_{CC}/2$에 가깝다. 요약하면, V_{CE}가 0V에 가까우면 베이스와 컬렉터 전류가 너무 크든지 컬렉터 저항이 너무 커서 포화 영역에 있는 것이다. 그러므로, 베이스나 컬렉터 전류를 줄이든지 컬렉터 저항을 줄여 주어 동작점을 능동 영역으로 옮겨 주어야 한다. V_{CE}가 V_{CC}에 가까우면 베이스 전류가 너무 작아 차단 영역에 있는 것이다. 그러므로 V_{BB}를 키우거나 R_B를 줄여 베이스 전류를 늘려 줌으로써 동작점을 능동 영역으로 옮겨 주어야 한다. 앞의 11.2.2절에서 다룬 V_{CC}, V_{BB}, R_B, R_C, R_E, β 등의 회로 변수가 동작점의 위치에 미치는 영향을 잘 이해하고 있으면 동작점을 옮기기 위하여 구체적으로 무엇을 어떻게 바꾸어야 하는지 알 수 있을 것이다.

11.3 사용 기기와 부품

- 오실로스코프
- curve tracer
- 직류 전압원
- 파형 발생기
- NPN 트랜지스터(CS 9013)
- 저항 100kΩ, 33kΩ, 10kΩ, 6.8kΩ, 100Ω

11.4 실험 내용과 방법

11.4.1 실험 11-1: 트랜지스터의 출력 특성 측정

1. curve tracer를 켜고, 컬렉터 전류 범위를 10mA, 컬렉터-이미터 전압 범위를 20V, 베이스 전류 스텝 수를 10, 베이스 전류 스텝을 10μA로 두고 트랜지스터 출력 특성을 측정한다.

2. 트랜지스터의 출력 특성 측정: 출력 특성이 화면에 가득 차도록 베이스 전류 스텝을 조정하여 출력 특성 곡선을 구하고 기록한다.

> **토의사항**
>
> 이 출력 특성 곡선에서 포화 영역을 표시해 보고, 이 영역에서 트랜지스터의 전류 이득 β 값이 매우 작아지는 이유를 설명해 보라.

3. 트랜지스터의 역방향 출력 특성 측정: 컬렉터와 이미터를 바꾸어 출력 특성 곡선을 구해 보라.

> **토의사항**
>
> 이 결과를 실험 과정 2의 결과와 비교하면? 전류 이득은? 항복 전압은? 이러한 차이의 원인은?

11.4.2 실험 11-2: 베이스 바이어스 전압에 따른 동작점의 변화와 $V_B - V_{CE}$ 전달 특성

1. 다음의 회로 11-1을 구성한다.

2. $V_{\mathrm{BE}} - V_{\mathrm{CE}}$ 전달 특성의 측정: 직류 전압원의 전압과 파형 발생기의 삼각 함수파 진폭을 각각 2V 정도로 맞추고, 삼각 함수파의 주파수를 100Hz로 둔다. 오실로스코프의 X 입력에 직류 전압원과 삼각 함수파 전압의 합, 즉 전체

베이스 전압 v_{BE}를, Y 입력에 컬렉터와 이미터 사이의 전압 v_{CE}를 넣고, $v_{BE}-v_{CE}$ 전달 특성을 관찰하고 기록한다. 또 v_I-v_{CE} 전달특성도 측정한다.

토의사항

포화 상태에서 컬렉터－이미터 사이에 걸리는 전압의 크기는? 이 회로의 트랜지스터가 능동 영역에 있을 베이스 바이어스 전압의 범위는? 베이스 바이어스 저항이 작으면 더 작은 베이스 바이어스 전압에서도 포화 상태에 도달할까? 컬렉터 바이어스 저항이 크면 더 작은 베이스 바이어스 전압에서도 포화 상태에 도달할까?

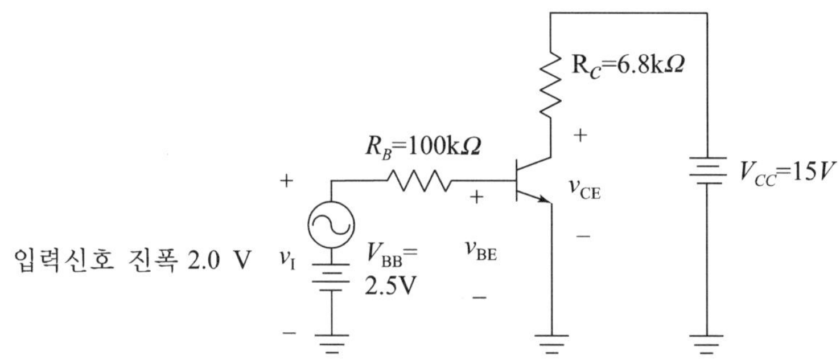

회로 11-1 베이스 바이어스 전압에 따른 동작점의 변화를 알아보기 위한 회로

3. 베이스 바이어스 전압에 따른 컬렉터 전류의 변화 : 실험 과정 2의 결과와 $V_{CC}=V_{CE}+I_CR_C$를 이용하여 베이스 전압에 따른 컬렉터 전류의 변화를 계산하고 그래프로 그린다.

토의사항

트랜지스터의 전류 이득이 크면 더 작은 베이스 바이어스 전압에서도 포화 상태에 도달할까?

4. 동작점에 따른 증폭 특성의 변화 : 실험 과정 2의 결과인 $v_I - v_{CE}$ 전달 특성으로부터 포화 영역과 능동 영역의 경계에서의 베이스 바이어스 전압 V_{BBSA}, 능동 영역과 차단 영역 경계에 해당하는 베이스 바이어스 전압 V_{BBAC}를, 그리고 능동 영역의 정중앙에 해당하는 베이스 바이어스 전압 V_{BBC}를 찾는다. 그리고 베이스 바이어스 전압을 V_{BBAC} 이하, V_{BBAC}, V_{BBAC}와 V_{BBC} 사이, V_{BBC}, V_{BBC}와 V_{BBSA} 사이, V_{BBSA}, V_{BBSA} 이상의 순서로 증가시켜 가면서 출력 파형의 변화를 관찰하고 기록한다. 이때, 파형 발생기의 삼각 함수파 출력의 진폭은 베이스-이미터 신호 전압 v_{be}의 진폭이 10mV가 되도록 조절한다. 그리고, 실로스코프의 "input coupling"은 DC로 놓는다.

주 의

차단 영역과 능동 영역의 경계는 분명하지 않기 때문에, 스스로 기준을 정하여 구한다.

토의사항

트랜지스터의 출력 특성, 즉 컬렉터 전류-컬렉터-이미터 전압 특성 곡선상에서 위의 세 점의 위치는? 포화 영역과 차단 영역에 동작점이 있을 때에는 파형의 어느 부분이 잘리며, 왜 그런가? 이로부터 파형이 제대로 증폭되기 위한 동작점은? 또 심한 왜곡 없이 증폭되는 증폭기 출력 신호의 진폭이 최대가 되는 동작점은? 출력 파형으로부터 트랜지스터의 동작점이 어느 영역에 있는지를 알아낼 수 있는가?

11.4.3 실험 11-3: 베이스 저항에 따른 전달 특성의 변화

베이스 바이어스 R_B의 영향 저항 : 위의 회로 11-1에서 베이스 바이어스 저항 R_B를 10kΩ으로 바꾸고 위의 실험 11-2의 실험 과정 2, 3을 반복한다.

토의사항

이 회로의 트랜지스터가 능동 영역에 있을 베이스 바이어스 전압의 범위는? 이 범위가 앞의 실험 11-2의 2 결과와 비교하여 어떻게 달라졌는가? 그 이유는?

11.4.4 실험 11-4: 이미터 저항에 따른 전달 특성의 변화

이미터 저항에 따른 전달 특성의 변화: 앞의 회로 11-1에서 베이스 바이어스 저항 $R_B = 10k\Omega$으로 두고 이미터와 접지 사이에 100Ω의 저항을 연결한 다음에 앞의 실험 11-2의 실험 과정 2, 3을 반복한다. 이 때 컬렉터 전류는 $V_{CC} = V_{CE} + I_C R_C + I_E R_E \cong V_{CE} + I_C(R_C + R_E)$로부터 구한다. 물론 $V_{CE} = V_C - V_E$이다.

토의사항

이 회로의 트랜지스터가 능동 영역에 있을 베이스 바이어스 전압의 범위는? 이 결과를 실험 11-3의 결과와 비교하면? 능동 영역에 있을 베이스 바이어스 전압의 범위가 넓어진 이유는? 입출력 전달 특성의 선형성은 향상되었는가? 향상되었다면, 그 이유는?

11.4.5 실험 11-5: 컬렉터 전압에 따른 전달 특성의 변화

컬렉터 전압에 따른 전달 특성의 변화: 앞의 회로 11-1에서 컬렉터 바이어스 전압 V_{CC}를 10V로 두고 실험 11-2의 실험 과정 2, 3을 반복한다.

토의사항

이 회로의 트랜지스터가 능동 영역에 있을 베이스 바이어스 전압의 범위는? 이 결과를 실험 11-2의 결과와 비교하면? 능동 영역에 있을 베이스 바이어스 전압의 범위가 좁아진 이유는? 이를 트랜지스터 출력 특성 곡선 위의 부하선(load line)으로 설명하면?

11.4.6 실험 11-6: 컬렉터 저항에 따른 전달 특성의 변화

컬렉터 저항에 따른 전달 특성의 변화: 앞의 회로 11-1에서 컬렉터 바이어스 전압 V_{CC}를 15V, 컬렉터 저항 R_C를 $10k\Omega$으로 두고 실험 11-2의 실험 과정 2, 3을 반복한다.

토의사항

이 회로의 트랜지스터가 능동 영역에 있을 베이스 바이어스 전압의 범위는? 이 결과를 실험 11-2의 결과와 비교하면? 능동 영역에 있을 베이스 바이어스 전압의 범위가 좁아진 이유는? 이를 트랜지스터 출력 특성 곡선 위의 부하선(load line)으로 설명하면?

11.5 예비 보고서와 결과 보고서

11.5.1 예비 보고서

(1) Review questions

1. 동작점이란 무엇인가?
2. 트랜지스터의 바이어스에 따른 동작 영역과 그 사용처를 설명하라.
3. 증폭기로 사용하는 트랜지스터에서는 베이스의 폭을 줄인다. 그 이유는?
4. 적은 베이스 전류로 큰 컬렉터 전류를 제어하는 원리, 즉 트랜지스터에서 전류가 증폭되는 원리에 대하여 설명하라.
5. 식 (1)에서 α값이 0.98에서 0.99로 바뀌면, β값은 어떻게 되나?
6. 트랜지스터 바이어스 회로를 설계할 때에, 동작점이 β값에 무관하게 하려고 노력하는 이유는?
7. 이미터와 컬렉터의 역할만 바뀐 역능동(reverse active) 영역과 능동(forward active) 영역에서 트랜지스터의 특성에 많이 차이가 생기는 이유는?
8. Early effect란 무엇인가? 또 V_{CE}가 증가함에 따라 β값이 증가하는 이유는?
9. 포화 영역에서 β값이 감소하는 이유는?

10. 이미터 저항 R_E가 트랜지스터의 특성 변화에도 불구하고 동작점을 안정하게 유지시켜 주는 이유는? 또, R_E가 증폭기의 전압 이득을 줄이는 이유는?

11. 컬렉터 저항 R_C가 크면 트랜지스터의 동작점이 쉽게 포화 영역으로 가게 되는 이유는?

12. 베이스 바이어스 전압 V_{BB}와 저항 R_B가 동작점의 위치에 미치는 영향은?

13. 이미터 공통 증폭기에서 출력 파형으로부터 동작점의 위치를 알아내는 방법은?

(2) 연습 문제

1. 아래 회로에서 β값이 50, 100, 200일 때, 동작점을 구하고 트랜지스터 출력 특성 곡선에 부하선과 함께 표시하라.

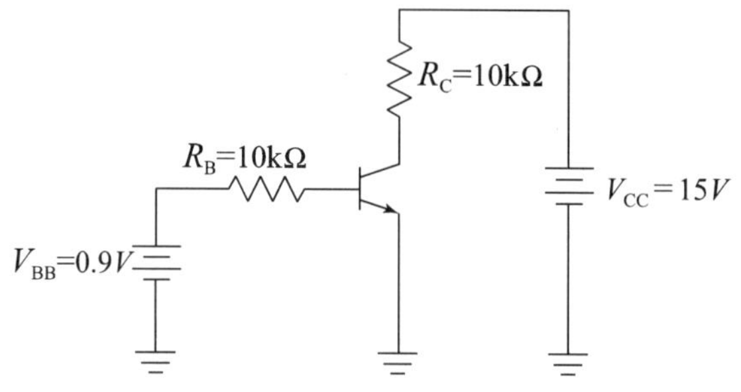

2. 아래 회로에서 β값이 50, 100, 200일 때, 동작점을 구하고 트랜지스터 출력 특성곡선에 부하선과 함께 표시하라. 그리고 β값의 변화에 따른 동작점의 위치 변화가 문제 1의 결과와 비교하여 얼마나 줄어들었는지 밝히고, 그 원인을 설명하라.

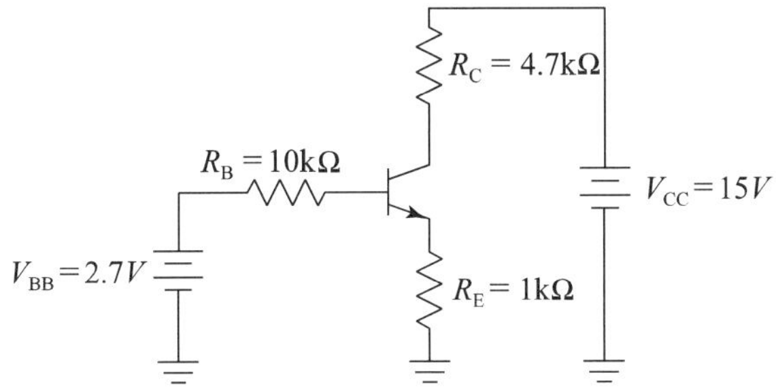

3. 연습 문제 1과 2의 회로에서 입출력 전달 특성을 PSPICE로 구하고 비교하라. 트랜지스터의 모델 변수는 default 값을 그대로 사용한다.

11.5.2 결과 보고서

실험 결과와 토의 사항에 대한 답을 정리하여 결과 보고서로 제출한다.

참고문헌

[1] A. S. Sedra and K. C. Smith, *Microelectronic circuits*, fifth ed., Oxford University Press, New York, 2004.

[2] R. C. Jaeger and T. N. Blalock, *Microelectronic circuit design*, second ed., McGraw-Hill, New York, 2004.

[3] A. P. Malvino, *Electronic Principles*, fourth edition, McGraw-Hill, 1989.

12 실험 12 이미터 공통 증폭기의 설계 및 측정

증폭기란 작은 입력 신호를 큰 출력 신호로 바꾸어 주는 장치로서, 신호의 전압, 전류, 또는 전력 가운데 일부 또는 모두를 증폭한다. 증폭되어 신호의 파워가 증가하려면 에너지가 필요한데, 그 전력은 직류 바이어스 전원으로부터 얻는다.

증폭기에는 입력에 두 단자, 출력에 두 단자씩 모두 네 단자가 존재한다. 그러므로 단자가 세 개뿐인 트랜지스터를 증폭기로 사용하려면 하나의 단자를 입력부와 출력부에서 공통으로 사용하여야 한다. 이미터 공통 증폭기는 트랜지스터의 세 단자 가운데 이미터 단자를 입력부와 출력부에서 공통으로 사용하는 증폭기 구조이다. 입력 전압은 v_{BE}이고 출력 전압은 v_{CE}이기 때문이다. 이 이미터 공통 구조는 전압 이득과 전류 이득을 모두 얻을 수 있으므로, 큰 전력 이득이 필요할 때 사용하는 가장 일반적인 트랜지스터 증폭기 구조이다. 이 실험에서는 이렇게 가장 기본적이고 중요한 이미터 공통 증폭기의 설계 및 특성에 대하여 다룬다.

앞의 실험 11에서 본 것처럼 증폭기로서 제대로 동작하려면 동작점이 올바로 설정되어 있지 않으면 안 된다. 이 실험은 동작점의 설정을 위한 바이어스 회로 설계와 설계한 회로가 원하는 동작점을 기준점으로 하여 증폭기로 동작하는지를 확인하는 과정을 다룬다.

한편, 트랜지스터는 모델 번호가 같다 하더라도 트랜지스터 하나하나의 특성 편차가 매우 심한 소자이다. 이에 따라 하나의 트랜지스터에 대하여 제대로 동작하는 바이어스 회로라 하더라도 똑같은 모델의 다른 트랜지스터로 바꾸면 제대로 동작하지 않을 수 있다. 트랜지스터 특성의 변화 때문이다. 이러한 사실을 실험을 통하여 확인함으로써, 특성의 편차가 매우 심한 트랜지스터로 이루어진 회로를 안정적으로 동작하도록 설계하는 일의 중요성을 인식하도록 하였다.

트랜지스터는 기본적으로 두 개의 다이오드를 매우 가까이 붙여 놓아 서로 상호 작용을 할 수 있도록 만들어졌기 때문에 SPICE 모델 변수가 다이오드보다 더 많다. 이 실험에서는 트랜지스터의 SPICE 모델 변수를 구하는 방법에 대하여도 공부한다. 이는 트랜지스터 회로를 SPICE로 해석하기에 앞서 반드시 거쳐야만 하는 중요한 과제이다.

12.1 실험의 목표

(1) 바이어스 회로에 따라서는 동작점이 트랜지스터 특성 변화에 따라 매우 민감하게 바뀔 수 있음을 실험적으로 확인함으로써 트랜지스터의 특성이 변하여도 동작점이 거의 바뀌지 않는 트랜지스터 바이어스 회로 설계 능력을 기른다.

(2) 트랜지스터의 SPICE 모델을 대략적으로 이해함으로써 트랜지스터 회로를 SPICE로 해석하는 기초적인 능력을 배양한다. 아울러 트랜지스터의 직류, 대신호, 소신호 모델 및 등가 회로에 대한 이해를 증진시킨다.

(3) 트랜지스터 증폭기의 전압 이득 등 주요 특성이 동작점에 따라 많이 달라질 수 있음을 확인하여 증폭기에서 동작점 설정의 중요성을 인식시킨다.

12.2 이미터 공통 증폭기의 설계

이상적인 증폭기는 입력 신호의 전압이나 전류, 또는 전력을 크게만 할 뿐, 그 모양을 변화시키지는 않는다. 그러나 실제의 증폭기는 이 이상적인 증폭기와는 달리 출력 신호에 잡음을 더하거나 신호의 모양을 찌그러트림으로써 입력 신호의 모양을 변화시킨다.

이처럼 증폭기의 성능을 결정하는 요소에는 입력 신호를 얼마나 증폭시켰나를 나타내는 이득 외에도 잡음이 더하여진 정도, 신호의 찌그러짐 정도 등이 포함되어야 한다. 이 가운데에서 신호의 찌그러짐은 증폭기의 입출력 전달 특성이 선형적이지 않아서 생기는 문제로, 실험 11에서 공부한 바와 같이 트랜지스터의 동작점이나 회로 구성과 깊은 연관성이 있다. 이 실험에서는 이처럼 중요한 동작점을 설정하는 회로인 바이어스 회로 설계 방법을 공부한다.

아울러, 소신호 등가 회로를 이용한 트랜지스터 증폭기 회로의 간단한 근사적인 해석 방법도 공부한다. 또, 트랜지스터의 특성은 매우 비선형적이어서 정확한 해석은 컴퓨터에 의존하여야 하므로 SPICE를 이용한 해석 방법에 대하여도 간단히 다룬다. SPICE를 이용하여 트랜지스터 증폭기 회로를 정확하게 해석하려면 트랜지스터의 모델 변수를 정확히 알아야 하는데, 이를 위해서는 많은 기초 지식이 필요하므로 고급 과정에서 다루게 된다.

12.2.1 트랜지스터 바이어스 회로의 설계 방법

트랜지스터 증폭기의 특성이 동작점의 위치에 따라 크게 달라짐은 실험 11에서도 공부하였다. 그러므로 트랜지스터의 특성 변화에도 불구하고 동작점의 위치가 거의 바뀌지 않도록 하는 안정적인 바이어스 회로의 설계는 트랜지스터 증폭기 설계의 기초가 된다. 이 절에서는 바이어스 회로를 설계하는 기본적인 방법론에 대하여 다루기로 한다.

그림 12-1(a)는 이미터 공통 증폭기의 바이어스 회로로 가장 널리 사용되는 회로이다. 이 회로는 특성의 변화가 크지 않은 저항을 사용하여 트랜지스터의 동작점을 안정화한 것으로 4개의 저항을 사용한다는 의미에서 4 저항 바이어스 회로(four resistor biasing circuit), 또는 전압 분배 바이어스 회로라고 한다. 베이스-이미터 사이의 바이어스 전압은 저항 R_1, R_2로 V_{CC}를 분배하여 공급하고, 컬렉터-베이스 바이어스 전압은 V_{CC}를 이용하여 공급한다. 특히, 이미터 저항 R_E를 넣어 negative feedback을 통한 안정화를 꾀하였다.

먼저 저항 R_1에 흐르는 전류는 저항 R_2에 흐르는 전류와 트랜지스터의 베이스 바이어스 전류로 나누어짐에 주목한다. 이에 따라 R_1이 너무 커서 R_1에 흐르는 전류가 베이스에 넣어 주어야 할 바이어스 전류와 거의 같거나 작게 되면, 베이스 바이어스 전류를 제대로 공급하지 못하게 된다. 물론 R_2를 무한대로 두어 R_1에 흐르는 전류가 직접 베이스 바이어스 전류가 되도록 하는 회로 구성도 가능하다. 그렇지만 이 때에는 R_1 값의 변화가 직접 베이스 바이어스 전류의 변화로 이어지기 때문에 동작점의 안정성을 유지하기가 어렵다.

한편 그림 12-1 회로에서 R_1이 너무 작아 이 저항에 흐르는 전류가 베이스에 넣어 주어야 할 바이어스 전류보다 훨씬 크면 R_2도 함께 작아져야 한다. 저항 R_1, R_2에 흐르는 전류가 거의 같아져야 하기 때문이다. 이러한 경우에는 저항 R_1, R_2에 흐르는 직류 전류가 너무 커서 전력 소모가 불필요하게 커진다. 그러므로 저항 R_1, R_2에 흐르는 전류는 원하는 베이스 바이어스 전류보다는 충분히 크고, 과도한 전력 소모를 막을 수 있을 정도로 충분히 작아야 한다. 이에 따라, 저항 R_1, R_2에 흐르는 전류는 컬렉터 전류의 1/10 정도 되도록 조정하는 것이 좋다.

바이어스 회로를 설계할 때에는 먼저 컬렉터 전류 I_C와 컬렉터 저항 R_C를 정한다. 이미터 저항 R_E가 있으면, 그림 12-1(a) 증폭기의 전압 이득이 대략 $-\alpha R_C / R_E$로 주어지므로 전압 이득에 맞추어 R_E와 R_C를 정한다. 소신호 출력 전압이 $v_o = v_c \approx -i_c R_C$이고, 소신호 입력 전압이 $v_i = v_b \approx i_e R_E$임을 이용하면 전압 이득은 쉽게 구할 수 있다. 이렇게 바이어스 회로에서 R_E가 크면 negative feedback이 강하게 일어나 동작점의 안정성이 증가하는 대신 전압 이득이 줄어든다. R_C가 커지면 이득은 증가하는 대신, 작은 컬렉터 전류에서도 트랜지스터가 포화 영역으로 들어가는 데에서 알 수 있듯이, 동작점의 안정성이 나빠진다.

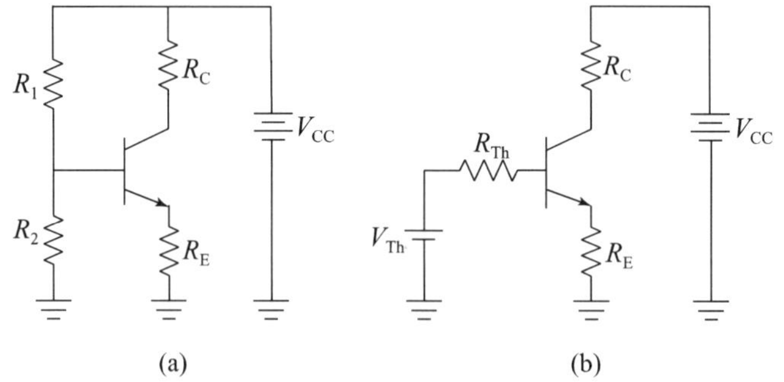

그림 12-1 (a)이미터 공통 증폭기를 위한 4개의 저항을 이용한 전압 분배 바이어스 회로, (b)Thevenin 정리를 이용하여 회로 (a)의 입력부를 등가저항 $R_{Th} = R_1 // R_2$와 등가 전압원 $V_{Th} = V_{CC}\, R_1 / (R_1 + R_2)$로 바꾼 회로

이렇게 R_E와 R_C, I_C가 정해지면 전원 전압 V_{CC}는 R_E와 R_C에 걸리는 전압의 두 배 정도가 되도록 한다. 이미 V_{CC} 값이 정해져 있을 때에는 R_E와 R_C에 걸리는 전압의 합과 컬렉터-이미터 전압이 똑같이 V_{CC}의 절반 정도가 되도록 컬렉터 전류를 정한다. 이렇게 컬렉터 전류를 정하면 출력 특성에서 동작점이 부하선의 한가운데에 놓이게 되어 동작점의 안정성이 높아지며, 과도한 왜곡 없이 증폭될 수 있는 신호의 크기(maximum signal swing)도 극대화된다. I_C, R_C, R_E가 정해지면 I_C에 해당하는 베이스 바이어스 전류 $I_B = I_C/\beta$가 베이스에 흐르도록 R_1, R_2 값을 정하는 일이 남는다.

이 R_1, R_2로 이루어진 전압 분배 회로를 베이스에서 바라보면 등가 저항이 $R_{Th} = R_1//R_2$, 등가 전압 $V_{Th} = \{R_2/(R_1+R_2)\}V_{CC}$인 그림 12-1(b)의 Thevenin 등가 회로가 된다. 그러므로 베이스 바이어스 전류 I_B는 $V_{BE} \cong 0.7\text{V}$임을 이용하면 다음과 같이 주어진다.

$$I_B = \frac{V_{Th} - V_{BE}}{R_{Th} + (1+\beta)R_E} \cong \frac{V_{Th} - 0.7}{R_{Th} + (1+\beta)R_E} \tag{1}$$

식 (1)과 $V_{CC}/(R_1+R_2) \cong 0.1 I_C$의 설계 지침을 이용하면 R_1, R_2 값을 정할 수 있다. 그러나 조금 더 간편한 방법은 베이스 전압 V_B에 대한 다음 관계를 이용하는 것인데, 여기에서 I_1은 R_1에 흐르는 전류이다.

$$V_B = V_{CC} - I_1 R_1 = (I_1 - I_B)R_2 = (1+\beta)I_B R_E + V_{BE} \tag{2}$$

이 식의 마지막 항은 $V_{BE} \cong 0.7\text{V}$임을 이용하면 다음과 같이 된다.

$$V_B = (1+\beta)I_B R_E + V_{BE} \cong (1+\beta)I_B R_E + 0.7 \tag{3}$$

식 (3)에서 β와 $I_B = I_C/\beta$는 주어진 값이므로, 베이스 전압 V_B를 구할 수 있다. 이렇게 V_B가 구해지면, $I_1 = 0.1 I_C$의 설계 지침을 식 (2)의 $V_B = V_{CC} - I_1 R_1$에 대입하면 R_1을, $V_B = (I_1 - I_B)R_2$에 대입하면 R_2를 구할 수 있다. 이 방법은 방정식을 풀지 않고 순서대로 대입하여 R_1, R_2 값을 구할 수 있어 편리하다.

이렇게 R_1, R_2를 구한 다음에는, 이 값에 가장 가까운 표준 저항값을 찾아 회로를 구성해야 한다. 이 방법으로 구한 표준 저항값을 사용하여 트랜지스터 증폭기를 구성하면, 동작점도 계산값과는 달라지게 된다. 계산하여 구한 저항값과 표준 저항값의 차이, 그리고 계산에서 사용한 근사값들 때문이다. 그러므로 최종적으로 정하여진 표준 저항값들을 사용하여 동작점을 다시 구해보고, 동작점이 원하는 위치에 있지 않을 때에는 저항값을 재조정하여야 한다.

실험 11에서 공부한 바 있는 바이어스 회로의 각 요소들이 동작점에 미치는 영향에 대하여 잘 이해하고 있으면, 이 재조정 작업을 효과적으로 수행할 수 있을 것이다. 실험 11의 그림 11-6에서 $V_{\rm BB}$를 $V_{\rm Th}$로, $R_{\rm B}$를 $R_{\rm Th}$로 바꾸면 그림 12-1(a)가 된다. 그러므로, 11.2.2절의 설명은 그림 12-1(a) 회로에 그대로 적용된다.

12.2.2 트랜지스터의 등가 회로와 SPICE 모델

트랜지스터는 기본적으로 다이오드 두 개를 가까이 붙여 놓은 것이다. 그렇지만, 두 다이오드 사이의 상호 작용과 다양한 2차 효과 때문에 내부 동작은 두 다이오드의 단순 연결에 비하여 매우 복잡한 양상을 보인다. 이에 따라 트랜지스터의 SPICE 모델도 매우 복잡하여 40여 개의 모델 변수들이 사용된다. 이 모든 변수값들을 정확히 알아야 SPICE 계산 결과와 실험 결과가 일치하게 된다. 그러나 이러한 작업은 이 실험 과정의 수준을 크게 벗어나기 때문에, 이 절에서는 직류 및 저주파 동작에 중요한 영향을 미치는 소수의 변수들에 대하여 기술하기로 한다. 더 자세한 내용은 참고문헌을 참조하도록 한다.

그림 12-2는 트랜지스터의 직류 등가 회로를 보여 준다. 이 등가 회로가 SPICE에서 사용되는 트랜지스터의 직류 모델이며 동작점을 구하거나 직류 신호에 대한 각 부분의 전류, 전압을 구하는 데에 사용된다.

그림 12-2(a)에서 베이스와 이미터, 베이스와 컬렉터 사이에 각각 두 개의 다이오드가 있는 것은 다이오드에 흐르는 전류 성분이 우리가 지금까지 공부하였던 $I_{\rm S}\{\exp(V/V_{\rm T})-1\}$ 항 이외에 비이상적인 전류에 해당되는 $I_{\rm SE}\{\exp(V/2V_{\rm T})-1\}$ 항이 추가되었기 때문이다. 이 추가된 전류를 생성-재결합 전류라고 하며, 고급 과

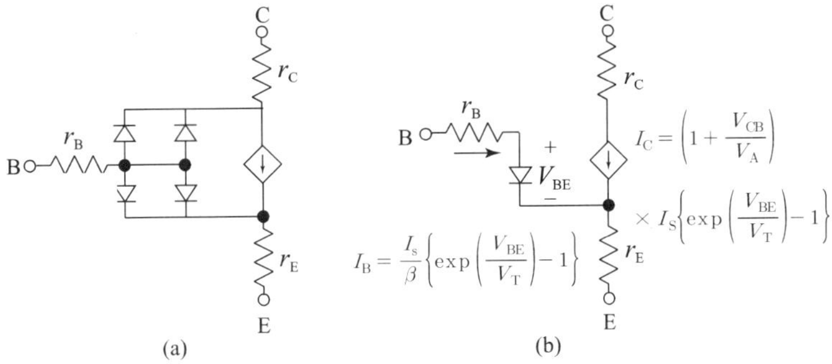

그림 12-2 트랜지스터의 (a)직류 등가 회로, (b)능동 영역에서의 근사적인 등가 회로

정에서 배우게 될 것이다.

이미터와 컬렉터 사이의 종속 전류원은 베이스 전류가 증폭되어 나타나는 컬렉터 전류를 표시한다. 베이스에 전류를 흘려주면 베이스에 다수 캐리어가 공급된다. 그러면 이 다수 캐리어를 재결합시켜 전하 중성 상태를 유지하려고 이미터나 컬렉터에서 캐리어가 주입된다. 그림 12-2의 전류원은 이 전류를 나타내며, 실험 11에서 다룬 트랜지스터의 증폭 작용과 관련된 전류이다. 한편, 이미터, 베이스, 컬렉터 전류를 외부로 빼내기 위해서는 금속 전극이 반도체와 접촉하고 있어야 하는데, 이 금속 전극과 반도체 접촉부에는 전기 저항이 존재한다. 각 단자의 저항은 이 접촉 저항과 이미터, 베이스, 컬렉터 반도체 층의 저항이 합하여진 것이다.

그림 12-2(b)는 그림 12-2(a)의 일반적인 모델을 트랜지스터가 능동 영역에 있다고 가정하여 간략화한 모델이다. 트랜지스터가 능동 영역에 있으면, 역바이어스된 베이스−컬렉터 접합에 흐르는 전류는 무시할 수 있으므로 베이스−컬렉터 사이의 다이오드를 개방 상태로 근사하여 제거하였다. 또, 베이스−이미터 사이의 비이상적인 전류를 나타내는 다이오드도 무시하였다. 그리고 컬렉터에서 이미터로 흐르는 전류를 나타내는 전류원의 전류는 βI_B인데, Early effect 때문에 $1 + V_{CB} / V_A$ 배만큼 커진 것이다.

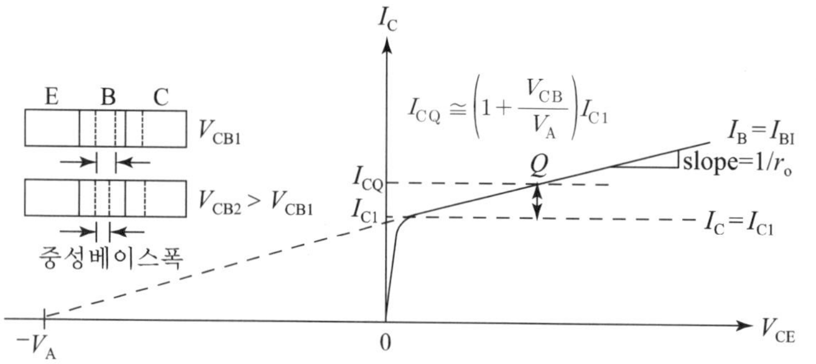

그림 12-3 트랜지스터의 출력 특성과 Early voltage V_A

그림 12-3은 Early effect에 따른 컬렉터 전류의 증가와 Early voltage를 보여 준다. 컬렉터 전류의 증가율 $\Delta I_C / \Delta V_{CE} = I_{C1} / V_A = 1/r_o$이 됨을 고려하면, 컬렉터 전류의 증가분은 증가율 $\times V_{CE}$가 되므로 컬렉터 전류가 $1 + V_{CB} / V_A$ 배만큼 증가함을 알 수 있다.

그림 12-4(a)는 SPICE에서 사용되는 트랜지스터의 대신호 등가 회로인데, 그림 12-2의 직류 모델에 각 PN 접합의 capacitance 항이 추가된 것임을 알 수 있다. 이 capacitance 항들이 추가되어 트랜지스터의 과도 응답(transient response)까지를 계산할 수 있는 가장 일반화된 모델이다. 추가된 capacitance 항들의 직류 임피던스가 무한대임을 이용하여 개방시키면 직류 모델이 됨을 알 수 있다. 또, 이 대신호 모델을 동작점을 중심으로 선형화하면 소신호 모델이 된다.

순방향 능동 영역에서는 역바이어스된 베이스-컬렉터 접합 다이오드에 흐르는 전류를 무시할 수 있다. 그러므로, 그림 12-2의 직류 모델에서와 마찬가지로 베이스-컬렉터 사이의 두 다이오드는 개방 상태로 근사시킬 수 있다. 이 때에는 그림 12-4(a)의 등가 회로를 그림 12-4(b)의 등가 회로로 근사시킬 수 있다. 그림 12-4(b)에서 베이스-컬렉터 접합의 capacitance 항들은 그대로 남아 있음에 주의한다.

그림 12-4의 대신호 등가 회로를 동작점을 기준으로 선형화한 소신호 등가 회로를 그림 12-5에 보였다. 동작점은 그림 12-2의 등가 회로를 이용한 직류 해석으로부

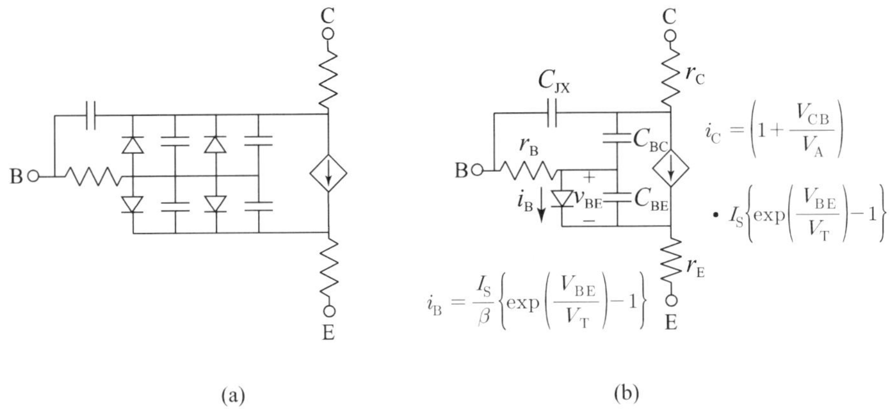

그림 12-4 트랜지스터의 (a)대신호 등가 회로, (b)능동 영역에서의 근사적인 등가 회로

터 구한다. 그림 12-5(a)는 트랜지스터의 모든 동작 영역에서 사용할 수 있는 일반적인 소신호 등가 회로를, 그림 12-5(b)는 능동 영역에서만 사용할 수 있는 등가 회로를 보여주고 있다. 컴퓨터를 사용하지 않는 트랜지스터 증폭기 해석에서는 그림 12-5(b)의 등가 회로가 사용된다. 또 저주파 신호에 대하여는 capacitance 항들을 무시할 수 있으므로, 그림 12-5(b)의 등가 회로에서 모든 capacitance 항을 뺀 등가 회로가 사용된다. 그림 12-5(b)의 등가 회로에서 소신호 모델 변수 r_{be}, r_o, g_m 등의 정의식은 다음 절의 식 (4), (5), (6)을 참조한다.

위에서 살펴 본 것처럼, 트랜지스터의 등가 회로 모델에는 직류, 대신호, 그리고 소신호 모델이 있다. 가장 일반적인 대신호 모델에서 직류 임피던스가 무한대인 capacitance 항들을 뺀 것이 직류 모델이다. 그리고, 직류 해석으로부터 구한 동작점을 기준으로 입력 신호가 조금만 변한다는 가정을 하여 대신호 모델을 선형화한 것이 소신호 모델이다. 그러므로 가장 일반적인 대신호 등가 회로 모델을 이용하면 트랜지스터와 트랜지스터 회로의 특성을 모두 해석할 수 있다. 소신호 모델이나 직류 모델이 필요한 것은 이러한 단순화를 통하여 계산 시간을 절약하고 데이터의 양을 줄일 수 있기 때문이다.

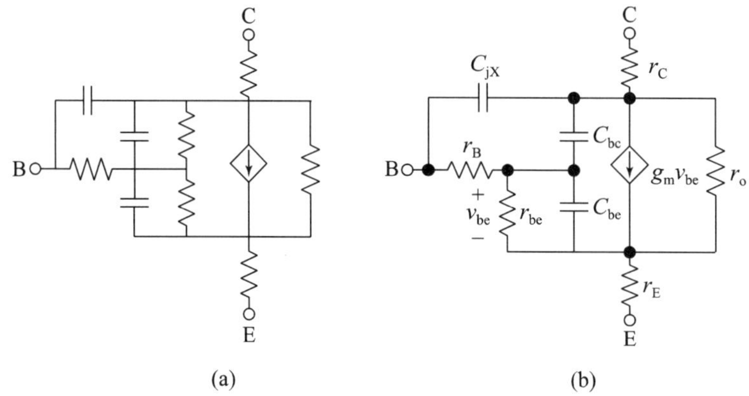

그림 12-5 트랜지스터의 (a)소신호 등가 회로, (b)능동 영역에서의 근사적인 등가 회로

소신호의 개념과 선형화에 대하여는 앞의 실험에서도 설명하였다. 증폭기에서 우리가 다루는 모든 신호는 소신호로 취급된다. 즉, 증폭하려고 증폭기에 넣어주는 입력 신호도 소신호이며, 증폭되어 나오는 출력 신호도 소신호이다. 따라서, 증폭기에서 우리의 최대 관심사는 이 입력 소신호와 출력 소신호 사이의 관계이다. 소신호 모델은 선형화된 모델이기 때문에, 소신호 입력과 출력은 비례 관계에 있게 되고, 그 비례 상수가 바로 증폭기의 이득이다. 입력과 출력을 모두 전압으로 보면 증폭기 이득은 전압 이득이 되며, 전류로 보면 전류 이득이 된다. 또, 입력을 전압, 출력을 전류로 보면 증폭기 이득은 transconductance가 되고, 입력을 전류, 출력을 전압으로 보면 증폭기 이득은 transresistance가 된다.

소신호를 다룸에 있어 가장 큰 제약조건은 입력과 출력 사이의 선형 관계가 유지되는 상황, 즉 소신호 모델의 타당성이 유지되는 상황에서만 사용할 수 있다는 것이다. 트랜지스터가 기본적으로 비선형적인 특성의 소자이기 때문에 선형화된 소신호 모델은 정확한 모델이 아닌 근사 모델이어서 오차가 불가피하기 때문이다. 이에 따라, 신호의 크기가 작지 않으면, 즉 소신호가 아니면 오차가 너무 커지는 문제점을 안고 있다.

그렇다면, 얼마나 작아야 소신호가 될까? 여러 가지 대답이 가능할 것이다. 그러나, 가장 근본적인 대답은 대신호 모델을 이용한 해석 결과와 소신호 해석 결과 사이의 오차가 원하는 수준 이하이면 소신호로 볼 수 있다는 것이다. 다시 말하면 소신호 해석 결과의 정확성이 원하는 수준 이상이면 소신호로 보는 것이다. 신호의 크기가 크면 클수록 비선형성 때문에 오차가 커지기 때문에, 오차의 한계를 정하면 소신호로 볼 수 있는 신호의 크기도 정해지는 것이다. 오차의 한계는 어떻게 정할까? 목표에 따라 다를 것이다. 정밀한 계측 장비를 만들 때에는 오차 한계가 작아야 할 것이고 정밀성을 요구하지 않는 경우에는 오차의 한계를 크게 하여도 무방할 것이다.

오차의 한계가 정해져 있다 하여도 소신호의 한계는 동작점에 따라서도 달라진다. 입출력 전달 특성의 선형성이 좋은 영역에서는 소신호로 볼 수 있는 신호의 크기가 커진다. 비선형성이 작아 선형으로 근사하여 구한 소신호 해석 결과와 대신호 해석 결과의 차이가 작으므로, 더 큰 신호까지 소신호로 볼 수 있기 때문이다. 그 반면에 선형성이 나쁜 영역에 동작점이 있게 되면, 아주 작은 신호에서도 비선형성의 영향이 나타나 소신호 해석에 따른 오차가 커진다. 따라서, 소신호로 볼 수 있는 신호의 크기도 작아지게 된다. 이처럼, 소신호로 볼 수 있는 신호 크기의 범위는 허용되는 오차의 한계, 그리고 동작점에서 입출력 전달 특성의 선형성 정도에 따라 결정된다.

다음 절에서 더 자세히 기술하겠지만, 트랜지스터 증폭기의 특성과 바이어스 회로의 구성은 매우 밀접한 관계가 있다. 그 근본적인 이유는 증폭기의 특성을 결정하는 동작점에서의 소신호 특성이 대부분 동작점에 의하여 결정된다는 데에 있다. 이는 소신호 특성을 나타내는 소신호 등가 회로 모델 변수들이 동작점에 따라 결정되는 데에서도 알 수 있다. 이와 같이 바이어스 회로와 동작점의 설정, 증폭기의 특성은 서로 연관되어 있다. 그렇기 때문에, 트랜지스터 회로를 설계할 때에는 이 모든 특성을 한꺼번에 고려하지 않으면 안 된다.

앞에서 공부한 SPICE 모델을 이용한 컴퓨터 계산은 회로의 정확한 특성을 알아내는 데에는 필수적이다. 그러나, 트랜지스터 증폭기를 설계하는 데에 필요한 증폭기 특성의 직관적 이해에는 별 도움이 안 되는 측면이 있다. 너무 복잡한 모델을 사용하기 때문이다. 이에 따라 회로의 특성을 직관적으로 이해하는 데에 도움이 될 만한 간단한 모델과 이를 이용한 증폭기 특성 해석 능력이 필요하게 된다. 다음 절에서는 이 부분을 다루기로 한다.

12.2.3 이미터 공통 증폭기의 소신호 등가 회로와 전압 이득

그림 12-1에 보인 이미터 공통 증폭기의 저주파 입출력 전달 특성에 대하여는 이미 실험 11에서 기술한 바 있다. 여기에서 저주파라 함은 그림 12-4(a), 12-5(a)의 등가 회로에서 capacitor의 영향이 무시될 수 있을 정도로 작은 낮은 주파수 영역을 말한다.

그림 12-6에 이미터 공통 증폭기의 저주파 입출력 전달 특성을 다시 그렸다. 이 그림의 입력 신호와 출력 신호 사이의 관계로부터 동작점을 중심으로 작게 변하는 소신호(small signal)에 대하여는 출력 신호의 진폭을 입력 신호의 진폭으로 나눈 값, 즉 소신호 전압 이득은 입출력 전달 특성의 동작점에서의 기울기로 주어짐을 알 수 있다. 또, 이 입출력 전달 특성이 비선형적이어서 기울기가 동작점에 따라 다르므로 소신호의 전압 이득은 동작점에 따라 달라지게 됨도 알 수 있다. 그리고, 진폭이 큰 대신호에 대하여는 이 비선형성 때문에 신호의 찌그러짐, 즉 왜곡이 나타남도 알 수 있다. 이렇게 입출력 전달 특성에는 동작점에 따른 증폭기의 소신호 이득, 대신호에

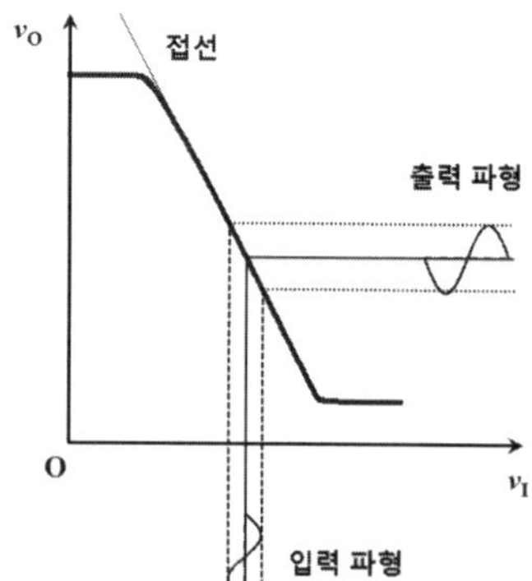

그림 12-6 그림 12-1 이미터 공통 증폭기의 저주파 입출력 전달 특성. 동작점을 중심으로 조금 변하는 소신호에 대하여는 입출력 전달 특성을 동작점에서의 접선으로 근사시킬 수 있다.

대한 왜곡의 정도, 가장 유리한 동작점의 위치, 왜곡이 과도하지 않은 범위 안에서 증폭시킬 수 있는 입력 신호, 또는 출력 신호의 범위 등 증폭기의 특성에 대한 대부분의 정보들이 들어 있다.

이 입출력 전달 특성은 저주파 신호에 대하여 그림 12-4의 대신호 모델을 이용한 컴퓨터 계산(computer simulation)을 통하여 얻을 수 있다. 이렇게 구한 전달 특성은 증폭기의 트랜지스터를 그림 12-2의 직류 모델로 바꾼 다음에 얻은 결과와 같게 된다.

여기에서 덧붙이고 넘어가야 할 것은 그림 12-1의 C_B로 나타낸 직류 차단(DC blocking) capacitor 등의 외부에서 달아준 capacitor가 있을 때에는 직류 입력에 대하여는 출력의 변화가 없을 것이라는 사실이다. 직류에서는 이 capacitor의 임피던스가 무한대가 되어 입력 신호가 트랜지스터 입력부로 들어가지 못하기 때문이다. 주파수가 높아질수록 capacitor의 임피던스가 작아져 입력 신호가 더 많이 트랜지스터 입력부로 들어가므로 capacitor의 영향이 줄어들게 된다. 이 직류 차단 capacitor의 영향이 나타나지 않으려면 그 capacitor의 임피던스가 그 주변의 다른 저항(예를 들어 전압원 내부 저항이나 증폭기 입력 저항)에 비해 충분히 작을 정도로 신호의 주파수가 높거나 capacitance가 커야 한다. 물론, 주파수가 너무 높으면 트랜지스터 내부 capacitance의 영향이 나타난다.

입출력 전달 특성은 매우 유용한 정보이지만 손으로 계산하여 구하는 것은 매우 번거로운 일이다. 비선형 모델인 트랜지스터의 대신호 모델을 사용하여야 하기 때문이다. 이에 따라 트랜지스터의 동작점이 설정되었을 때 이 동작점을 중심으로 변하는 소신호에 대한 전압 이득을 간편하게 계산하는 방법이 필요하게 된다. 이러한 필요에 따라 쓰이는 것이 그림 12-5의 소신호 등가 회로 모델이다. 이 소신호 등가 회로는 일반적으로 비선형적인 대신호 등가 회로를 동작점에서 선형화(linearization)하여 얻은 등가 회로이다. 그러므로, 이 소신호 등가 회로는 저항, inductor, capacitor, controlled source 등으로 구성된 선형 회로이다. 따라서 각 부분의 전압이나 전류는 연립 1차 방정식의 해로 주어지며, 이 연립 방정식은 Kirchhoff의 전류, 전압 법칙으로부터 구한다.

여기에서 선형화라는 것은 비선형적인 특성을 동작점에서의 접선으로 근사시키는 과정을 말한다. 그림 12-6에서 동작점을 중심으로 변하는 소신호에 대하여는 입출력 전달 특성을 동작점에서의 접선으로 근사할 수 있음을 보았는데, 이것이 선형화의 예 가운데 하나이다.

이제 그림 12-7(a) 증폭기의 저주파 소신호 등가 회로를 구하여 보자. 여기에서 저주파라 함은 C_B의 영향이 나타나지 않을 정도로 높은 주파수이면서 동시에 트랜지스터 내부 capacitance의 영향이 나타나지 않을 정도의 낮은 주파수를 의미한다. 저주파라 함은 내부 capacitance의 영향이 나타나지 않을 정도의 낮은 주파수라는 데에서 유래된 것이다.

소신호 등가 회로를 그리려면 트랜지스터 증폭기에 들어가는 회로부품, 즉 capacitor, 저항, 트랜지스터, 직류 전압원, 교류 신호원의 소신호 특성과 소신호 등가 회로를 알아야 한다. 이를 하나하나 살펴보자.

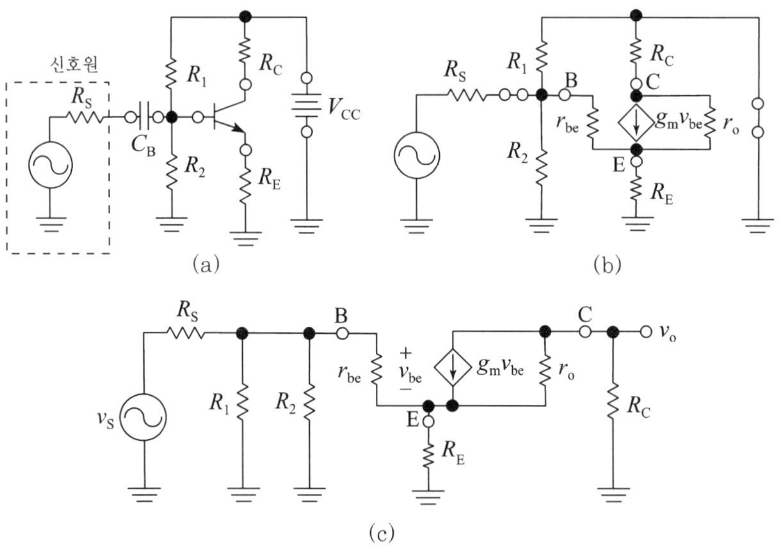

그림 12-7 그림 12-1의 이미터 공통 증폭기의 저주파 소신호 등가 회로를 구하는 과정

이 등가 회로에서 트랜지스터는 그림 12-4(b)의 등가 회로에서 capacitor와 r_E, r_B, r_C만 제거한 것임에 주의한다.

먼저 입력 전압은 그림에 보인 대로 capacitor C_B를 거쳐서 들어간다. 그 이유는 capacitor가 없을 때를 생각해 보면 쉽게 알 수 있다. 만일 capacitor가 없다면, 교류 신호원은 직류의 입장에서 보면 단락 상태이므로(직류 전압이 0이므로) 내부 저항 R_S만 남게 된다. 이에 따라 capacitor가 없으면 직류 바이어스 회로에서 저항 R_2의 역할을 $R_2 \,//\, R_S$가 대신하게 되어, 동작점이 달라지게 된다. 이와 같이 동작점이 변하는 것을 막고, 신호원의 내부 저항 R_S로 과도한 직류 전류가 흐르는 것을 막기 위하여 직류 차단(DC blocking) capacitor C_B를 사용한다. 이 capacitor의 값은 증폭기에 들어가는 신호의 가장 낮은 주파수에서도 이 capacitor의 임피던스가 R_S보다 훨씬 작게 되도록 정한다. 그러므로 이 capacitor는 신호에 대하여는 단락으로 생각할 수 있으며 소신호에 대한 등가 회로인 그림 12-7(b)에서는 단락으로 나타나 있다. capacitor C_B와 관련하여 덧붙이고 싶은 것은 그림 12-7(a)의 직류 등가 회로는 그림 12-1과 같다는 점이다. 직류에서는 capacitor가 개방 상태가 됨을 생각하면 쉽게 이해할 수 있을 것이다.

동작점을 정하여 주는 직류 전압원은 교류 신호의 입장에서는 단락 상태로 되는데, 그 이유는 직류 전압원의 전압이 일정하여 시간에 따라 변하지 않기 때문이다. 이에 따라 그림 12-7(b)에서 직류 전압원은 단락 상태가 되어 저항 R_1, R_C가 곧바로 접지점에 연결되어 있다.

바이어스 저항들은 소신호 등가 회로에서도 변함없이 원래의 저항값들을 유지한다. 저항은 전류－전압 특성이 선형적이기 때문에 직류에서나 대신호에서나 소신호에서나 언제나 같은 저항으로 동작하기 때문이다.

마지막으로 트랜지스터의 등가 회로에 대하여 알아보자. 그림 12-5(b)에 증폭기로 동작하는 영역인 능동 영역에서의 소신호 등가 회로를 보였다. 이미터, 베이스, 컬렉터 전극의 접촉 저항도 필요하면 외부에 달아준 저항으로 고려할 수 있고 그 크기도 작으므로 무시하자. 그러면, 그림 12-5(b)의 등가 회로에서 r_B, r_C, r_E는 모두 무시되어 0으로 된다. 또 이 등가 회로에서 각종 capacitor의 영향은 1MHz 이상의 고주파에서 나타나므로 수 kHz에서 동작시킬 때에는 개방상태로 근사 시킬 수 있다. 이렇게, 12-5(b)의 트랜지스터 등가 회로에서 모든 capacitor는 개방시키고 저항 r_B, r_C, r_E는 모두 0으로 둔 등가 회로를 그림12-7(a)의 트랜지스터 대신 사용하면 소신호 등가 회로가 완성된다. 그 결과를 그림 12-7(b)에 보였다. 이렇게 하여 그림 12-7(a) 증폭기의 저주파 소신호 등가 회로가 그림 12-7(b)의 모습으로 완성되었다. 그림 12-7(b)의 소신호 등가 회로를 보기 쉽게 다시 정리하면 그림 12-7(c)가 된다.

이제 그림 12-7(c)의 소신호 등가 회로를 이용하여 소신호 전압 이득을 구하여 보자. 소신호 등가 회로에서 베이스-이미터 소신호 저항 r_{be}, 컬렉터-이미터 출력 저항 r_o, transconductance g_m은 각각 다음과 같이 동작점 직류 전류의 함수로 주어진다.

$$r_{be} = \frac{\partial v_{BE}}{\partial i_B}\bigg|_{Q-point} \cong \frac{V_T}{I_{B,Q}} \tag{4}$$

$$r_o = \frac{\partial v_{CE}}{\partial i_C}\bigg|_{Q-point} \cong \frac{V_A}{I_{C,Q}} \tag{5}$$

$$g_m = \frac{\partial i_C}{\partial v_{BE}}\bigg|_{Q-point} \cong \frac{I_{C,Q}}{V_T} \tag{6}$$

이 식들에서 아래 첨자 Q는 동작점을 의미한다. 그리고 V_A는 Early voltage로, 베이스-컬렉터 역전압의 증가에 따른 베이스 폭의 감소, 즉 Early effect를 정량적으로 나타내 주는 전압이며, 그림 12-3에 나타나 있다.

위의 식에서 알 수 있는 것처럼 소신호 등가 회로 모델 변수들은 동작점에서의 기울기로 주어지는데, 이는 소신호 등가 회로가 동작점을 중심으로 선형화된 모델(linearized model)이기 때문이다. 식 (4)에 보인 것처럼 r_{be}는 입력 특성($i_B - v_{BE}$) 곡선에서 동작점에서의 기울기의 역수로 주어진다. 그리고, 식 (5)에서 알 수 있듯이 r_o는 출력 특성($I_C - V_{CE}$)에서 동작점에서의 기울기의 역수로 주어진다. transconductance g_m은 식 (6)에 보인 것처럼 전달 특성($i_C - v_{BE}$)에서 동작점에서의 기울기로 주어진다. 따라서, 동작점을 기준으로 변하는 소신호 입력 전압이 얼마나 큰 소신호 출력 전류를 발생시키는지를 나타내는 변수이며, transconductance라는 말은 바로 이 기능에서 유래된 것이다. 이에 따라, r_{be}, r_o, g_m은 각각 식 (4), (5), (6)으로 주어진다. 입력, 출력, 전달 특성을 미분하여 구한 함수에 동작점 전류나 전압값을 넣으면 소신호 등가 회로 변수가 되는 것이다.

소신호 등가 회로와 그 값들이 정해졌으므로 증폭기의 소신호 특성을 구할 차례이다. 먼저 이 증폭기의 입력 저항을 구하여 보자. 베이스 단자에서 바라본 소신호 입력 저항 R_{ib}는 베이스 소신호 전압을 베이스로 흘러들어가는 소신호 전류로 나눈 값으로 정의되므로, 다음과 같이 구한다.

$$R_{ib} \equiv \frac{v_b}{i_b} = \frac{i_b r_{be} + (g_m r_{be} i_b) R_E}{i_b} = r_{be} + (1+\beta_{AC}) R_E = (1+\beta_{AC})(r_e + R_E) \quad (7)$$

이 식을 유도할 때, $v_{be} = i_b r_{be}$, $g_m r_{be} = \beta_{AC}$, $r_{be} = (1+\beta_{AC}) r_e$ 임을 이용하였다. 그리고, 저항 r_o의 영향은 무시하였다. 여기에서 주목할 것은 이미터 저항 R_E에 흐르는 소신호 전류는 이미터 전류이므로 베이스 전류의 $1+\beta_{AC}$배가 되어 전압도 베이스 쪽에 붙어있는 같은 크기의 저항에 걸린 전압에 비하여 $1+\beta_{AC}$배가 된다는 사실이다. 그렇기 때문에, 베이스에서 바라본 입력 저항은 r_{be}와 $(1+\beta_{AC})R_E$의 직렬 연결이 된다.

그 반대로 이미터 쪽에서 바라보면, 베이스 쪽에 있는 저항이 실제의 저항보다 $1+\beta_{AC}$배만큼 줄어들어 보이는데, 베이스 쪽에서 바라본 저항 r_{be}가 $1/(1+\beta_{AC})$배로 줄어들어 r_e가 되는 것이다. 이렇게 베이스-이미터 사이의 전압은 베이스에서 보든, 이미터에서 보든 그 크기가 같지만 전류는 베이스 단자에 흐르는 것과 이미터 단자에 흐르는 것이 다르다. 이에 따라, 저항값은 어느 단자에서 보느냐에 따라 달라져 이미터에서 바라보면 r_e가 되고, 베이스에서 바라보면 r_{be}가 되어 r_e의 $(1+\beta_{AC})$배가 된다.

증폭기의 입력 저항 R_{in}은 신호 전압원에서 바라본 저항으로 정의되므로, 다음과 같이 주어진다.

$$R_{in} = R_1 // R_2 // R_{ib} \quad (8)$$

이 입력 저항에 전압원의 내부 저항 R_S는 포함되지 않는데, 그 이유는 이 내부 저항이 신호 전압원의 일부여서 전압원 밖에서는 접근할 수 없는 것이기 때문이다.

이제 출력 전압 v_o와 입력 신호 전압 v_s 사이의 비율로 주어지는 전압 이득 A_{vs}를 구하여 보자. 일반적으로 트랜지스터의 출력 저항 r_o는 R_C보다 훨씬 커서 무시할 수 있으므로, 그림 12-7(c)에서 출력 전압 v_o는 다음과 같이 주어진다.

$$v_o = -g_m v_{be} R_C \tag{9}$$

또, 베이스 소신호 전압 v_b는 v_s가 R_S와 R_{in}에 의하여 분배되어 R_{in}에 나타난 전압이며, v_{be}는 베이스 전압 v_b가 r_{be}와 $(1+\beta_{AC})R_E$에 의하여 분배되어 r_{be}에 나타난 전압이다. 그러므로 v_{be}는 다음과 같이 주어진다.

$$v_{be} = \frac{R_{in}}{R_S + R_{in}} \frac{r_{be}}{r_{be} + (1+\beta_{AC})R_E} v_s = \frac{R_{in}}{R_S + R_{in}} \frac{r_e}{r_e + R_E} v_s \tag{10}$$

이 때에도 저항 r_o의 영향은 무시하였다. 식 (10)을 식 (9)에 넣고 전압 이득을 구하면 다음과 같다.

$$A_{vs} \equiv \frac{v_o}{v_s} = \frac{-g_m r_e R_C}{r_e + R_E} \frac{R_{in}}{R_S + R_{in}} \cong \frac{-R_C}{r_e + R_E} \frac{R_{in}}{R_S + R_{in}} \tag{11}$$

여기에서 $g_m r_e = \alpha_{AC} \cong 1$임을 이용하였다.

위의 전압 이득에서 이미터 바이어스 전류가 충분히 커서 r_e가 R_E에 비하여 무시할 수 있을 정도로 작고, R_S가 R_{in}에 비하여 무시할 수 있을 정도로 작으면, 전압 이득은 단순히 $-R_C/R_E$가 되어 트랜지스터의 특성에 무관하게 저항의 비율로 주어진다. 이렇게 이미터 저항이 큰 증폭기에서는 전압 이득이 트랜지스터의 특성에 거의 무관하게 저항의 비율로 주어지므로, 전압 이득의 변동률이 작게 된다.

반면에, R_S가 무시할 수 있을 정도로 작고 이미터 저항이 없는 증폭기에서는 소신호 전압 이득 v_o/v_{be}가 (9)식에서 $-g_m R_C = (I_{CQ}/V_T)R_C$로 주어져 컬렉터 바이어스 전류 I_{CQ} 즉 동작점의 위치에 크게 의존하게 된다. 소신호 전압 이득이 어느 한 동작점에서 입출력 전달 특성의 기울기라는 사실에 비추어보면, 입출력 전달 특성의 기울기가 동작점에 따라 바뀜을 의미한다. 이는 입출력 전달 특성이 비선형적이라는 것을 의미하기 때문에 이미터 바이어스 저항 R_E가 작을 때에는 신호의 왜곡이 심하게 일어날 수 있음을 암시한다. 신호 전압에 따라 컬렉터 전류가 바뀌면 전압 이득도 따라서 바뀌어 신호의 크기에 따라 전압 이득이 달라지기 때문이다. 신호의 왜곡이 발생하는 것이다.

이미터 저항이 클 때에는 식 (11)에서 알 수 있듯이 전압 이득이 바이어스 전류에 거의 무관하게 저항의 비율로 주어져 입출력 전달 특성의 기울기가 거의 상수가 된다. 그러므로 입출력 전달 특성의 선형성이 좋아진다. 따라서, 트랜지스터가 능동 영역에 있으면 신호의 왜곡도 무시할 수 있을 정도로 작아지게 된다. 물론 이러한 장점은 증폭기 전압 이득의 감소라는 희생을 치르고 얻는 대가이다. 이미터 저항이 negative feedback을 일으킨다는 점에 주목하면, 전압 이득의 감소와 왜곡의 감소(즉 증폭기 입출력 전달 특성의 선형성 증대)는 negative feedback에 의한 것임을 알 수 있다.

전압 이득에 대하여 덧붙일 것은, 앞에서 구한 전압 이득 $A_{vs} = v_o / v_s$는 증폭기가 동작할 때 실제로 측정할 수 있는 양이 아니라는 사실이다. 실제로 증폭기가 동작할 때에는 신호 전압원의 내부 저항 R_S에 걸리는 전압을 측정할 수 없어 v_s도 측정할 수 없기 때문이다. v_s를 측정하려면 신호 전압원을 증폭기에서 떼어내고 입력 임피던스가 무한대인 오실로스코프를 사용하여야 한다. 그렇지만 베이스 전압은 신호 전압원이 증폭기에 연결되어 있더라도 오실로스코프로 직접 측정할 수 있다. 다만, 오실로스코프의 입력 임피던스가 증폭기의 입력 임피던스보다 훨씬 커야 된다는 전제조건은 충족되어야 한다. 이러한 내용에 대하여는 실험 1에서 이미 공부한 바 있다.

이에 따라 측정 가능한 또 하나의 전압 이득을 정의하기로 한다. 이 전압 이득은 $A_v = v_o / v_b$로 정의하며, 그 값은 식 (11)을 유도하는 과정에서 바로 구할 수 있다.

$$A_v \equiv \frac{v_o}{v_b} = \frac{-g_m r_{be} R_C}{r_e + R_E} \cong \frac{-R_C}{r_e + R_E} \tag{12}$$

이 식의 마지막 항을 유도할 때에는 $g_m r_e = \alpha_{AC} \cong 1$의 관계를 이용하였다.

전압 이득, 전류 이득, 입력 저항과 함께 출력 저항도 증폭기의 중요한 특성 가운데 하나이다. 이 출력 저항은 출력 전압이나 출력 전류가 부하 저항에 전달되는 비율을 결정하기 때문이다. 전압 신호는 출력 저항이 작을수록 부하에 많이 전달되며, 전류 신호는 출력 저항이 클수록 부하에 잘 전달된다. 실제로 우리가 활용하는 신호는 부하에 전달되는 양이기 때문에, 부하에 전달되는 비율을 결정하는 출력 저항이 중요한 것이다.

그림 12-8은 그림 12-7 회로의 소신호 출력 저항을 구하기 위한 등가 회로이다. 출력 저항을 구하려고 그림 12-7(c)의 소신호 등가 회로에서 신호 전압을 0으로 두고 부하 저항에 해당하는 R_C를 떼어 낸 다음에 출력단에서 바라 본 모습이다. 출력 저항의 정의가 입력이 없을 때 부하 저항이 바라본 등가저항이기 때문에 그림 12-8의 등가 회로를 이용하는 것이다. 이에 따라, 그림 12-7(c)에서 입력 신호 전압 v_s는 0으로 보냈다. 즉 단락 시켰다. 그리고 부하 저항 R_C가 바라본 저항을 구하는 것이기 때문에 R_C를 제외시켰다. 따라서, 출력 저항은 출력 전압과 전류의 비율로 주어져 다음과 같이 된다.

$$R_{out} = \left. \frac{v_x}{i_x} \right|_{v_s = 0,\ R_L = \infty} \tag{13}$$

이 식에서 부하 저항 R_L를(그림 12-7에서는 R_C) 무한대로 보낸 것은 부하 저항

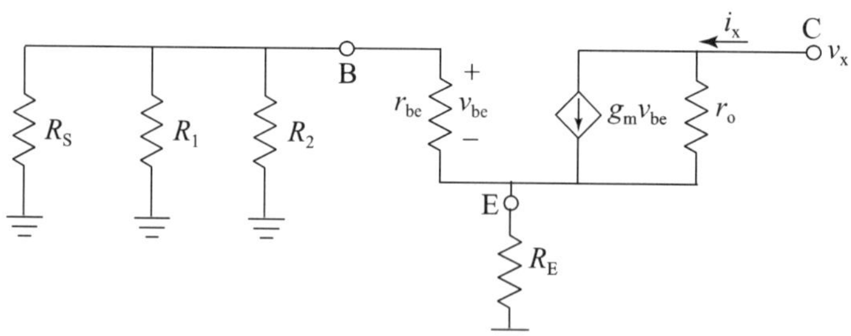

그림 12-8 그림 12-1 이미터 공중 증폭기의 출력 저항 $R_{out} = v_x / i_x$를 구하기 위한 소신호 등가 회로.

그림 12-7(c)에서 부하저항 R_C를 떼어내고 신호원 v_s를 0으로 보낸 모습이다.

이 출력 저항에 포함되지 않음을 명확히 하기 위함이다.

이제 출력 저항 R_{out}을 구하여보자. 그림 12-8의 등가 회로에서 $R_S' \equiv R_S // R_1 // R_2$을 정의한다. 그러면 출력단 전압 v_x는 저항 r_o에 걸리는 전압과 저항 $R_S' + r_{be}$와 R_E의 병렬 연결에 걸리는 전압의 합으로 다음과 같이 주어진다.

$$v_x = (i_x - g_m v_{be}) r_o + i_x \{R_E // (r_{be} + R_S')\} \tag{14}$$

이 식을 구할 때에 저항 r_o에 흐르는 전류는 Kirchhoff의 전류 법칙에 따라 $i_x - g_m v_{be}$가 됨을 이용하였다. 남은 것은 식 (14)의 v_{be}를 i_x의 함수로 바꾸는 일이다. 그림 12-8의 등가 회로를 다시 보면, v_{be}는 i_x의 전류가 $R_S' + r_{be}$와 R_E의 병렬 연결에서 분배된 다음에 r_{be}에 흘러서 생긴 전압 강하이며, 전압의 방향과 전류의 방향이 반대이다. 따라서, v_{be}는 i_x의 함수로 다음과 같이 주어진다.

$$v_{be} = -\frac{R_E}{R_E + r_{be} + R_S'} i_x r_{be} \tag{15}$$

식 (15)를 식 (14)에 대입하면 v_x가 i_x의 함수로 표현되기 때문에, v_x와 i_x의 비율로 주어지는 출력 저항을 바로 구할 수 있다.

$$v_x = i_x r_o + i_x \{R_E // (r_{be} + R_S')\} + g_m r_o \frac{R_E}{R_E + r_{be} + R_S'} i_x r_{be} \tag{16}$$

$$R_{out} = r_o + \{R_E // (r_{be} + R_S')\} + \frac{g_m r_o R_E r_{be}}{R_E + r_{be} + R_S'} \tag{17}$$

식 (17)에서 가장 우세한 항은 마지막 항이다. 이 항에서 $g_m r_{be}$가 이미터 공통 전류 이득 β가 됨을 이용하면, $R_E \gg r_{be} + R_S'$일 때의 출력 저항은 근사적으로 βr_o로 주어지는 매우 큰 값이다.

증폭기의 전류 이득은 12-8의 등가 회로에서 직접 구할 수도 있지만, 전압 이득과 입력 저항을 이용하여 구할 수도 있다. 입력 전류를 신호 v_s가 흘려주는 전류 i_s라고 하고, 출력 전류를 부하 저항 R_C에 흐르는 전류 i_L이라고 하면, 다음의 관계가 성립한다.

$$v_s = i_s(R_S + R_{in}) \tag{18}$$

$$v_o = i_L R_C \tag{19}$$

전압 이득 A_{vs}가 v_o/v_s로 주어짐을 생각하면, 식 (19) ÷ 식 (18)에서 전류 이득 $A_{is} \equiv i_L/i_s$와 전압 이득 사이에는 다음의 관계가 성립한다.

$$A_{vs} = \frac{v_o}{v_s} = \frac{i_L R_C}{i_s(R_S + R_{in})} = A_{is}\frac{R_C}{R_S + R_{in}} \tag{20}$$

전류 이득 A_{is}는 식 (20)에서 곧바로 다음과 같이 구해진다.

$$A_{is} = A_{vs}\frac{R_S + R_{in}}{R_C} \tag{21}$$

이로써 그림 12-6 이미터 공통 증폭기 회로의 소신호 해석이 마무리되었다. 지금까지의 결과를 요약하면 다음 표 12-1과 같다.

표 12-1 이미터 공통 증폭기의 주요 특성

주요 특성	수식 ($R_E \neq 0$)	비고
입력 저항	$R_{in} = R_1//R_2//\{(1+\beta_{AC})(r_e + R_E)\}$	r_o의 영향 무시
출력 저항	$R_{out} = r_o + \{R_E//(r_{be} + R_S')\} + \dfrac{g_m r_o R_E r_{be}}{R_E + r_{be} + R_S'}$	r_o의 영향 고려
전압 이득	$A_{vs} \equiv \dfrac{v_o}{v_s} = \dfrac{-g_m r_e R_C}{r_e + R_E}\dfrac{R_{in}}{R_S + R_{in}} \cong \dfrac{-R_C}{r_e + R_E}\dfrac{R_{in}}{R_S + R_{in}}$ $A_v \equiv \dfrac{v_o}{v_b} = \dfrac{-g_m r_e R_C}{r_e + R_E} \cong \dfrac{-R_C}{r_e + R_E}$	r_o의 영향 무시
전류 이득	$A_{is} = A_{vs}\dfrac{R_S + R_{in}}{R_C}$	r_o의 영향 무시

12.3 사용 기기와 부품

- 2채널 오실로스코프
- curve tracer
- 파형 발생기
- 직류 전압원
- bread board
- 디지털 멀티미터
- BNC probe 4개
- 트랜지스터 : 2N4124(npn, small signal), 2N2102(npn, power)
- 저항(설계값)
- capacitor 47μF

12.4 실험 내용과 방법

12.4.1 실험 12-1 : curve tracer를 이용한 트랜지스터 특성 측정 및 SPICE 모델 변수 추출

1. curve tracer를 이용한 트랜지스터의 출력 특성 측정 : curve tracer로 2N4124 npn 트랜지스터의 특성을 측정한다. 컬렉터 전류의 최대값은 2mA로 두고 베이스 전류 스텝의 수는 10, 베이스 전류 스텝은 컬렉터 전류의 최대값이 2mA 정도 되도록 조절한다.

2. 전류 이득 β, β_{AC} 구하기 : curve tracer의 cursor를 움직여 가면서 V_{CE} =8V에서 전류 이득을 구하여 표 1을 완성한다. 여기에서 $\beta_{AC} = \Delta I_C / \Delta I_B = i_c / i_b$는 주어진 전류와 그 전단계 전류의 차이로부터 계산하여 구한다.

표 1 트랜지스터의 전류 이득

베이스 전류 I_B	$0\mu A$									
컬렉터 전류 I_C										
$\beta \equiv I_C / I_B$	NA*									
$\beta_{AC} \equiv \Delta I_C / \Delta I_B$	NA*									

* NA : not applicable

토의사항

트랜지스터의 직류 전류 이득과 교류 전류 이득을 컬렉터 전류를 가로축으로 하여 그래프로 그린다. 두 전류 이득값의 차이는? 두 전류 이득값이 컬렉터 전류에 따라 변하는가? 변한다면 어떤 양상을 보이는가? 그 이유는?

3. Early voltage 구하기: $I_C = 1\text{mA}$ 근처의 출력 특성 곡선에서 컬렉터 전류가 V_{CE}에 선형적으로 비례하여 증가하는 영역서 가능한 한 멀리 떨어진 두 점의 좌표 $(V_{CE1},\ I_{C1})$, $(V_{CE2},\ I_{C2})$를 구한 다음, 본문의 그림 12-3을 이용하여 Early voltage V_A를 구한다.

토의사항

V_A를 구하는 데에 사용한 방법을 정확히 기술하고, 더 정확한 방법이 있으면 제안하라. 또, 이렇게 구한 V_A값을 이용하여 계산한 컬렉터 전류와 측정한 컬렉터 전류가 일치하는지 확인한다. 그리고, 앞의 실험 과정 2, 3에서 구한 β, V_A값을 PSPICE에 넣고 계산한 컬렉터 전류와 실제로 측정하여 구한 컬렉터 전류가 일치하는지 확인한다.

4. 트랜지스터의 역능동 영역 특성 측정: 트랜지스터의 컬렉터와 이미터 단자를 뒤바꾸고 역능동 영역의 출력 특성을 측정하여 표 2를 완성한다. 이 때 베이스 전류는 표 1과 똑같이 둔다. 그리고 실험 과정 3을 역능동 특성에 대하여 반복한다. 이 때에도 베이스 전류를 실험 과정 3에서의 베이스 전류와 똑같이 놓는다.

표 2 트랜지스터의 역능동 영역 전류 이득

베이스 전류 I_B	$0\mu A$									
컬렉터 전류 I_C										
$\beta = I_C / I_B$	NA*									
$\beta_{AC} = \Delta I_C / \Delta I_B$	NA*									

토의사항

트랜지스터의 순방향 출력 특성과 역방향 특성의 차이점은?

12.4.2 실험 12-2: 트랜지스터 바이어스 회로 설계

1. 컬렉터 바이어스 전류 정하기: 회로 12-1에서 컬렉터와 이미터 사이의 전압 V_{CE}가 컬렉터 바이어스 전압 V_{CC}의 반 정도가 되도록 컬렉터 바이어스 전류 I_C를 정한다. 이 회로에서 컬렉터 저항 R_C =6.8kΩ이고 이미터 저항 R_E =200Ω으로 한다.

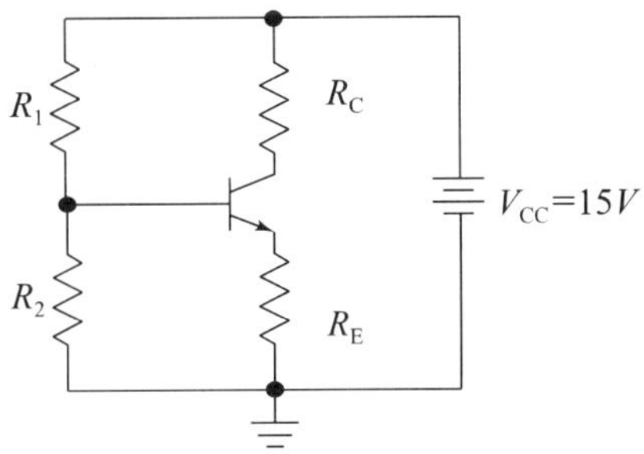

회로 12-1 이미터 공통(common) 트랜지스터 증폭기 바이어스 회로

토의사항

컬렉터와 이미터 사이의 전압 V_{CE}가 컬렉터 바이어스 전압 V_{CC}의 반이 되도록 컬렉터 바이어스 전류 I_C를 정하는 이유는?

2. 베이스 바이어스 전류 구하기: npn 트랜지스터 2N4124의 출력 특성 곡선으로부터 실험 과정 1에서 구한 동작점 (I_C, V_{CE})에 해당하는 베이스 바이어스 전류 I_B를 구한다.

3. 바이어스 저항 R_1, R_2 구하기: 바이어스 저항 R_1에 흐르는 전류 I_1을 컬렉터 전류 I_C의 0.1배 정도로 정하고, $(I_1 - I_B)R_2 = I_E R_E + V_{BE} \cong I_C R_E + 0.7$[Volt]의 관계식을 이용하여 R_2를 구한다. 그 다음에 $I_1 R_1 + (I_1 - I_B)R_2 = V_{CC}$를 이용하여 R_1을 구한다.

토의사항

바이어스 저항 R_1에 흐르는 전류 I_1을 컬렉터 전류 I_C의 0.1배 정도로 정하는 이유는?

4. 표준 저항값으로 재조정하기: 실험 과정 3에서 구한 저항값이 표준 저항값이 아닐 경우에는 계산으로 구한 값에 가장 가까운 표준 저항값으로 대치한다. 그리고, 이 표준 저항값으로 트랜지스터의 동작점이 제대로 잡혀졌는지를 계산을 통하여 확인한다. 동작점이 제대로 잡혀져 있지 않으면, 저항값을 재조정한다.

토의사항

가장 가까운 표준 저항값이 계산된 R_1보다 작았다면, 동작점을 설계한 값에 가깝게 하려할 때, R_2값으로 계산된 값보다 작은 표준 저항값을 쓰는 것이 유리할까? 또 베이스 바이어스 전류가 너무 크다면, 어느 저항을 어떻게 바꾸는 것이 유리할까? 베이스 바이어스 전류가 너무 작을 때에는?

12.4.3 실험 12-3: 트랜지스터 증폭기의 특성 측정

(1) 동작점 구하기

1. 앞의 실험 12-2에서 구한 R_1, R_2로 앞의 회로 12-1을 구성한다.

2. 동작점 측정하기: 디지털 멀티미터를 이용하여, 컬렉터 바이어스 전류 I_C, 베이스 바이어스 전류 I_B, 베이스-이미터 전압 V_{BE}, 컬렉터-이미터 전압 V_{CE}를 구한다. 전류계를 사용할 수 없을 때에는 컬렉터 전류는 컬렉터 바이어스 저항에 걸리는 전압으로부터 계산할 수 있다. 그리고, 베이스 전류는 저항 R_1, R_2에 걸리는 전압으로부터 구한 전류의 차이로 주어짐에 주의한다.

> **토의사항**
>
> 트랜지스터가 능동 영역에 있는가? 능동 영역에 있음을 어떻게 알 수 있는가?

3. 동작점을 부하선에 표시하기: 실험 12-1에서 구한 트랜지스터의 출력 특성 곡선에 부하선을 그리고, 그 위에 동작점을 표시한다.

> **토의사항**
>
> 동작점이 이 부하선의 가운데 부분에 있는가? 부하선의 가운데에 있다는 것은 트랜지스터의 바이어스 안정성과 증폭기로서의 특성의 측면에서 볼 때 어떠한 장점이 있는가?

4. 동작점의 재조정: 위의 실험 과정 3에서 구한 동작점이 부하선을 3등분하였을 때, 가운데 부분에 위치하지 않으면, R_1과 R_2값을 재조정하여 위의 실험을 반복한다.

> **토의사항**
>
> 동작점이 부하선의 왼쪽 위에 있다면, 어느 저항값을 어떻게 바꾸는 것이 유리한가? 반대로 동작점이 오른쪽 아래에 있다면, 어느 저항값을 어떻게 바꾸어야 하는가?

(2) 전압 이득과 전달 특성 구하기

1. 증폭기 회로에 입력 전압 넣기 : 회로 12-1의 바이어스 회로를 그대로 써서 다음의 회로 12-2를 구성한다.

> **토의사항**
>
> 증폭기의 입력 전압을 capacitor를 통하여 넣어 주어야 하는 이유는? 만일 capacitor가 없다면, 어떠한 일이 벌어질까?

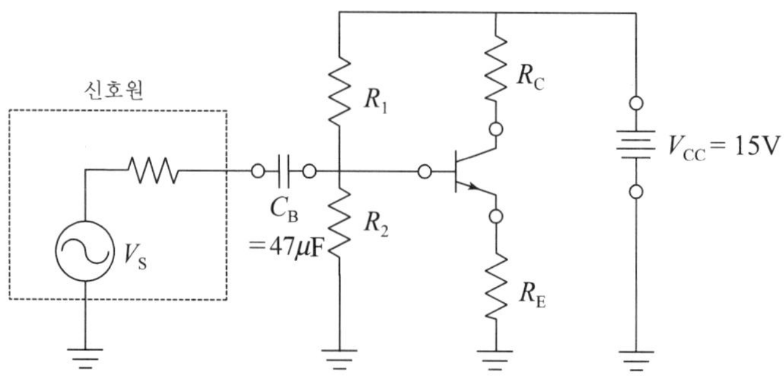

회로 12-2 이미터 공통 증폭기

2. 동작점에서의 입출력 파형 관찰 : 파형 발생기의 출력 삼각 함수파를 오실로스코프의 채널 1에 넣고 주파수는 1kHz, 진폭은 0.05V정도로 맞춘 다음 증폭기의 입력에 넣는다. 그리고, 증폭기의 출력(즉 컬렉터 전압)을 채널 2에 넣어 출력 파형을 관찰한다. 오실로스코프의 입력 coupling은 두 채널 모두 AC로 둔다. 출력 파형에 왜곡이 있으면 입력 전압의 진폭을 줄여 왜곡을 없앤다. 이 상태에서 입력 파형과 출력 파형의 진폭 비율을 구한다. 이 진폭 비율이 증폭기의 전압 이득이 된다. 이 때, 위상이 반전됨에 주의한다.

> **토의사항**
>
> 입력과 출력 사이에 위상의 반전이 일어나는 이유는? 전압 이득을 측정할 때, 신호의 왜곡을 없애야 하는 이유는?

3. 입출력 전달 특성 구하기 : 오실로스코프 채널 1과 채널 2의 입력 coupling을 DC로 바꾼다. 그리고, 채널 1 입력 신호를 베이스 전압으로 바꾸고, 채널 2 입력 신호는 컬렉터 전압을 그대로 둔다. 그 다음에 오실로스코프를 XY 모드로 바꾸고 GND 단자를 이용하여 원점을 맞춘 다음에 입출력 전달 특성을 구하고 기록한다. 그리고, 전달특성의 전 영역이 보이도록 신호원의 전압, 즉 파형발생기 출력 전압을 충분히 키운 다음에 입출력 전달 특성을 측정하고 기록한다.

토의사항

이 입출력 전달 특성의 기울기와 전압 이득 사이의 관계는? 이 전달 특성으로부터 심각한 파형의 왜곡 없이 증폭될 수 있는 출력 전압의 최대 진폭을 구하면? 이 진폭이 동작점의 위치와 어떤 관계가 있나? 이 전달 특성의 기울기가 일정한가? 일정하지 않다는 것은 무엇을 의미하는가?

12.4.4 실험 12-4 : 트랜지스터 특성 변화의 영향

1. 전력 트랜지스터의 출력 특성 측정 : curve tracer로 전력 트랜지스터 2N2102의 출력 특성 곡선을 구한다. 그리고 회로 12-2의 트랜지스터를 전류 이득이 작은 전력 트랜지스터 2N2102로 대치한다.

2. 동작점 구하기 : 디지털 멀티미터를 이용하여, 컬렉터 바이어스 전류 I_C, 베이스 바이어스 전류 I_B, 베이스-이미터 전압 V_{BE}, 컬렉터-이미터 전압 V_{CE}를 구한다. 전류계를 사용할 수 없을 때에는 컬렉터 전류는 컬렉터 바이어스 저항에 걸리는 전압으로부터 계산할 수 있다. 그리고, 베이스 전류는 저항 R_1, R_2에 걸리는 전압으로부터 구한 전류의 차이로 주어짐에 주의한다.

토의사항

트랜지스터가 능동 영역에 있는가?

3. 동작점을 부하선에 표시하기 : 실험 12-4의 실험 과정 1에서 구한 트랜지스터의 출력 특성 곡선에 부하선을 그리고, 그 위에 동작점을 표시한다.

토의사항

동작점이 이 부하선의 가운데 부분에 있는가? 이 때의 동작점 위치를 트랜지스터를 교체하기 전에 실험 12-3(1)에서 구한 동작점의 위치와 비교해 보고, 이 동작점의 이동이 트랜지스터 증폭기의 특성에 미치는 영향에 대하여 알아 보자. 또, 이미터 저항 R_E값이 크면, 동작점이 트랜지스터의 β값의 변화에 덜 민감하게 변하는 이유에 대하여 생각해 보자.

12.5 예비 보고서와 결과 보고서

12.5.1 예비 보고서

(1) Review questions

1. 트랜지스터의 대신호 모델, 직류 모델, 소신호 모델과 그 사이의 관계에 대하여 설명하라.

2. 트랜지스터 출력 특성에서 부하선 위의 동작점 위치와 증폭된 파형 사이의 관계에 대하여 설명하라.

3. 입출력 전달 특성의 비선형성이 진폭이 큰 입력에 대한 출력 신호를 왜곡시키는 원리를 설명하라. 또, 입출력 전달 특성과 소신호 이득 사이의 관계에 대하여 설명하라.

4. 트랜지스터가 능동, 차단, 포화 영역 가운데 어느 영역에 있는지를 실험적으로 알아내는 방법에 대하여 기술하라.

5. 트랜지스터의 능동 영역 소신호 등가 회로 변수 r_{be}, r_o, g_m이 트랜지스터의 입력 특성 곡선과 출력 특성 곡선에서 어떻게 정의되는지를 그림으로 설명하여 보라.

6. Early effect란 무엇이며, 트랜지스터의 입력, 출력 특성에 어떠한 영향을 미치는가?

7. 소신호 등가 회로 변수 사이에는 $g_m r_{be} = \beta_{AC}$, $g_m r_e = \alpha_{AC}$의 관계가 성립함을 증명하라.

8. 저항 r_{be}를 이미터에서 보면 $r_e = V_T / I_E$가 되고, 저항 R_E를 베이스에서 보면 $(1 + \beta_{AC})R_E$가 되는 이유를 설명하라.

9. 그림 12-7(a)처럼 교류 신호를 capacitor를 통하여 넣어주는 이유는?

10. 이미터 저항 R_E가 소신호 전압 이득을 얼마만큼 줄이는지 수식으로 나타내 보라.

(2) 연습 문제

1. 트랜지스터의 전류 이득 β가 100이라고 가정하고 실험 12-2의 과정을 따라 회로 12-1의 바이어스 회로를 설계하라.

2. PSPICE를 이용하여 위의 연습 문제 1에서 설계한 트랜지스터 회로의 동작점 및 증폭기 특성을 simulation하여 보라.

3. PSPICE를 이용하여 위의 연습 문제 1에서 설계한 트랜지스터 회로의 저주파 입출력 전달 특성을 구하고, 이 전달 특성이 연습 문제 2의 증폭기 특성과 어떻게 연관되는지 설명하여 보라.

12.5.2 결과 보고서

실험 결과와 토의 사항에 대한 답을 정리하여 결과 보고서로 제출한다.

참고문헌

[1] A. S. Sedra and K. C. Smith, *Microelectronic circuits*, fifth ed., Oxford University Press, New York, 2004.

[2] R. C. Jaeger and T. N. Blalock, *Microelectronic circuit design*, second ed., McGraw-Hill, New York, 2004.

[3] A. P. Malvino, *Electronic Principles*, fourth edition, McGraw-Hill, 1989.

찾아보기

(ㅅ)

(ㅇ)

저자 약력

김상배

1977. 3 ~ 1981. 2: 아주대학교 전자공학과 (공학사)
1981. 3 ~ 1983. 2: 한국과학기술원 전기및전자공학과 (공학석사)
1983. 3 ~ 1987. 8: 한국과학기술원 전기및전자공학과 (공학박사)
1987. 9 ~ 1990. 8: 한국전자통신연구원 선임연구원
1990. 9 ~ 현재: 아주대학교 전자공학부 조교수, 부교수, 교수
1997. 3 ~ 1998. 2: 미국 플로리다대학교 대우교수
2003. 5 ~ 2005. 4: 아주대학교 교수학습지원센터장
2003. 9 ~ 2005. 8: 아주대학교 학보사 주간, 방송국 주관
2006. 9 ~ 2008. 2: 아주대학교 전자공학부장
2008. 3 ~ 현재: 아주대학교 학생처장 겸 종합인력개발원장

주 관심분야: 반도체 레이저, 반도체 광전소자, 교수법 및 학습법, 공학교육
주요 저서: 반도체의 마력과 매력 I, II(두양사, 2007, 서울)
학문분야별 공부 방법(공저, 아주대학교 출판부, 2006, 수원)

정가 19,000원

개정판 기초 전기전자실험

2007년 3월 5일 개정 초판 인쇄
2009년 3월 5일 2차 수정판 발행
저　자 : 김 상 배
발행자 : 우 명 찬 · 송　준
발행처 : 홍릉과학출판사
주　소 : 서울시 강북구 인수동 455-60
㉾142-885
등　록 : 1976년 10월 21일 제5-66호
전　화 : 999-2274 ~ 5, 996-8341, 903-7037
팩　스 : 905-6729
hongpub@hongpub.co.kr
www.hongpub.co.kr

저자와의 협의하에 인지생략